高等职业教育"十三五"精品规划教材

冲压工艺与模具设计

（第4版）

主　编　魏春雷　徐慧民
副主编　安家菊　钟慧萍　赵　昌

北京理工大学出版社
BEIJING INSTITUTE OF TECHNOLOGY PRESS

内 容 简 介

本书共分八个模块,从工程力学入手,讲述了冲压变形的基础理论,并将理论知识与生产实践相结合,详细讲述了冲压工艺及模具设计的基本方法,分析了冲压工艺、设备、模具、材料、冲压件质量和冲压件经济性之间的关系。

本书是高等职业院校、成人高校机械设计及相关专业的教学用书,也可供有关工程技术人员参考。

版权专有　侵权必究

图书在版编目(CIP)数据

冲压工艺与模具设计 / 魏春雷,徐慧民主编 . —4 版 . —北京:北京理工大学出版社,2017.1(2017.2重印)

ISBN 978-7-5682-2887-9

Ⅰ. ①冲… Ⅱ. ①魏… ②徐… Ⅲ. ①冲压-生产工艺-高等学校-教材 ②冲模-设计-高等学校-教材 Ⅳ. ①TG38

中国版本图书馆 CIP 数据核字(2016)第 197266 号

出版发行 / 北京理工大学出版社有限责任公司

社　　址 / 北京市海淀区中关村南大街5号

邮　　编 / 100081

电　　话 / (010)68914775(总编室)

　　　　　(010)82562903(教材售后服务热线)

　　　　　(010)68948351(其他图书服务热线)

网　　址 / http://www.bitpress.com.cn

经　　销 / 全国各地新华书店

印　　刷 / 北京慧美印刷有限公司

开　　本 / 787毫米×1092毫米　1/16

印　　张 / 17

字　　数 / 399千字

版　　次 / 2017年1月第4版　2017年2月第2次印刷

定　　价 / 39.00元

责任编辑 / 赵　岩

文案编辑 / 赵　岩

责任校对 / 周瑞红

责任印制 / 马振武

图书出现印装质量问题,请拨打售后服务热线,本社负责调换

前　言

由于采用模具进行生产能提高生产效率、节约原材料、降低生产成本，在一定的尺寸精度范围内能够保证产品零件的互换性，因此其在我国各行各业得到广泛的应用。模具是机械、电子、轻工、国防等行业生产的重要工艺装备。由此可见，模具设计与制造技术在国民经济中的地位十分重要。现代工业技术的迅速发展，对模具的使用寿命、尺寸精度和表面质量等不断提出新的、更高的要求。而大力提高模具工业的人才素质并加强人才的培养，则成为振兴我国模具工业的根本任务之一。

本书以必需、够用为前提，以模具设计为主线，从工程力学入手，详细地介绍了金属塑性变形的基本理论；以通俗易懂的文字和丰富的图表，分析了各类冲压成形规律、计算方法及相应模具的设计要领；尤其列举了大量的各类模具典型结构与用途，以扩大知识面，且每章安排有思考题。在内容编排上，强调理论知识与生产实践相结合，内容力求适应应用型教学要求，注重能力的培养。本书的主要特点如下：

（1）作为一门专业课，本书将冲压工艺与冲压模具紧密结合，使读者能综合掌握冲压技术。

（2）"冲压工艺与模具设计"具有极强的实践性特点，本书力求理论联系实际，引用了大量的实例，对典型模具结构进行分析，加深读者对课程内容的理解。

（3）本书在编写过程中，严格遵循"实用性、综合性、先进性和创新性"的原则。

（4）根据应用能力为本位的思想，省略了一些烦琐的理论推导及复杂计算，而注重实际应用知识和拓展读者知识面。

本书由魏春雷、徐慧民任主编，安家菊、钟慧萍、赵昌任副主编。全书共八个模块：模块一　概述；模块二　冲压变形基础；模块三　冲裁；模块四　弯曲；模块五　拉深；模块六　其他冲压成形工艺；模块七　多工位级进模设计；模块八　冲压工艺设计及案例分析。其中魏春雷编写模块二，徐慧民编写模块三，安家菊编写模块五、模块八，钟慧萍编写模块一、模块四，赵昌编写模块六、模块七。本书由陈智刚担任主审。

由于编者水平有限，本书难免还存在一些缺点和错误，恳请广大读者批评指正。

编　者

目　　录

模块一　概述 ……………………………………………………………………………… 001
　　思考题 ……………………………………………………………………………………… 005

模块二　冲压变形基础 …………………………………………………………………… 006
　　学习单元一　力与变形 …………………………………………………………………… 006
　　学习单元二　塑性变形时应力与应变的关系 …………………………………………… 016
　　学习单元三　材料的冲压成形性能及加工硬化现象 …………………………………… 018
　　思考题 ……………………………………………………………………………………… 022

模块三　冲裁 ……………………………………………………………………………… 023
　　学习单元一　冲裁过程的分析 …………………………………………………………… 024
　　学习单元二　冲裁模间隙 ………………………………………………………………… 027
　　学习单元三　凸、凹模刃口尺寸的计算 ………………………………………………… 033
　　学习单元四　排样 ………………………………………………………………………… 039
　　学习单元五　冲裁力 ……………………………………………………………………… 048
　　学习单元六　冲裁模分类及结构分析 …………………………………………………… 054
　　学习单元七　冲裁模零部件结构 ………………………………………………………… 074
　　学习单元八　冲裁件的工艺性 …………………………………………………………… 113
　　思考题 ……………………………………………………………………………………… 116

模块四　弯曲 ……………………………………………………………………………… 117
　　学习单元一　弯曲变形过程 ……………………………………………………………… 118
　　学习单元二　最小弯曲半径 ……………………………………………………………… 123
　　学习单元三　弯曲件的回弹 ……………………………………………………………… 125
　　学习单元四　弯曲件的工艺计算 ………………………………………………………… 130
　　学习单元五　弯曲力的计算和设备选择 ………………………………………………… 132
　　学习单元六　弯曲件的工艺性和工序安排 ……………………………………………… 133
　　学习单元七　弯曲模工作部分设计 ……………………………………………………… 137
　　学习单元八　弯曲模的典型结构 ………………………………………………………… 141
　　思考题 ……………………………………………………………………………………… 148

模块五　拉深 149

学习单元一　圆筒形件拉深的变形过程 149
学习单元二　圆筒形件拉深的工艺计算及模具设计 157
学习单元三　阶梯形状零件的拉深 197
学习单元四　曲面形状零件的拉深 198
思考题 207

模块六　其他冲压成形工艺 208

学习单元一　胀形 208
学习单元二　翻边 216
学习单元三　缩口 227
学习单元四　校形与整形 232
学习单元五　旋压 235
思考题 239

模块七　多工位级进模设计 240

学习单元一　概述 240
学习单元二　多工位级进模的排样设计与工位安排 242
思考题 248

模块八　冲压工艺设计及案例分析 249

学习单元一　工艺方案的制定 249
学习单元二　冲压工艺实例 255

参考文献 265

模块一　概　述

> ☞ **内容提要：**
> 本章讲述冲压及模具的概念；冲压的特点、发展及应用；冲压工序的分类及基本冲压工序。
>
> ☞ **目的与要求：**
> 1. 掌握冲压及模具的概念。
> 2. 了解冲压的特点、发展及应用。
> 3. 掌握冲压工序的分类，认识基本冲压工序。
>
> ☞ **重点：**
> 冲压及模具的概念，冲压的特点、发展及应用，冲压工序的分类。
>
> ☞ **难点：**
> 冲压基本工序。

一、冲压概念

冲压：利用冲压模具（凸模与凹模及结构附件）安装在压力机（如冲床、油压机等设备）或其他相关设备上，对材料（在常温下）施加压力，使其产生分离或塑性变形，从而获得一定形状和尺寸零件的一种加工方法。

冲压不仅可以加工金属材料，而且还可以加工非金属材料。

冲压模具：用于实现冲压工艺的一种工艺装备，简称工装。

冲压加工的三要素：合理的冲压工艺、先进的模具、高效的冲压设备。

冲压加工的三要素是决定冲压质量、精度和生产效率的关键因素，是不可分割的。先进的模具只有配备先进的压力机和合理的冲压工艺，才能充分发挥作用，做出一流产品，取得较高的经济效益。

二、冲压工序的分类

冲压工艺按其变形性质可分为分离工序与成形工序两大类，每一类中又包括许多不同的工序，如冲裁方面的工序，弯曲方面的工序，拉深方面的工序，成形方面的工序等，统称基本工序，见表1-1。

分离工序：冲压成形时，变形材料内部的应力超过强度极限 σ_b，使材料发生断裂而产生分离，从而成形零件。分离工序主要有剪裁和冲裁等。

成形工序：冲压成形时，变形材料内部应力超过屈服极限 σ_s，但未达到强度极限 σ_b，使材料产生塑性变形，从而成形零件。成形工序主要有弯曲、拉深、翻边等。

当大批量生产各种产品时，仅靠上述两类基本工序，是满足不了生产需要的，还得采用组合形式的工序，就是把两个或两个以上的单独基本工序组合起来灵活运用，进行设计。

表1-1　冲压工序分类表

工序分类	工序特征	工序名称	说　明	工序简图
分离工序	冲裁	落料	将材料沿封闭轮廓分离，被分离下来的部分大多是平板形的工件或工序件	
		冲孔	将废料沿封闭轮廓从材料或工序件上分离下来，从而在材料或工序件上获得需要的孔	
		切断	将材料沿敞开轮廓分离，被分离下来的部分大多是平板形的工件或工序件	
		切边（俗称飞边）	将制件（零件）边缘处不规则的形状部分冲裁下来（圆形和方形以及其他形状皆是）	
		剖切	将对称形状的半成品沿着对称面切开，成为制件	
		切舌	切口不封闭，并使切口内板料沿着未切部分弯曲	

续表

工序分类	工序特征	工序名称	说　明	工　序　简　图
变形工序	弯曲	压弯（俗称成型、轧型）	将平板冲压成弯曲形状制件（零件）	
		卷边（俗称卷圆、卷缘）	将板料的一端弯曲成接近圆筒形状	
	拉深	拉深（俗称引申）	将板料冲压成形开口空心形状	
	成形	翻边	将平板边缘弯曲成竖立的曲边形状或直线形状或将孔附近的材料变成有限高度的圆筒形状	
		缩口	使管子形状的端部直径缩小	
		胀形	使空心件中间部分的形状胀大	
		起伏（俗称压筋）	使板料局部凹隐或凸起	
		扭弯		

三、冲压工艺的特点及其应用

冲压生产过程的主要特点如下。
(1) 依靠冲模和冲压设备完成加工,便于实现自动化,生产率很高,操作简便。
(2) 冲压所获得的零件一般无须进行切削加工,故节省能源和原材料。
(3) 冲压所用原材料的表面质量好,且冲件的尺寸公差有冲模保证,故冲压产品尺寸稳定,互换性好。
(4) 冲压产品壁薄,质量轻,刚度好,可以加工成形状复杂的零件,小到钟表的秒针、大到汽车纵梁等。

四、冲压工艺的应用

冲压与其他加工方法相比,具有独到的特点,所以在工业生产中,尤其在大批量生产中应用十分广泛。在汽车、拖拉机、电器、电子产品、仪表、国防用品、航空航天用品以及日用品中随处可见到冲压产品。如不锈钢饭盒、搪瓷盆、高压锅、汽车覆盖件、冰箱门板、电子电器上的金属零件、枪炮弹壳等。

五、冲压技术现状与发展方向

1. 我国冲压技术现状

目前,我国的冲压技术、冲压模具与工业发达国家相比还有一定的差距,主要表现在:① 冲压基础理论与成形工艺落后;② 模具标准化程度低;③ 模具设计方法和手段、模具制造工艺及设备落后;④ 模具专业化水平低。结果导致我国模具在寿命、效率、加工精度、生产周期等方面与工业发达国家的模具相比差距相当大。

2. 冲压技术发展方向

随着我国计算机技术和制造技术的迅速发展,冲压模具设计与制造技术正由手工设计、依靠人的经验和常规机械加工技术向以计算机辅助设计(CAD/三维软件)、数控加工(CNC)制造技术转变。计算机辅助设计软件与模具设计和制造技术相结合的模具设计在我国已迅速发展,目前,我国已有相当多的厂家普及了计算机绘图、CAD/CAE/CAM。UG、Pro-E、SolidWorks、SolidCAM 等著名软件,在中国模具工业应用已相当广泛。

虽然我国的模具工业和技术在过去的十多年得到了快速发展,未来的十年,中国模具工业和技术的主要发展方向包括以下方面。
(1) 提高模具的设计制造水平,使其朝着大型化、精密化、复杂化、长寿命化发展。
(2) 在模具设计制造中更加普及和应用国产的 CAD/CAE/CAM 技术。
(3) 发展快速成形和快速制造模具的技术。
(4) 提高模具标准化水平和模具标准件的使用率。
(5) 研究和发展优质的模具材料和先进的表面处理技术。
(6) 研究和开发模具的抛光技术和设备。

（7）研究和普及模具的高速测量技术与逆向工程。

（8）研究和开发新的成形工艺和模具。

思考题

1. 什么是冲压？冲压的特点是什么？
2. 试比较分离工序和成形工序的不同之处。

模块二　冲压变形基础

☞ **内容提要：**

本章讲述冲压变形的基础知识。涉及变形、弹性变形、塑性变形、塑性、塑性条件、变形抗力、最小阻力定理、主应力、主应力状态、主应变、主应变状态、全量理论等概念；冲压成形基本原理和规律；冲压成形性能。

学习单元一　力 与 变 形

☞ **目的与要求：**
1. 掌握变形、弹性变形、塑性变形、塑性、变形抗力等概念。
2. 掌握主应力状态、主应变状态等概念。
3. 掌握最小阻力定律、塑性变形体积不变条件的应用。

☞ **重点与难点：**
主应力状态、主应变状态等概念。

物质是由原子构成的，根据原子在物质内部的排列方式不同，可将固态物质分成为晶体和非晶体两大类。而所有固态金属和合金都是晶体。在没有外力作用时，金属中的原子处于稳定的平衡状态，金属物体保持已有的形状和尺寸。但当物体受到外力作用时，原子间原有的平衡状态便可能会遭到破坏，引起原子排列畸变，从而产生金属形状与尺寸的变化，也就是我们常说的变形。

变形：物体在外力作用下，所产生形状和尺寸的改变。

物体的变形都是施加于物体的外力所引起的内力作用或由内力直接作用的结果。然而，由于外力的作用状况、物体的尺寸以及模具的形状千差万别，物体内各点的受力状况与变形情况也各不相同。

将低碳钢 Q235 制成的标准试件（如图 2-1 所示）安装在拉伸试验机的上、下夹头中，对其缓慢加载拉伸，直至把试件拉断为止。图 2-2 所示为在拉伸试验机上进行拉伸并利用自动记录仪记录的实验结果，绘出拉伸过程中的应力与应变之间的关系曲线，即单向拉伸时得到的应力与应变曲线。我们可以将该曲线分为三个阶段。

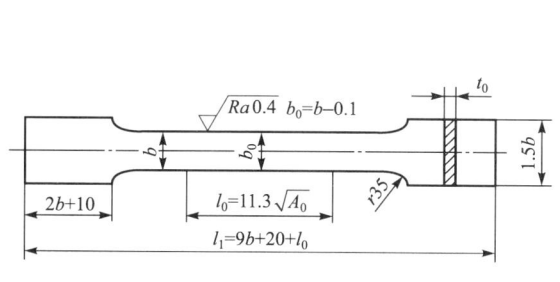

图 2-1　单向拉伸试件

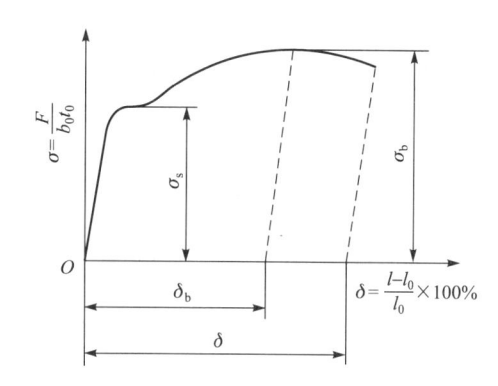

图 2-2　单向拉伸时的应力与应变曲线

1. 弹性变形阶段

当拉伸应力低于 σ_s 时，其变形的特点是应力 σ 与应变 δ 成正比；且当外力去除后，变形即消失，试样完全恢复到原来的形状和尺寸，此阶段为弹性变形阶段。

弹性变形：外力取消后物体能恢复原状（形状和尺寸恢复到原来的状态）的变形。

2. 塑性变形阶段

当拉伸应力超过 σ_s 后，应力 σ 就不再与应变 δ 成正比，且当外力去除后，变形只能恢复一部分，而不能完全恢复到原来的形状和尺寸，即仍有一部分的变形被保留下来。此阶段为塑性变形阶段。σ_s 即为屈服极限。

塑性变形：外力取消后物体不能恢复原状的变形。

3. 断裂分离阶段

当拉伸应力小于 σ_b 时，试件各部分的变形是均匀的。但当拉伸应力增大到 σ_b 点时，在试件的某一局部，变形会急剧增加，横截面面积显著变小，出现颈缩现象；σ_b 点的应力为最大，随后应力下降直至被拉断。

金属的变形可分为三个连续阶段：弹性变形阶段，塑性变形阶段、断裂分离阶段。

一、塑性

塑性：是指固体材料在外力作用下发生塑性变形，而不破坏其完整性的能力。

塑性不仅取决于变形物体的种类，并且与变形方式（应力和应变状态）和变形条件（变形温度和变形速度）有关。

塑性指标：是以金属材料开始破坏时的塑性变形量来表示。

为了衡量金属塑性的高低，需要一种数量上的指标来表示，即塑性指标。塑性指标可以通过各种实验方法求得，各种实验方法均有其特定的受力状况和变形条件，所以塑性指标也只是具有相对的意义。常用的塑性指标有

伸长率：
$$\delta = \frac{L_K - L_0}{L_0} \times 100\% \tag{2-1}$$

断面收缩率： $\Psi = \dfrac{A_0 - A_K}{A_0} \times 100\%$ (2-2)

式中 L_0——拉伸试样的原始标距长度；

L_K——拉伸试样破断后标距间的长度；

A_0——拉伸试样的原始断面面积；

L_K——拉伸试样破断处的断面面积。

二、变形抗力

物体发生变形是需要外力的。而外力又可以分成两类，一类是作用在物体表面上的力，称为面力，它可以是集中力，但更一般的是分布力；另一类是作用在物体每个质点上的力，例如重力、磁力等，称为体力。冲压成形时，体力相对面力而言是很小的，可以忽略不计。

变形力：使金属产生变形的外力。

变形抗力：金属抵抗变形的力。

变形抗力反映了使材料产生变形的难易程度；变形抗力和变形力数值相等，方向相反，一般以作用在金属和工具接触面上的平均单位面积上的变形力表示其大小。

最小阻力定律：在塑性变形过程中，外力破坏了金属的平衡而强制金属发生流动，当金属有几个质点或每个质点有几个方向移动的可能时，它总是在阻力最小的地方且沿阻力最小的方向移动（弱区先变形）。

三、应力状态

应力：单位面积上的内力。

点的应力状态：物体内每一点上的受力情况。

在材料力学中，为了求得物体内的应力，常常采用切面法，即假想把物体切开，在一定条件下，直接利用内力和外力的平衡条件求得切面上的应力分布。

图 2-3 所示为一物体受外力系 P_1、P_2、…、P_9、P_{10} 的作用而处于平衡状态，设物体内有任意一点 Q，过 Q 点作一法线为 N 的平面 A，将物体切开并移去上半部，这时 A 面即可看成是下半部的外表面，A 面上作用的内力应该与下半部其余的外力保持平衡。这样，内力的问题就可以转化为外力来处理。

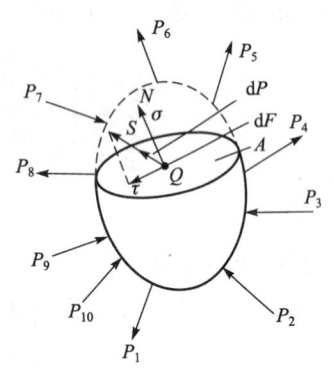

图 2-3 面力、内力和应力

在 A 面上围绕 Q 点取一很小的面积 ΔF，设该面积上内力的合力为 ΔP，且定义 A 面上 Q 点的全应力 S 为

$$S = \lim_{\Delta F \to 0} \frac{\Delta P}{\Delta F} = \frac{\mathrm{d}P}{\mathrm{d}F}$$ (2-3)

全应力 S 可以分解成两个分量，一个垂直于 A 面，为正应力，一般用 σ 表示；另一个平行于 A 面，为切应力，用 τ 表示；面积 $\mathrm{d}F$ 为 Q 点在 N 方向上的微分面，S、σ、τ 则分别

为 Q 点在 N 方向微分面上的全应力、正应力、切应力。

通过 Q 点可以做无限多的切面，在不同方向的切面上，Q 点的应力显然是不同的。现以单向均匀拉伸（如图 2-4 所示）进行分析，设一断面积为 F_0 的均匀截面棒料承受拉力 P，通过棒料内一点 Q 作一切面 A，其法线 N 与拉伸轴成 θ 角，将棒料切开并移去上半部。由于是均匀拉伸，故 A 面上的应力是均匀分布的。设 Q 点在 A 面上的全应力为 S，则 S 的方向一定平行于拉伸轴，且大小为

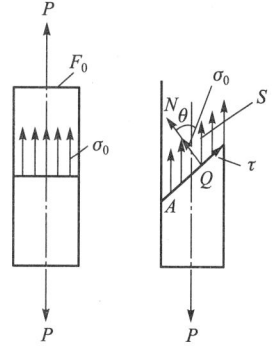

$$S=\frac{P}{\frac{F_0}{\cos\theta}}=\frac{P}{F_0}\cos\theta=\sigma_0\cos\theta \qquad (2-4)$$

图 2-4 单向拉伸时的应力

式中 σ_0——与拉伸轴垂直的切面上的正应力。

正应力分量及切应力分量则分别为

$$\sigma=S\cos\theta=\sigma_0\cos^2\theta \qquad (2-5)$$

$$\tau=S\sin\theta=\frac{1}{2}\sigma_0\sin 2\theta \qquad (2-6)$$

在单向均匀拉伸的情况下，只要知道 Q 点任意一个切面上的应力，就可以通过上述公式求得其他切面上的应力。而且当 $\theta=0$ 时，$\tau=0$，$\sigma=\sigma_0$。

应力主平面：切应力 $\tau=0$ 的切面。

主应力：应力主平面上的正应力 σ_0。

然而，在多向受力的情况下，显然不能由一点任意切面上的应力求得其他方向上的应力，也就是说，仅仅用某一方向切面上的应力并不足以全面地表示出一点所受应力的情况。

为了研究物体内每一点的受力情况，假想把物体切成无数个极其微小的六面体（在物体边界上也可以是四面体或五面体），称为单元体。一个单元体可以代表物体的一个质点。根据单元体的平衡条件列出平衡微分方程，然后考虑其他必要的条件设法求解。

在变形物体上任意点取一个单元体（如图 2-5（a）所示），取单元体（其棱边分别平行于三根坐标轴）的六个相互垂直的表面作为微分面，其上有着大小不同、方向不同的全应力，设为 S_x、S_y、S_z，其中每一个全应力又可分解为平行于坐标轴的三个分量，即一个正应力和两个切应力（如图 2-5（b）所示）。如果这三个微分面上的应力为已知，则该单元体任意方向上的应力都可以通过静力平衡方程求得，因此，无论变形体的受力状态如何，为了确定物体内任意点的应力状态，只需知道九个应力分量，即三个正应力和六个切应力。又由于所取单元体处于平衡状态，故绕单元体各轴的合力矩必须等于零，即

$$\tau_{xy}=\tau_{yx};\quad \tau_{yz}=\tau_{zy};\quad \tau_{zx}=\tau_{xz} \qquad (2-7)$$

切应力互等定律：为了保持单元体的平衡，切应力总是成对出现的，它们大小相等，分别作用在两个相互正交的微分面内，其方向共同指向或背离两微分面的交线。

因此，为了表示一点的应力状态，实际上只需要知道六个分量：三个正应力和三个切应力。

同单向均匀拉伸一样，任何一种应力状态来，总存在这样一组坐标系，使单元体各表面上只出现正应力而不出现切应力，如图 2-5（c）所示，我们称该坐标系中的正应力称为主

应力（其数值有时也可能为零），一般按其代数值大小依次用 σ_1，σ_2，σ_3 表示，且 $\sigma_1 \geq \sigma_2 \geq \sigma_3$；带正号的主应力表示拉应力，带负号的主应力表示压应力。

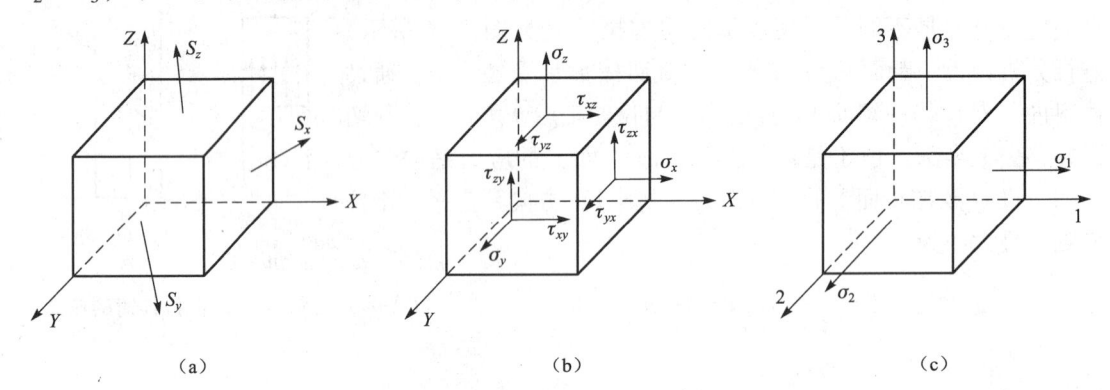

图 2-5 单元体上的应力状态

对于任意一点的应力状态，一定有（也只有）一组相互垂直的三个主应力，因此三个主应力中的最大者和最小者也就是一点所有方向的应力中的最大者和最小者。在三个主应力当中，如果有两个为零，则该点的应力状态为单向应力状态，如单向拉伸；如果有一个为零，则该点的应力状态为两向应力状态，又叫平面应力状态，如弯曲、扭转，塑性成形中的多数板料成形工序也可以看成是两向应力状态；如果三个主应力均不为零，则该点的应力状态为三向应力状态，如锻造、轧制等工艺。

主应力状态：以主应力表示的应力状态。

主应力状态图：以主应力表示其应力个数及其符号的简图。

可能出现的主应力状态图共有九种（如图 2-6 所示），即单向主应力状态图两种——单向受拉和单向受压；两向主应力状态图三种——两向受拉、两向受压和一向受拉一向受压；三向主应力状态图四种——三向受拉、三向受压、两向受拉一向受压、一向受拉两向受压。

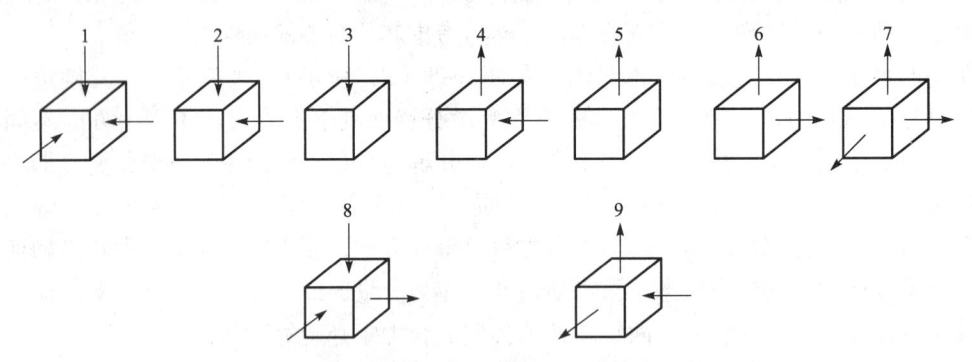

图 2-6 九种主应力状态图（按塑性发挥的有利程度排列）

平均主应力：单元体上的三个主应力的平均值，常用 σ_m 表示

$$\sigma_m = \frac{\sigma_1 + \sigma_2 + \sigma_3}{3} \tag{2-8}$$

任何一种应力状态都可以将其分解成为两部分，如图 2-7 所示。第一部分是以平均主应力 σ_m 为各向应力值的三向等应力状态，其特点是只能改变物体的体积，不能改变物体的

形状。第二部分是以各个主应力与 σ_m 的差值为应力值构成的应力状态。其特点是只能改变物体的形状，而不能改变物体的体积。

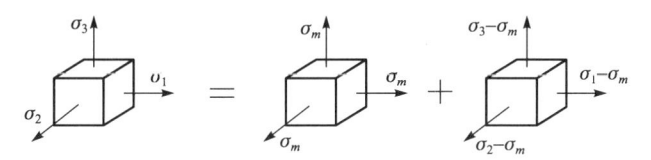

图 2-7　应力状态的分解

主切应力平面：切应力有极值的微分面。
主切应力：主切应力平面上作用的切应力。

除主平面上不存在切应力外，单元体其他方向的切面上都有切应力，通过列方程求解可知：主切应力平面共有三组，它们分别与一个应力主轴平行并与另两个应力主轴成 45°，如图 2-8 所示。τ_{12} 作用的面，平行于 3 轴与 1、2 轴相交成 ±45°；τ_{23} 作用的面，平行于 1 轴与 2、3 轴相交成 ±45°；τ_{31} 作用的面，平行于 2 轴与 1、3 轴相交成 ±45°。

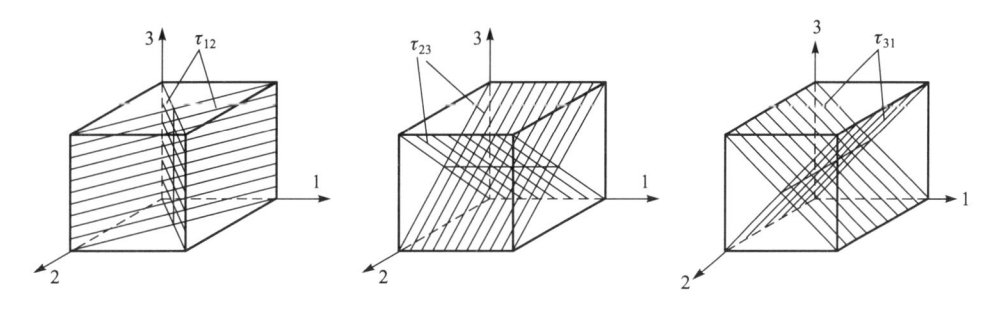

图 2-8　主切应力面

$$\tau_{12} = \pm \frac{\sigma_1 - \sigma_2}{2}$$
$$\tau_{23} = \pm \frac{\sigma_2 - \sigma_3}{2} \qquad (2-9)$$
$$\tau_{31} = \pm \frac{\sigma_3 - \sigma_1}{2}$$

每对主切应力面上的主切应力都相等，如图 2-9 所示。主切应力面上的主切应力和正应力值分别为

$$\sigma_{12} = \pm \frac{\sigma_1 + \sigma_2}{2}$$
$$\sigma_{23} = \pm \frac{\sigma_2 + \sigma_3}{2} \qquad (2-10)$$
$$\sigma_{31} = \pm \frac{\sigma_3 + \sigma_1}{2}$$

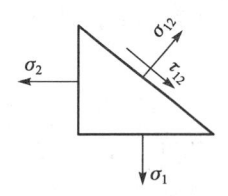

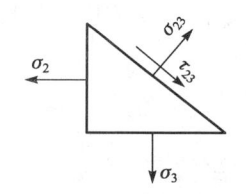

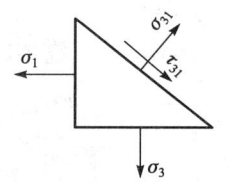

图 2-9 主切应力面上的正应力

最大切应力：主切应力中绝对值最大的一个，也就是一点所有方向切面上切应力的最大者，用 τ_{max} 表示，若 $\sigma_1 \geq \sigma_2 \geq \sigma_3$，则

$$\tau_{max} = \pm \frac{\sigma_1 - \sigma_3}{2} \tag{2-11}$$

最大切应力与金属材料的塑性变形有着十分密切的关系。

四、应变状态

同样可以认为材料的变形是由无数个单元体变形积累的结果，而变形又可分为两种形式：

正变形或线变形：线尺寸的伸长缩短。

切变形或角变形：单元体发生偏斜。

正变形和切变形统称"纯变形"。对于同一变形的质点，随着切取单元体的方向不同，则单元体表现出来的变形数值也是不同的，所以同样需要引入"点的应变状态"的概念。

物体变形时单元体一般同时发生平移、转动、正变形和切变形。平移和转动本身并不代表变形，只表示刚体位移，所以，只有从单元体位置、形状和尺寸变化中除去刚体位移，才能得到纯变形。

物体变形时，体内所有的点都产生了位移。单元体仅作刚体位移和平移时，各点的相对位置并没有改变，而凡是产生了变形的单元体，各点的相对位置都发生了变化，而且位移的大小不同。由此可见，物体的变形也就是物体内各点位移不同而造成各点相对位置发生变化的结果。

为了便于进行变形分析，特作如下假设：当单元体切取得极小时，可以认为它的变形是均匀变形。均匀变形时，体内原来的直线和平面在变形后保持不变，而且原来相互平行的直线和平面保持平行。变形的大小可用应变来表示，而应变又可分为正应变和切应变。

一点的应变状态也可以通过单元体的变形来表示，与应力状态一样，当采用主轴坐标系时，单元体就只有三个主应变分量 ε_1、ε_2、ε_3，而没有切应变分量，一种应变状态只有一组主应变，如图 2-10 所示。

如图 2-11 所示单元体：假设变形前的尺寸为 l_0、b_0、t_0，变形后的尺寸为 l_n、b_n、t_n。则三个方向的主应变为

$$\delta_1 = \frac{l_n - l_0}{l_0} = \frac{\Delta l}{l_0}$$

$$\delta_2 = \frac{b_n - b_0}{b_0} = \frac{\Delta b}{b_0}$$

$$\delta_3 = \frac{t_n - t_0}{t_0} = \frac{\Delta t}{t_0} \tag{2-12}$$

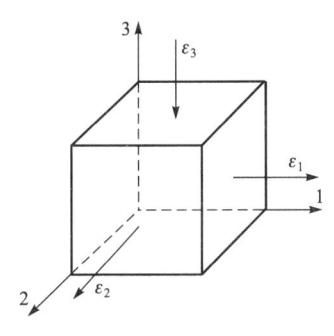

图 2-10　点的应变状态

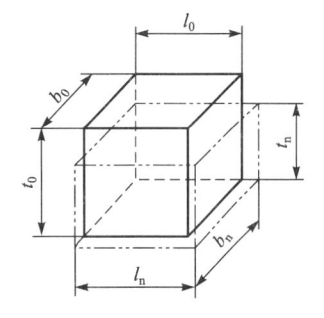

图 2-11　变形前后尺寸的变化

这样求得的应变为相对主应变（又称条件应变）。相对应变只考虑了物体变形前后尺寸的变化量，根本没有考虑材料的变形是一个逐渐积累的过程。

在实际变形过程中，尺寸 l_0 是经过无穷多个中间数值而逐渐变成 l_n。用微积分的方法，设 $\mathrm{d}l$ 是每一变形阶段的长度增量，则总的变形程度为

$$\varepsilon_1 = \int_0^{l_n} \frac{\mathrm{d}l}{l} = \ln \frac{l_n}{l_0}$$

同理可得 ε_2、ε_3。

$$\varepsilon_2 = \ln \frac{b_n}{b_0} \tag{2-13}$$

$$\varepsilon_3 = \ln \frac{t_n}{t_0}$$

ε_1、ε_2、ε_3 反映了物体变形的实际情况，故称之为实际应变或对数应变。ε 为正值表示伸长变形，ε 为负值则表示压缩变形。

实际应变与相对应变之间的关系为

$$\varepsilon = \ln(1+\delta) \tag{2-14}$$

塑性变形体积不变定律：塑性变形时的物体体积不变，塑性变形以前的体积等于其变形后的体积。即

$$\varepsilon_1 + \varepsilon_2 + \varepsilon_3 = 0 \tag{2-15}$$

由体积不变定律可知：塑性变形时，三个正应变分量不可能全部都是同号的，因为体积不变，有伸长就必定有压缩，所以主应变状态图只可能有以下三类。

① 具有一个正应变及两个负应变。

② 具有一个负应变及两个正应变。

③ 一个主应变为零，另两个应变之大小相等符号相反（如图 2-12 所示）。

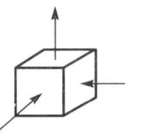

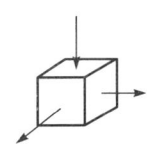

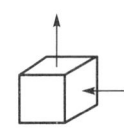

图 2-12　主应变状态图

五、影响金属塑性和变形抗力的主要因素

变形抗力和塑性是两个不同的概念，塑性反映材料变形的能力，变形抗力则反映材料变形的难易程度。塑性加工中的一个重要问题就是如何充分利用金属的塑性并在最小变形抗力的情况下获得所需要的工件。为此有必要对影响金属塑性和变形抗力的因素进行分析和讨论，这里仅讨论物理方面的因素。

1. 金属组织

组成金属的晶格类型、化学成分、组织状态、晶粒大小、形状及晶界强度等不同，金属的塑性就不同。

（1）组成金属的化学成分越复杂，对金属的塑性及变形抗力的影响越大。

碳：碳对碳钢的性能影响最大。碳能溶于铁，形成铁素体和奥氏体固溶体，它们都具有良好的塑性和低的变形抗力。但当碳的含量超过铁的碳溶能力，多余的碳便与铁形成化合物 Fe_3C，称为渗碳体。渗碳体具有很高的硬度，而塑性几乎为零，对基体的塑性变形起阻碍作用，而使碳钢塑性降低，变形抗力提高。随着碳含量的增加，渗碳体的数量也增加，塑性的降低和变形抗力的提高就更甚。在退火状态下，碳钢的塑性和变形抗力指标与碳含量的关系如图 2-13 所示。

磷：磷是钢中有害杂质，磷能溶于铁素体中，使钢的强度、硬度显著提高，塑性、韧性明显降低。尤其在低温时更严重，这种现象称为冷脆性。

硫：硫是钢中有害杂质，它在钢中几乎不溶解，而与铁形成 FeS，当钢在 800 ℃~1 200 ℃范围内进行塑性加工时，由于晶界处的硫化铁晶体塑性低或发生熔化，而导致零件开裂，这种现象称为热脆性。硫对低碳钢塑性的影响如图 2-14 所示。

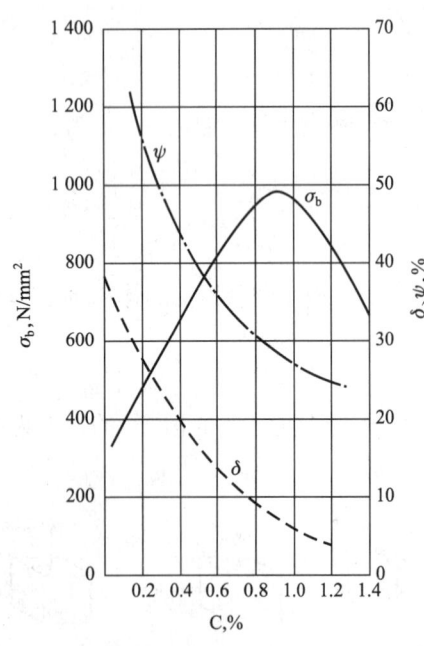

图 2-13 碳钢的塑性和抗力指标与碳含量的关系

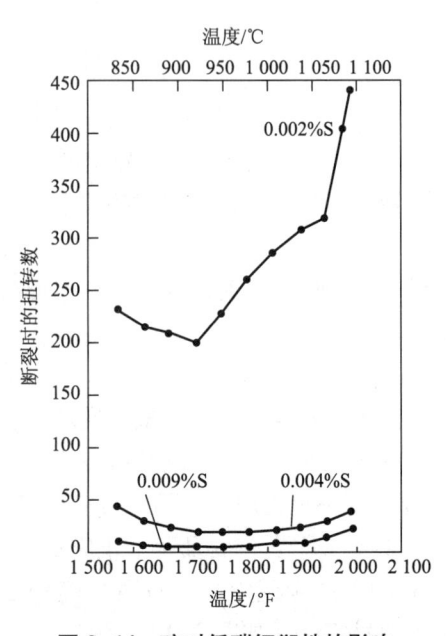

图 2-14 硫对低碳钢塑性的影响

(2) 钢在规定的化学成分内，由于组织的不同，塑性和变形抗力也会有很大的差别。

一般情况下，单相组织比多相组织的塑性好，多相组织由于各相性能不同，使得变形不均匀，同时基体相往往被另一相机械地分割，故塑性降低，变形抗力提高；金属的塑性随其纯度的提高而增加，例如，纯铁比碳钢的塑性好，变形抗力低。

(3) 晶粒细化有利于提高金属的塑性，但同时也提高了变形抗力。

细晶粒金属的晶粒数目比粗晶粒金属多，塑性变形时位向有利于滑移的晶粒也较多，故变形较均匀地分散到各个晶粒，塑性提高。晶界两侧晶粒的取向不同，当其中一个发生滑移时，位错运动将在晶界附近受阻而塞积起来，形成所谓位错塞积群，即需要增加变形抗力。

2. 变形温度

变形温度对金属和合金的塑性与变形抗力有着重要影响。就大多数金属和合金而言，其总的趋势是：随着温度升高，塑性增加，变形抗力降低。但在升温过程中，在某些温度区间，某些金属和合金的塑性会降低，变形抗力会提高，应尽量避免这些温度区间。提高变形温度的目的：提高塑性，增加材料在一次成形中所能达到的变形程度，降低材料的变形抗力，提高工件的成形准确度。

温度升高使塑性增加和变形抗力降低的原因有：发生了回复和再结晶；临界切应力降低，滑移系增加；金属和合金的组织结构发生变化，可能由多相组织转变为单相组织，也可能由对塑性不利的晶格转变为对塑性有利的晶格；热塑性作用的加强；晶界滑动的作用加强等。

3. 变形速度

变形速度：是指单位时间内应变的变化量。

变形速度的影响可分别从以下方面进行分析。

(1) 变形速度增大，单位时间内的应变量增加，金属的真实流动应力将提高，且由于没有足够的时间完成塑性变形而使断裂提前，故金属的变形抗力提高，塑性降低。

(2) 增加变形速度，由于温度效应显著，金属的温度将升高，从而降低变形抗力，增加塑性。

(3) 增加变形速度，同时也没有足够的时间进行回复和再结晶，使金属的变形抗力提高，塑性降低。

由此可见，变形速度对金属和合金的塑性和变形抗力的影响是一个十分复杂的问题，随着变形速度的增加，即有使金属的塑性减低和变形抗力增加的一面，又有作用相反的一面。而且不同学者的研究结果出入很大，难以提供确切的资料。一般凭生产经验而定，通常有以下几点。

(1) 对于小零件的冲压工序，如冲裁、弯曲、拉深、翻边等，一般可以只考虑设备的构造、公称压力、功率等，而不需考虑速度因素。

(2) 对于大型复杂零件的成形，宜用低速。因为大尺寸复杂零件成形时，坯料内各部分的变形极不均匀，易于产生局部拉裂或起皱。为了控制金属的流动情况，以采用低速压力机或油压机为宜。

(3) 对于加热成形工序，如加热拉深、加热缩口等，为了使坯料中的危险断面能及时冷却强化，宜用低速。

(4) 对于变形速度比较敏感的材料，如不锈钢、耐热合金、钛合金等，加载速度不宜超过 0.25 m/s。

4. 尺寸因素

同一种材料，在其他条件相同时，尺寸越大，组织和化学成分越不一致，杂质成分及分布越不均匀，应力分布越不均匀，塑性越差。

5. 应力状态

应力状态对金属的塑性有很大的影响，主应力状态图对金属塑性可按顺序排列为如图 2-4 所示的形式，图中序号越小，塑性越好；其规律是压应力的数目及数值越大和拉应力的数目和数值越小，金属的塑性越好。因为在变形过程中，压应力可以阻止材料内部微裂纹的扩展，使得材料在发生破坏前可以产生较大的塑性变形。而拉应力则促使材料内部微裂纹的扩展，使得材料在发生破坏前只能产生较小的塑性变形。

应力状态对金属的变形抗力有很大的影响，同号主应力引起变形所需的变形抗力大于异号主应力引起变形所需的变形抗力。

例如，铅通常具有很好的塑性，但在三向等拉应力作用下，却像脆性材料一样破裂，没有塑性变形。又如，极脆的大理石，在三向压应力作用下却能产生较大的塑性变形。这两个例子充分证明：材料的塑性，并非某种物质不变的性质，而是与物质种类、变形方式及变形条件有关。

学习单元二　塑性变形时应力与应变的关系

☞ **目的与要求：**
掌握塑性条件、塑性变形时的应力应变关系。

☞ **重点与难点：**
塑性变形时的应力应变关系。

一、塑性条件（又称屈服条件）

质点处于单向应力状态时，只要单向应力达到屈服极限，该质点即由弹性变形状态进入塑性变形状态。而在多向应力状态下，则不能仅仅用某一个应力数值与屈服极限的大小关系来判断质点是否进入塑性变形状态，必须同时考虑其他应力分量。而且只有当各应力分量之间符合一定条件时，质点才进入塑性变形状态。

塑性条件：决定受力物体内质点由弹性变形状态向塑性变形状态过渡的条件。

Tresca（屈雷斯加）的最大切应力理论：在一定的变形条件下，材料中最大切应力达到某一定值时就开始屈服。或者说：材料处于塑性状态时，其最大切应力始终是一不变的定值。该定值只取决于材料在变形条件下的性质，而与应力状态无关。这里所指的"定值"，实际上就是材料单向拉伸时屈服强度值的一半。

$$\tau_{12} = \left|\frac{\sigma_1-\sigma_2}{2}\right| = \frac{\sigma_s}{2} \text{ 或 } |\sigma_1-\sigma_2| = \sigma_s$$

$$\tau_{23} = \left|\frac{\sigma_2-\sigma_3}{2}\right| = \frac{\sigma_s}{2} \text{ 或 } |\sigma_2-\sigma_3| = \sigma_s \tag{2-16}$$

$$\tau_{31} = \left|\frac{\sigma_3-\sigma_1}{2}\right| = \frac{\sigma_s}{2} \text{ 或 } |\sigma_3-\sigma_1| = \sigma_s$$

设 $\sigma_1 \geqslant \sigma_2 \geqslant \sigma_3$，则

$$\tau_{\max} = \left|\frac{\sigma_1-\sigma_3}{2}\right| = \frac{\sigma_s}{2} \Rightarrow |\sigma_1-\sigma_3| = \sigma_s \tag{2-17}$$

Mises（密塞斯）的常数形变能量理论：在一定的变形条件下，无论变形物体内的质点所处的应力状态如何，只要该质点三个主应力的组合满足以下的条件，物体便开始屈服。

$$(\sigma_1-\sigma_2)^2 + (\sigma_2-\sigma_3)^2 + (\sigma_3-\sigma_1)^2 = 2\sigma_s^2 \tag{2-18}$$

密塞斯屈服条件的物理意义是：当物体质点内的单位体积的弹性形变能量达到临界值时，质点就进入塑性状态。

两个屈服条件实际上相当接近，在有两个主应力相等的应力状态下两者还是一致的；而且两个屈服条件的表达式都和坐标的选择无关，等式左边都是不变量的函数；三个主应力可以任意置换而不影响屈服；同时拉应力和压应力的作用是一样的。

二、塑性变形时应力与应变的关系

弹性变形时，其变形是可以恢复的，变形过程是可逆的，与变形物体的加载过程无关，应力和应变之间的关系是线性的并可以通过广义虎克定律来表示。但是，当外力所引起的应力分量满足塑性条件时，物体就由弹性变形阶段进入塑性变形阶段。应力和应变的关系是非线性的、不可逆的，应力和应变分量之间均不能简单叠加。

为了建立物体受力与变形之间的关系，只能取加载过程中某个微量时间间隔 dt 来研究，从而得到应力与应变增量之间的关系式，即增量理论。

$$\frac{d\varepsilon_1}{\sigma_1-\sigma_m} = \frac{d\varepsilon_2}{\sigma_2-\sigma_m} = \frac{d\varepsilon_3}{\sigma_3-\sigma_m} = 常数 \tag{2-19}$$

然而，增量理论在计算上困难很大，尤其当材料有加工硬化时，计算就更加复杂。但在简单加载——加载过程中只能加载不能卸载，应力分量之间按一定的比例增加，应力主轴的方向将固定不变时，塑性变形的每一时刻，主应力与主应变自己存在下列关系

$$\frac{\varepsilon_1}{\sigma_1-\sigma_m} = \frac{\varepsilon_2}{\sigma_2-\sigma_m} = \frac{\varepsilon_3}{\sigma_3-\sigma_m} = 常数 \tag{2-20}$$

此常数它只与材料的性质和变形程度有关，而与变形物体所处的应力状态无关。上述塑性变形时的物理方程为全量理论，是在简单加载的条件下建立的，一般用来研究小变形问题。但对冲压成形时的加载过程且主轴方向变化不大时，也可以应用。为此可利用公式（2-20）对冲压成形时，坯料中某些特定的、有代表性位置上金属的变形和应力的性质作出以下大致的定性分析。

（1）判断某个方向的主应变是伸长还是缩短，并不是看该方向受拉应力还是受压应力；受拉不一定伸长，受压不一定缩短；应该看该方向的应力值与平均主应力 σ_m 的差值，差值为正，则为拉应变；差值为负，则为压应变。

（2）当 $\sigma_1=\sigma_2=\sigma_3=\sigma_m$ 时，由 $\varepsilon_1+\varepsilon_2+\varepsilon_3=0$ 可知，坯料受三向等拉或等压的应力状态作用时，坯料不会产生任何塑性变形，仅有物体体积的弹性变形。三向等压应力又称为静水压力。

（3）主应力和主应变的作用方向是一致的，且三个主应力分量与三个主应变分量代数值的大小秩序互相对应。如主应力的秩序为 $\sigma_1 \geqslant \sigma_2 \geqslant \sigma_3$，则主应变的秩序也应为 $\varepsilon_1 \geqslant \varepsilon_2 \geqslant \varepsilon_3$。

（4）坯料受单向拉应力作用，$\sigma_1>0$，$\sigma_2=\sigma_3=0$ 时，$\sigma_1-\sigma_m=2\sigma_1/3>0$，由式（2-20）可知，$\varepsilon_1>0$，并且 $\varepsilon_1=-2\varepsilon_2=-2\varepsilon_3$。说明在单向受拉时，拉应力作用方向上为伸长变形，而其余两个方向上则产生压缩变形，且伸长变形为每一个压缩变形的 2 倍，如翻孔变形。

（5）坯料受单向压应力作用，$\sigma_3<0$，$\sigma_2=\sigma_1=0$ 时，$\sigma_3-\sigma_m=2\sigma_1/3>0$，由式（2-20）可知，$\varepsilon_3>0$，并且 $-\varepsilon_3=2\varepsilon_3=2\varepsilon_2$。说明在单向受压时，压应力作用方向上为压缩变形，而其余两个方向上则产生伸长变形，且压缩变形为每一个伸长变形的 2 倍，如缩口、拉深变形。

（6）坯料受二向等拉的平面应力作用，即，$\sigma_1=\sigma_2>0$，$\sigma_3=0$ 时，由式（2-20）可知：$\varepsilon_1=\varepsilon_2=-\varepsilon_3/2$，说明：当坯料受二向等拉的平面应力作用时，在二个拉应力作用方向上为伸长变形，其值相等，而在另一个没有主应力作用的方向上为压缩变形，其值为每一个伸长变形的 2 倍。平板坯料胀形时的中心部位就属于这种变形。

（7）由式（2-20）可知：当 $\varepsilon_2-\varepsilon_m=0$ 时，必然 $\varepsilon_2=0$，由于 $\varepsilon_1+\varepsilon_2+\varepsilon_3=0$，$\varepsilon_1=-\varepsilon_3$，即在主应力等于平均应力的方向上不产生塑性变形，而另外两个方向上的塑性变形在数量上相等，方向相反。

（8）当坯料受三向拉应力作用，而且 $\sigma_1>\sigma_2>\sigma_3>0$，则在最大拉应力 σ_1 的方向上的变形一定是伸长变形，在最小拉应力 σ_3 的方向上的变形一定是压缩变形；当坯料受三向压应力作用，而且 $0>\sigma_1>\sigma_2>\sigma_3$，则在最小应力 σ_3（绝对值最大）的方向上的变形一定是压缩变形，在最大应力 σ_1（绝对值最小）的方向上的变形一定是拉伸变形。

学习单元三　材料的冲压成形性能及加工硬化现象

☞ **目的与要求**：
掌握硬化规律、了解冲压成形性能指标。

☞ **重点与难点**：
冲压成形基本规律及应用、冲压成形性能指标。

一、板料的冲压成形性能与成形极限

1. 材料的冲压成形性能

冲压成形性能：板料对冲压成形工艺的适应能力。

板料的冲压成形性能是一个综合性的概念，包括成形极限和成形质量两个方面。

成形极限：指板料在发生失稳前所能达到的最大变形程度。

板料在成形过程中可能出现以下两种失稳现象。

拉伸失稳：即在拉应力作用下局部出现颈缩或拉裂。

压缩失稳：即在压应力作用下起皱。

对于不同的成形工序，成形极限是采用不同的极限变形系数来表示的。

在变形坯料的内部，凡是受到过大拉应力作用的区域，就会使坯料局部严重变薄，甚至拉裂而使冲件报废；凡是受到过大压应力作用的区域，若超过了临界应力就会使坯料失稳而起皱。

成形质量：指尺寸和形状精度、厚度变化、表面质量及成形后材料的物理力学性能等。

冲压件不但要求具有所需形状，还必须保证产品质量。

影响形状和尺寸精度的主要因素是回弹与畸变，因为在塑性变形过程总包含着一定的弹性变形，卸载后或多或少会出现回弹现象，使得尺寸和形状的精度降低。

影响厚度变化的主要原因是冲压成形伴随有伸长或压缩变形，由塑性变形体积不变定律可知，势必导致厚度变化。

影响表面质量的主要因素是中由于冲模间隙不合理或不均匀、模具表面粗糙以及材料黏附模具在冲压过程所造成的擦伤。

2. 板料的冲压成形性能试验方法

板料的冲压成形性能试验方法通常分为三种：力学试验、金属学试验（又称间接试验）和工艺试验（直接试验）。

力学试验方法有简单拉伸试验和双向拉伸试验等，用以测定板料的力学性能指标；间接试验方法有硬度试验、金相试验等，用以测定材料的硬度、表面粗糙度、化学成分等；直接试验方法有弯曲试验、胀形试验、拉深性能试验等，是用模拟实际生产中的某种冲压成形工艺的方法测定出相应的工艺参数。

1）板料拉伸试验

图 2-15 所示为对三种不同材料进行单向拉伸试验获得的拉伸曲线。通过单向试验可以得到以下力学性能指标。

（1）总伸长率 δ 和均匀伸长率 δ_b。

总伸长率 δ：试样破坏时的伸长率。

均匀伸长率 δ_b：试样开始产生局部变形时的伸长率。

均匀伸长率 δ_b 表示材料产生均匀或稳定的塑性变形的能力，直接决定材料

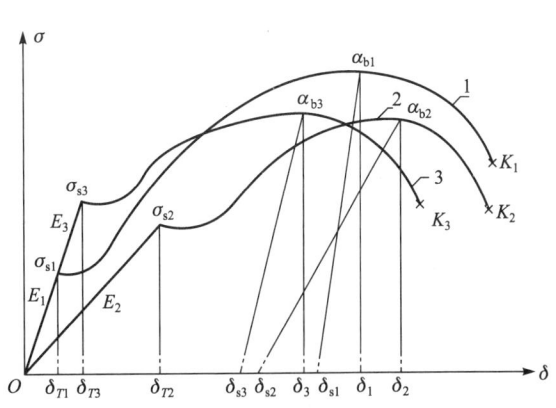

图 2-15 不同材料的拉伸曲线

在伸长类变形中的冲压成形性能。

如图 2-15 所示，此时的 δ_b 中包含有弹性变形 δ_T，如果外力取消后，则弹性变形发生回复，而塑性变形保留下来，得到相应的 δ_s（$\delta_s = \delta_b - \delta_T$）。

(2) 屈服极限 σ_s、强度极限 σ_b 以及屈强比 σ_s/σ_b。

屈服极限 σ_s 小，材料容易屈服，则变形抗力小，产生相同变形所需的变形力就小，压缩变形时因屈服极限 σ_s 小容易变形而不易出现起皱。

屈服极限与弹性模量的比值 σ_s/E 小，弯曲变形时的回弹变形小；如图 2-15 所示，$\sigma_{s1}/E_1 < \sigma_{s3}/E_3$，曲线 1 的弹性变形 δ_{T1} 比曲线 3 的弹性变形 δ_{T3} 要小，故外力去除后，回弹要小。

屈强比 σ_s/σ_b 小，说明 σ_s 小而 σ_b 大，即容易产生塑性变形而不易产生拉裂；拉深变形时，屈强比 σ_s/σ_b 小，即变形抗力小而强度高，变形区的材料易于变形而不易起皱，传力区的材料又有较高强度而不易拉裂，有利于提高拉深变形的变形程度。如图 2-15 所示。

(3) 硬化指数 n。

硬化指数 n：表示材料在塑性变形时加工硬化的强度。

n 大时，说明材料在变形过程中的加工硬化现象严重，真实应力增加过大。但这一点在拉伸变形过程中比较有利，因为变形总是遵循阻力最小定律。材料在拉伸时，整个过程的变形是不均匀的，在变形的初始阶段，材料处于均匀变形；长度伸长，截面尺寸减小，一方面材料截面尺寸不断减小使得承载能力降低，另一方面集中变形产生加工硬化使变形抗力提高，又导致材料的承载能力迅速提高，按弱区先变形原则，变形区就不断转移，即变形不是集中在某一局部进行，其结果在宏观上表现为均匀变形。根据材料的硬化特性，材料的加工硬化随变形程度的增加而逐渐减弱，当变形进行到一定时刻，硬化效应与截面减小对承载能力的影响刚好相等时，最弱截面处的承载能力得不到提高，变形不能转移，于是变形开始集中在某一局部进行，形成缩颈，直至拉断。因此当 n 大时，材料加工硬化严重，硬化使材料的强度得到提高，制止了局部集中变形的进一步发展，可以扩大均匀变形区，增大极限变形程度。

(4) 板厚方向系数 γ。

板厚方向系数 γ：是指板料试样在单向拉伸时，宽向和厚向应变之比（又称塑性应变比）。γ 值的大小反映了板料平面方向和厚度方向变形的难易程度。

γ 值越大，则板料平面方向变形越容易，而厚度方向变形越困难。这对拉深变形过程极为有利，因为在拉深变形过程中，我们希望板料平面方向容易变形而不出现起皱，板厚方向变形困难而避免变薄甚至拉裂，这样就可以提高拉深变形的变形程度。

2) 弯曲试验

弯曲试验的目的是为了鉴定板料对弯曲成形的适应性。

如图 2-16 所示的弯曲试验是将夹在特制钳口的板

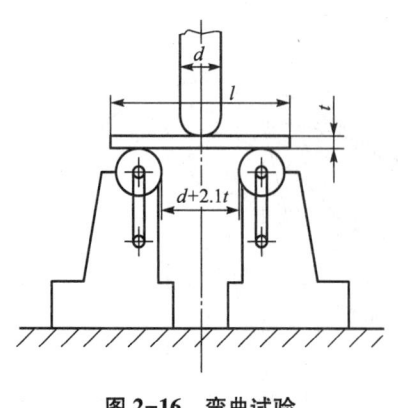

图 2-16 弯曲试验

料作反复弯曲,依次向右侧及左侧弯曲90°直至断裂或达到技术中规定的弯曲次数。弯曲半径越小,反复弯曲的次数越多,其成形性能越好。

3)胀形试验(又称杯突试验)

胀形试验的原理如图2-17所示。试验时将符合试验尺寸的板料试样放在凹模与压边圈之间压死,使受压部分金属无法流动,然后用试验所规定的球形凸模将试样压入凹模,直至破裂并停止试验,测量此时凸模的压入深度 h 作为试验结果。h 值越大,胀形成形性能越好。

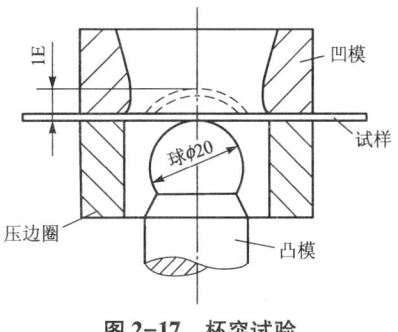

图 2-17 杯突试验

二、冷冲压成形中的硬化现象和硬化曲线

1. 硬化现象

加工硬化:金属材料在常温下产生塑性变形,其结果是引起材料力学性能的变化,表现为材料的强度指标(屈服强度 σ_s 与抗拉强度 σ_b)随着变形程度的增加而增加,塑性指标(伸长率 δ 与端面收缩率 Ψ)随之降低的现象。

加工硬化不利的方面:使进一步变形变得困难,如翻孔时,冲孔边缘的硬化导致开裂,则降低了变形程度。

加工硬化有利的方面:加工硬化能够减少过大的局部变形,如胀形时,使变形趋于均匀,增大成形极限,同时也提高了材料的强度。因此,在进行变形区内各部分的应力分析和各种工艺参数的确定时,必须考虑到加工硬化所产生的影响。

2. 硬化曲线

冲压变形时材料的变形抗力随变形程度的变化情况可以用硬化曲线表示。一般可用单向拉伸或压缩试验方法得到材料的硬化曲线。

假想应力:按各加载瞬间之载荷 F 除以变形前试样的原始截面积 A_0 计算,而没有考虑变形过程中试样截面积的变化,因此 F/A_0 并不能反映试样在各变形瞬间的真正应力。

绘制硬化曲线时(如图2-18所示),如果应力指标采用假想应力来表示的曲线则称为假想应力曲线,由假想应力的定义可知,假想应力曲线并不能反映试样在各变形瞬间的真正应力的变化情况。

真实应力:按各加载瞬间之载荷 F 除以该瞬间试样的截面面积 A 计算,即 F/A。

真实应力曲线:真实应力与相对应变 δ 或实际应变 ε 之间的关系曲线,又称硬化曲线或变形抗力曲线。

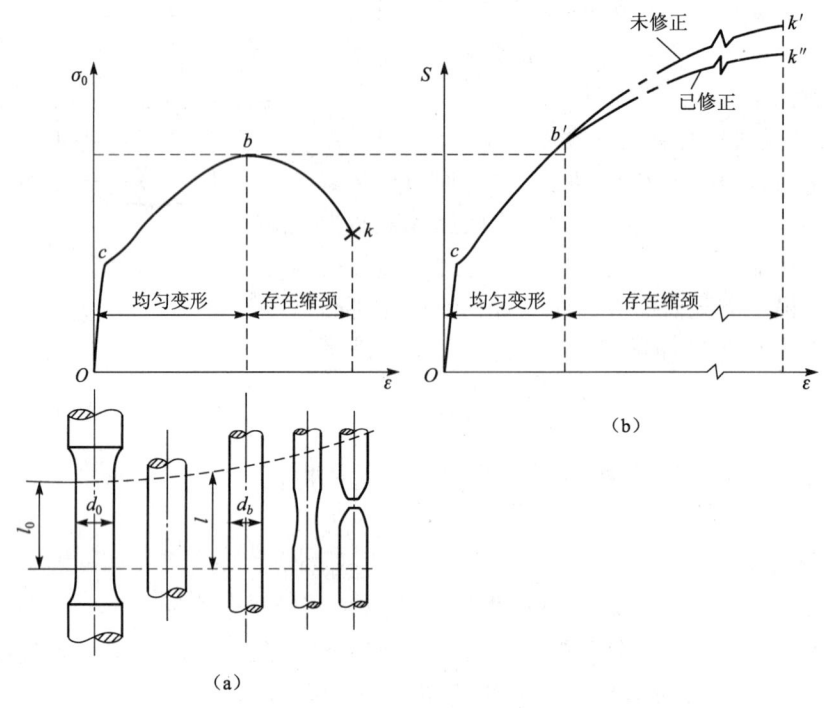

图 2-18　条件应力—应变曲线与真实应力—应变曲线

思考题

1. 影响金属塑性和变形抗力的因素有哪些？
2. 什么是塑性变形体积不变定律？主应变图有哪几类？主应力图又有哪几种？
3. 什么是金属的塑性，什么是塑性变形？
4. 什么是加工硬化和硬化指数？加工硬化对冲压成形有何影响？
5. 什么是材料的板平面方向性系数？其大小对材料的冲压成形有哪些方面的影响？

模块三　冲　　裁

> ☞ **内容提要：**
> 冲裁是最基本的冲压工序，本章是本课程的重点。在分析冲裁变形过程及影响冲裁件质量因素的基础上，介绍冲裁工艺计算、工艺方案制定和冲裁模设计。涉及冲裁变形过程分析、冲裁件质量及其影响因素、合理间隙确定、刃口尺寸计算原则和方法、排样设计、冲裁力与压力中心计算、冲裁工艺性分析与工艺方案制定、冲裁典型结构、零部件设计及模具标准应用、冲裁模设计方法与步骤等。

冲裁：是利用模具使材料产生分离的一种冲压工序。

冲裁是冲压工艺的最基本工序之一。冲裁的应用非常广泛，它既可直接冲制成品零件，又可以为弯曲、拉深等其他工序制备毛坯。冲裁包括冲孔、落料、切口、切边、剖切等多种分离工序。其中落料和冲孔是最常见的两种冲裁工序（分离工序）。

落料：使材料沿封闭曲线相互分离，且以封闭曲线以内的部分作为冲裁件的分离工序。

冲孔：使材料沿封闭曲线相互分离，且以封闭曲线以外的部分作为冲裁件的分离工序。

如图 3-1 所示的垫圈即由落料和冲孔两道工序完成。

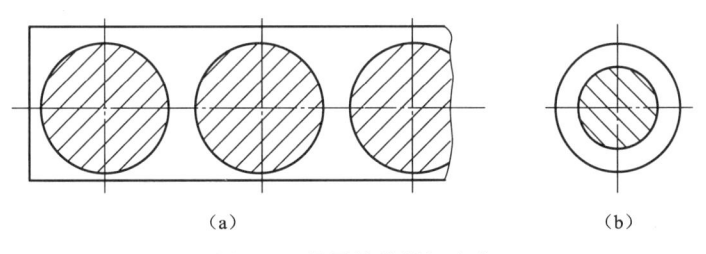

图 3-1　垫圈的落料与冲孔
（a）落料；（b）冲孔

冲裁模：冲裁所使用的模具。

冲裁模是冲裁过程必不可少的工艺装备。任何一副冲裁模总可分成上模和下模两部分，上模一般固定在压力机的滑块上，并随滑块一起上下运动，下模固定在压力机的工作台上。

根据变形机理的不同，冲裁可分为普通冲裁和精密冲裁。

学习单元一 冲裁过程的分析

> ☞ **目的与要求：**
> 1. 了解冲裁变形规律、变形过程、冲裁切断面的组成。
> 2. 掌握冲裁变形的应力状态分析、冲裁切断面分析。
> 3. 了解冲裁件质量及影响因素、提高冲裁件断面质量的措施。
>
> ☞ **重点与难点：**
> 冲裁变形过程及变形规律、冲裁件断面质量。

一、变形过程

图 3-2 所示为简单冲裁模。

上模部分：由模柄 1、凸模 2 等组成。

下模部分：由凹模 4、下模座 5 等组成。

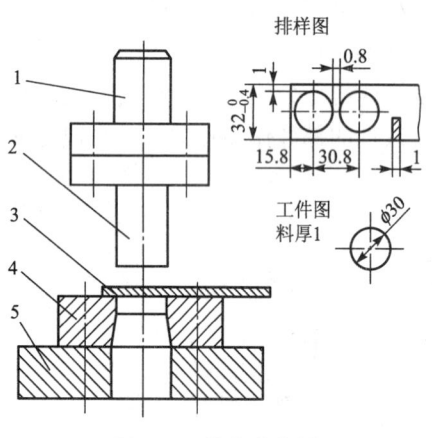

图 3-2 简单冲裁模
1—模柄；2—凸模；3—条料；
4—凹模；5—下模座

模具的工作零件是凸模和凹模，且凹模洞口的直径比凸模直径略大，组成具有一定间隙的上下刃口。

冲裁时，先将条料 3 置于凹模上面并定位，当滑块带动上模部分下行时，凸模便快速冲穿条料进入凹模，使条料分离而完成冲裁。卡在凹模洞口中的这部分材料即为我们所需要的工件，按照前面的定义，此工序为落料。冲裁变形过程大致可以分为如下三个阶段（图 3-3）。

1. 弹性变形阶段（图 3-3（a））

在凸模压力下，条料产生弹性压缩、拉伸和弯曲变形，凹模上的条料则向上翘曲，材料越硬，间隙越大，弯曲和上翘越严重。同时，凸模稍许挤入条料上部，条料的下部则稍许挤入凹模洞口内，但条料内的应力分量不满足塑性条件。所以压力去掉之后，条料立即恢复原状。

2. 塑性变形阶段（图 3-3（b））

因条料发生弯曲，凸模沿宽度为 b 的环形带继续加压，当应力分量满足塑性条件时，条料便开始进入塑性变形阶段。凸模挤入条料上部，同时条料下部挤入凹模洞口内，形成光亮的塑性剪切面。随着凸模继续下行，塑性变形程度增大，变形区的材料加工硬化加剧，冲裁变形抗力不断增大，直到刃口附近侧面的条料由于拉应力的作用出现微裂纹时，塑性变形阶段便告结束，此时冲裁变形抗力达到最大值。由于凸、凹模间存在间隙，故在这个阶段中条料还伴随着弯曲和拉伸变形。间隙越大，弯曲和拉伸变形越大。

3. 断裂分离阶段（图3-3（c），（d），（e））

条料内裂纹首先在凹模刃口附近的侧面产生，紧接着才在凸模刃口附近的侧面产生。已形成的上、下微裂纹随凸模继续压入沿最大切应力方向不断向条料内部扩展，当上、下裂纹相遇时，条料便被剪断分离。随后，凸模将分离的条料推入凹模洞口内，冲裁过程便告结束。

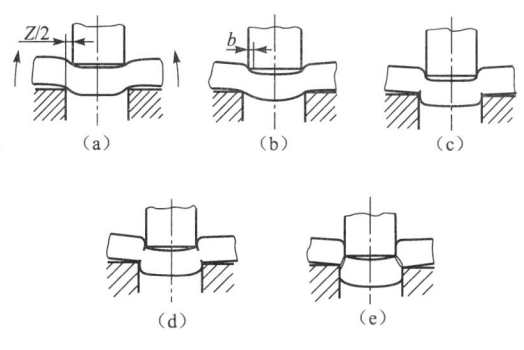

图3-3 冲裁变形过程

二、冲裁变形时的应力状态分析

冲裁时，条料最大的塑性变形集中在以凸、凹模刃口连线为中线而形成的纺锤形区域内，如图3-4（a）所示，即从模具刃口向条料中心，变形区逐步扩大。材料的塑性越好，硬化指数越大，则纺锤形的宽度越大。

图3-4（b）表示纺锤形区随着凸模挤入条料深度的增加而逐渐缩小，且被在此以前已经变形并加工硬化了的区域所包围。

由于冲裁时条料的变形受到材料的性质、弯曲的影响，其变形区的应力状态是复杂的，且与变形过程有关。图3-5所示为无压料板压紧条料的冲裁过程中塑性变形阶段变形区的应力状态，其中：

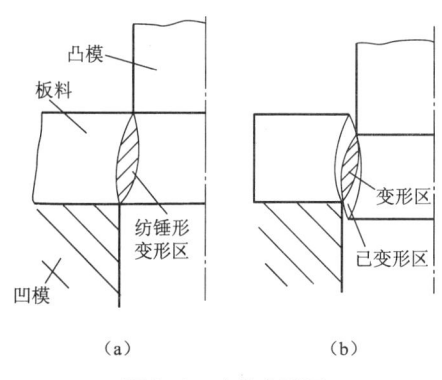

图3-4 冲裁变形区

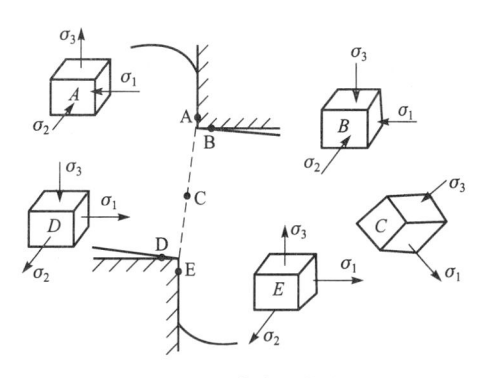

图3-5 冲裁应力状态图

(1) A 点（凸模侧面）：σ_1 为条料弯曲与凸模侧压力引起的径向压应力，σ_2 为条料弯曲引起的切向压应力，σ_3 为凸模下压引起的轴向拉应力。

(2) B 点（凸模端面）：凸模下压及条料弯曲引起的三向压应力。

(3) C 点（切割区中部）：σ_1 为条料受拉伸而产生的拉应力（沿条料纤维方向），σ_3 为条料受挤压而产生的压应力（垂直于纤维方向）。

(4) D 点（凹模端面）：σ_1、σ_2 分别为条料弯曲引起的径向拉应力和切向拉应力，σ_3 为凹模挤压条料产生的轴向压应力。

(5) E 点（凹模侧面）：σ_1、σ_2 为由条料弯曲引起的拉应力，σ_3 为凸模下压引起的轴向拉应力。

从图 3-5 中可知：由于在 E 点的应力状态组成中拉应力数目最多（三个），故条料内的微裂纹首先在凹模刃口附近的侧面（E 点）产生；A 点的应力状态组成中拉应力数目虽然只有一个（σ_3），但数值最大，紧接着才在凸模刃口附近的侧面（A 点）产生。

三、冲裁切断面分析

冲裁变形区的应力与变形情况和冲裁件切断面的状况如图 3-6 所示。从图中可以看出，冲裁件的切断面具有明显的区域性特征，它由塌角、光面、毛面和毛刺四个部分组成。

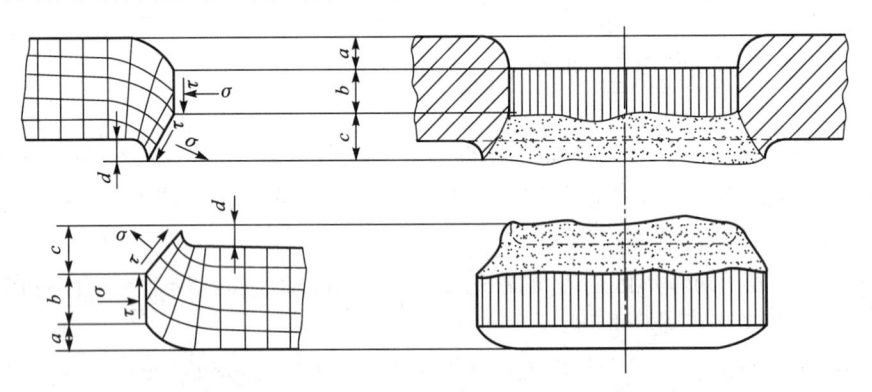

图 3-6　冲裁区应力、变形情况与冲裁切断面状况

塌角 a：它是由于冲裁过程中刃口附近的条料被牵连拉入变形（弯曲和拉伸）的结果。

光面 b：它是紧挨塌角并与条料平面垂直的光亮部分，它是在塑性变形过程中凸模（或凹模）挤压切入条料，使其受到剪切应力 τ 和挤压应力 σ 的作用而形成的。

毛面 c：它是表面粗糙且带有锥度的部分，是由于刃口处的微裂纹在拉应力 σ 作用下不断扩展断裂而形成的。

毛刺 d：冲裁毛刺是在刃口附近的侧面上条料出现微裂纹时形成的，当凸模继续下行时，便使已经形成的毛刺拉长并残留在冲裁件上，这也是普通冲裁中毛刺的不可避免性。不过，间隙合适时，毛刺的高度很小，易于去除。

四、提高冲裁件断面质量的措施

冲裁切断面上的塌角、光面、毛面和毛刺四个部分在整个断面上各占的比例不是一成不变的，其中光面所占比例的多少，决定冲裁件断面质量的高低。塑性差的材料，断裂倾向严重，毛面增宽，而光面、塌角所占的比例较小，毛刺也较小。反之，塑性较好的材料，光面所占的比例较大，塌角和毛刺也较大，而毛面则小一些。对同一种材料来说，这四个部分的比例又会随材料的厚度、冲裁间隙、刃口锐钝、模具结构和冲裁速度等各种冲裁条件的不同而变化。

由上述分析可知，要提高冲裁件的断面质量，就要增大光面的宽度，缩小塌角和毛刺高度，并减小冲裁件翘曲。

增大光面宽度的关键在于增加塑性变形，推迟剪裂纹的发生，因而就要尽量减小条料内的拉应力成分，增强压应力成分和减小弯曲力矩。其主要措施有以下几方面。

（1）减小冲裁间隙。
（2）用压料板压紧凹模面上的条料。
（3）对凸模下面的条料用顶板施加反向压力。
（4）合理选择搭边，改善润滑条件等。

学习单元二　冲裁模间隙

> ☞ **目的与要求：**
> 1. 了解冲裁间隙对冲裁件切断面质量、尺寸精度和表面平直度的影响。
> 2. 了解冲裁间隙对模具寿命、冲裁力、卸料力和推件力的影响。
> 3. 了解合理间隙的确定。
>
> ☞ **重点与难点：**
> 间隙对冲裁件切断面质量、尺寸精度和表面平直度的影响。

冲裁凸模和凹模之间的间隙，不仅对冲裁件的质量有极重要的影响，而且还影响模具寿命、冲裁力、卸料力和推件力等。因此，冲裁间隙是一个非常重要的工艺参数。

一、间隙对冲裁件质量的影响

冲裁间隙 Z： 指凹模刃口横向尺寸 D_A 与凸模刃口横向尺寸 d_T 的差值。

如图 3-7 所示，Z 表示双面间隙，单面间隙用 $Z/2$ 表示，如无特殊说明，冲裁间隙就是

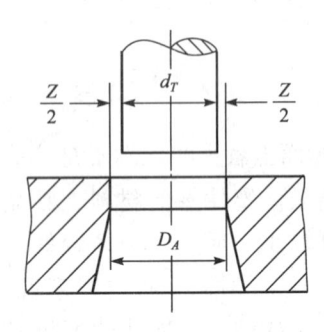

图 3-7 冲裁模间隙图

指双面间隙。Z 值可为正，也可为负，但在普通冲裁中，均为正值。

冲裁件的质量主要通过切断面质量、尺寸精度和表面平直度来判断。在影响冲裁件质量的诸多因素中，间隙是主要的因素之一。

1. 间隙对断面质量的影响

当凸、凹模间隙合适时，凸、凹模刃口附近所产生的裂纹在冲裁过程中能会合，此时尽管断面与材料表面不垂直，但还是比较平直、光滑、毛刺较小，制件的断面质量较好如图 3-8 (b) 所示。

当间隙过小时，变形区内弯矩小、压应力成分高。由凹模刃口附近产生的裂纹进入凸模下面的压应力区而停止发展；由凸模刃口附近产生的裂纹进入凹模上表面的压应力区也停止发展。上、下裂纹不重合。在两条裂纹之间的材料将被第二次剪切。当上裂纹压入凹模时，受到凹模壁的挤压，产生第二光面，同时部分材料被挤出，在表面形成薄而高的毛刺，见图 3-8 (a)。

当间隙过大时，因为弯矩大，拉应力成分高，塑性变形阶段提前结束，且凸、凹模附近产生的裂纹也不重合，而是向内错开了一段距离，于是毛面变宽，光面变窄，塌角与斜度增大，形成厚而大的毛刺。如图 3-8 (c) 所示。

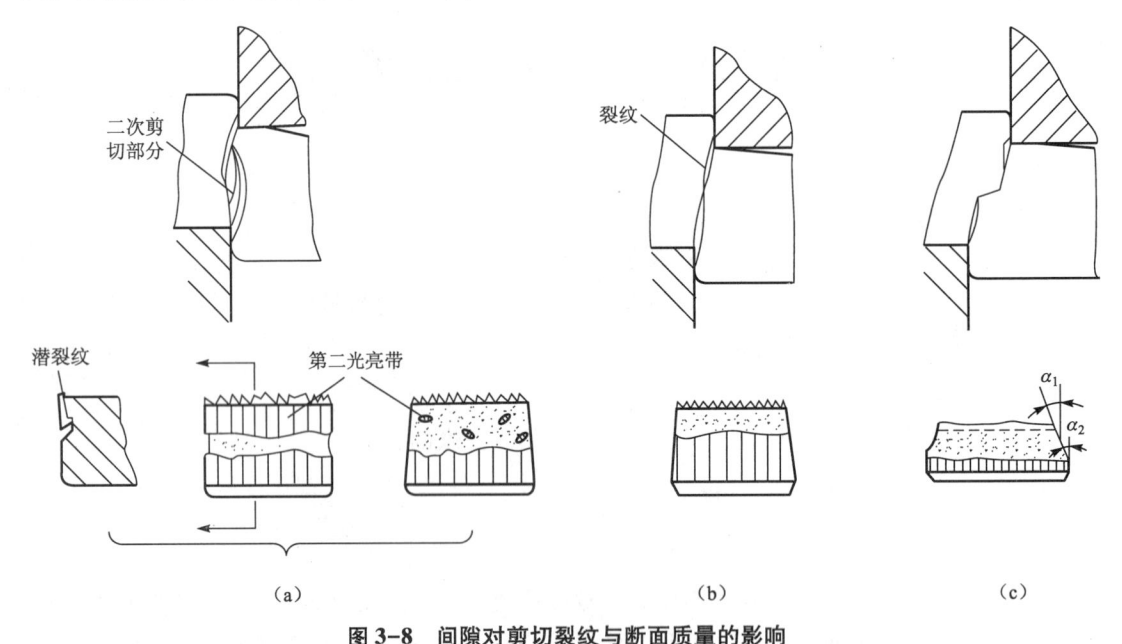

图 3-8 间隙对剪切裂纹与断面质量的影响
(a) 间隙过小；(b) 间隙合理；(c) 间隙过大

由于模具制造或装配的误差，往往造成模具间隙不均匀，可能在凸、凹模之间存在着间隙合适、间隙过大和间隙过小的几种情况，因此有可能在冲裁件的整个冲裁轮廓上分布着各种情况的断面。普通冲裁毛刺的允许高度见表 3-1。

表 3-1 普通冲裁毛刺的允许高度　　　　　　　　　　　　单位：mm

料厚 t	≤0.3	>0.3~0.5	>0.5~1.0	>1.0~1.5	>1.5~2.0
生产时	≤0.05	≤0.08	≤0.10	≤0.13	≤0.15
试模时	≤0.015	≤0.02	≤0.03	≤0.04	≤0.05

2. 间隙对尺寸精度的影响

冲裁件的尺寸精度：是指冲裁件光面的实际尺寸与基本尺寸的差值。差值越小，则精度越高。

由于冲裁断面存在区域性特征，故在冲裁件尺寸的测量和使用中，都是以光面的尺寸为基准。从整个冲裁过程来看，影响冲裁件的尺寸精度有以下两大方面的因素。

（1）冲模本身的制造精度。

（2）冲裁结束后冲裁件相对于凸模或凹模尺寸的偏差。

冲裁件尺寸偏离凸、凹模尺寸的原因是：由于冲裁时产生的弹性变形在冲裁结束后要发生弹性回复，当冲裁件从凹模内推出（落料）或从凸模上卸下（冲孔）时，相对于凸、凹模尺寸就会产生偏差。影响这个偏差值的因素有：间隙、材料性质、工件形状与尺寸等。其中间隙值起主导作用。

当冲裁间隙适当时，在冲裁过程中，板料的变形区在剪切作用下被分离，使落料件的尺寸等于凹模尺寸，冲孔件尺寸等于凸模的尺寸。

当间隙过大，板料在冲裁过程中除受剪切外还产生较大的拉伸与弯曲变形，冲裁后因材料弹性回复，将使冲裁件尺寸向实体方向收缩。对于落料件，其尺寸将会小于凹模尺寸，对于冲孔件，其尺寸将会大于凸模尺寸。

当间隙过小，则板料的冲裁过程中除剪切外还会受到较大的挤压作用。冲裁后，材料的弹性回复使冲裁件尺寸向实体的反方向胀大。对于落料件，其尺寸将会大于凹模尺寸；对于冲孔件，其尺寸将会小于凸模尺寸。

二、间隙对冲裁力的影响

试验证明，冲裁力随着间隙的增大会有一定程度的降低，但当单面间隙介于材料厚度的5%~20%范围内时冲裁力的降低不超过5%~10%。因此，在正常情况下，间隙对冲裁力的影响不大。

间隙对卸料力、推件力的影响比较显著。随着间隙增大，卸料力和推件力都将减小。一般当单面间隙增大到材料厚度的15%~25%时，卸料力几乎降到零。

三、间隙对模具寿命的影响

模具寿命分为刃磨寿命和模具总寿命。

刃磨寿命：是指两次刃磨之间模具所生产的合格制件数。

模具总寿命：是指到模具失效时所生产的合格制件总数。

模具失效的形式一般有:磨损、变形、崩刃、折断和胀裂。

凸、凹模磨钝后,其刃口处形成圆角,冲裁件上就会出现不正常的毛刺(图3-9),凸模刃口磨钝时,在落料件边缘产生毛刺;凹模刃口磨钝时,在冲孔件的孔口边缘产生毛刺。此时必须修磨凸、凹模的刃口。

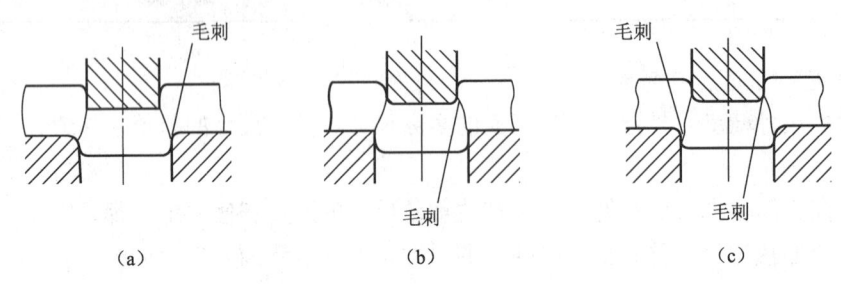

图3-9 凸、凹模磨钝后毛刺的形成
(a) 凹模磨钝; (b) 凸模磨钝; (c) 凸、凹模磨钝

冲裁过程中作用于凸、凹模上的力如图3-10所示,凸、凹模刃口受着极大的垂直压力与侧压力的作用,高压使刃口与被冲材料接触面之间产生局部附着现象,当接触面相对滑动时,附着部分就产生剪切而引起磨损。这种附着磨损,是冲模磨损的主要形式。接触压力越大,相对滑动距离越大,模具材料越软,则磨损量越大。而冲裁中的接触压力,即垂直力、侧压力、摩擦力均随间隙的减小而增大,且间隙小时,光亮带变宽,摩擦距离增长,摩擦发热严重,所以小间隙将使磨损增加,甚至使模具与材料之间产生黏接现象。而接触压力的增大,还会引起刃口的压缩疲劳破坏,使之崩刃。

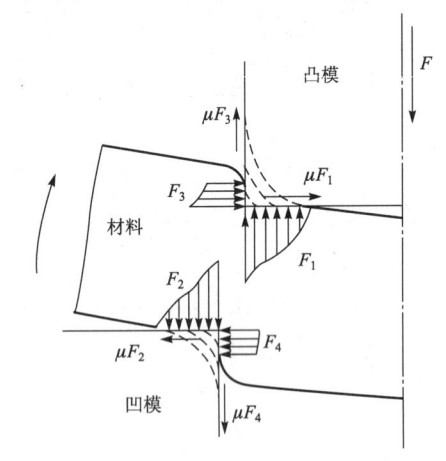

图3-10 凸、凹模受力及磨损情况

小间隙还会产生凹模胀裂,小凸模折断,凸、凹模相互啃刃等异常损坏。当然,影响模具寿命的因素很多,有润滑条件、模具制造材料和精度、表面粗糙度、被加工材料特性、冲裁件轮廓形状等都与模具寿命有关,但间隙却是其中一个主要因素。

为了减少凸、凹模的磨损,延长模具使用寿命,在保证冲裁件质量的前提下适当采用较大的间隙值是十分必要的。若采用小间隙,就必须提高模具硬度、精度,减小模具粗糙度值,改善润滑条件,以减小磨损。

四、合理间隙的确定

由以上分析可见,间隙对冲裁件质量、冲裁力、模具寿命等都有很大的影响。但很难找到一个固定的间隙值能同时满足冲裁件质量最佳、冲模寿命最长、冲裁力最小等各方面的要求。因此,在冲压实际生产中,主要根据冲裁件断面质量、尺寸精度和模具寿命这三个因素综合考虑,给间隙规定一个范围值。

合理间隙：能同时保证冲裁件质量和较长的模具寿命的冲裁间隙范围。
最小合理间隙（Z_{min}）：合理间隙范围的最小值。
最大合理间隙（Z_{max}）：合理间隙范围的最大值。

在生产过程中的磨损会使间隙变大，故设计与制造模具时应采用最小合理间隙 Z_{min}。确定合理间隙值有理论法和经验确定法两种。

1. 理论确定法

用理论法确定合理间隙值，是根据凸、凹模上下裂纹相互重合的原则进行计算。图 3-11 所示为冲裁过程中开始产生裂纹的瞬间状态，根据图中几何关系可求得合理间隙 Z 为

$$Z = 2(t-h_0)\tan\beta = 2t\left(1-\frac{h_0}{t}\right)\tan\beta \tag{3-1}$$

式中　t——材料厚度，单位：mm；
　　　h_0——产生裂纹时凸模挤入材料深度，单位：mm；
　　　h_0/t——产生裂纹时凸模挤入材料的相对深度；
　　　β——剪切裂纹与垂线的夹角，°。

由上式可看出，合理间隙 Z 与材料厚度 t、凸模相对挤入材料深度 h_0/t、裂纹角 β 有关，而 h_0/t 及 β 又与材料塑性有关（见表 3-2），因此，影响间隙值的主要因素是材料性质和厚度。材料厚度越大，塑性越低的硬脆材料，所需间隙 Z 值就越大；材料厚度越薄，塑性越好的材料，则所需间隙 Z 值就越小。由于理论计算法在生产中使用不方便，故目前广泛采用的是经验数据。

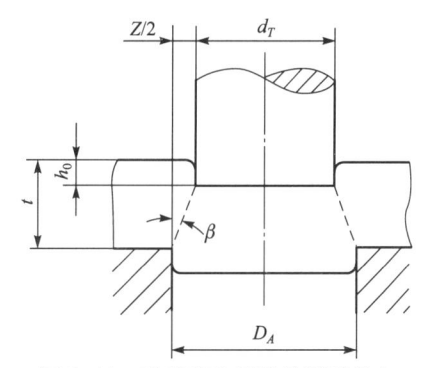

图 3-11　冲裁产生裂纹的瞬时状态

表 3-2　部分材料的 h_0/t 与 β 值

材　　料	h_0/t		$\beta/(°)$	
	退火	硬化	退火	硬化
软钢、纯铜、软黄铜	0.5	0.35	6	5
中硬钢、硬黄铜	0.3	0.2	5	4
硬钢、硬青铜	0.2	0.1	4	4

2. 经验确定法

根据研究与实际生产经验，间隙值可按要求分类查表确定。

对于尺寸精度、断面质量要求高的冲裁件应选用较小间隙值（表 3-3），这时冲裁力与模具寿命作为次要因素考虑。

对于尺寸精度和断面质量要求不高的冲裁件，在满足冲裁件要求的前提下，应以降低冲裁力、提高模具寿命为主，选用较大的双面间隙值（表 3-4）。

需要指出的是，当模具采用线切割加工，若直接从凹模中制取凸模，此时凸、凹模间隙

决定于电极丝直径、放电间隙和研磨量，但其总和不能超过最大单面初始间隙值。

表 3-3　冲裁模初始双面间隙值 Z　　　　　　单位：mm

材料厚度 t	软铝		纯铜、黄铜、软钢 $w_C = (0.08\sim 0.2)\%$		杜拉铝、中等硬钢 $w_C = (0.3\sim 0.4)\%$		硬钢 $w_C = (0.5\sim 0.6)\%$	
	Z_{min}	Z_{max}	Z_{min}	Z_{max}	Z_{min}	Z_{max}	Z_{min}	Z_{max}
0.2	0.008	0.012	0.010	0.014	0.012	0.016	0.014	0.018
0.3	0.012	0.018	0.015	0.021	0.018	0.024	0.021	0.027
0.4	0.016	0.024	0.020	0.028	0.024	0.032	0.028	0.036
0.5	0.020	0.030	0.025	0.035	0.030	0.040	0.035	0.045
0.6	0.024	0.036	0.030	0.042	0.036	0.048	0.042	0.054
0.7	0.028	0.042	0.035	0.049	0.042	0.056	0.049	0.063
0.8	0.032	0.048	0.040	0.056	0.048	0.064	0.056	0.072
0.9	0.036	0.054	0.045	0.063	0.054	0.072	0.063	0.081
1.0	0.040	0.060	0.050	0.070	0.060	0.080	0.070	0.090
1.2	0.050	0.084	0.072	0.096	0.084	0.108	0.096	0.120
1.5	0.075	0.105	0.090	0.120	0.105	0.135	0.120	0.150
1.8	0.090	0.126	0.108	0.144	0.126	0.162	0.144	0.180
2.0	0.100	0.140	0.120	0.160	0.140	0.180	0.160	0.200
2.2	0.132	0.176	0.154	0.198	0.176	0.220	0.198	0.242
2.5	0.150	0.200	0.175	0.225	0.200	0.250	0.225	0.275
2.8	0.168	0.225	0.196	0.252	0.224	0.280	0.252	0.308
3.0	0.180	0.240	0.210	0.270	0.240	0.300	0.270	0.330
3.5	0.245	0.315	0.280	0.350	0.315	0.385	0.350	0.420
4.0	0.280	0.360	0.320	0.400	0.360	0.440	0.400	0.480
4.5	0.315	0.405	0.360	0.450	0.405	0.490	0.450	0.540
5.0	0.350	0.450	0.400	0.500	0.450	0.550	0.500	0.600
6.0	0.480	0.600	0.540	0.660	0.600	0.720	0.660	0.780
7.0	0.560	0.700	0.630	0.770	0.700	0.840	0.770	0.910
8.0	0.720	0.880	0.800	0.960	0.880	1.040	0.960	1.120
9.0	0.870	0.990	0.900	1.080	0.990	1.170	1.080	1.260
10.0	0.900	1.100	1.000	1.200	1.100	1.300	1.200	1.400

注：(1) 初始间隙的最小值相当于间隙的公称数值。
(2) 初始间隙的最大值是考虑到凸模和凹模的制造公差所增加的数值。
(3) 在使用过程中，由于模具工作部分的磨损，间隙将有所增加，因而间隙的最大数值会超过表列数值。
(4) ω_C 为碳的质量分数，用其表示钢中的含碳量

表 3-4　冲裁模初始双面间隙值 Z　　　　　　　　　　　　　　　　　　　mm

材料厚度 t	08、10、35、Q295、Q235A		Q345		40、50		65Mn	
	$Z_{\min}$	$Z_{\max}$	$Z_{\min}$	$Z_{\max}$	$Z_{\min}$	$Z_{\max}$	$Z_{\min}$	$Z_{\max}$
<0.5	极小间隙							
0.5	0.040	0.060	0.040	0.060	0.040	0.060	0.040	0.060
0.6	0.048	0.720	0.048	0.072	0.048	0.072	0.048	0.072
0.7	0.064	0.092	0.064	0.092	0.064	0.092	0.064	0.092
0.8	0.072	0.104	0.072	0.104	0.072	0.104	0.064	0.092
0.9	0.090	0.126	0.090	0.126	0.090	0.126	0.090	0.126
1.0	0.100	0.140	0.100	0.140	0.100	0.140	0.090	0.126
1.2	0.126	0.180	0.132	0.180	0.132	0.180		
1.5	0.132	0.240	0.170	0.240	0.170	0.240		
1.75	0.220	0.320	0.220	0.320	0.220	0.320		
2.0	0.246	0.360	0.260	0.380	0.260	0.380		
2.1	0.260	0.380	0.280	0.400	0.280	0.400		
2.5	0.360	0.500	0.380	0.540	0.380	0.540		
2.75	0.400	0.560	0.420	0.600	0.420	0.600		
3.0	0.460	0.640	0.480	0.660	0.480	0.660		
3.5	0.540	0.740	0.580	0.780	0.580	0.780		
4.0	0.640	0.880	0.680	0.920	0.680	0.920		
4.5	0.720	1.000	0.680	0.960	0.780	1.040		
5.5	0.940	1.280	0.780	1.100	0.980	1.320		
6.0	1.080	1.440	0.840	1.200	1.140	1.500		
6.5			0.940	1.300				
8.0			1.200	1.680				

注：冲裁皮革、石棉和纸板时，间隙取 08 钢的 25%

学习单元三　凸、凹模刃口尺寸的计算

☞ 目的与要求：
1. 掌握凸、凹模刃口尺寸的计算原则。
2. 掌握凸、凹模刃口尺寸的计算方法及优缺点。

☞ 重点与难点：
凸、凹模刃口尺寸的计算方法。

一、计算原则

凸凹模的刃口尺寸和公差，直接影响冲裁件的尺寸精度。模具的合理间隙值也靠凸、凹模刃口尺寸及其公差来保证。因此，正确确定凸、凹模刃口尺寸和公差，是冲裁模设计中的一项重要工作。

由于凸、凹模之间存在间隙，故冲裁件断面都带有锥度，因而在冲裁件尺寸的测量和使用中，都是以光面的尺寸为基准。落料件的光面是因凹模刃口挤切材料产生的，故落料件光面尺寸与凹模刃口尺寸相等或基本一致；而冲孔件的光面是凸模刃口挤切材料产生的，故冲孔件光面尺寸与凸模刃口尺寸相等或基本一致。因此，确定凸、凹模刃口尺寸应按落料和冲孔两种情况分别进行，并遵循如下原则。

(1) 不管落料还是冲孔，冲裁间隙均选用最小合理间隙值 $Z_{\min}$。

(2) 设计落料模先确定凹模刃口尺寸，即以凹模刃口尺寸为基准。又因为落料件尺寸会随凹模刃口的磨损而增大，为保证凹模磨损到一定程度后仍然冲出合格零件，故落料凹模刃口的基本尺寸应取工件尺寸范围内的较小尺寸。而落料凸模刃口的基本尺寸则按凹模刃口的基本尺寸减最小合理间隙，即间隙取在凸模上。

(3) 设计冲孔模先确定凸模刃口尺寸，即以凸模刃口尺寸为基准。又因为冲孔件尺寸会随凸模刃口的磨损而减小，为保证凸模磨损到一定程度后仍然冲出合格零件，故冲孔凸模刃口的基本尺寸应取工件尺寸范围内的较大尺寸。而冲孔凹模刃口的基本尺寸则按凸模刃口的基本尺寸加最小合理间隙，即间隙取在凹模上。

(4) 为避免冲裁件尺寸偏向极限尺寸（落料时偏向最小尺寸，冲孔时偏向最大尺寸），应使冲裁件的实际尺寸尽量接近冲裁件公差带的中间尺寸，故引入系数 x，其值在 0.5~1 之间，与工件精度有关。可查表 3-5 或按下面关系选取。

工件精度 IT10 以上　　　　　$x = 1$
工件精度 IT13~IT11　　　　　$x = 0.75$
工件精度 IT14 以下　　　　　$x = 0.5$

表 3-5　系数 x 选取

料厚 /mm	非圆形			圆形	
	$x=1$	$x=0.75$	$x=0.5$	$x=0.75$	$x=0.5$
	工件公差 Δ/mm				
1	<0.16	0.17~0.35	≥0.36	<0.16	≥0.16
1~2	<0.20	0.21~0.41	≥0.42	<0.20	≥0.20
2~4	<0.24	0.25~0.49	≥0.50	<0.24	≥0.24
>4	<0.30	0.31~0.59	≥0.60	<0.30	≥0.30

(5) 选择模具刃口制造公差时，要考虑工件精度与模具精度的关系，既要保证工件的精度要求，又要保证有合理的间隙值。一般冲模精度较工件精度高 2~4 级。

① 对于形状简单的圆形、方形刃口，其制造偏差值可按 IT7~IT6 级来选取。
② 对于形状复杂的刃口，制造偏差可按工件相应部位公差值的 1/4 来选取。
③ 对于刃口尺寸磨损后无变化的，制造偏差值可取工件相应部位公差值的 1/8 并冠以"±"。

（6）工件尺寸公差与冲模刃口尺寸的制造偏差原则上都应按"入体"原则标注为单向公差。但对于磨损后无变化的尺寸，一般标注双向偏差。

"入体"原则：是指标注工件尺寸公差时应向材料实体方向单向标注。

二、计算方法

刃口尺寸的计算方法可以分为以下两类。

1. 凸模与凹模分别加工法

凸模与凹模分别加工法：凸模和凹模分别按图纸加工至尺寸，并分别标注凸模和凹模的刃口尺寸与制造偏差（δ_T，δ_A），适用于圆形和简单形状的制件。

为了保证初始间隙小于最大合理间隙 $Z_{\max}$，必须满足冲裁间隙条件

即
$$|\delta_T| + |\delta_A| + Z_{\min} \leq Z_{\max}$$
$$|\delta_T| + |\delta_A| \leq Z_{\max} - Z_{\min} \tag{3-2}$$

或取 $\delta_T \leq 0.4(Z_{\max} - Z_{\min})$，$\delta_A \leq 0.6(Z_{\max} - Z_{\min})$。

根据上述尺寸计算原则，冲裁件和凸、凹模的尺寸与公差分布状态如图 3-12 所示。

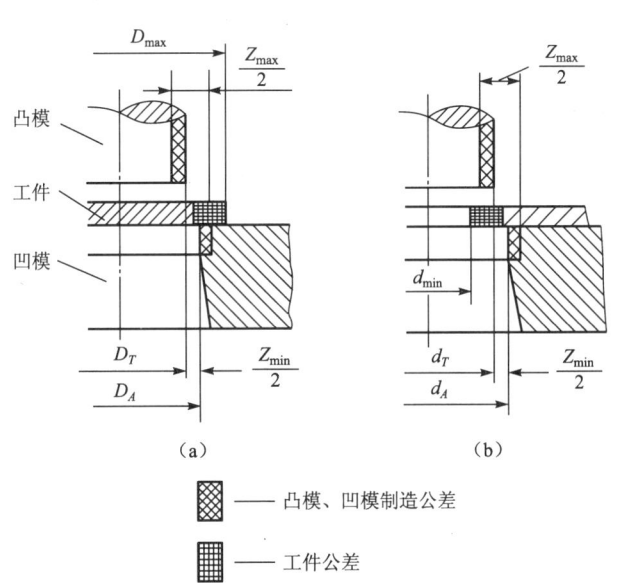

图 3-12 落料、冲孔时各部分尺寸与公差分布情况
（a）落料；（b）冲孔

由图可以得出下列计算公式。

1）落料

设落料件的尺寸为 $D_{-\Delta}^{0}$，根据计算原则，落料时以凹模为设计基准。首先确定凹模刃口

尺寸，使凹模刃口的基本尺寸接近或等于工件轮廓的最小极限尺寸；将凹模刃口尺寸减去最小合理间隙值即得到凸模刃口尺寸。

$$D_A = (D_{max} - x\Delta)^{+\delta_A}_{0} \quad (3-3)$$

$$D_T = (D_A - Z_{min})^{0}_{-\delta_T} = (D_{max} - x\Delta - Z_{min})^{0}_{-\delta_T} \quad (3-4)$$

式中 D_A、D_T——落料凹、凸模刃口尺寸，mm；

D_{max}——落料件的最大极限尺寸，mm；

Δ——工件制造公差，mm；

Z_{min}——最小合理间隙，单位：mm；

δ^x_A、δ_T——凹、凸模制造偏差，可按IT7~IT6级选项。也可查看表3-6选项。

2）冲孔

设冲孔件的尺寸为 $d^{+\Delta}_{0}$，根据计算原则，冲孔时以凸模为设计基准。首先确定凸模刃口尺寸，使凸模刃口的基本尺寸接近或等于工件孔的最大极限尺寸；将凸模刃口尺寸加上最小合理间隙值即得到凹模刃口尺寸。

$$d_T = (d_{min} + x\Delta)^{0}_{-\delta_T} \quad (3-5)$$

$$d_A = (d_T + Z_{min})^{+\delta_A}_{0} = (d_{min} + x\Delta + Z_{min})^{+\delta_A}_{0} \quad (3-6)$$

式中 d_T、d_A——冲孔凸、凹模刃口尺寸，mm；

d_{min}——冲孔件孔的最小极限尺寸，mm；

3）孔心距

孔心距属于磨损后基本不变的尺寸。在同一工步中，在工件上冲出孔距为 $L \pm \Delta/2$ 的两个孔时，其凹模型孔中心距 L_d 可按下式确定。

$$L_d = L \pm \frac{1}{8}\Delta \quad (3-7)$$

式中 L、L_d——工件孔心距和凹模孔心距的公称尺寸，mm。

凸、凹模分别加工法的优点是：凸、凹模具有互换性，制造周期短，便于成批制造。

缺点是：模具的制造公差小，模具制造困难，成本相对较高。特别是单件生产时，采用这种方法更不经济。

表3-6 规则形状（圆形、方形）冲裁时凸模、凹模的制造偏差　　单位：mm

基本尺寸	凸模偏差 δ_T	凹模偏差 δ_A	基本尺寸	凸模偏差 δ_T	凹模偏差 δ_A
≤18	0.020	0.020	>180~260	0.030	0.045
>18~30	0.020	0.025	>260~360	0.035	0.050
>30~80	0.020	0.030	>360~500	0.040	0.060
>80~120	0.025	0.035	>500	0.050	0.070
>120~180	0.030	0.040			

例3-1 冲制图3-13所示零件，材料为Q235钢，料厚 $t = 0.5$ mm。计算冲裁凸、凹模刃口尺寸及公差。

解：由图可知，该零件属于无特殊要求的一般冲孔、落料。

外形 $\phi 36_{-0.62}^{0}$ mm 由落料获得，$2\times\phi6_{0}^{+0.12}$ mm 和 18 ± 0.09 mm 由冲孔同时获得。查表 3-4 得

$Z_{\min}=0.04$ mm，$Z_{\max}=0.06$ mm

则 $Z_{\max}-Z_{\min}=(0.06-0.04)$ mm $=0.02$ mm 凸、凹模分别按 IT6 和 IT7 级加工制造。

1) 冲孔 $2\times\phi6_{0}^{+0.12}$ mm

查公差表得：$2\times\phi6_{0}^{+0.12}$ mm 为 IT12 级，取 $x=0.75$。

$\delta_{T}=0.008$ mm，$\delta_{A}=0.012$ mm

校核：$|\delta_{T}|+|\delta_{A}|\leqslant Z_{\max}-Z_{\min}$

0.008 mm $+0.012$ mm $\leqslant 0.06$ mm -0.04 mm

0.02 mm $\leqslant 0.02$ mm（满足间隙公差条件）

所以 $d_{T}=(d_{\min}+x\Delta)_{-\delta_{T}}^{0}=(6+0.75\times0.12)_{-0.008}^{0}$ mm $=6.09_{-0.008}^{0}$ mm

$d_{A}=(d_{T}+Z_{\min})_{0}^{+\delta_{A}}=(6.09+0.04)_{0}^{+0.012}$ mm $=6.13_{0}^{+0.012}$ mm

2) 孔距尺寸 $L_{d}=L\pm\dfrac{1}{8}\Delta=(18\pm0.125\times2\times0.09)$ mm $=(18\pm0.023)$ mm

3) 落料

查公差表得：$\phi 36_{-0.62}^{0}$ mm 为 IT14 级，取 $x=0.5$。$\delta_{T}=0.016$ mm，$\delta_{A}=0.025$。

校核：$|\delta_{T}|+|\delta_{A}|\leqslant Z_{\max}-Z_{\min}$。

0.016 mm $+0.025$ mm $=0.04$ mm >0.02 mm（不能满足间隙公差条件）。

因此，只有缩小 δ_{T}、δ_{A}，提高制造精度，才能保证间隙在合理范围内，由此可取

$\delta_{T}\leqslant 0.4(Z_{\max}-Z_{\min})=0.4\times 0.02$ mm $=0.008$ mm

$\delta_{A}\leqslant 0.6(Z_{\max}-Z_{\min})=0.6\times 0.02$ mm $=0.012$ mm

故 $D_{A}=(D_{\max}-x\Delta)_{0}^{+\delta_{A}}=(36-0.5\times 0.62)_{0}^{+0.012}$ mm $=35.69_{0}^{+0.012}$ mm

$D_{T}=(D_{A}-Z_{\min})_{-\delta_{T}}^{0}=(35.69-0.04)_{-0.008}^{0}$ mm $=35.65_{-0.008}^{0}$ mm

2. 凸模与凹模配作法

配作法：就是先按零件尺寸制出一个基准模（凸模或凹模），然后根据基准模刃口的实际尺寸再按最小合理间隙配制另一模。

特点：模具的间隙由配制保证，工艺比较简单，不必校核 $|\delta_{T}|+|\delta_{A}|\leqslant Z_{\max}-Z_{\min}$ 的冲裁间隙条件，并且还可放大基准件的制造公差，使制造容易。

设计时，基准件的刃口尺寸及制造公差应详细标注，而配作件上只标注公称尺寸，不标注公差，但必须在图纸上注明："凸（凹）模刃口尺寸按凹（凸）模实际刃口尺寸配制，保证最小合理间隙值 $Z_{\min}$。"

采用配作法，计算凸模或凹模刃口尺寸，首先是根据凸模或凹模磨损后轮廓变化情况，正确判断出模具刃口各个尺寸在磨损过程中是变大、变小还是不变这三种情况，然后分别按不同的公式计算。

1) 凸模或凹模磨损后会增大的尺寸——第一类尺寸 A

落料凹模或冲孔凸模磨损将会增大的尺寸，相当于简单形状的落料凹模尺寸，所以它的基本尺寸及制造公差的确定方法与公式（3-3）相同。

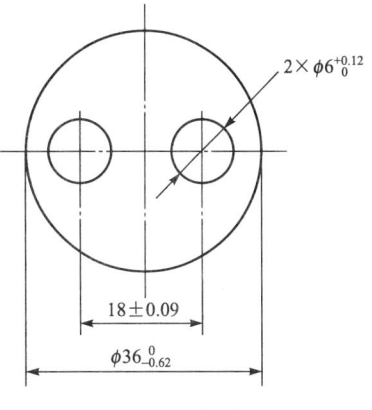

图 3-13 零件图

$$A_j = (A_{max} - x\Delta)^{+\frac{1}{4}\Delta}_{0} \quad (3-8)$$

2）凸模或凹模磨损后会减小的尺寸——第二类尺寸 B

冲孔凸模或落料凹模磨损后将会减小的尺寸，相当于简单形状的冲孔凸模尺寸，所以它的基本尺寸及制造公差的确定方法与公式（3-5）相同。

$$B_j = (B_{min} - x\Delta)^{0}_{-\frac{1}{4}\Delta} \quad (3-9)$$

3）凸模或凹模磨损后基本不变的尺寸——第三类尺寸 C

凸模或凹模在磨损后基本尺寸不变的尺寸，不必考虑磨损的影响，相当于简单形状的孔心距尺寸，所以它的基本尺寸及制造公差的确定方法与公式（3-7）相同。

$$C_j = \left(C_{min} + \frac{1}{2}\Delta\right) \pm \frac{1}{8}\Delta = \left(C_{max} - \frac{1}{2}\Delta\right) \pm \frac{1}{8}\Delta \quad (3-10)$$

式中　A_j、B_j、C_j——模具基准件尺寸，mm；

A_{max}、B_{min}、C_{min}、C_{max}——工件极限尺寸，mm；

Δ——工件公差，mm。

例 3-2　如图 3-14 所示为某厂生产的中夹板零件图，试计算落料凹模、凸模刃口尺寸。

解：考虑到工件形状比较复杂，采用配做法加工凹、凸模。凹模磨损后其尺寸变化有三种情况，见图 3-15。

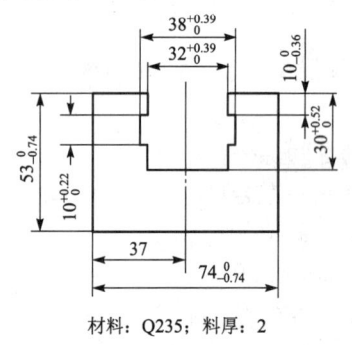

图 3-14　中夹板零件

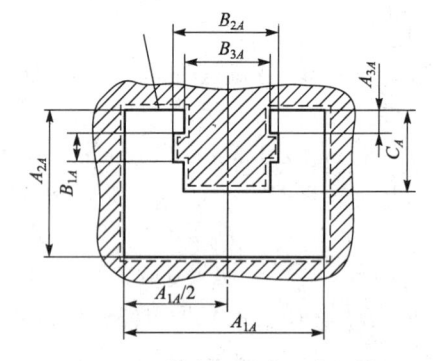

图 3-15　凹模刃口轮廓及磨损情况

(1) 凹模磨损后变大的尺寸：A_1，A_2，A_3。

查表 3-5 得　$x_1 = x_2 = 0.5$，$x_3 = 0.75$。

由刃口尺寸计算公式（3-8）得

$$A_{1A} = (74 - 0.5 \times 0.74)^{+\frac{1}{4} \times 0.74}_{0} \text{ mm} = 73.63^{+0.19}_{0} \text{ mm}$$

$$A_{2A} = (53 - 0.5 \times 0.74)^{+\frac{1}{4} \times 0.74}_{0} \text{ mm} = 52.63^{+0.19}_{0} \text{ mm}$$

$$A_{3A} = (10 - 0.75 \times 0.36)^{+\frac{1}{4} \times 0.36}_{0} \text{ mm} = 9.73^{+0.09}_{0} \text{ mm}$$

(2) 凹模磨损后变小的尺寸：B_1，B_2，B_3。

查表 3-5 得　$x_1 = x_2 = x_3 = 0.75$。

由刃口尺寸计算公式（3-9）得

$$B_{1A} = (10 + 0.75 \times 0.22)^{0}_{-\frac{1}{4} \times 0.22} \text{ mm} = 10.17^{0}_{-0.06} \text{ mm}$$

$$B_{2A} = (38 + 0.75 \times 0.39)^{0}_{-\frac{1}{4} \times 0.39} \text{ mm} = 38.29^{0}_{-0.10} \text{ mm}$$

$$B_{3A} = (32+0.75\times 0.39)_{-\frac{1}{4}\times 0.39}^{0} \text{ mm} = 32.29_{-0.10}^{0} \text{ mm}$$

（3）凹模磨损后无变化的尺寸：C。

由刃口尺寸计算公式（3-10）得

$$C_A = \left[(30+0.5\times 0.52)\pm\frac{1}{8}\times 0.52\right] \text{ mm} = 30.26\pm 0.07 \text{ mm}$$

查表 3-4 得　　$Z_{\min} = 0.246$，$Z_{\max} = 0.360$

凸模刃口尺寸按凹模实际刃口尺寸配制，保证最小合理间隙值 $Z_{\min} = 0.246$。

学习单元四　排　　样

☞ **目的与要求：**

1. 掌握材料利用率、搭边及其功能、排样及其方法、送料步距与条料宽度等概念。

2. 掌握排样方案的选择、搭边值的确定及排样图的绘制要求。

☞ **重点与难点：**

排样方案的选择及排样图的绘制。

一、材料的合理利用

排样： 冲裁件在条料、带料或板料上的布置方法。

合理的排样是提高材料利用率、降低成本，保证冲件质量及模具寿命的有效措施。

1. 材料利用率

材料利用率 η： 是指冲裁件的实际面积与所用板料面积的百分比。

η 值越大，材料的利用率就越高。由于材料费用常会占冲裁件总成本的 60% 以上。故材料利用率是一项很重要的经济指标。

若考虑到料头、料尾和边角余料的材料消耗，则一张板料（或带料、条料）上总的材料利用率 $\eta_{总}$ 为

$$\eta_{总} = \frac{nA_1}{LB}\times 100\% \quad (3\text{-}11)$$

式中　n——一张板料（或带料、条料）上冲裁件的总数目；

　　　A_1——一个冲裁件的实际面积，mm^2；

　　　L——板料（或带料、条料）长度，mm；

　　　B——板料（或带料、条料）宽度，mm。

2. 提高材料利用率的方法

冲裁所产生的废料可分为两类（图 3-16）：

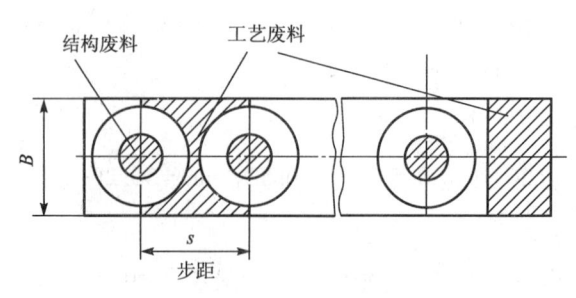

图 3-16 废料的种类

结构废料：由冲裁件的形状特点产生的废料。

工艺废料：由于冲裁件之间、冲裁件与条料侧边之间的搭边，以及料头、料尾和边余料而产生的废料。

要提高材料利用率，主要应从减少工艺废料着手。减少工艺废料的措施有以下几种。

（1）设计合理的排样方案。

（2）选择合适的板料规格。

（3）选择合理的裁板法（减少料头、料尾和边角余料）。

（4）利用废料作小零件等。

（5）也可以改变零件的结构形状，提高材料的利用率，但必须取得零件设计单位同意。

对一定形状的冲裁件，结构废料是不可避免的，但充分利用结构废料是可能的。当两个冲裁件的材料和厚度相同时，较小尺寸的冲裁件可在较大尺寸冲裁件的废料中冲制出来。如电机转子硅钢片，就是用电机定子硅钢片的废料冲制出来的，这样就使结构废料等到了充分利用。

如图 3-17 所示的冲裁件，它可以有许多排样方案。图中列出了五种排样方案。

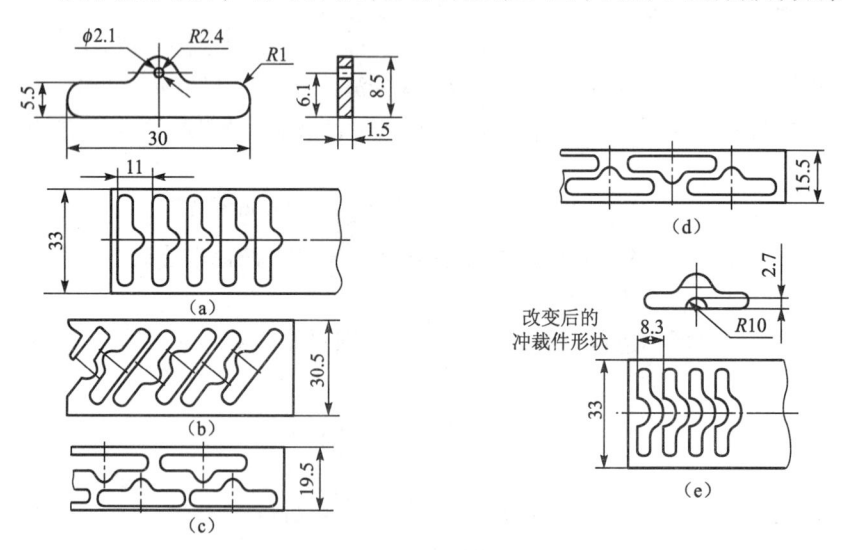

图 3-17 冲裁件的多种排样方案

方案一：直排（图 3-17（a））。从 1 420 mm×710 mm 整块板料上，剪裁 43 次，共可冲 2 752 件。

方案二：斜对排（图 3-17（b））。剪裁 46 次共可冲 2 852 件。冲裁时要翻转条料或用双落料凸模的冲模。

方案三：直对排（图3-17（c））。剪裁72次共可冲3 168件。也要翻转条料或用双落料凸模的冲模。

方案四：另一种直排（图3-17（d））。剪裁91次共可冲3 185件。这种方案废料较少。

方案五：改变结构形状（图3-17（e））。在保证冲裁件使用性能的前提下，适当改变其形状后，仍采用直排。剪裁43次，共可冲3 655件。

通过对上述方案的比较，我们在排样时应考虑如下原则。

（1）提高材料利用率。

（2）使工人操作方便、安全，减轻工人的劳动强度。条料在冲裁过程中翻动要少，在材料利用率相同或相近时，应尽可能选条料宽、进距小的排样方法。这样还可以减少板料裁切次数，节省剪裁备料时间。

（3）使模具结构简单、模具寿命长。

（4）保证冲件的质量。

（5）对于弯曲件的落料，在排样时还要考虑板料的纤维方向。

二、搭边

搭边：排样时冲裁件之间以及冲裁件与条料侧边之间留下的工艺废料。

搭边虽然是工艺废料，但在冲裁工艺中却有很大的作用。

（1）它补偿了定位误差和剪板误差，确保冲出合格零件。

（2）搭边可以增加条料刚度，方便条料送进，提高劳动生产率。

（3）搭边还可以避免冲裁时条料边缘的毛刺被拉入模具间隙，从而提高模具寿命。

搭边值的大小对冲裁过程及冲裁件质量有很大的影响，因此一定要合理确定搭边值。搭边值过大，材料利用率低；搭边值过小时，搭边的强度和刚度不够，在冲裁中将被拉断，使冲裁件产生毛刺，有时甚至单边拉入模具间隙，造成冲裁力不均，损坏模具刃口。

1. 影响搭边值的因素

（1）材料的力学性能。硬材料的搭边值可小一些；软材料、脆材料的搭边值要大一些。

（2）冲裁件的形状与尺寸。冲裁件尺寸大或是有尖突的复杂形状时，搭边值取大些。

（3）材料厚度。厚材料的搭边值要取大一些。

（4）送料及挡料方式。用手工送料，有侧压装置的搭边值可以小一些；用侧刃定距比用挡料销定距的搭边值小一些。

（5）卸料方式。弹性卸料比刚性卸料的搭边值小一些。

2. 搭边值的确定

搭边值是由经验确定的。表3-7为最小搭边值的经验数表之一，供设计时参考。

三、排样方法

根据材料的合理利用情况，条料排样方法可分为三种，如图3-18所示。

（1）有废料排样：沿冲裁件全部外形冲裁，冲裁件与冲裁件之间、冲裁件与条料之间都存在工艺废料（搭边）的排样方法。

表 3-7 最小搭边值

料厚 t	圆形或圆角 $r>2t$ 的工件		矩形边长 $l\leqslant 50$ mm		矩形件边长 $l>50$ mm 或圆角 $r\leqslant 2t$	
	工件间 a_1	侧边 a	工件间 a_1	侧边 a	工件间 a_1	侧边 a
0.25 以下	1.8	2.0	2.2	2.5	2.8	3.0
0.25~0.5	1.2	1.5	1.8	2.0	2.2	2.5
0.5~0.8	1.0	1.2	1.5	1.8	1.8	2.0
0.8~1.2	0.8	1.0	1.2	1.5	1.5	1.8
1.2~1.6	1.0	1.2	1.5	1.8	1.8	2.0
1.6~2.0	1.2	1.5	1.8	2.5	2.0	2.2
2.0~2.5	1.5	1.8	2.0	2.2	2.2	2.5
2.5~3.0	1.8	2.2	2.2	2.5	2.5	2.8
3.0~3.5	2.2	2.5	2.5	2.8	2.8	3.2
3.5~4.0	2.5	2.8	2.5	3.2	3.2	3.5
4.0~5.0	3.0	3.5	3.5	4.0	4.0	4.5
5.0~12	$0.6t$	$0.7t$	$0.7t$	$0.8t$	$0.8t$	$0.9t$

注：表中所列搭边值适用于低碳钢，对于其他材料，应将表中数值乘以下列系数：
　　中等硬度钢：　　0.9；　　硬钢：　　0.8；　　硬黄铜：　　1~1.1；　　硬铝：　　1~1.2
　　软黄铜、纯铜：　1.2；　　铝：　　1.3~1.4；　　非金属：　　1.5~2

冲裁件尺寸完全由冲模来保证，因此冲裁件精度高，模具寿命长，但材料利用率较低，如图 3-18（a）所示。

（2）少废料排样：沿冲裁件部分外形切断或冲裁，只在冲裁件与冲裁件之间或冲裁件与条料侧边之间留有搭边的排样方法。

因受剪裁条料质量和定位误差的影响，其冲裁件质量稍差，同时边缘毛刺被凸模带入间隙也影响模具寿命，但材料利用率较高，材料利用率可达 70%~90%，冲模结构简单，如图 3-18（b）所示。

(3) 无废料排样：冲裁件与冲裁件之间或冲裁件与条料侧边之间均无搭边，沿直线或曲线切断条料而获得冲裁件的排样方法。

该方法实际上是直接切断条料，所以材料的利用率高，可达85%~95%，但冲裁件的质量和模具寿命更差一些，如图3-18（c）所示。另外，如图3-18（c），（d）所示，当送进步距为零件宽度的两倍时，一次切断便能获得两个冲裁件，有利于提高劳动生产率。

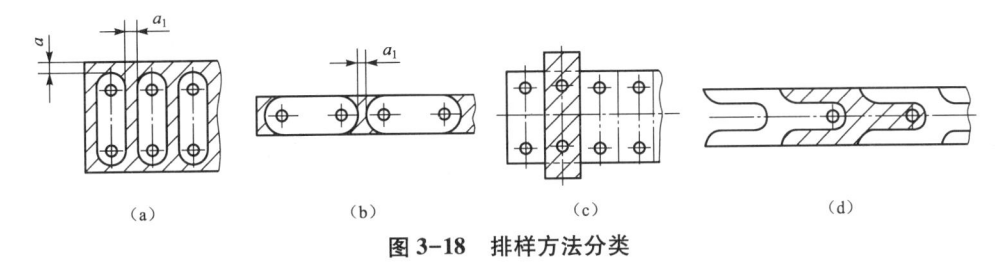

图 3-18 排样方法分类

此外，对有废料排样，少、无废料排样还可以进一步按冲裁件在条料上布置方法加以分类，其主要形式列表于表3-7。

四、送料步距与条料宽度

选定排样方法与确定搭边值后，就要计算送料步距与条料宽度，这样才能画出排样图，排样主要形式见表3-8。

1. 送料步距 S

送料步距（简称步距或进距）：条料在模具上每次送进的距离。

每个步距可以冲出一个零件，也可以冲出几个零件。送料步距的大小应为条料上两个对应冲裁件的对应点之间的距离（图3-16）。步距是决定挡料销位置的依据，每次只冲一个零件的步距 S 的计算公式为

$$S = D + a_1 \tag{3-12}$$

式中 D——平行于送料方向的冲件宽度；

a_1——冲件之间的搭边值。

2. 条料宽度 B

条料是由板料剪裁下料而得到的。条料宽度的确定原则是：最小条料宽度要保证冲裁时零件周边有足够的搭边值，最大条料宽度要能在冲裁时顺利地在导料板之间送进，并与导料板之间有一定的间隙，进而确定导料板间的距离。由于表3-7所列侧面搭边值 a 已经考虑了剪料公差所引起的减小值，所以条料宽度的计算一般采用下列的简化公式。

（1）导料板之间有侧压装置时条料的宽度与导料板间距离，如图3-19（a）所示。

导板之间有侧压装置或用手将条料紧贴单边导料板的模具，能使条料始终沿着导料板送进，可按下式计算

条料宽度 $\qquad B_{-\Delta}^{\ 0} = (D_{max} + 2a)_{-\Delta}^{\ 0} \tag{3-13}$

导料板间的距离 $\qquad B_0 = B + Z = D_{max} + 2a + Z \tag{3-14}$

（2）导料板之间无侧压装置时条料的宽度与导料板间距离，如图3-19（b）所示。

无侧压装置的模具，应考虑在送料过程中因条料的摆动而使侧面搭边减少。为了补偿侧面搭边的减少，条料宽度应增加一个条料可能的摆动量，故按下式计算

  条料宽度 $\quad\quad\quad\quad B_{-\Delta}^{0}=(D_{max}+2a+Z)_{-\Delta}^{0}$ (3-15)

  导料板间的距离$\quad\quad B_0=B+C=D_{max}+2a+2Z$ (3-16)

式中 B——条料的宽度，单位：mm；

   D_{max}——冲裁件垂直于送料方向的最大尺寸，单位：mm；

   a——侧搭边值，可参考表3-7；

   Z——导料板与最宽条料之间的间隙，其值见表3-9；

   Δ——条料宽度的单向（负向）公差，见表3-10、表3-11。

表3-8 有废料排样和少、无废料排样主要形式

排样形式	有废料排样		少、无废料排样	
	简　图	应　用	简　图	应　用
直排		用于简单几何形状（方形、圆形、矩形）的冲裁件		用于矩形或方形冲裁件
斜排		用于T形、L形、S形、十字形、椭圆形冲裁件		用于L形或其他形状的冲裁件，在外形上允许有不大的缺陷
直对排		用于T形、Π形、山形、梯形、三角形、半圆形的冲裁件		用于T形、Π形、山形、梯形、三角形零件，在外形上允许有少量缺陷
斜对排		用于材料利用率比直对排时高的情况		多用于T形冲裁件
混合排		用于材料和厚度都相同的两种以上的冲裁件		用于两个外形互相嵌入的不同冲裁件（铰链等）

续表

排样形式	有废料排样		少、无废料排样	
	简 图	应 用	简 图	应 用
多排		用于大批量生产中尺寸不大的圆形、六角形、方形、矩形冲裁件		用于大批量生产中尺寸不大的方形、矩形及六角形冲裁件
冲裁搭边		大批量生产中用于小的窄冲裁件（表针及类似的冲裁件）或带料的连续拉深		用于以宽度均匀的条料或带料冲裁长形件

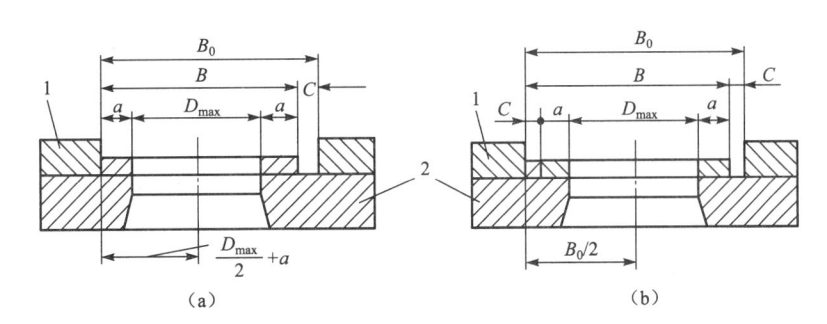

图 3-19 条料宽度的确定
(a) 有侧压装置；(b) 无侧压装置
1—导料板；2—凹模

(3) 当用侧刃定距时条料的宽度与导料板间距离，如图 3-20 所示。

当条料的送进步距用侧刃定距时，条料宽度必须增加侧刃切去的部分，故按下式计算

条料宽度

$$B_{-\Delta}^{0} = (L_{\max} + 2a' + nb_1)_{-\Delta}^{0} = (L_{\max} + 1.5a + nb_1)_{-\Delta}^{0} \quad (a' = 0.75a) \tag{3-17}$$

导料板间的距离

$$B' = B + C = L_{\max} + 1.5a + nb_1 + Z \tag{3-18}$$

$$B_1' = L_{\max} + 1.5a + y \tag{3-19}$$

式中 $L_{\max}$——条料宽度方向冲裁件的最大尺寸，单位：mm；

n——侧刃数；

b_1——侧刃冲切的料边宽度，单位：mm，可参考表 3-12。

y——冲切后的条料宽度与导料板之间的间隙，单位：mm，可参考表 3-12。

表 3-9　导料板与条料之间的最小间隙 Z_{min}　　　　　单位：mm

材料厚度 t	无侧压装置			有侧压装置	
	条料宽度 B			条料宽度 B	
	100 以下	100~200	200~300	100 以下	100 以上
≤0.5	0.5	0.5	1	5	8
0.5~1	0.5	0.5	1	5	8
1~2	0.5	1	1	5	8
2~3	0.5	1	1	5	8
3~4	0.5	1	1	5	8
4~5	0.5	1	1	5	8

表 3-10　条料宽度偏差 Δ（一）　　　　　单位：mm

条料宽度 B	材料厚度 t			
	≤1	1~2	2~3	3~5
≤50	0.4	0.5	0.7	0.9
50~100	0.5	0.6	0.8	1.0
100~150	0.6	0.7	0.9	1.1
150~220	0.7	0.8	1.0	1.2
220~300	0.8	0.9	1.1	1.3

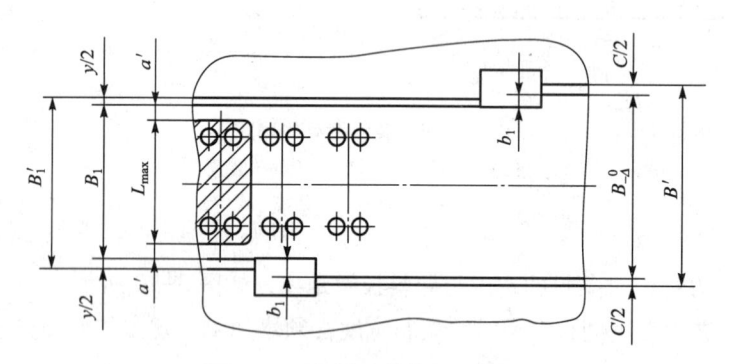

图 3-20　有侧刃时的条料宽度

表 3-11　条料宽度偏差 Δ（二）　　　　　单位：mm

条料宽度 B	材料厚度 t		
	≤0.5	0.5~1	1~2
≤20	0.05	0.08	0.10
20~30	0.08	0.10	0.15
30~50	0.10	0.15	0.20

表 3-12 b_1、y 值　　　　　　　　　　　　　　　单位：mm

条料厚度 t	b_1		y
	金属材料	非金属材料	
<1.5	1.5	2	0.10
1.5~2.5	2.0	3	0.15
2.5~3	2.5	4	0.20

板料一般都是长方形的，所以裁板就有纵裁（沿长边裁，也就是沿轧制纤维方向裁）和横裁（沿短边裁）两种方法，见图 3-21。

因为纵裁裁板次数少，冲压时调换条料次数少，工人操作方便，生产率高，所以在通常情况下应尽可能纵裁。在以下情况下可考虑用横裁。

（1）板料纵裁后的条料太长，受冲压车间压力机排列的限制，移动不便时。

（2）条料太重，超过 12 kg 时（工人劳动强度太高）。

（3）当横裁的板料利用率显著高于纵裁时。

（4）纵裁不能满足弯曲件坯料对纤维方向要求时。

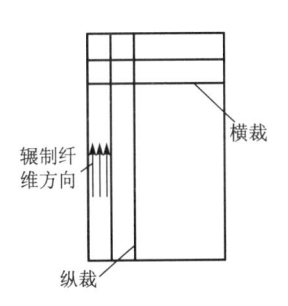

图 3-21 板料的纵裁与横裁

五、排样图

排样图是排样设计最终的表达形式。它应绘制在冲压工艺规程卡片上和冲裁模总装图的右上角。排样图的内容应反映出。

（1）排样方法。

（2）零件的冲裁过程（模具类型）。

（3）定距方式（用侧刃定距时侧刃的形状、位置）。

（4）材料利用率。

一张完整的排样图上应标注条料宽度、条料长度、板料厚度、端距、步距、零件间搭边 a_1 和侧搭边 a 值以及示出冲裁工位剖视图，如图 3-22 所示。

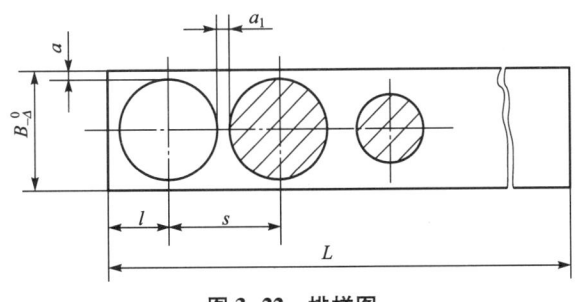

图 3-22 排样图

画排样图时应注意的事项如下。

（1）一般按选定的排样方案画成排样图，按模具类型和冲裁顺序打上适当的剖切线（习惯以剖面线表示冲压位置），标上尺寸和公差，要能从排样图的剖切线上看出是单工序模还是连续模或复合模（见排样图 3-22）。

（2）连续模的排样要反映冲压工序顺序，要考虑凹模强度，凹模孔口之间的壁厚小于 5 mm 时，要留空步，要能看出定距方式，侧刃定距时要画出侧刃冲切条料的位置。

采用斜排方法排样时，还应注明倾斜角度的大小。必要时，还可以用双点划线画出条料在送料时定位元件的位置。对有纤维方向要求的排样图，则应用箭头表示条料的纤维方向。

学习单元五　冲　裁　力

☞ 目的与要求：
1. 理解冲裁力、卸料力、推件力、顶件力、公称压力、压力中心的概念。
2. 掌握斜刃冲裁法、阶梯冲裁法的应用。
3. 掌握公称压力和压力中心的确定。

☞ 重点与难点：
掌握斜刃冲裁法、阶梯冲裁法的应用、压力中心的确定。

一、冲裁力的计算

冲裁力：是冲裁过程中凸模对材料施加的最大压力。

用普通平刃口模具冲裁时，其冲裁力 F 一般按下式计算

$$F = KLt\tau_b \tag{3-20}$$

式中　F——冲裁力，N；
　　　L——冲裁周边长度，mm；
　　　t——材料厚度，mm；
　　　τ_b——材料抗剪强度，MPa；
　　　K——系数。是考虑到实际生产中，模具间隙值的波动和不均匀、刃口的磨损、材料
　　　　　　力学性能和厚度波动等因素的影响而给出的修正系数。一般取 $K = 1.3$。

为计算简便，也可按下式估算冲裁力

$$F \approx Lt\sigma_b \tag{3-21}$$

式中　σ_b——材料的抗拉强度，MPa。

二、降低冲裁力的措施

在冲裁高强度材料，或者材料厚度大而周边很长的工件时，需要很大的冲裁力。当现场

冲压设备的吨位不能满足时，为了不影响生产，充分利用现有冲压设备，研究如何降低冲裁力是一个很重要的现实问题。

分析冲裁力的计算公式可知，当材料的厚度 t 一定时，冲裁力的大小主要与零件的周边长度和材料的强度成正比。因此，降低冲裁力主要从这两个因素着手。采用一定的工艺措施和改变冲模的结构，完全可以达到降低冲裁力的目的。同时，还可以减小冲击、振动和噪声，对改善冲压环境也有积极意义。

目前，降低冲裁力主要有以下几种方法。

1. 斜刃冲裁法

斜刃冲裁法：就是将冲模的凸模或凹模刃口，由平直刃口改制成具有一定倾斜角的斜刃口。

用平刃口模具冲裁时，沿刃口整个周边同时冲切材料，故冲裁力较大。采用斜刃冲裁时刃口就不是全部同时冲切材料，而是逐步地将材料切离，这样就相当于把冲裁件整个周边分成若干小段进行剪切一样，因而能显著降低冲裁力。但斜刃冲裁，会使材料产生弯曲。

斜刃配置的原则如下。

（1）必须保证工件平整，只允许废料发生弯曲变形。因此，落料时凸模应为平刃，将凹模作成斜刃，如图 3-23（a），（b）所示。冲孔时则凹模应为平刃，凸模为斜刃，如图 3-23（c）、（d）、（e）所示。

（2）斜刃还应对称布置，以免冲裁时模具承受单向侧压力而发生偏移，啃伤刃口，如图 3-23（a）~（e）所示。向一边斜的斜刃，只能用于切舌或切开，如图 3-23（f）所示。

设计斜刃冲模时，斜刃的倾斜角 φ 角越大越省力。但 φ 角过大，由于刃口上单位压力增加会使刃口磨损加剧，降低使用寿命。φ 也不宜过小，过小的 φ 角起不到降低冲裁力的作用。斜刃高度 H 值也不宜过大或过小，H 值过大会使凸模进凹模太深，加剧刃口磨损；H 值过小，如 $H<t$ 则省力极微，近似平刃口冲裁。斜角 φ 的斜刃高度值的大小与冲裁厚度有关，其数值见表 3-13。

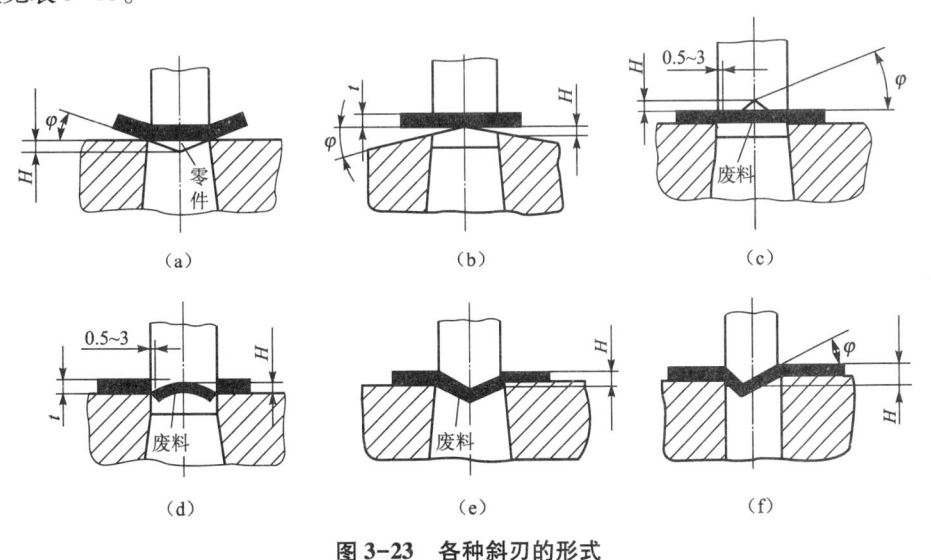

图 3-23 各种斜刃的形式
（a）落料用；（b）落料用；（c）冲孔用；（d）冲孔用；（e）冲孔用；（f）切舌用

表 3-13　斜刃口设计参数

材料厚度 t/mm	斜刃高度 H/mm	倾斜角 φ/(°)	斜刃冲裁力为平刃口冲裁力的百分数/%
<3	$2t$	<5	30~40
3~10	t~$2t$	5~8	60~65

斜刃口冲裁力可按简化公式计算：

$$F_{斜} = K_{斜} L t \tau_b \tag{3-22}$$

式中　$F_{斜}$——斜刃冲裁力，N；

　　　L——冲裁件周边长度，mm；

　　　τ_b——材料抗剪强度，MPa；

　　　t——材料厚度，mm；

　　　$K_{斜}$——降力系数。

$K_{斜}$ 值大小与斜刃高度 H（刃口最高点至最低点间距离）有关，其值为

$H = t$ 时，　　　$K_{斜} = 0.4 \sim 0.6$

$H = 2t$ 时，　　　$K_{斜} = 0.2 \sim 0.4$

应当指出，斜刃冲模虽能降低冲裁力，但由于凸模进入凹模较深，因此，斜刃冲模较平直刃冲模省力而不省功。

斜刃冲模主要缺点是刃口制造和刃磨较复杂，只适用于冲件形状简单、精度要求不高、材料厚度较薄的大件冲裁。

2. 阶梯凸模冲裁法

阶梯凸模冲裁法：在多凸模的冲裁模具中，将凸模做成不同高度，使工作端面呈阶梯式布置，冲裁时使各冲模冲裁力的最大值在不同时刻出现，从而达到降低冲裁力的目的。

阶梯凸模冲裁不仅能降低冲裁力，在直径相差悬殊、距离很近的多孔冲裁中，还能避免小直径凸模由于受材料流动挤压的作用，而产生倾斜或折断现象。为此，一般将小直径凸模做短些。

设计时，各层凸模的布置要尽量对称，使模具受力平衡，如图 3-24 所示。阶梯凸模高度差 H 与板料厚度有如下关系。

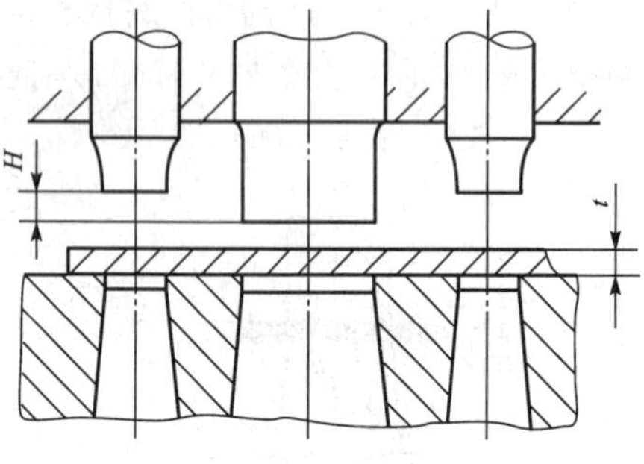

图 3-24　凸模的阶梯布置法

当 $t < 3$ mm 时，$H = t$。

当 $t > 3$ mm 时，$H = 0.5 t$。

阶梯凸模冲裁力的计算是将每一级等高凸模分别计算之后，选择其中最大冲裁力作为选用压力机的依据，其公式如下

$$F_{阶} = 1.3 F_{\max} \tag{3-23}$$

式中　$F_{阶}$——阶梯凸模冲裁力，N；

　　　$F_{\max}$——阶梯凸模中同一高度凸模冲裁力之和的最大值，N。

3. 加热冲裁法（红冲）

金属材料在常温时其强度极限是一定的，但是，当金属材料加热到一定温度之后，则其强度极限会大大降低。因而加热冲裁可以降低冲裁力，见表 3-14。

采用加热冲裁零件，断面塌角较大，一般可达板厚的 1/3~1/2，精度低，材料表面易产生氧化皮，而且工艺强度大。同时热冲模要采用耐热钢，所以加热冲裁法目前应用不多。

表 3-14　钢在加热状态的抗剪强度 τ_b　　　　　单位：MPa

钢号 \ 加热温度/℃	20	500	600	700	800	900
Q195、Q214A、10、15	360	320	200	110	60	30
Q235 A、Q255 A、20、25	450	450	240	130	90	60
30、35	530	520	330	160	90	70
40、45、50	600	580	380	190	90	70

三、卸料力、推件力和顶件力

在冲裁结束时，从材料上冲裁下来的冲件（或废料）由于径向发生弹性变形而扩张，会梗塞在凹模洞口内或者条料上的孔则沿径向发生弹性收缩而紧箍在凸模上。为了使冲裁工作继续进行，必须将工件或废料与模具分离。

卸料力：从凸模上卸下紧箍的材料所需要的力，用 $F_{卸}$ 表示。

推件力：将梗塞在凹模内的材料顺冲裁方向推出所需要的力，用 $F_{推}$ 表示。

顶件力：逆冲裁方向将材料从凹模内顶出所需要的力，用 $F_{顶}$ 表示。

卸料力、推件力和顶件力是由压力机和模具的卸料、顶件和推件装置传递的，如图 3-25 所示。所以在选择压力机公称压力和设计以上机构时，都需要对这三种力进行计算。影响这些力的因素较多，主要有：材料的力学性能和料厚；冲件形状和尺寸大小；凸、凹模间隙大小；凹模洞口的结构；排样搭边值大小及润滑情况等。生产中常用下列经验公式计算

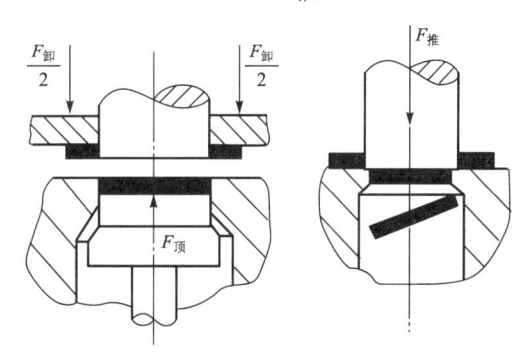

图 3-25　卸料力、推件力和顶件力

$$F_{卸} = K_{卸} F \quad (3-24)$$
$$F_{推} = n K_{推} F \quad (3-25)$$
$$F_{顶} = K_{顶} F \quad (3-26)$$

式中　F——冲裁力，N；

$K_{卸}$、$K_{推}$、$K_{顶}$——分别为卸料系数、推件系数和顶件系数，其值见表 3-15；

n——塞在凹模孔口内的冲件数。有反推装置时，$n=1$；锥形孔口，$n=0$；直刃口，下出件凹模，$n=h/t$，其中 h 是直刃口部分的高度（mm），t 是材料厚度（mm）。

表 3-15 卸料力、推件力及顶料力的系数

料厚 t/mm		$K_{卸}$	$K_{推}$	$K_{顶}$
钢	≤0.1	0.065~0.075	0.1	0.14
	>0.1~0.5	0.045~0.055	0.063	0.08
	>0.5~2.5	0.04~0.05	0.055	0.06
	>2.5~6.5	0.03~0.04	0.045	0.05
	>6.5	0.02~0.03	0.025	0.03
铝、铝合金		0.025~0.08	0.03~0.07	
纯铜、黄铜		0.02~0.06	0.03~0.09	

四、压力机公称压力的确定

冲裁时，压力机的公称压力必须大于或等于冲压力 $F_{总}$，$F_{总}$ 为冲裁力和与冲裁力同时发生的卸料力、推件力或顶件力的总和。根据不同的模具结构，冲压力计算应分别对待，即

当模具结构采用弹压卸料装置和下出件方式时

$$F_{总} = F + F_{卸} + F_{推} \tag{3-27}$$

当模具结构采用弹压卸料装置和上出件方式时

$$F_{总} = F + F_{卸} + F_{顶} \tag{3-28}$$

当模具结构采用刚性卸料装置和下出件方式时

$$F_{总} = F + F_{推} \tag{3-29}$$

五、压力中心的计算

模具的压力中心：冲压力合力的作用点。

为了保证压力机和模具的正常工作，应使模具的压力中心与压力机滑块的中心线相重合。否则，冲压时滑块就会承受偏心载荷，导致滑块导轨和模具导向部分不正常磨损，还会使合理间隙得不到保证，从而影响制件质量和降低模具寿命甚至损坏模具。在实际生产中，可能会出现由于冲裁件的形状特殊或排样特殊，从模具结构设计与制造考虑不宜使压力中心与模柄中心线相重合，这时应注意使压力中心的偏离不致超出所选用压力机允许的范围。

1. 简单几何图形压力中心的位置

（1）一切对称冲裁件的压力中心，均位于冲裁件轮廓图形的几何中心上。

（2）冲裁直线段时，其压力中心位于直线段的中心。

（3）冲裁圆弧线段时，其压力中心位置如图 3-26 所示。按下式计算

$$y = \frac{180 R \sin \alpha}{\pi \alpha} = \frac{Rs}{b} \tag{3-30}$$

式中　b——弧长，mm；

　　　α——半角，弧度。

其他符号意义见图 3-26。

2. 确定多凸模模具的压力中心位置

确定多凸模模具的压力中心,是将各凸模的压力中心确定后,再计算模具的压力中心(图 3-27)。计算其压力中心的步骤如下。

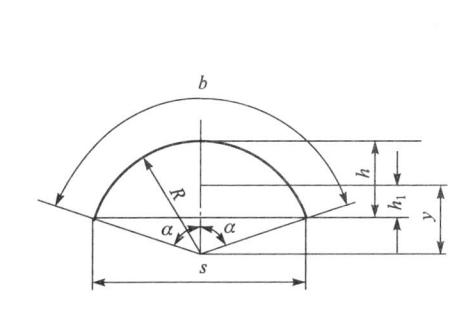

图 3-26 圆弧线段的压力中心

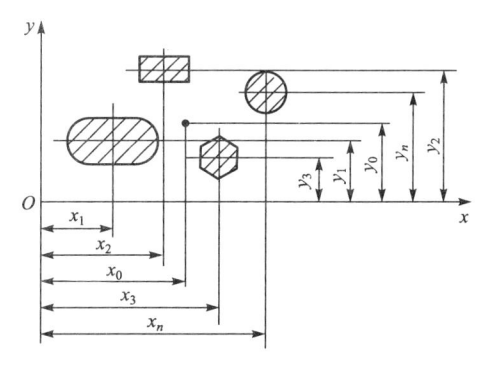

图 3-27 多凸模压力中心

(1) 按比例画出每一个凸模刃口轮廓的位置。

(2) 在任意位置画出坐标轴 x、y。坐标轴位置选择适当可使计算简化。在选择坐标轴位置时,应尽量把坐标原点取在某一刃口轮廓的压力中心,或使坐标轴线尽量多地通过凸模刃口轮廓的压力中心,坐标原点最好是几个凸模刃口轮廓压力中心的对称中心。

(3) 分别计算每一个凸模刃口轮廓的压力中心及坐标位置 x_1、x_2、x_3、$\cdots$、x_n 和 y_1、y_2、y_3、$\cdots$、y_n。

(4) 分别计算凸模刃口轮廓的冲裁力 F_1、F_2、F_3、$\cdots$、F_n 或每一个凸模刃口轮廓的周长 F_1、F_2、F_3、$\cdots$、F_n。

(5) 对于平行力系,冲裁力的合力等于各分力的代数和,即 $F=F_1+F_2+F_3+\cdots+F_n$。

(6) 根据力学定理,合力对某轴的力矩等于各分力对同轴力矩的代数和,则可得压力中心坐标 (x_0, y_0) 计算公式。

即
$$F_1 x_1 + F_2 x_2 + \cdots + F_n x_n = (F_1 + F_2 + \cdots + F_n) x_0$$
$$F_1 y_1 + F_2 y_2 + \cdots + F_n y_n = (F_1 + F_2 + \cdots + F_n) y_0$$

$$x_0 = \frac{F_1 x_1 + F_2 x_2 + \cdots + F_n x_n}{F_1 + F_2 + \cdots + F_n} = \frac{\sum_{i=1}^{n} F_i x_i}{\sum_{i=1}^{n} F_i} \qquad (3\text{-}31)$$

$$y_0 = \frac{F_1 y_1 + F_2 y_2 + \cdots + F_n y_n}{F_1 + F_2 + \cdots + F_n} = \frac{\sum_{i=1}^{n} F_i y_i}{\sum_{i=1}^{n} F_i} \qquad (3\text{-}32)$$

因为冲裁力与周边长度成正比,所以式中各冲裁力 F_1、F_2、F_3、$\cdots$、F_n 或分别用冲裁周边长度 L_1、L_2、L_3、$\cdots$、L_n 代替。即

$$x_0 = \frac{L_1 x_1 + L_2 x_2 + \cdots + L_n x_n}{L_1 + L_2 + \cdots + L_n} = \frac{\sum_{i=1}^{n} L_i x_i}{\sum_{i=1}^{n} L_i} \quad (3-33)$$

$$y_0 = \frac{L_1 y_1 + L_2 y_2 + \cdots + L_n y_n}{L_1 + L_2 + \cdots + L_n} = \frac{\sum_{i=1}^{n} L_i y_i}{\sum_{i=1}^{n} L_i} \quad (3-34)$$

3. 复杂形状零件模具压力中心的确定

复杂形状零件模具压力中心的计算原理与多凸模冲裁压力中心的计算原理相同（图3-28）。其步骤如下。

（1）选定坐标轴 x 和 y。

（2）将刃口轮廓线按基本要素划分为若干简单的线段（圆弧或直线段），如图中 l_1、l_2、$\cdots$、l_8，并计算出各基本要素的长度。

（3）确定出各线段的重心位置 (x_i, y_i)。

（4）将求得数据代入式（3-34）、式（3-35）中计算出刃口轮廓的压力中心 (x_0, y_0)。

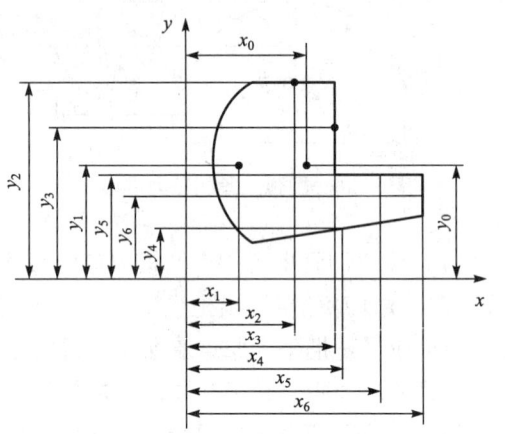

图 3-28 复杂形状凸模压力中心

学习单元六 冲裁模分类及结构分析

☞ **目的与要求：**
1. 掌握单工序模、连续模、侧刃定距、复合模的概念及工作原理。
2. 掌握各种典型模具结构的组成及特点、工作过程。

☞ **重点与难点：**
1. 单工序模、连续模、侧刃定距、复合模的工作原理。
2. 各种典型模具结构的组成及特点、工作过程。

一、冲裁模分类

冲裁模的结构形式很多，一般可按下列不同的特征进行分类。

（1）按工序性质分，可分为落料模、冲孔模、切断模、切边模、切舌模、剖切模、整修模、精冲模等。

（2）按工序组合程度分，可分为单工序模（简单模）、连续模（级进模）和复合模。

（3）按冲模有无导向装置和导向方法分，可分为无导向的开式模和有导向的导板模、导柱模、滚珠导柱模、导筒模等。

（4）按送料步距的方法分，可分为固定挡料销式、活动挡料销式、自动挡料销式、导正销式、侧刃式等。

（5）按送料、出件及排除废料的自动化程度分，可分为手动模、半自动模和自动模。

上述各种不同的分类方法从不同的角度反映了模具结构的不同特点。任何一副冲裁模总可分成上模和下模两部分，上模一般固定在压力机的滑块上，并随滑块一起运动，下模固定在压力机的工作台上。冲裁模的组成零件，一般有以下 6 类。

（1）工作零件：直接对坯料进行加工，完成板料分离的零件。

具体有：凸模、凹模、凸凹模等。

（2）定位零件：确定冲压加工中毛坯或工序件在冲模中正确位置的零件。

具体有：导料销、导料板、侧压板、定位销（定位板）、挡料销、导正销、承料板、定距侧刃等。

条料在模具送料平面中必须有两个方向的定位，即与送料方向垂直的方向上的定位和送料方向上的定位。

（3）压料、卸料及出件零件：使冲件与废料得以出模，保证顺利实现正常冲压生产的零件。

具体有：卸料板、压料板、顶件块、推件块、废料切刀等。

（4）导向零件：正确保证上、下模的相对位置，以保证冲压精度。

具体有：导套、导柱、导板等。

（5）支承零件：承装模具零件或将模具紧固在压力机上并与它发生直接联系用的零件。

具体有：上、下模座，模柄，凸、凹模固定板，垫板，限位器等。

（6）标准件及其他：模具零件之间相互连接件并定位的零件。

具体有：螺钉、销钉、键、弹簧等其他零件。

以上组成模具的各类零件在冲裁过程中相互配合，保证冲裁工作的正常进行，从而冲出合格的冲裁件。然而，不是所有的冲裁模都具上面所列的 6 类零件，尤其是简单的冲裁模。但是工作零件和必要的支承件总是不可缺少的。

二、单工序模

单工序模（又称简单模）：是指压力机在一次行程中只完成一道工序的冲裁模。

1. 无导向的开式单工序冲裁模

图 3-29 是无导向的开式单工序冲裁模。

1）模具组成

（1）上模部分由模柄 1、凸模 2 等组成，通过模柄安装在压力机的滑块上并随压力机滑块作上下运动。

（2）下模部分由固定卸料板 3、导料板 4、凹模 5、下模座 6 和定位板 7 等组成，通过下模座用螺钉、压板固定在压力机的工作台上。

(3) 模具的工作零件是凸模 2 和凹模 5。

(4) 定位零件是两个导料板 4 和定位板 7。

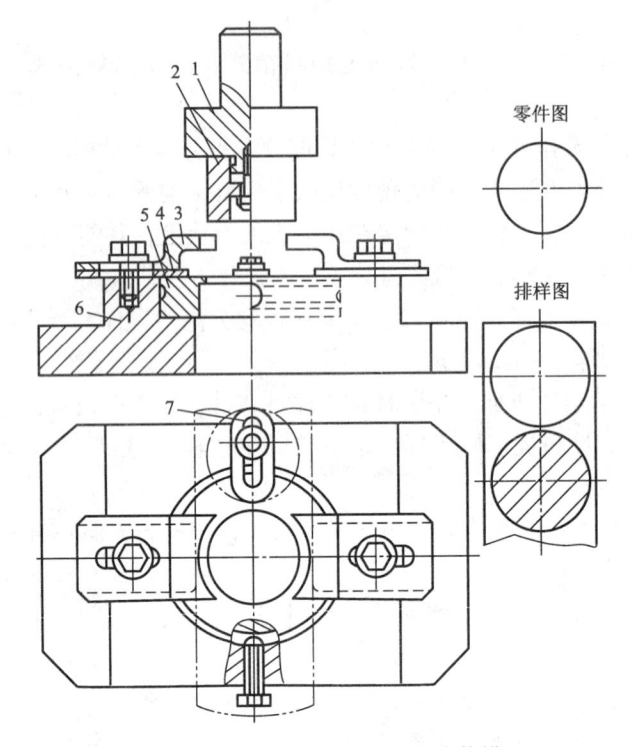

图 3-29　无导向开式单工序冲裁模
1—模柄；2—凸模；3—卸料板；4—导料板；5—凹模；6—下模座；7—定位板

(5) 卸料零件是两个固定卸料板 3。

(6) 支承零件是上模座 1（带模柄）和下模座 6；此外还有紧固螺钉等。

2) 工作顺序

(1) 将条料沿导料板送进，并由定位板 7 定位。

(2) 压力机的滑块带动上模部分下行，凸模与凹模配合对条料进行冲裁。

(3) 分离后的冲裁件靠凸模直接从凹模洞口依次推出。紧箍在凸模上的条料则在上模回程时由固定卸料板（左右各一块）刮下。照此循环，完成冲裁工作。

3) 特点

(1) 该模具具有一定的通用性。由图可知，模具的导料板、定位板及固定卸料板在一定的范围内均可调节，凸、凹模的安装方式为快换式，因此通过更换凸、凹模就可以冲裁形状相近的不同规格的冲裁件。

(2) 上、下模之间没有直接导向关系，依靠压力机滑块的导轨导向。这类模具使用时安装调整凸、凹模之间间隙较麻烦，模具寿命低，冲裁件精度差，操作也不够安全。

(3) 无导向开式单工序冲裁模主要适用于精度要求不高、形状简单、批量小或试制用的冲裁件。

2. 导板式单工序冲裁模

导板模的特征：其上、下模的导向是依靠导板的导向孔与凸模的间隙配合（一般为 H7/

h6）进行的。

图 3-30 是导板式单工序冲裁模。

1）模具组成

（1）上模部分由模柄 1、上模座 3、垫板 6、凸模固定板 7 和凸模 5 等组成。

（2）下模部分由导板 9、一对导料板 10、固定挡料销 16、凹模 13、始用挡料销 20、下模座 15 及承料板 11 等组成。

（3）工作零件是凸模 5 和凹模 13。

（4）定位零件是导料板 10、始用挡料销 20、固定挡料销 16。

（5）导向零件是导板 9（兼起固定卸料作用）。

（6）支承零件是凸模固定板 7、垫板 6、上模座 3、模柄 1、下模座 15；以及承料板 11，它的作用是在冲裁时增大条料的支承面，使条料送料平稳，故其顶面与凹模顶面在同一平面上。

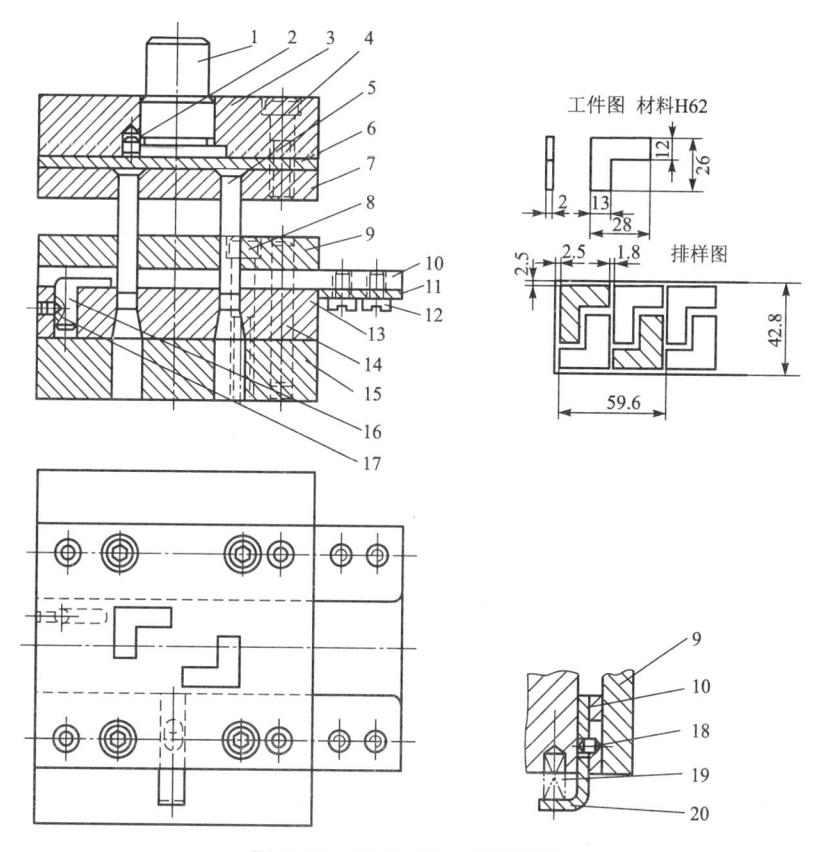

图 3-30 导板式单工序落料模

1—模柄；2—止动销；3—上模座；4—内六角螺钉；5—凸模；6—垫板；7—凸模固定板；8—内六角螺钉；9—导板；10—导料板；11—承料板；12—螺钉；13—凹模；14—圆柱销；15—下模座；16—固定挡料销；17—止动销；18—限位销；19—弹簧；20—始用挡料销

2）工作顺序

（1）将条料沿导料板送进，并由始用挡料销进行定位；根据排样的需要，该模具的固定挡料销所设置的位置对首次冲裁起不到定位作用，为此采用了始用挡料销。在首件冲裁之前，用手将始用挡料销压入以限定条料的位置，在后续冲裁中，始用挡料销在弹簧作用下复位，不再起挡料作用，而是靠固定挡料销继续对料边或搭边进行挡料定位。

（2）凸模由导板导向而进入凹模，完成首次冲裁，冲下一个零件。

（3）条料继续送进，并由固定挡料销定位，进行第二次冲裁，第二次冲裁是落下两个零件，分离后的零件靠凸模从凹模洞口中依次推出。而箍在凸模上的条料则在上模回程时由导板刮下。

3）特点

（1）凸、凹模的正确配合是依靠导板导向，为了保证导向精度和导板的使用寿命，工作过程中不允许凸模离开导板，为此，选用行程较小且可调节的偏心式压力机较合适。为保证在冲裁过程中凸、凹模间隙的均匀分布，其上、下模的导向是依靠导板与凸模的间隙配合（一般为 H7/h6）进行的，且必须小于凸、凹模间隙。

（2）在结构上，为了拆装和调整间隙方便，固定导板的两排螺钉和销钉内缘之间的距离（见图 3-30 俯视图）应大于上模相应的轮廓宽度。

（3）固定挡料销的形状采用钩形结构，主要是使其安装孔离开凹模孔口远一些，减少对凹模孔口强度的影响。

（4）为了保证条料的顺利送进，导料板的高度必须大于固定挡料销高度与条料厚度之和。因为在送料时必须把条料往上抬一下才能推进，故使用不太方便。同时，为使送料平稳，导料板伸长一定长度，下面装一块承料板。

（5）导板模比无导向的开式单工序冲裁模的精度高，寿命也较长，使用时安装较容易，卸料可靠，操作较安全，轮廓尺寸也不大。

3. 导板式侧面冲孔模

图 3-31 是导板式侧面冲孔模。

1）模具组成

（1）上模部分由上模座 3 和凸模 5 等组成。

（2）下模部分由导板 11、支架 8、凹模体 7、凹模 6、底座 9 和摇臂 1 等组成。

（3）工作零件是凸模 5 和凹模 6。

（4）定位零件是支架 8、凹模体 7、定位销 2、摇臂 1 和压缩弹簧 13。

（5）导向零件是导板 11（兼起固定卸料板作用）。

（6）支承零件是上模座 3、下模座 9 等。

2）冲裁过程

（1）拨开定位器摇臂，将工序件套在凹模体上，然后放开摇臂。

（2）凸模下冲，即冲出第一个孔。

（3）随后转动工序件，使定位销落入已冲好的第一个孔内，接着冲第二个孔。用同样的方法冲出其他孔。

3）特点

（1）这种模具结构紧凑，重量轻。

（2）压力机一次行程内只冲一个孔，生产率低；孔距定位由定位销、摇臂和压缩弹簧组成的定位器来完成，保证冲出的六个孔沿圆周均匀分布。如果孔较多，孔距积累误差较大。

图 3-31 导板式侧面冲孔模

1—摇臂；2—定位销；3—上模座；4—螺钉；5—凸模；6—凹模；7—凹模体；
8—支架；9—底座；10—螺钉；11—导板；12—销钉；13—压缩弹簧

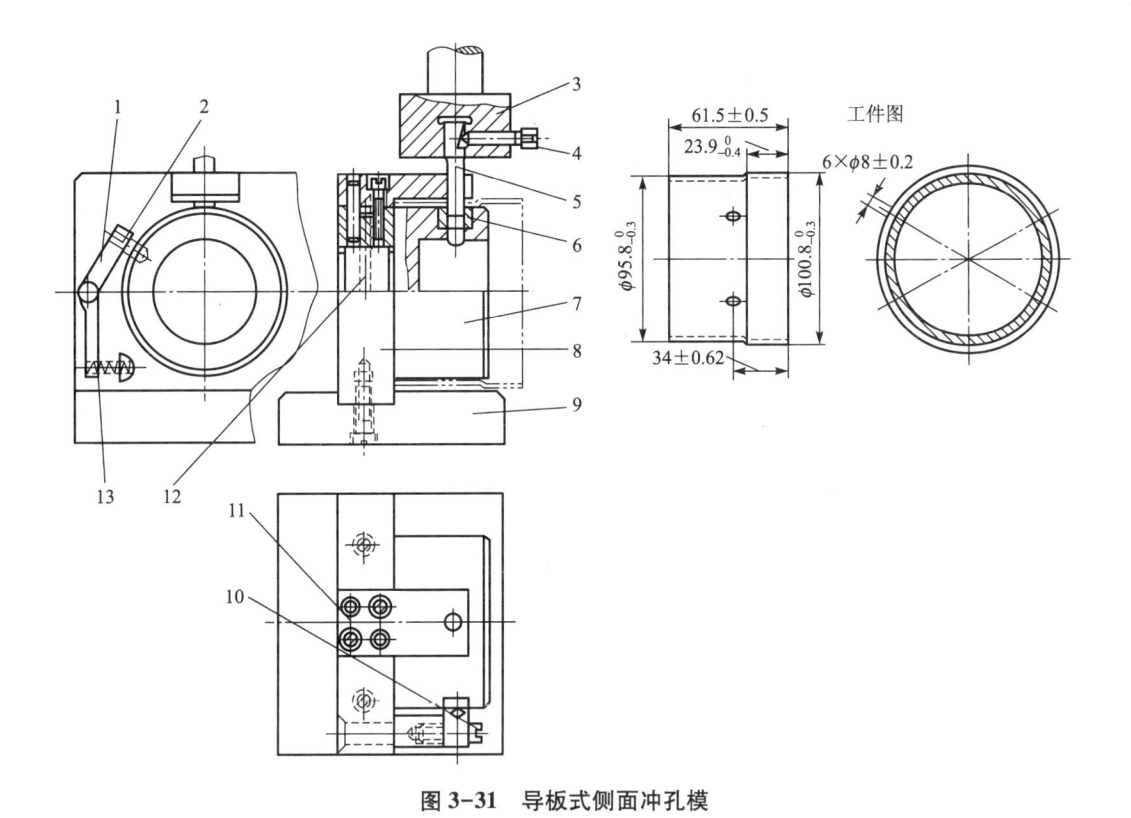

（3）凸模与上模座用螺钉紧定，更换凸模较方便。凸模靠导板导向，保证与凹模的正确配合。

（4）凹模嵌在悬壁式的凹模体上，凹模体悬壁固定在支架上，并用销钉固定防止转动。支架与底座以 H7/h6 配合，并用螺钉紧固。工序件的径向和轴向定位由悬壁凹模体和支架来完成。这种冲孔模主要用于生产批量不大、孔距要求不高的小型空心件的侧面冲孔或冲槽。

导板模比无导向的开式单工序冲裁模的精度高，寿命也较长，使用时安装较容易，卸料可靠，操作较安全，轮廓尺寸也不大。导板模一般用于冲裁形状比较简单、尺寸不大、厚度大于 0.3 mm 的冲裁件。

4. 斜楔式水平冲孔模

图 3-32 是斜楔式水平冲孔模。

1）结构组成

（1）上模部分由模柄、上模座、斜楔 1、弹压板 3 等组成。

（2）下模部分由座板 2、滑块 4、凸模 5、凹模 6 等组成。

2）工作过程

（1）将拉深工序件反扣在凹模上（凹模在此兼起定位作用）；工序件以内形定位，为了保证冲孔位置的准确，弹压板在冲孔之前就把工序件压紧。

图 3-32 斜楔式水平冲孔模

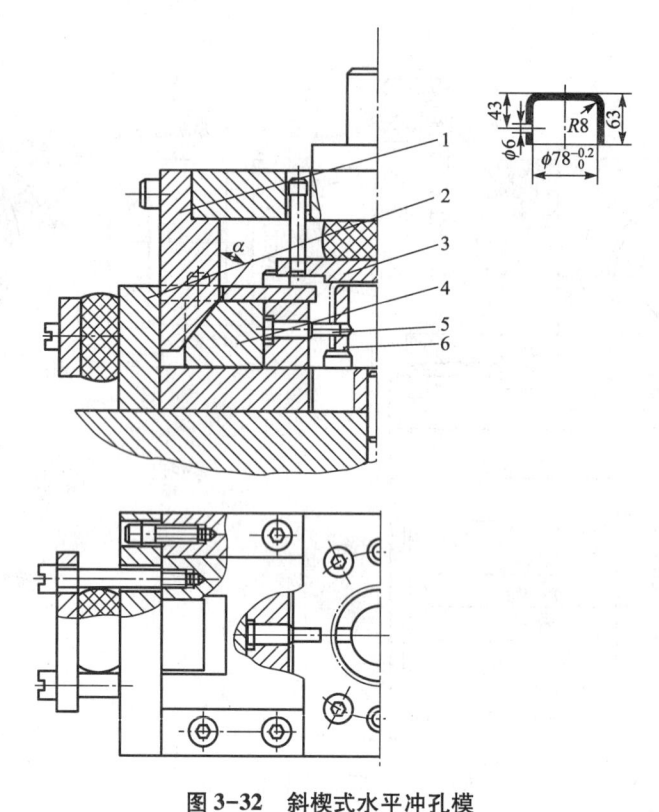

1—斜楔；2—座板；3—弹压板；4—滑块；5—凸模；6—凹模

(2) 滑块带动上模部分下行，对工件实施冲孔。

(3) 滑块带动上模部分回程，滑块的复位依靠橡胶来完成，冲孔废料从漏料孔并与下模座漏料孔排除。

3) 特点

(1) 依靠斜楔把压力机的垂直运动转变为滑块的水平运动，从而带动凸模在水平方向上进行冲孔。

(2) 该模具在压力机一次行程中冲一个孔，凸模与凹模的对准依靠滑块在导滑槽内滑动来保证。

(3) 如果安装多个斜楔滑块机构，可以同时冲多个孔，孔的相对位置由模具精度来保证，其生产率高，但模具结构较复杂，轮廓尺寸较大。

(4) 这种模具主要用于冲空心件或弯曲件等成形零件的侧孔、侧槽、侧切口等。

5. 导柱式单工序冲裁模

图 3-33 是导柱式落料模。

1) 模具组成

(1) 上模由模柄 7、上模座 11、导套 13、垫板 8、凸模 12、凸模固定板 5、卸料板 15、卸料螺钉 10 和弹簧 4 等组成。

(2) 下模部分由凹模 16、导柱 14 和下模座 18 等组成。

(3) 模具的工作零件是凸模 12 和凹模 16。

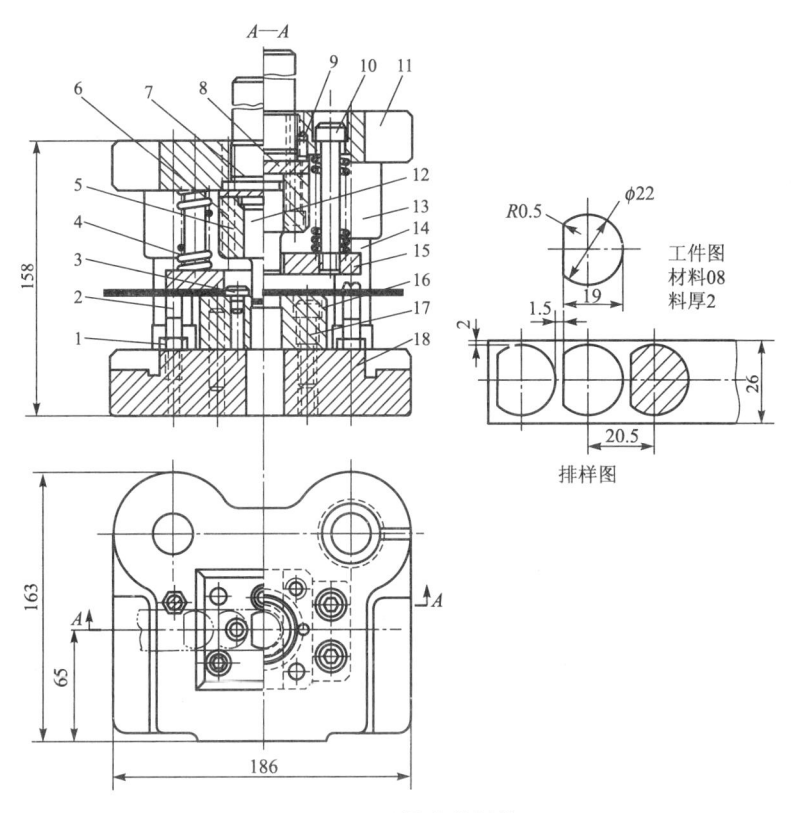

图 3-33 导柱式落料模

1—螺母；2—导料螺钉；3—挡料销；4—弹簧；5—凸模固定板；6—销钉；7—模柄；
8—垫板；9—止动销；10—卸料螺钉；11—上模座；12—凸模；13—导套；14—导柱；
15—卸料板；16—凹模；17—内六角螺钉；18—下模座

（4）定位零件是导料螺钉 2 和挡料销 3。
（5）导向零件是导柱 14 和导套 13。
（6）卸料零件是由卸料板 15、卸料螺钉 10 和弹簧 4 所组成的弹压式卸料装置。
（7）支承零件是上模座（带模柄）和下模座。

2）工作顺序

（1）将条料沿导料螺钉送进，并由挡料销定位。

（2）滑块带动上模部分下行，在凸、凹模进行冲裁工作之前，导柱已经进入导套，从而保证了在冲裁过程中凸模和凹模之间间隙的均匀性，随后卸料板先压住条料，上模继续下行时进行冲裁分离，此时弹簧进一步被压缩（如图 3-33 左半边所示）。

（3）上模回程时，弹簧推动卸料板把紧箍在凸模上的条料刮下。冲裁好的冲裁件通过凸模依次从凹模的洞中落下。

3）特点

导柱式单工序冲裁模的导向比导板模的可靠，精度高，寿命长，使用安装方便，但轮廓尺寸大，模具较重、制造工艺复杂、成本较高。它广泛用于生产批量大、精度要求高的冲裁件。

6. 导柱式冲孔模

图 3-34 是导柱式冲孔模。

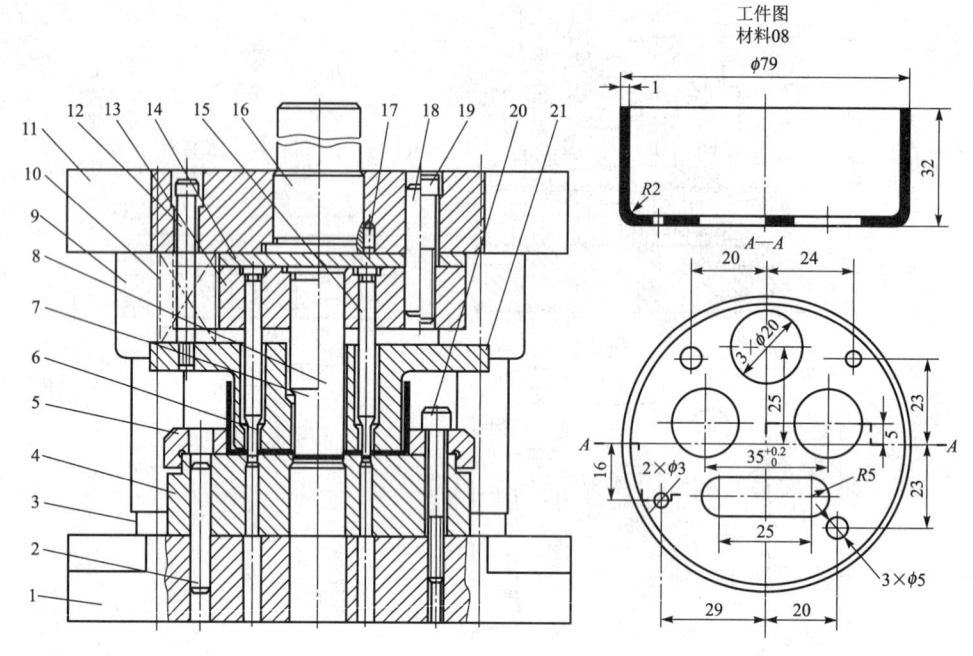

图 3-34　导柱式冲孔模

1—下模座；2—圆柱销；3—导柱；4—凹模；5—定位圈；6，7，8，15—凸模；
9—导套；10—弹簧；11—上模座；12—卸料螺钉；13—凸模固定板；14—垫板；
16—模柄；17—止动销；18—圆柱销；19，20—内六角螺钉；21—卸料板

1) 模具组成

(1) 上模部分由模柄 16、止动销 17、上模座 11、导套 9、垫板 14、凸模固定板 13、凸模 6、7、8、15、卸料板 21 和弹簧 10 等组成。

(2) 下模部分由定位圈 5、销钉 2、凹模 4、内六角螺钉 20、导柱 3 和下模座 1 组成。

(3) 工作零件是凸模 6、7、8、15 和凹模 4。

(4) 定位零件是定位圈 5。

(5) 导向零件是导柱 3 和导套 9。

(6) 卸料零件是卸料板 21、卸料螺钉 12 和弹簧 10。

(7) 支承零件是上模座和下模座。

2) 冲裁过程

(1) 将筒形的工序件口朝上放在定位圈内。

(2) 滑块带动上模部分下行，在凸、凹模进行冲裁之前，卸料板先压住工序件的底部，上模继续下压时进行冲裁，一次冲裁就冲裁出所有的八个孔。

(3) 当上模回程时，卸料板把箍在凸模上的筒形冲裁件卸下，完成整个冲裁过程；卡在凹模洞口中的废料，则在后续冲裁时由凸模依次推落。

3) 特点

(1) 这是一副在拉深后的筒形件底部冲孔的模具。冲裁件的底部要求冲出不同形状与

大小的孔共八个。所以它是一副多凸模的单工序冲裁模。

（2）由于孔边与筒形件壁部距离较近，为了保证凹模有足够强度，采用筒形件口部朝上的放置，并用定位圈 5 采用外形定位。采用这种结构，凸模必然要较长，设计时必须注意凸模的强度和稳定性的问题。

（3）如果孔边与侧壁距离大，则可采用筒形口部朝下，利用凹模实行内形定位，这样可以减少凸模的长度。

7. 小孔冲模

图 3-35 是一副全长导向结构的小孔冲模。

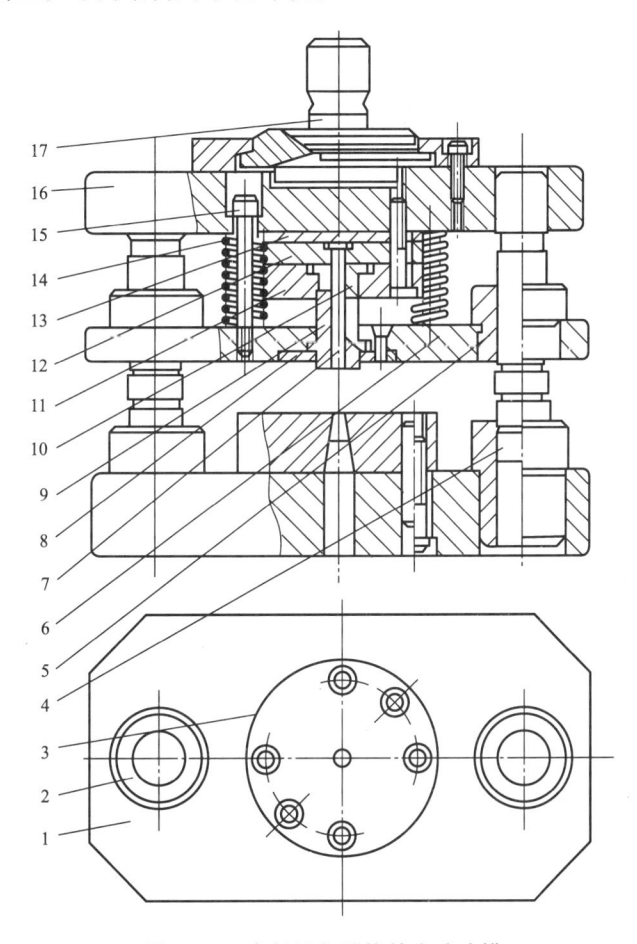

图 3-35　全长导向结构的小孔冲模
1—下模座；2，5—导套；3—凹模；4—导柱；6—弹压卸料板；7—凸模；8—托板；
9—凸模护套；10—扇形块；11—扇形块固定板；12—凸模固定板；13—垫板；
14—弹簧；15—卸料螺钉；16—上模座；17—模柄

1）结构组成

（1）上模部分：由导柱 4、导套 5、弹压卸料板 6、凸模 7、托板 8、凸模护套 9、扇形块 10、扇形块固定板 11、凸模固定板 12、垫板 13、弹簧 14、卸料螺钉 15、上模座 16、模柄 17 等零件组成。

（2）下模部分：由下模座 1、导套（2、5）、凹模 3 等零件组成。

（3）工作零件：凸模7、凹模3。

（4）定位零件：图中未标出。

（5）导向零件：导柱4、导套2、弹压卸料板6、凸模护套9、扇形块10。

（6）卸料零件：弹簧14、卸料螺钉15、弹压卸料板6、凸模护套9。

（7）支承零件：上模座16、模柄17、托板8、扇形块固定板11、凸模固定板12、垫板13、下模座1。

2）工作过程

（1）送料并定位（图中未标出）。

（2）滑块带动上模下行，凸模护套9先于凸模接触工件并实施压料，上模继续下行，凸模与凹模配合实施冲裁。

（3）滑块带动上模回程，弹簧推动弹压卸料板及凸模护套将紧箍在凸模上的工件刮下，而卡在凹模洞口中的废料，则在后续冲裁时由凸模依次推落。

3）特点

（1）导向精度高：这副模具的导柱不但在上、下模座之间进行导向，而且对卸料板也导向，避免了卸料板在工作过程中的偏摆。在冲压过程中，导柱装在上模座上，在工作行程中，上模座、导柱、弹压卸料板一同运动，严格地保持与上、下模座平行装配的卸料板中的凸模护套精确地和凸模滑配，当凸模受侧向力时，卸料板通过凸模护套承受侧向力，保护凸模不致发生弯曲。

（2）为了提高导向精度，排除压力机导轨的干扰，具采用了浮动模柄的结构。但必须保证在冲压过程中，导柱始终不脱离导套。

（3）凸模全长导向：冲裁时，凸模由凸模护套全长导向，伸出护套后，即冲出一个孔。

（4）在所冲孔周围先对材料加压：从图中可见，凸模护套伸出于卸料板，冲压时，卸料板不接触材料。由于凸模护套与材料的接触面积上的压力很大，使其产生了立体的压应力状态，改善了材料的塑性条件，有利于塑性变形的增加。因而，在冲制的孔径小于材料厚度时，仍能获得断面光洁孔。

三、连续模

连续模（又称级进模）：是指压力机在一次行程中，依次在几个不同的位置上，同时完成多道工序的冲模。

即按一定顺序安排了多个冲压工序（在连续模中称为工位）进行连续冲压。它不但可以完成冲裁工序，还可以完成成形工序，甚至装配工序，许多需要多工序冲压的复杂冲压件可以在一副模具上完全成形，这就为高速自动冲压提供了有利条件。

由于连续模工位数较多，因而用连续模冲制零件，必须解决条料或带料的准确定位问题，才有可能保证冲压件的质量。根据连续模定位零件的特征，它有以下几种典型结构。

1. 用导正销定位的连续模

图3-36是用导正销定距的冲孔落料连续模。

1）结构组成

（1）上模部分：由模柄1、螺钉2、上模座、垫板、凸模固定板、冲孔凸模3、落料凸

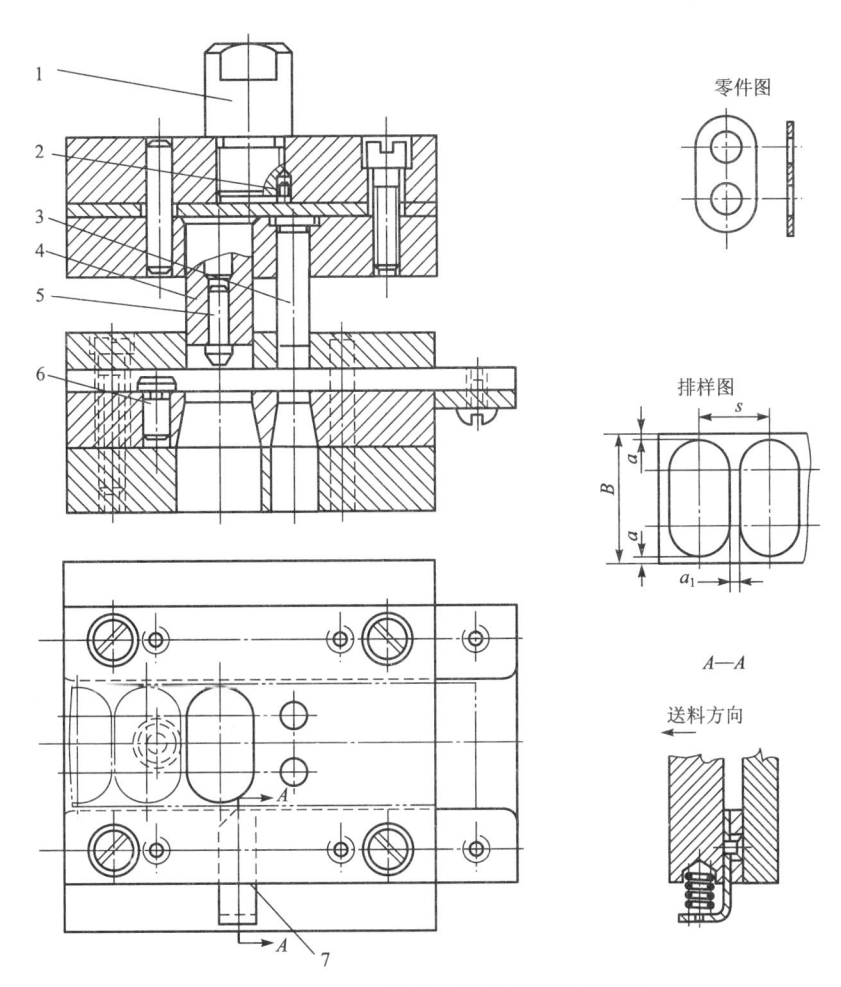

图 3-36 用导正销定距的冲孔落料连续模
1—模柄；2—螺钉；3—冲孔凸模；4—落料凸模；5—导正销；6—固定挡料销；7—始用挡料销

模 4（内含导正销 5）等组成。

（2）下模部分：由导板（兼固定卸料板）、导料板、始用挡料销 7、固定挡料销 6、凹模、下模座等组成。

2）工作过程

（1）将条料沿导料板送进，并由始用挡料销限定条料的初始位置。

（2）滑块带动上模部分下行进行冲孔（两个小孔），而落料的凸、凹模则走了一个空行程。始用挡料销在弹簧作用下复位。

（3）滑块带动上模部分回程，冲落的废料卡在凹模洞口，待后续冲裁时由凸模依次推落；而紧箍在凸模上的条料则由导板刮下。

（4）条料再送进一个步距，并由固定挡料销进行粗定位。

（5）滑块带动上模部分下行，装在落料凸模上的两个导正销对条料进行精定位。保证零件上的孔与外形的相对位置精度。落料的同时，在冲孔工位上又冲出了两个孔。

（6）滑块带动上模部分回程，重复（3）的动作；这样连续进行冲裁直至条料或带料冲完为止。

3) 特点

(1) 冲模中导正销与落料凸模的配合为 H7/r6，其连接应保证在修磨凸模时的装拆方便，因此，落料凸模安装导正销的孔是个通孔；

采用这种连续模，当冲压件的形状不适合用导正销定位时（如孔径太小或孔距太小等）可在条料上的废料部分冲出工艺孔，利用装在凸模固定板上的导正销进行导正。

(2) 连续模一般都有导向装置，该模具是以导板与凸模间隙配合导向，并以导板进行卸料。

2. 具有自动挡料的连续模

为了便于操作，进一步提高生产率，可采用自动挡料定位或自动送料装置加定位零件定位。图 3-37 是一种具有自动挡料的连续模。

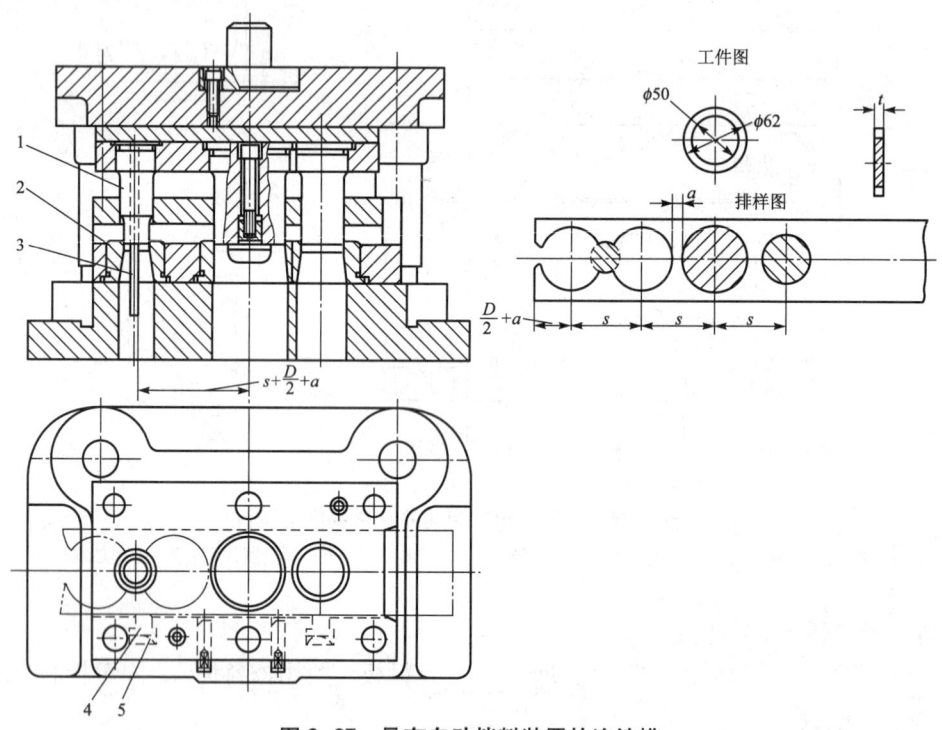

图 3-37 具有自动挡料装置的连续模
1—凸模；2—凹模；3—挡料杆；4—侧压板；5—侧压簧片

1) 工作过程

(1) 沿导料板将条料送进，并由第一个始用挡料销定位。

(2) 滑块带动上模部分下行，对条料实施冲孔（$\phi50$ mm）。

(3) 滑块带动上模回程，导板将紧箍在凸模上的条料刮下；卡在凹模洞口中的废料则在后续冲裁中由凸模依次推落。

(4) 沿导料板将条料继续送进，并由第二个始用挡料销进行粗定位。

(5) 滑块带动上模部分下行，导正销进行精定位并落料（$\phi62$ mm）；同时在冲孔的工位上又冲孔（$\phi50$ mm）。

(6) 上模回程并卸料。

(7) 沿导料板将条料继续送进,并由挡料杆 3 进行粗定位。

(8) 上模下行,实施落料(ϕ62 mm)和冲孔(ϕ50 mm);且凸模 1 与凹模 2 配合将条料的搭边冲出一个缺口,为后续送料提供通道。

(9) 上模回程并卸料。

2) 特点

(1) 该模具具有导柱式连续模的特点。

(2) 自动挡料装置由挡料杆、冲搭边的凸模和凹模组成。在工作过程中,挡料杆始终不离开凹模的上平面,所以送料时,挡料杆挡住搭边,在冲孔、落料的同时,凸模和凹模把搭边冲出一个缺口,使条料可以继续送进一个步距,从而起到自动挡料的作用。

(3) 该模具设有侧压装置,通过侧压簧片和侧压板的作用,把条料压向对边,避免了条料在导料板中偏摆,使最小搭边得到保证。

3. 用侧刃定距的连续模

侧刃:在连续模中,为了限定条料送进距离,在条料侧边冲切出一定形状缺口的特殊凸模。

侧刃定距的工作原理如图 3-38 所示。在凸模固定板上,除装有一般的冲孔、落料凸模外,还装有特殊的凸模——侧刃。侧刃断面的长度等于送料步距。在压力机的每次行程中,侧刃在条料的边缘冲下一块长度等于步距的料边。由于侧刃前后导料板之间的宽度不同,前宽后窄,在导料板的 M 处形成一个凸肩,所以只有在侧刃切去一个长度等于步距的料边而使其宽度减少之后,条料才能再向前送进一个步距,从而保证了孔与外形相对位置的正确。

侧刃的定位可以采用单侧刃。这时当条料冲到最后一件的孔时,条料的狭边被冲完,于是在条料上不再存在凸肩,在落料时无法再定位,所以末件是废品。如果连续模在 n 个步距内工作的话,则将有 $(n-1)$ 个半成品失去定位。为了避免这些废品的产生,可采用错开排列的双侧刃。一个侧刃应排在第一个工作位置或其前面;另一个侧刃应排列在最后一个工作位置或其后面。在使用双侧刃的连续模中,有时也有将左、右两侧刃并排布置,而在另一侧装置侧压板,其目的是避免条料在导料板中偏摆,使最小搭边得到保证。

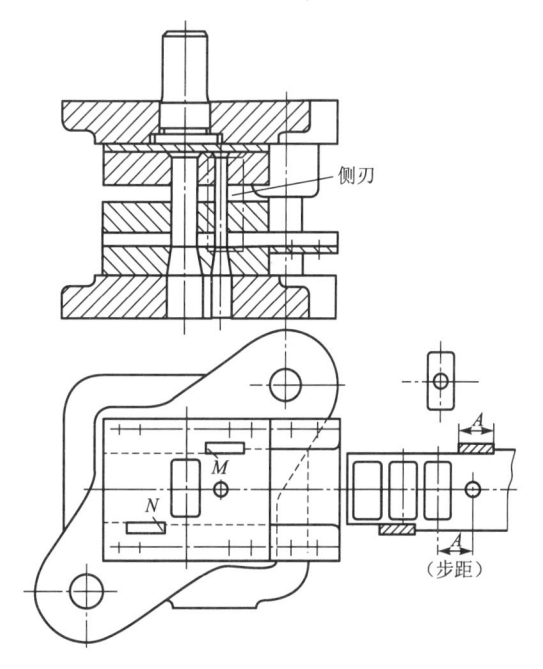

图 3-38 侧刃定距连续模的工作原理

侧刃定距的优点:是其应用不受冲裁件结构限制,而且操作方便安全,送料速度高,便于实现自动化。

侧刃定距的缺点：是模具结构比较复杂，材料有额外的浪费，在一般情况下它的定距精度比导正销低。所以有些连续模将侧刃与导正销联合使用。这时用侧刃作粗定位，以导正销作精定位。侧刃断面的长度应略大于送料步距，使导正销有导正的余地。

1）工作过程

（1）沿导料板将条料送进，并由侧刃挡块定位。

（2）上模部分下行对条料实施冲孔，侧刃（图3-39中未表达）与侧刃凹模配合，在条料的边缘上冲切下一块长度等于送料步距的料边，在条料上形成一个台肩，为后续送料做准备。

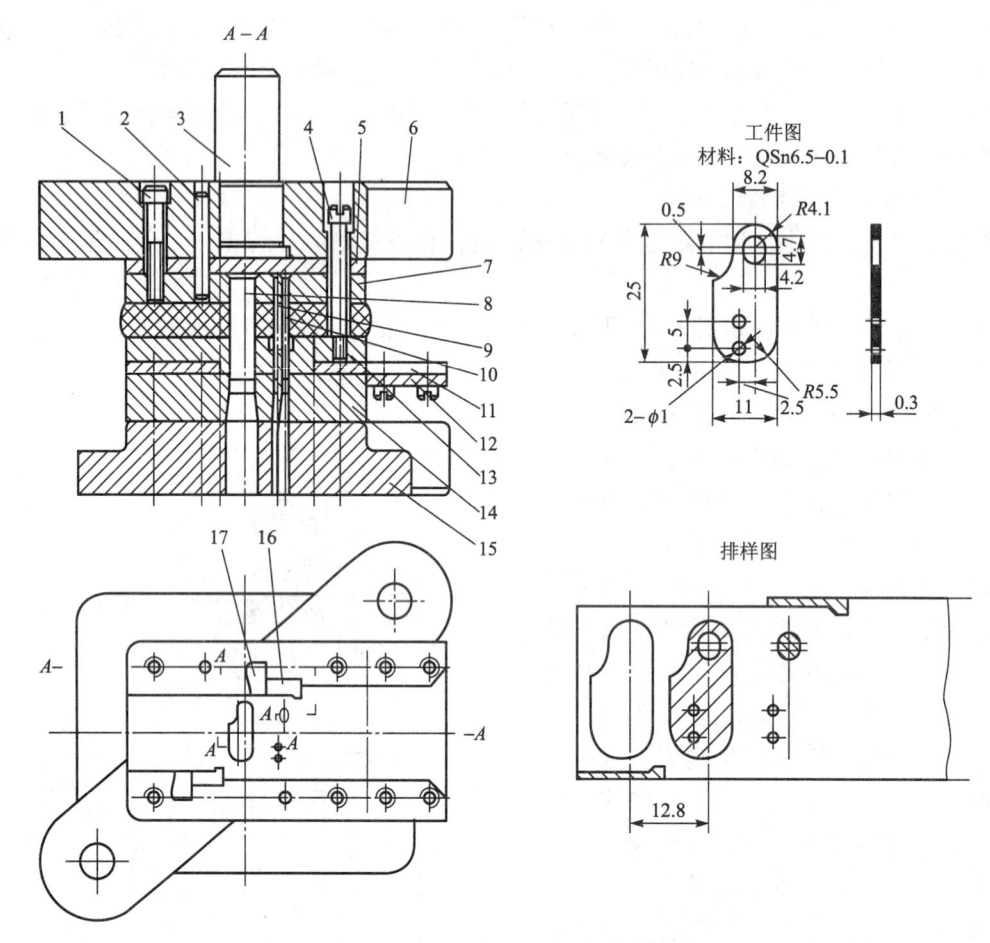

图 3-39　侧刃定距的冲孔落料连续模
1—内六角螺钉；2—销钉；3—模柄；4—卸料螺钉；5—垫板；6—上模座；
7—凸模固定板；8，9，10—凸模；11—导料板；12—承料板；13—卸料板；
14—凹模；15—下模座；16—侧刃凹模；17—侧刃挡块

（3）上模部分回程，橡胶推动卸料板将紧箍在凸模上的条料刮下。

（4）沿导料板将条料继续送进，并由侧刃挡块对条料的台肩定位。

（5）上模部分下行进行落料并在冲孔的工位上冲孔；侧刃又将在条料的边缘上冲切下一块长度等于送料步距的料边，在条料上形成一个台肩。

(6) 上模部分回程并卸料。

2) 特点

该模具利用侧刃、侧刃凹模、侧刃挡块对条料的送进实施定位作用,代替了始用档料销、固定档料销控制条料的送进距离。

图 3-40 是侧刃定距的弹压导板连续模。

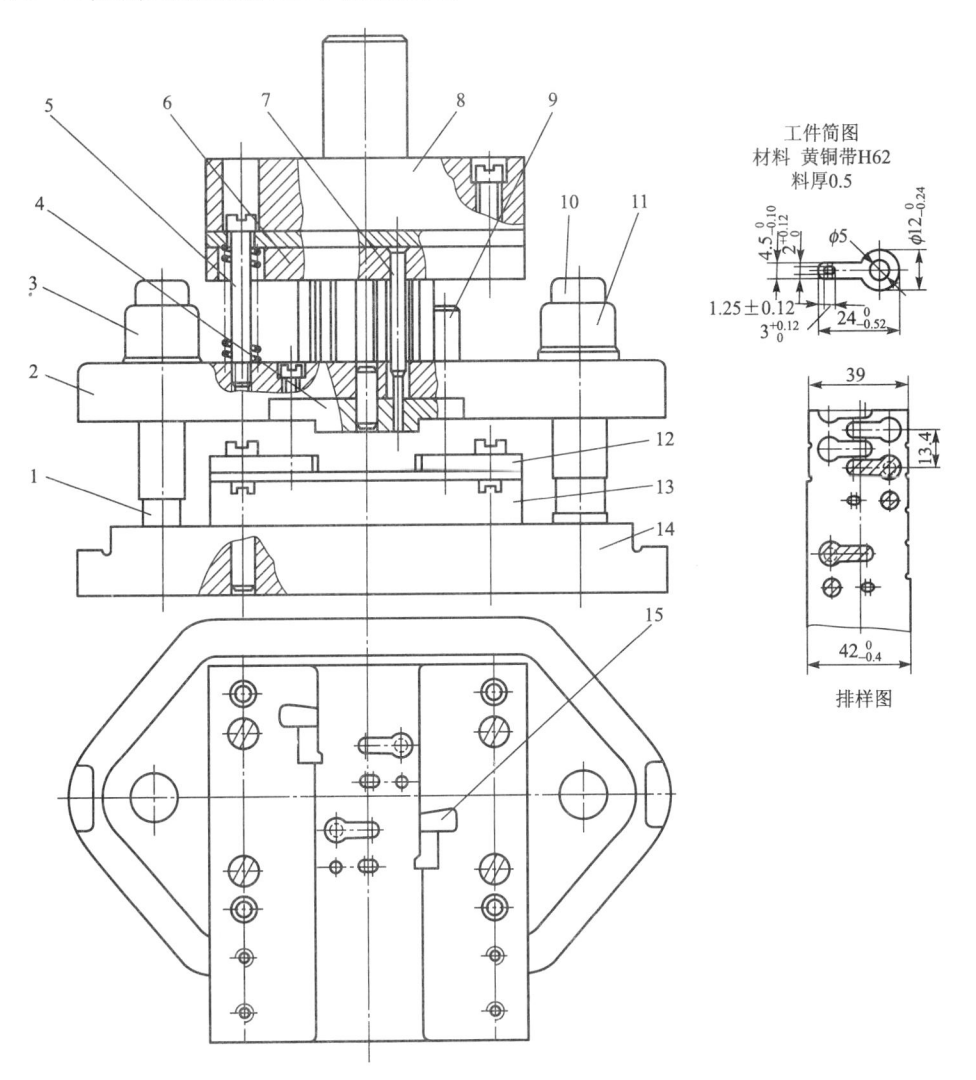

图 3-40 侧刃定距的弹压导板连续模

1—导柱;2—弹压导板;3—导套;4—导板镶块;5—卸料螺钉;6—凸模固定板;7—凸模;8—上模座;
9—限位柱;10—导柱;11—导套;12—导料板;13—凹模;14—下模座;15—侧刃挡块

该模具有以下特点。

(1) 凸模以装在弹压导板中的导板镶块导向,弹压导板以导柱导向,导向准确,保证凸模与凹模的正确配合,并且加强了凸模纵向稳定性,避免小凸模产生纵弯曲。

(2) 凸模与固定板为间隙配合,凸模装配调整和更换方便。

(3) 弹压导板用卸料螺钉与上模连接,加上凸模与固定板是间隙配合,因此能消除压力机导向误差对模具的影响，对延长模具寿命有利。

（4）冲裁排样采用直对排，一次冲裁获得两个冲裁件，两件的落料工位离开一定距离，以增强凹模强度，也便于加工和装配。

（5）适用于冲压零件尺寸小而复杂、需要保护凸模的场合。

比较上述两种定位方法的连续模可以看出：如果板料厚度较小，用导正销定位时，孔的边缘可能被导正销摩擦压弯，因而不起正确导正和定位作用；窄长形的冲件、步距小的不宜安装始用挡料销和挡料销；落料凸模尺寸不大的，如在凸模上安装导正销，将影响凸模强度。因此，挡料销与导正销配合定位的连续模，一般适用于冲裁板料厚度大于 0.3 mm、材料较硬的冲压件和步距与凸模尺寸稍大的场合。否则，宜用侧刃定位。侧刃定位的连续模不存在上述问题，生产效率较高，定位准确，但材料消耗较多，冲裁力增大，模具比较复杂。

4. 连续冲裁排样

采用连续模冲压时，排样设计十分重要，它不但要考虑材料的利用率，还应考虑零件的精度要求、冲压成形规律、模具结构及模具强度等问题。下面讨论这些因素对排样的要求。

1）零件的精度对排样的要求

零件精度要求高的，除了注意采用精确的定位方法外，还应尽量减少工位数，以减少工位累积误差；孔距公差较小的应尽量在同一工步中冲出。

2）模具结构对排样的要求

零件较大或零件虽小但工位较多，应尽量减少工位数，可采用连续—复合排样法，如图 3-41（a）所示，以减少模具轮廓尺寸。

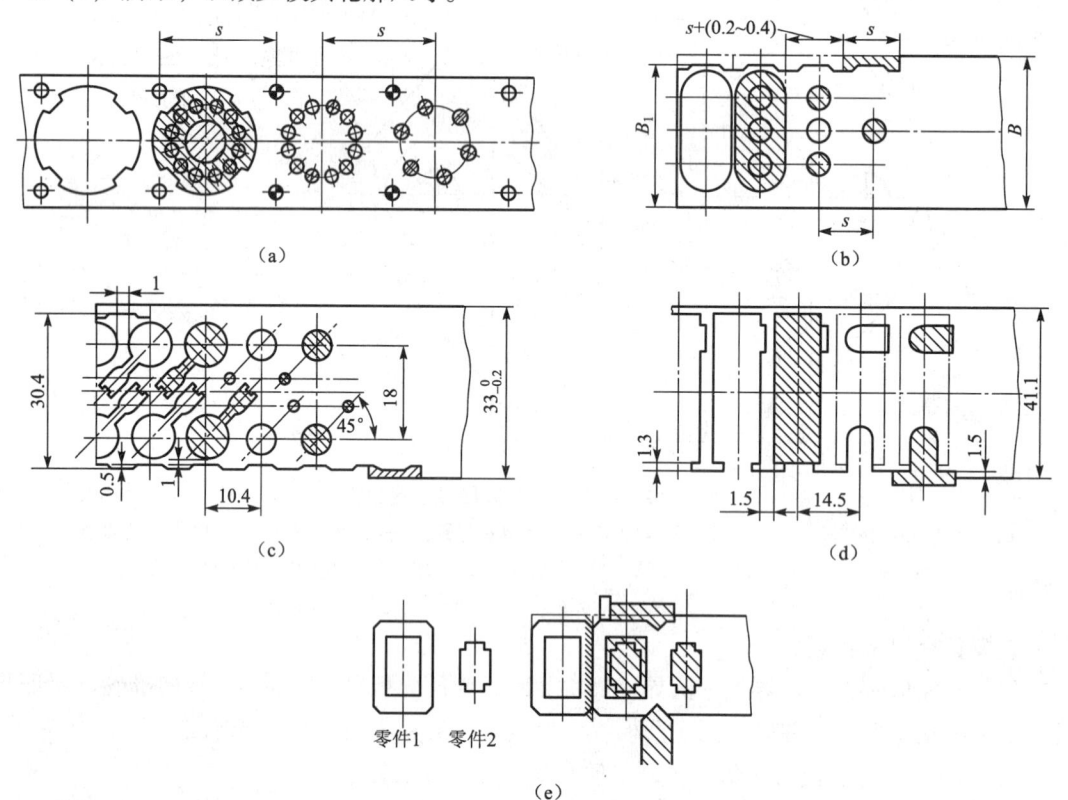

图 3-41　连续模的排样图

3）模具强度对排样的要求

孔间距小的冲裁件，其孔要分步冲出，如图 3-41（b）；工位之间凹模壁厚小的，应增设空步，如图 3-41（c）所示；外形复杂的冲裁件应分步冲出，以简化凸、凹模形状，增强其强度，便于加工和装配，如图 3-41（d）所示；侧刃的位置应尽量避免导致凸、凹模局部工作而损坏刃口，如图 3-41（b）；侧刃与落料凹模刃口距离增大 0.2～0.4 mm 就是为了避免落料凸、凹模切下条料端部的极小宽度。

4）零件成形规律对排样的要求

需要弯曲、拉深、翻边等成形工序的零件，采用连续模冲压时，位于成形过程变形部位上的孔，一般应安排在成形工步之后冲出，落料或切断工步一般安排在最后工位上。

全部为冲裁工步的连续模，一般是先冲孔后落料或切断。先冲出的孔可作后续工位的定位孔，若该孔不适合于定位或定位精度要求较高时，则应冲出辅助定位工艺孔（导正销孔），如图 3-41（a）所示。

套料连续冲裁时，如图 3-41（e）所示，按由里向外的顺序，先冲内轮廓后冲外轮廓。

四、复合模

复合模：是指在压力机的一次行程中，在模具同一工位同时完成数道冲压工序的冲裁模。它在结构上的主要特征是有一个既是落料凸模又是冲孔凹模的凸凹模。

凸凹模：复合模中同时具有落料凸模和冲孔凹模作用的工作零件。

图 3-42 是冲孔落料复合模的基本结构。在模具的一方（指上模或下模）外面装有落料凹模，中间装有冲孔凸模，而在另一方，则装有凸凹模（它是复合模中必有的零件，其外形是落料凸模、其内孔是冲孔凹模，故称此零件为凸凹模）。当上、下模两部分嵌合时，就能同时完成冲孔与落料工序。按照复合模中落料凹模的安装位置不同，可分为正装式复合模和倒装式复合模。

倒装复合模：将落料凹模装在上模上的复合模。

正装复合模：将落料凹模装在下模上的复合模。

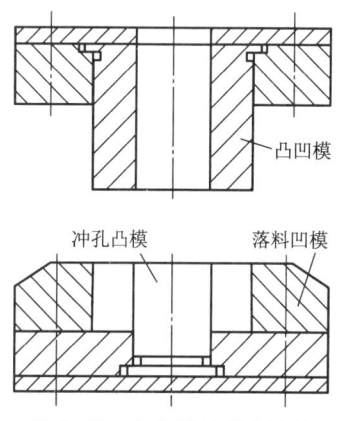

图 3-42 复合模的基本结构

1. 正装复合模（又称顺装复合模）

图 3-43 是正装式落料冲孔复合模。

1）工作过程

（1）将条料沿两个导料销送进，并由挡料销定位。

（2）滑块带动上模部分下压进行冲裁，凸凹模外形和凹模进行落料，同时冲孔凸模与凸凹模内孔配合进行冲孔。

（3）滑块带动上模部分回程（上行），完成下面三部分的工作。

① 冲裁下来的冲裁件卡在下模的凹模中，并由顶件装置顶出凹模。顶件装置由带肩顶杆、顶件块及装在下模底座上的弹顶器组成（弹顶器图中没有画出），该装置的弹性元件高度不受模具有关空间的限制，顶件力的大小容易调节，可获得较大的顶件力。

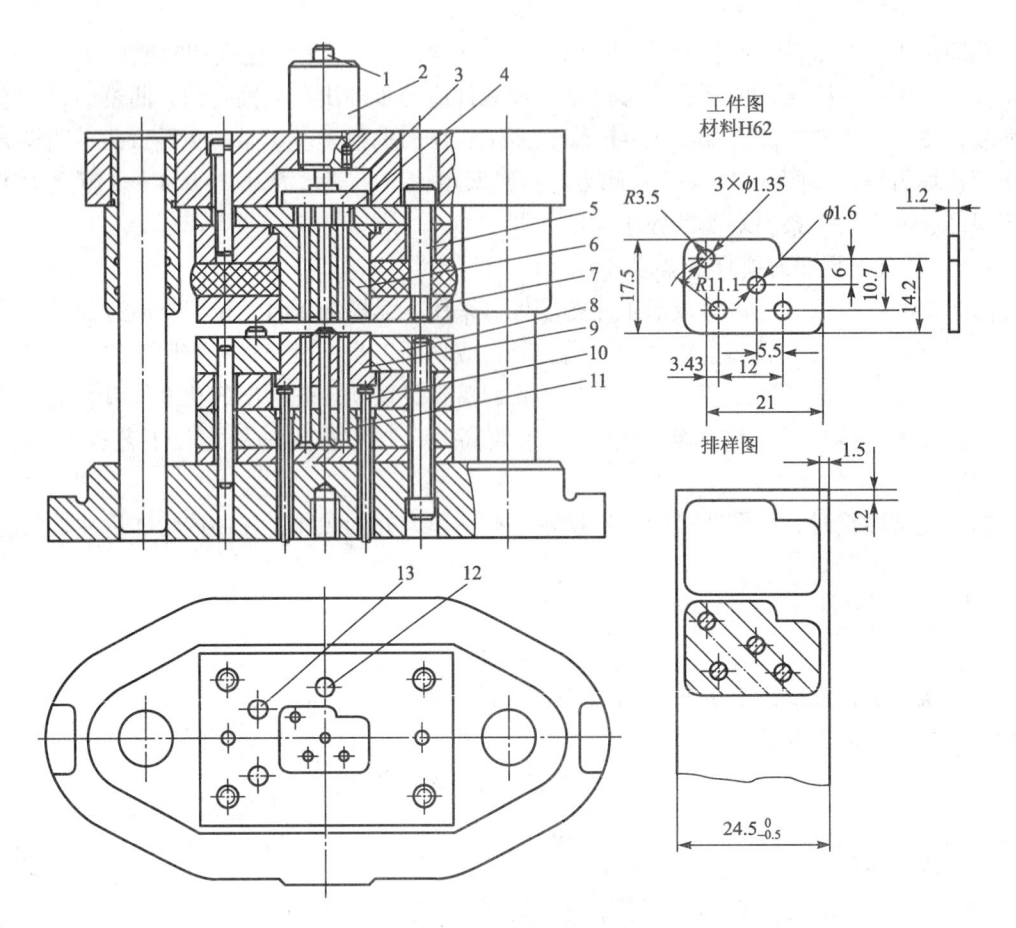

图 3-43 正装式复合模

1—打杆；2—模柄；3—推板；4—推杆；5—卸料螺钉；6—凸凹模；7—卸料板；8—落料凹模；9—顶件块；10—带肩顶杆；11—冲孔凸模；12—挡料销；13—导料销

② 冲孔的废料则卡在凸凹模孔内，则由推件装置推出。推件装置由打杆、推板和推杆组成。当上模回程至上止点时，安装在压力机上的打料横杆通过推件装置把废料推出。

③ 紧箍在凸凹模上的条料由弹压卸料装置推下。

2) 特点

(1) 每冲裁一次，冲孔废料被推出一次，凸凹模内不积存废料，胀力小，不易破裂，但冲孔废料落在下模工作面上，清除废料麻烦，尤其孔较多时。

(2) 由于采用固定挡料销和导料销定位，在卸料板上需钻出让位孔，或采用活动导料销或挡料销。

(3) 正装式复合模工作时，条料是在压紧的状态下冲裁的，冲出的冲裁件平直度较高，对于较软较薄的冲裁件能达到平整要求。但由于弹顶器和弹压卸料装置的作用，分离后的冲裁件容易被嵌入条料中影响操作，从而影响了生产率。

2. 倒装复合模

图 3-44 是倒装式复合模。

1)工作过程

(1)将条料沿导料销送进,并由活动挡料销定位。

(2)滑块带动上模部分下压进行冲裁,凸凹模外形和凹模进行落料,同时冲孔凸模与凸凹模内孔进行冲孔。

(3)滑块带动上模部分回程(上行),完成下面三部分的工作。

① 冲裁下来的废料卡在凸凹模的内孔中,由后续冲裁时冲孔凸模推出。

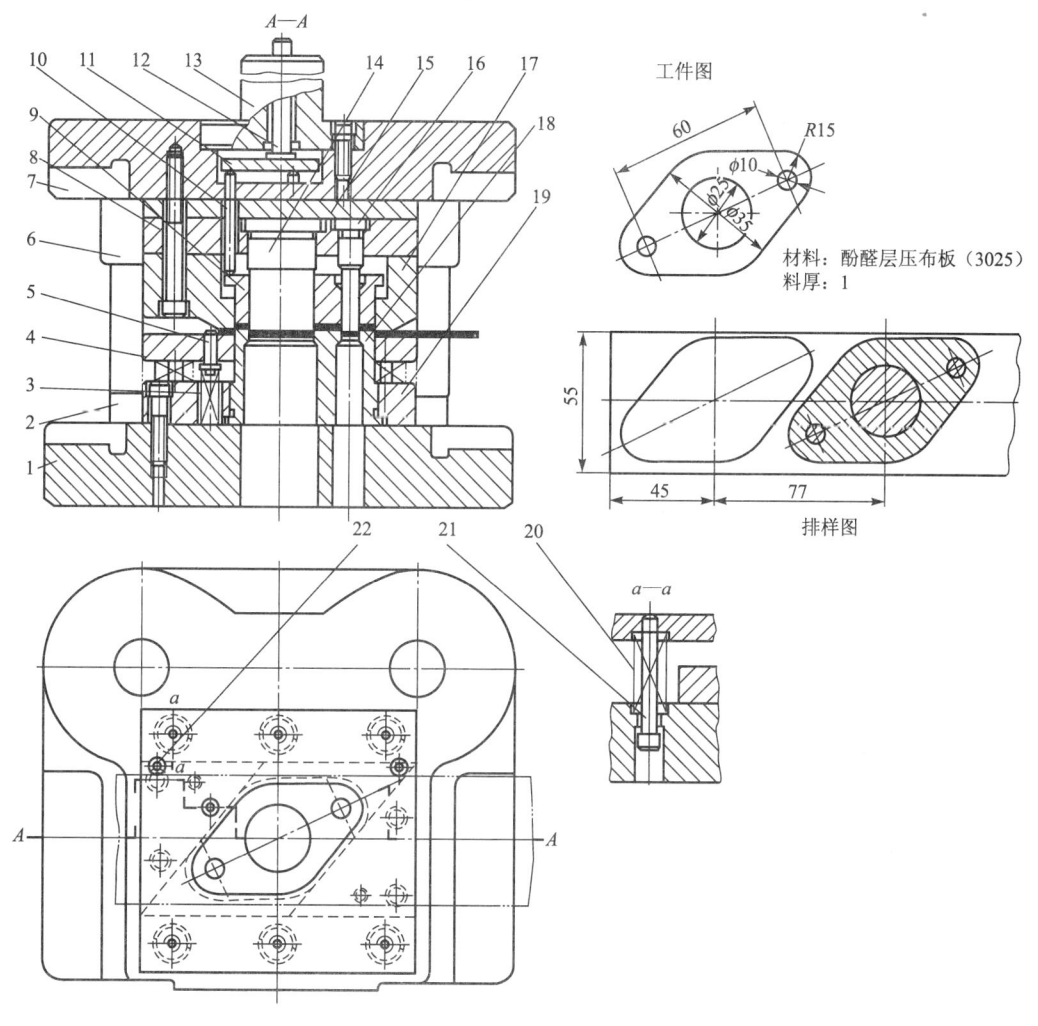

图 3-44 倒装式复合模

1—下模座;2—导柱;3—弹簧;4—卸料板;5—活动挡料销;6—导套;7—上模座;
8—凸模固定板;9—推件块;10—连接推杆;11—推板;12—打杆;
13—模柄;14—冲孔凸模;15—垫板;16—冲孔凸模;17—落料凹模;
18—凸凹模;19—固定板;20—弹簧;21—卸料螺钉;22—导料销

② 落料件则由推件装置推出,推件装置由打杆、推板、推杆和推件块组成。当上模回程至上止点时,安装在压力机上的打料横杆通过推件装置把落料件推出。

③ 紧箍在凸凹模上的条料则由弹性卸料装置(卸料板、弹簧、卸料螺钉组成)顶出。

2）特点

（1）凸凹模内有积存废料，胀力较大，当凸凹模壁厚较小时，可能导致凸凹模破裂。

（2）由于采用弹顶挡料销装置，所以在凹模上不必钻相应的让位孔。但这种挡料装置的工作可靠性较差。

（3）采用刚性推件的倒装式复合模，条料不是处在被压紧的状态下冲裁，因而平直度不高。这种结构适用于冲裁较硬的或厚度大于 0.3 mm 的条料。如果在上模内设置弹性元件，即采用弹性推件装置，这就可以用于冲裁材质较软的或条料小于 0.3 mm，且平直度要求较高的冲裁件。

复合模的特点是生产率高，冲裁件的内孔与外缘的相对位置精度高，条料的定位精度要求比连续模低，冲模的轮廓尺寸较小。但复合模结构复杂，制造精度要求高，成本高。复合模主要用于生产批量大、精度要求高的冲裁件。

学习单元七　冲裁模零部件结构

☞ **目的与要求：**

1. 了解组成冲裁模的零部件、掌握工作零件的设计。
2. 了解定位零件的种类、掌握定位零件的设计。
3. 熟悉固定卸料、刚性推件、弹性卸料的结构；掌握弹性元件的选用、掌握模架、模柄的选用、了解模具的典型组合。

☞ **重点与难点：**

工作零件的结构、固定方法、镶拼结构的工作零件、熟悉固定卸料、刚性推件、弹性卸料的结构、掌握弹性元件的选用、掌握模架、模柄的选用、定位零件的设计与选用、导向零件的设计与选用。

一、工作零件

1. 凸模

凸模： 冲压时，冲模中被冲裁件或废料所包容的工作零件。

由于冲裁件的形状和尺寸不同，冲模的加工以及装配工艺等实际条件也不同，所以在实际生产中使用的凸模结构形式很多。

（1）截面形状有圆形和非圆形。

（2）刃口形状有平刃和斜刃等。

（3）结构有整体式、镶拼式、阶梯式、直通式和带护套式等。

（4）凸模的固定方法有台肩固定、铆接、螺钉和销钉固定，黏结剂浇注法固定等。

1）凸模的结构形式及其固定方法

（1）圆形凸模。

按标准规定，圆形凸模有三种形式，如图 3-45 所示。

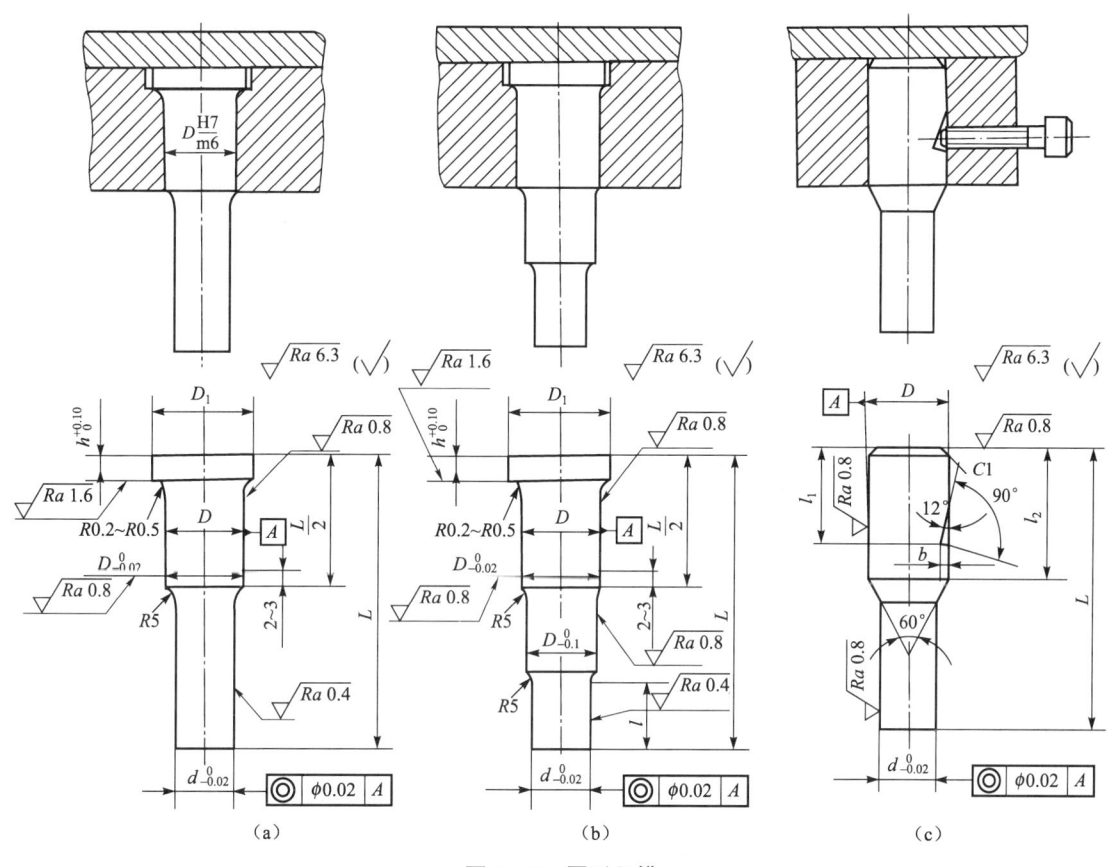

图 3-45　圆形凸模

台阶式的凸模强度刚性较好，装配修磨方便，其工作部分的尺寸由计算而得；与凸模固定板配合部分按过渡配合（H7/m6 或 H7/n6）制造；最大直径的作用是形成台肩，以便固定，保证工作时凸模不被拉出。图 3-45（a）用于较大直径的凸模，图 3-45（b）用于较小直径的凸模，它们适用于冲裁力和卸料力大的场合。图 3-45（c）是快换式的小凸模，维修更换方便。

（2）非圆形凸模。

在实际生产中广泛应用的非圆形凸模如图 3-46 所示。

图 3-46（a）和图 3-46（b）是台阶式的凸模。凡是截面为非圆形的凸模，如果采用台阶式的结构，其固定部分应尽量简化成简单形状的几何截面（圆形或矩形）。

图 3-46（a）是台肩固定；图 3-46（b）是铆接固定。这两种固定方法应用较广泛，但不论哪一种固定方法，只要工作部分截面是非圆形的，而固定部分是圆形的，都必须在固定端接缝外加防转销。以铆接法固定时，铆接部位的硬度较工作部分要低。

图 3-46（c）和图 3-46（d）是直通式凸模。直通式凸模用线切割加工或成形铣削、成形磨削加工。截面形状复杂的凸模，广泛应用这种结构。

图 3-46（d）是用低熔点合金浇注固定的。用低熔点合金等粘结剂固定凸模方法的优点

在于，当多凸模冲裁时（如电机定、转子冲槽孔），可以简化凸模固定板的加工工艺，便于在装配时保证凸模与凹模的正确配合。此时，凸模固定板上安装凸模的孔的尺寸较凸模大，留有一定的间隙，以便充填粘结剂。为了粘结牢靠，在凸模的固定端或固定板相应的孔上应开设一定的形槽。常用的粘结剂有低熔点合金、环氧树脂、无机粘结剂等。

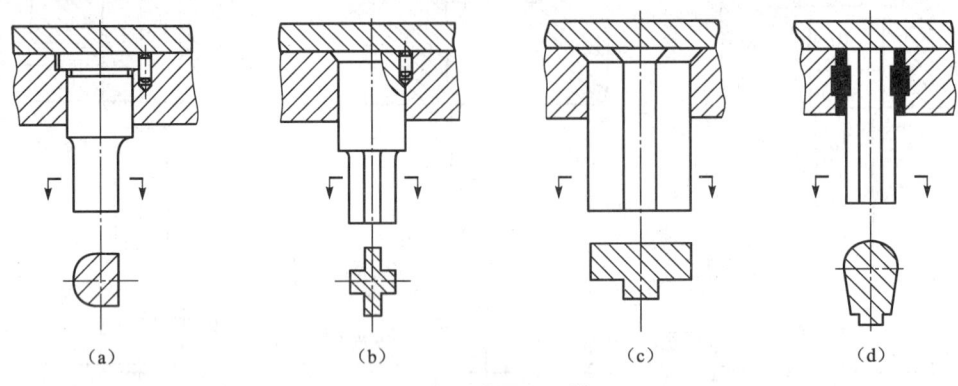

图 3-46 非圆形凸模

（3）大、中型凸模。

大、中型的冲裁凸模，有整体式和镶拼式两种。

图 3-47（a）是大、中型整体式凸模，直接用螺钉、销钉固定。

图 3-47（b）是镶拼式凸模，它不但节约贵重的模具钢，而且减少锻造、热处理和机械加工的困难，因而大型凸模宜采用这种结构。关于镶拼式结构的设计方法，将在后面详细叙述。

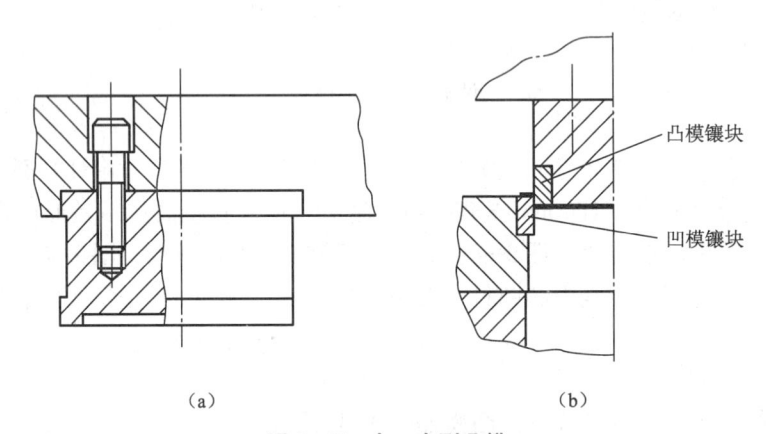

图 3-47 大、中型凸模

（4）冲小孔凸模。

小孔：一般指孔径 d 小于被冲板料的厚度或直径 $d<1$ mm 的圆孔和面积 $A<1$ mm^2 的异型孔。

冲小孔的凸模强度和刚性差，容易弯曲和折断，所以必须采取措施提高它的强度和刚度，从而提高其使用寿命。对冲小孔凸模加导向结构就是保护措施的一种（图 3-48）。

冲小孔凸模加保护与导向结构有以下两种。

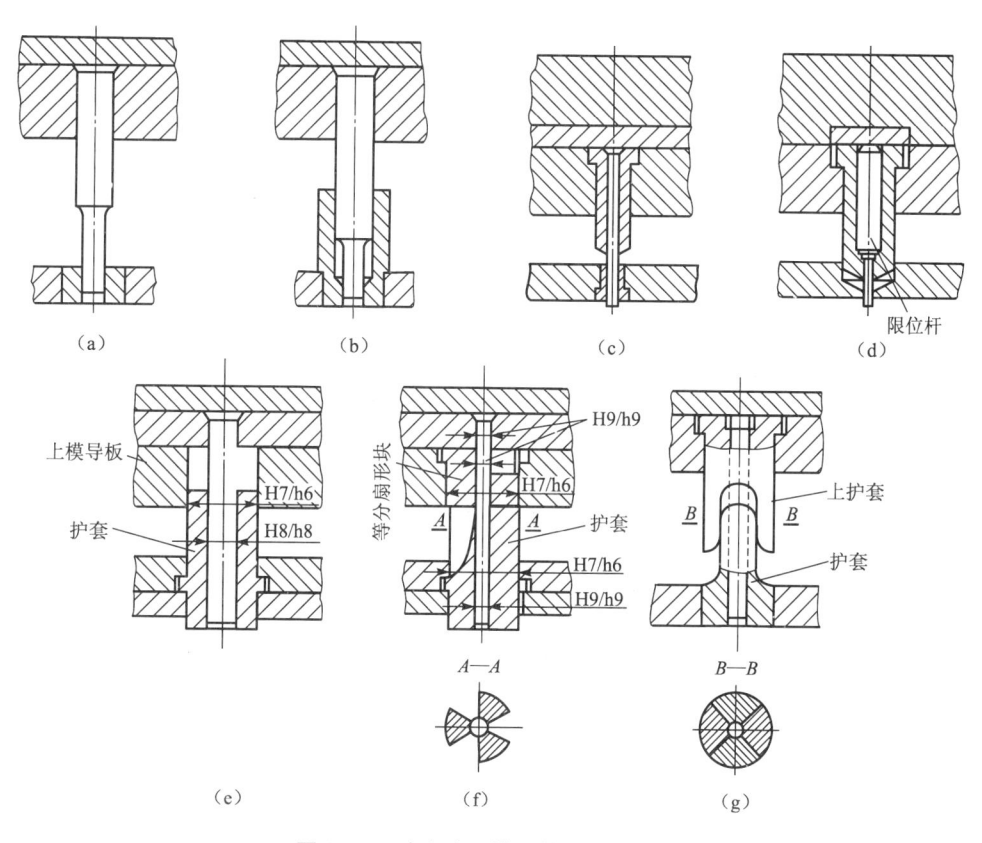

图 3-48　冲小孔凸模保护与导向结构

① 局部保护与导向。
② 全长保护与导向。

图 3-48（a）、(b) 是局部保护与导向结构,它利用弹压卸料板对凸模进行导向的模具上,其导向效果不如全长导向结构。

图 3-48（c）、(d) 实际上也是局部导向结构,是以简单的凸模护套来保护凸模,并以卸料板导向,其效果较好。

图 3-48（e）、(f)、(g) 基本上是全长保护与导向结构,其护套装在卸料板或导板上,在工作过程中始终不离开上模导板、等分扇形块或上护套。模具处于闭合状态时,护套上端也不碰到凸模固定板。当上模下压时,护套相对上滑,凸模从护套中相对伸出进行冲孔。这种结构避免了小凸模可能受到侧压力,防止小凸模弯曲和折断。尤其如图 3-48（f）,具有三个等分扇形槽的护套,可在固定的三个等分扇形块中滑动,使凸模始终处于三向保护与导向之中,效果较图 3-48（e）好,但结构较复杂,制造困难。而图 3-48（g）结构较简单,导向效果也较好。

2）凸模长度的计算

凸模长度尺寸应根据模具的具体结构,并考虑修磨量、固定板与卸料板之间的安全距离、装配等的需要来确定。

当采用固定卸料板和导料板时,如图 3-49（a）所示,其凸模长度按下式计算

$$L = h_1 + h_2 + h_3 + h \tag{3-35}$$

当采用弹压卸料板时，如图 3-49（b）所示，其凸模长度按下式计算

$$L = h_1 + h_2 + t + h \tag{3-36}$$

式中　L——凸模长度，mm；

　　　h_1——凸模固定板厚度，mm；

　　　h_2——卸料板厚度，mm；

　　　h_3——导料板厚度，mm；

　　　t——材料厚度，mm；

　　　h——增加长度，它包括凸模的修磨量、凸模进入凹模的深度（0.5～1 mm）、凸模固定板与卸料板之间的安全距离等，一般取 10～20 mm。

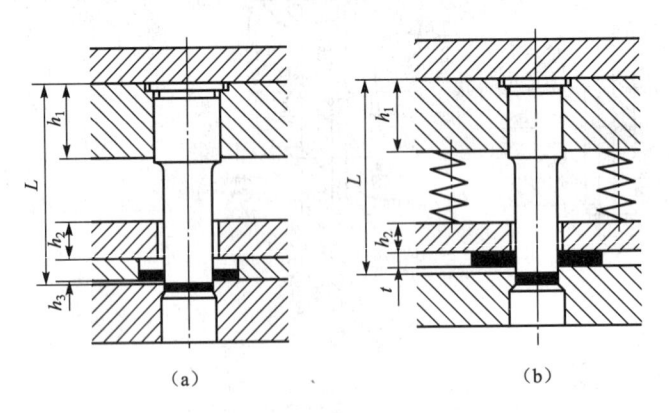

图 3-49　凸模长度的计算

按照上述方法计算出凸模长度后，上靠标准得出凸模实际长度。

3）凸模的强度与刚度校核

在一般情况下，凸模的强度和刚度是足够的，没有必要进行校核。但是当凸模的截面尺寸很小而冲裁的板料较厚或根据结构需要确定的凸模特别细长时，则应进行承压能力和抗纵弯曲能力的校核。

（1）承压能力的校核　凸模承压能力按下式校核

$$\sigma = \frac{F'_Z}{A_{\min}} \leqslant [\sigma_{压}] \tag{3-37}$$

式中　σ——凸模最小截面的压应力，MPa；

　　　F'_Z——凸模纵向所承受的压力，它包括冲裁力和推件力（或顶件力），N；

　　　$A_{\min}$——凸模最小面积，mm²；

　　　$[\sigma_{压}]$——凸模材料的许用抗压强度，MPa。

凸模材料的许用抗压强度大小取决于凸模材料及热处理，选用时一般可参考下列数值：对于 T8A、T10A、Cr12MoV、GCr15 等工具钢，淬火硬度为 58～62HRC 时，可取 $[\sigma_{压}]$ = $(1.0～1.6) \times 10^3$ MPa；如果凸模有特殊导向时，可取 $[\sigma_{压}]$ = $(2～3) \times 10^3$ MPa。

由式（3-37）可得

$$A_{\min} \geqslant \frac{F'_Z}{[\sigma_压]} \tag{3-38}$$

对于圆形凸模,当推件力或顶件力为零时,

$$d_{\min} \geqslant \frac{4t\tau_b}{[\sigma_压]} \tag{3-39}$$

式中 $d_{\min}$——凸模工作部分最小直径,mm;

t——材料厚度,mm;

τ_b——冲裁材料的抗剪强度,MPa;

$[\sigma_压]$——凸模材料的许用抗压强度,MPa。

设计时可按式(3-38)或式(3-39)校核。也可查表 3-16,表 3-16 是当 $[\sigma_压] = (1.0 \sim 1.6) \times 10^3$ MPa 时计算得到的最小相对直径 $(d/t)_{\min}$。

表 3-16 凸模允许的最小相对直径 $(d/t)_{\min}$

冲压材料	抗剪强度 τ_b/MPa	$(d/t)_{\min}$	冲压材料	抗剪强度 τ_b/MPa	$(d/t)_{\min}$
低碳钢	300	0.75~1.20	不锈钢	500	1.25~2.00
中碳钢	450	1.13~1.80	硅钢片	190	0.48~0.76
黄铜	260	0.65~1.04			

注:表中为按理论冲裁力计算结果,若考虑实际冲裁力应增加 30% 时,则用 1.3 乘表值

(2)失稳弯曲应力的校核 根据凸模在冲裁过程中的受力情况,可以把凸模看作压杆,如图 3-50 所示。所以,凸模不发生失稳弯曲的最大冲裁力可以用欧拉公式确定。根据欧拉公式并考虑安全系数,可得凸模允许的最大压力为

$$F_{\max} = \frac{\pi^2 E I_{\min}}{n\mu^2 l_{\max}^2} \tag{3-40}$$

凸模纵向实际总压力应小于允许的最大压力,即

$$F'_Z \leqslant F_{\max} \tag{3-41}$$

由式(3-40)和式(3-41)可得出凸模不发生纵向弯曲的最大长度为

$$l_{\max} \leqslant \sqrt{\frac{\pi^2 E I_{\min}}{n\mu^2 F'_Z}} \tag{3-42}$$

式中 $F_{\max}$——凸模允许的最大压力,N;

F'_Z——凸模所受的总压力,N;

E——凸模材料的弹性模量,对于模具钢,$E = 2.2 \times 10^5$ MPa;

$I_{\min}$——凸模最小截面(即刃口直径截面)的惯性矩,对于圆形凸模,$I_{\min} = \frac{\pi d^4}{64}$,mm^4。

d——凸模工作刃口直径,mm;

n——安全系数，淬火钢 n 为 2~3；

l_{max}——凸模最大允许长度，mm；

μ——支承系数。当凸模无导向时（图3-50（a）），可视为一端固定一端自由的压杆，取 $\mu=2$；当凸模有导向时（图3-50（b）），可视为一端固定另一端铰支的压杆，取 $\mu=0.7$。

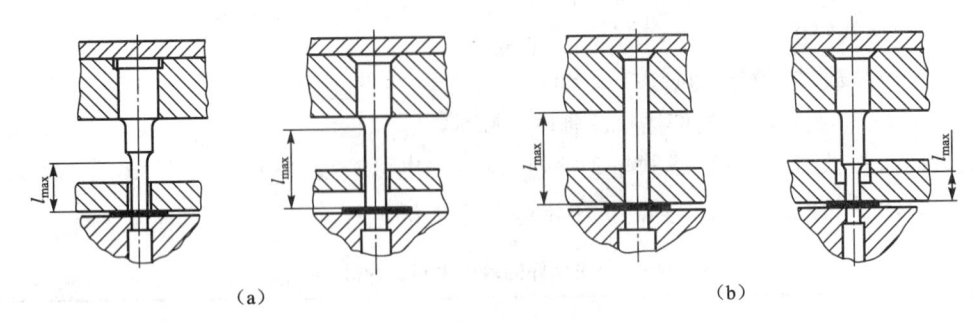

图 3-50 有导向与无导向凸模
(a) 无导向凸模；(b) 有导向凸模

把上述的 n、μ、E 代入式（3-42）后可以得到一般截面形状的凸模不发生失稳弯曲的最大允许长度

有导向的凸模
$$l_{max} \leq 1200\sqrt{\frac{I_{min}}{F'_Z}} \qquad (3-43)$$

无导向的凸模
$$l_{max} \leq 425\sqrt{\frac{I_{min}}{F'_Z}} \qquad (3-44)$$

把圆形凸模刃口直径的惯性矩代入式（3-43）和式（3-44），可得圆形截面的凸模不发生失稳弯曲的极限长度

有导向的凸模
$$l_{max} \leq 270\frac{d^2}{\sqrt{F'_Z}} \qquad (3-45)$$

无导向的凸模
$$l_{max} \leq 95\frac{d^2}{\sqrt{F'_Z}} \qquad (3-46)$$

如果由于模具结构的需要，凸模的长度大于极限长度，或凸模工作部分直径小于允许的最小值，就应采用凸模加护套等办法加以保护。在实际生产中，考虑到模具制造、刃口利钝、偏载等因素的影响，即使长度不大于极限长度的凸模，为保证冲裁工作的正常进行，有的也采取保护措施。

由式（3-42）可以看出，凸模不产生失稳弯曲的极限长度与凸模本身的力学性能、截面尺寸和冲裁力有关，而冲裁力又与冲裁板料厚度及其力学性能等有关。因此，对于小凸模冲裁较厚的板料或较硬的材料，必须注意选择凸模材料及其热处理规范，以提高凸模的力学性能。

2. 凹模

凹模：在冲压过程中，与凸模配合直接对冲裁件进行分离或成形的工作零件。

凹模类型有以下多种。

（1）凹模的外形有圆形和板形。

（2）结构有整体式和镶拼式。

（3）刃口也有平刃和斜刃。

（4）凹模按结构分为整体式和镶拼式。

1）凹模的结构形式及其固定方法

图 3-51（a）、(b) 是标准中的两种圆形凹模及其固定方法。这两种圆形凹模尺寸都不大，直接装在凹模固定板中，主要用于冲孔。

图 3-51（c）是采用螺钉和销钉直接固定在支承板上的凹模，这种凹模板已经有标准，它与标准固定板、垫板和模座等配套使用。

图 3-51（d）是快换式冲孔凹模的固定方法。

凹模采用螺钉和销钉定位时，要保证螺钉（或沉孔）间、螺孔与销孔间及螺孔、销孔与凹模刃壁间的距离不能太近，否则会影响模具寿命。孔距的最小值可参考表 3-17。

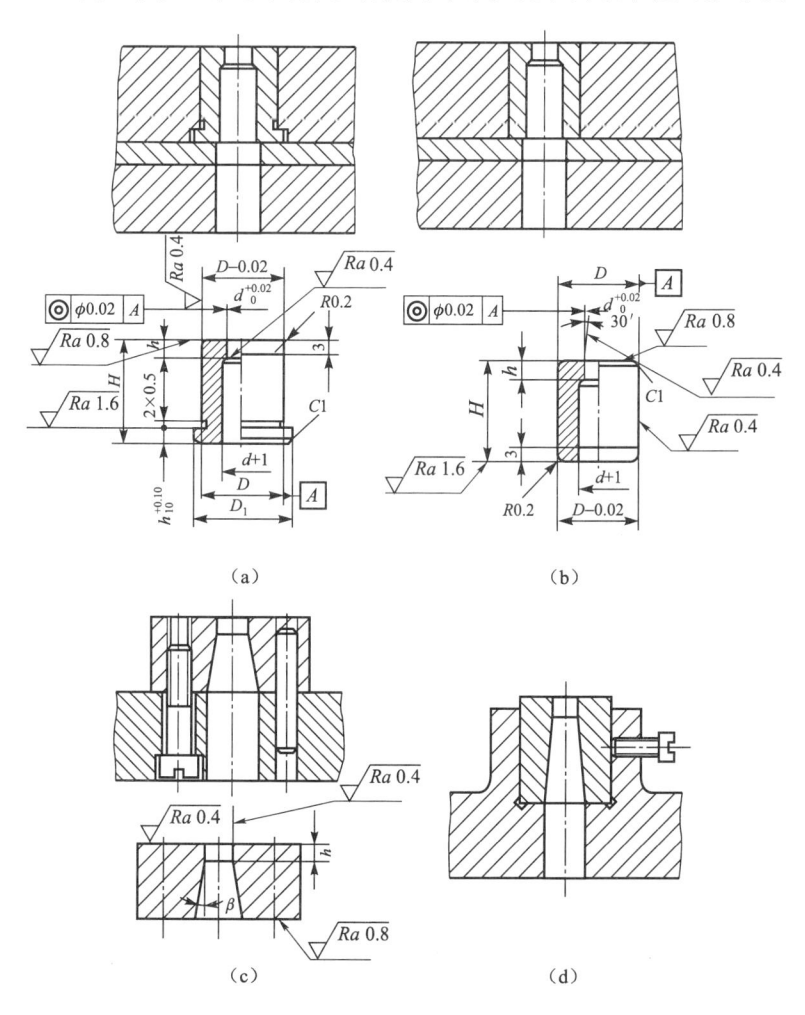

图 3-51 凹模形式及其固定

表 3-17 螺孔（或沉孔）、销孔之间及至刃壁的最小距离　　　单位：mm

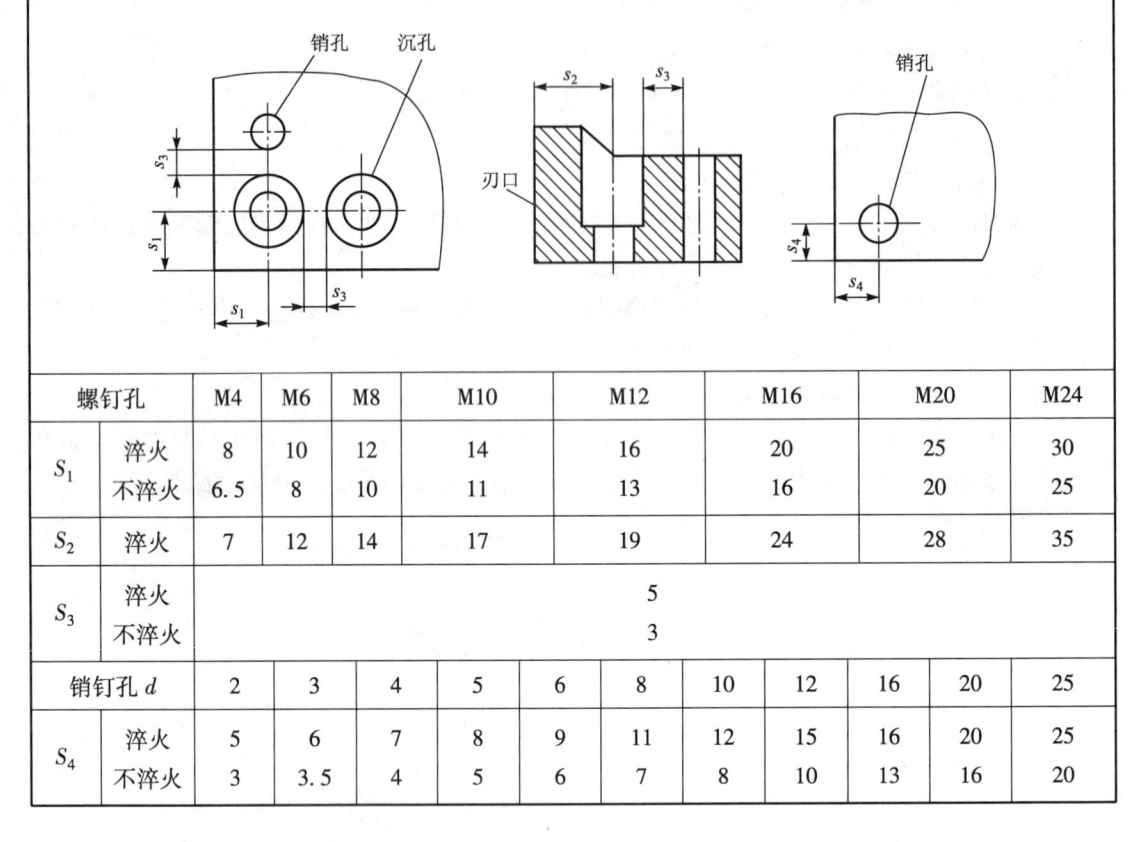

螺钉孔		M4	M6	M8	M10	M12	M16	M20	M24
S_1	淬火	8	10	12	14	16	20	25	30
	不淬火	6.5	8	10	11	13	16	20	25
S_2	淬火	7	12	14	17	19	24	28	35
S_3	淬火	5							
	不淬火	3							
销钉孔 d		2	3	4	5	6	8	10	12	16	20	25
S_4	淬火	5	6	7	8	9	11	12	15	16	20	25
	不淬火	3	3.5	4	5	6	7	8	10	13	16	20

2）凹模刃口形式

凹模按结构形式可分为整体式和镶拼式，我们主要介绍整体式凹模。冲裁凹模的刃口形式有直筒形和锥形两种。选用刃口形式时，主要应根据冲裁件的形状、厚度、尺寸精度以及模具的具体结构来决定，其刃口形式见表 3-18。

表 3-18 冲裁凹模刃口形式及主要参数

刃口形式	序号	简图	特点及适用范围
直筒形刃口	1		① 刃口为直通式，强度高，修磨后刃口尺寸不变 ② 用于冲裁大型或精度要求较高的零件，模具装有顶出装置，不适用于下漏料的模具
	2		① 刃口强度较高，修磨后刃口尺寸不变 ② 凹模内易积存废料或冲裁件，尤其间隙较小时，刃口直壁部分磨损较快 ③ 用于冲裁形状复杂或精度要求较高的零件

续表

刃口形式	序号	简图	特点及适用范围
直筒形刃口	3	(简图，标注 h，0.5~1)	① 特点同序号2，且刃口直壁下面的扩大部分可使凹模加工简单，但采用下漏料方式时刃口强度不如序号2的刃口强度高 ② 用于冲裁形状复杂，或精度要求较高的中、小型件，也可用于装有顶出装置的模具
直筒形刃口	4	(简图，标注 20°~30°，2~5，1~2，3~5，1°30′)	① 凹模硬度较低（有时可不淬火），一般为40HRC，可用于手锤敲击刃口外侧斜面以调整冲裁间隙 ② 用于冲裁薄而软的金属或非金属零件
锥形刃口	5	(简图，标注 α)	① 刃口强度较差，修磨后刃口尺寸约有增大 ② 凹内不易积存废料或冲裁件，刃口内壁磨损较慢 ③ 用于冲裁形状简单、精度要求不高的零件
锥形刃口	6	(简图，标注 α，h，β)	① 特点同序号5 ② 可用于冲裁形状较复杂的零件

主要参数	材料厚度 t/mm	α/(′)	β/(°)	刃口高度/mm	备注
	<0.5	15	2	≥4	α 值适用于钳工加工。采用线切割加工时，可取 5′~20′
	0.5~1			≥5	
	1~2.5			≥6	
	2.5~6	30	3	≥8	
	>6			≥10	

3）整体式凹模轮廓尺寸的确定

凹模轮廓尺寸：是指凹模平面尺寸和厚度。

由于凹模结构形式和固定方法不同，受力情况又比较复杂，目前尚不能用理论方法精确计算。在生产中，通常根据冲裁的板料厚度和冲裁件的轮廓尺寸，或凹模孔口刃壁间距离等各方面因素，按经验公式来确定，如图3-52所示。

凹模厚度

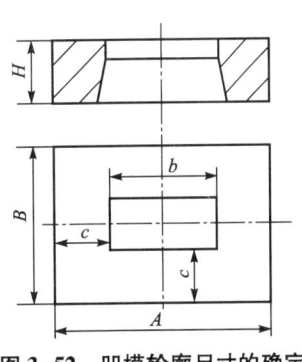

图 3-52 凹模轮廓尺寸的确定

$$H = kb \qquad (\geqslant 15 \text{ mm}) \qquad (3-47)$$

凹模壁厚

$$C = (1.5 \sim 2)H \qquad (\geqslant 22.5 \text{ mm}) \qquad (3-48)$$

式中　b——凹模刃口的最大尺寸，mm；

　　　k——系数，考虑板料厚度的影响，见表 3-19。

表 3-19　凹模厚度系数 k

s 垂直送料方向的凹模刃壁间最大距离/mm	材料厚度 t		
	$\leqslant 1$	$1 \sim 3$	$3 \sim 6$
$\leqslant 50$	0.30~0.40	0.35~0.50	0.45~0.60
50~100	0.20~0.30	0.22~0.35	0.30~0.45
100~200	0.15~0.20	0.18~0.22	0.22~0.30
>200	0.10~0.15	0.12~0.18	0.15~0.22

3. 凸凹模

凸凹模工作端面的内外缘均为刃口，内外缘之间的壁厚取决于冲裁件的尺寸。从强度方面考虑，其壁厚应受最小值限制。凸凹模的最小壁厚与模具结构有关：当模具为正装结构时，内孔不积存废料，胀力小，最小壁厚可以小些；当模具为倒装结构时，若内孔为直筒形刃口形式，且采用下出料方式，则内孔积存废料，胀力大，故最小壁厚应大些。

凸凹模的最小壁厚值一般按经验数据确定，倒装复合模的凸凹模最小壁厚可查表 3-20。正装复合模的凸凹模的壁厚最小值，对黑色金属等硬材料约为冲裁件板厚的 1.5 倍，但不小于 0.7 mm；对于有色金属等软材料约等于板料厚度，但不小于 0.5 mm。

表 3-20　倒装复合模的凸凹模最小壁厚 δ　　　　单位：mm

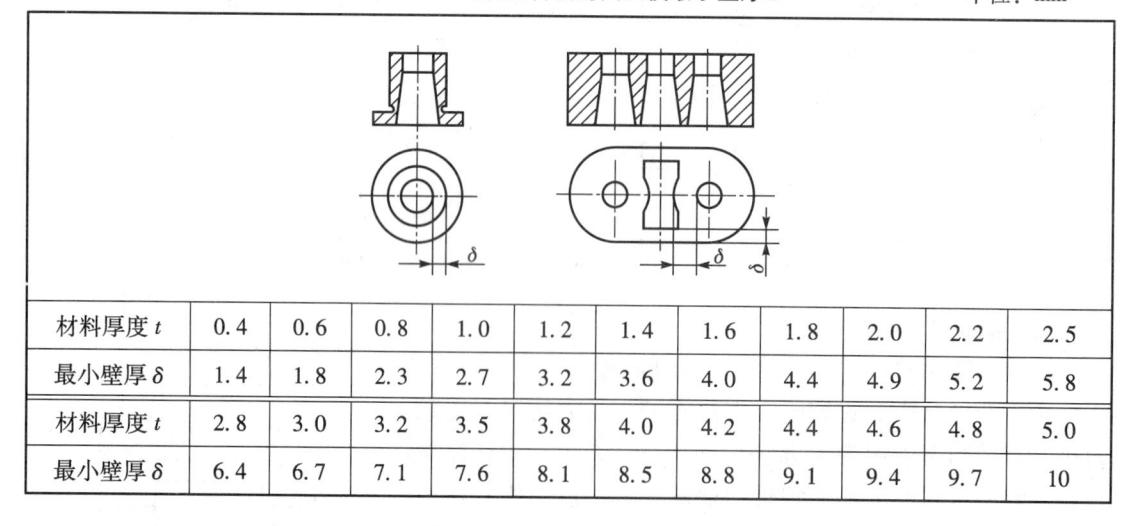

材料厚度 t	0.4	0.6	0.8	1.0	1.2	1.4	1.6	1.8	2.0	2.2	2.5
最小壁厚 δ	1.4	1.8	2.3	2.7	3.2	3.6	4.0	4.4	4.9	5.2	5.8
材料厚度 t	2.8	3.0	3.2	3.5	3.8	4.0	4.2	4.4	4.6	4.8	5.0
最小壁厚 δ	6.4	6.7	7.1	7.6	8.1	8.5	8.8	9.1	9.4	9.7	10

4. 凸、凹模的镶拼结构

1) 镶拼结构的应用场合及镶拼方法

对于大、中型的凸、凹模或形状复杂、局部薄弱的小型凸、凹模，如果采用整体式结构,将给锻造、机械加工或热处理带来困难,而且当发生局部损坏时,就会造成整个凸、凹模的报废,因此常采用镶拼结构的凸、凹模。

镶拼结构有镶接和拼接两种。

镶接: 是将局部易磨损部分另做一块,然后镶入凹模体或凹模固定板内,如图 3-53 所示。

拼接: 是整个凸、凹模的形状按分段原则分成若干块,分别加工后拼接起来,如图 3-54 所示。

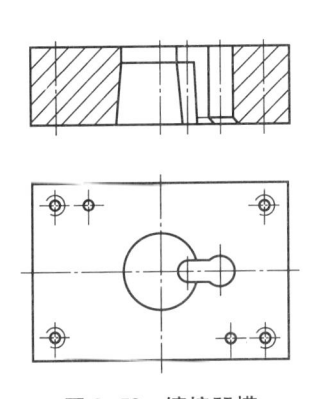

图 3-53 镶接凹模

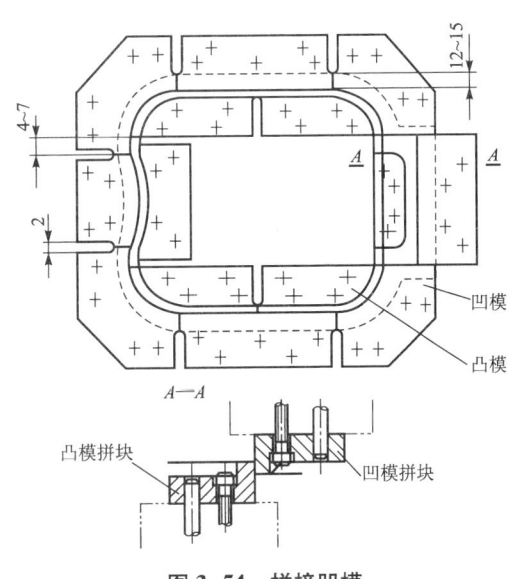

图 3-54 拼接凹模

2) 镶拼结构的设计原则

凸模和凹模镶拼结构设计的依据是凸、凹模形状、尺寸及其受力情况、冲裁板料厚度等。镶拼结构设计的一般原则如下。

(1) 力求改善加工工艺性,减少钳工工作量,提高模具加工精度。为此:

① 尽量将形状复杂的内形加工变成外形加工,以便于切削加工和磨削,见图 3-55 (a)、(b)、(d)、(g) 等。

② 尽量使分割后拼块的形状、尺寸相同,可以几块同时加工和磨削,见图3-55(d)、(g)、(f) 等,一般沿对称线分割可以实现这个目的。

③ 应沿转角、尖角分割,并尽量使拼块角度大于或等于90°,见图 3-55 (j)。

④ 圆弧尽量单独分块,拼接线应在离切点 4~7 mm 的直线处,大圆弧和长直线可以分为几块,见图 3-54。

⑤ 拼接线应与刃口垂直,而且不宜过长,一般为 12~15 mm,见图 3-54。

(2) 便于装配调整和维修。

① 比较薄弱或容易磨损的局部凸出或凹进部分,应单独分为一块。见图 3-53、图 3-55 (a)。

② 拼块之间应能通过磨削或增减垫片方法,调整其间隙或保证中心距公差,见图 3-55

(h)、(i)。

③ 拼块之间应尽量以凸、凹槽形相嵌，便于拼块定位，防止在冲压过程中发生相对移动，见图 3-55 (k)。

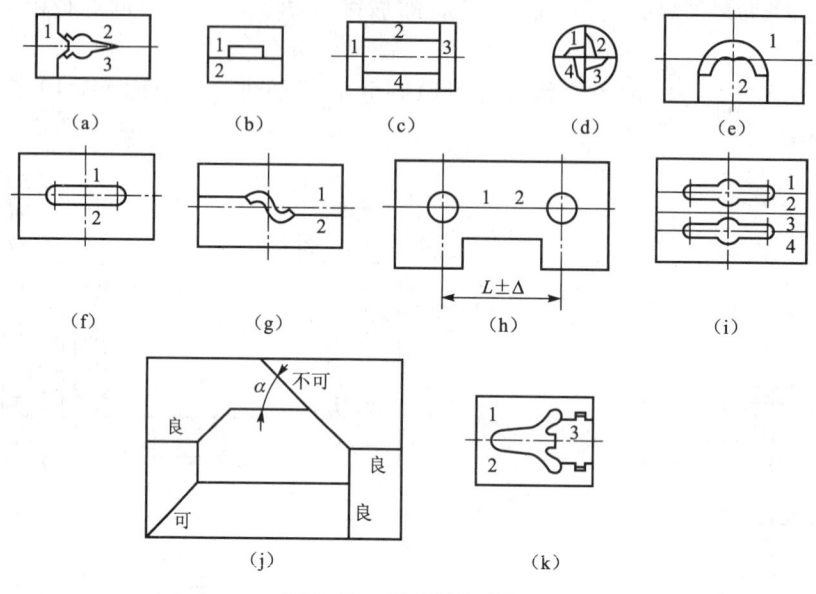

图 3-55 镶拼结构实例

(3) 满足冲压工艺要求，提高冲压件质量。

凸模与凹模的拼接线应至少错开 4~7 mm，以免冲裁件产生毛刺，见图 3-54；拉深模拼块接线应避开材料有增厚部位，以免零件表面出现拉痕。

为了减小冲裁力，大型冲裁件或厚板冲裁的镶拼模，可以把凸模（冲孔时）或凹模（落料时）制成波浪斜刃，如图 3-56 所示。斜刃应对称，拼接面应取在最低或最高处，每块一个或半个波形，斜刃高度 H 一般取 1~3 倍的板料厚度。

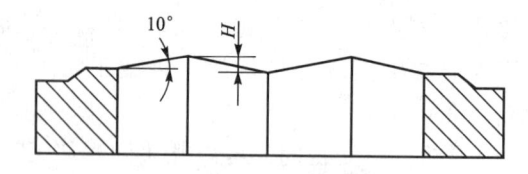

图 3-56 斜刃拼块结构

3) 镶拼结构的固定方法

镶拼结构的固定方法主要有以下几种。

(1) 平面式固定。即把拼块直接用螺钉、销钉紧固定位于固定板或模座上，如图 3-54 所示。这种固定方法主要用于大型的镶拼凸、凹模。

(2) 嵌入式固定。即把各拼块拼合后嵌入固定板凹槽内，如图 3-57 (a) 所示。

(3) 压入式固定。即把各拼块拼合后，以过盈配合压入固定板孔内，如图 3-57 (b) 所示。

(4) 斜楔式固定。如图 3-57 (c) 所示。

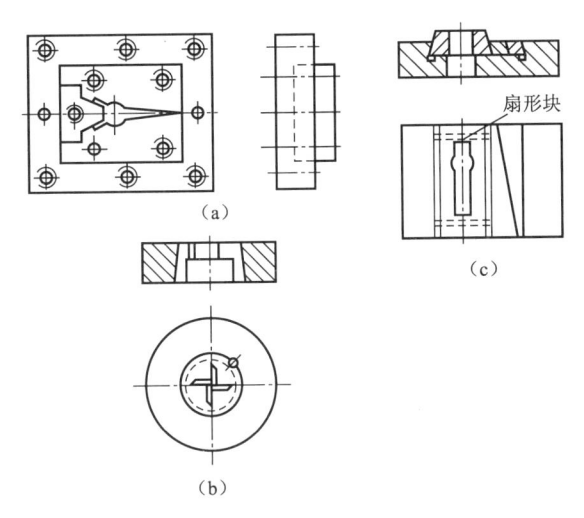

图 3-57 镶块结构固定方法

此外，还有用粘接剂浇注等固定方法。

4）镶拼结构的特点

（1）节约了模具钢，减少了锻造的困难，降低模具成本。

（2）避免了应力集中，减少或消除了热处理变形与开裂的危险。

（3）拼块便于加工，刃口尺寸和冲裁间隙容易控制和调整，模具精度较高，寿命较长。

（4）便于维修与更换已损坏或过分磨损部分，延长模具总寿命。

（5）但为保证镶拼后的刃口尺寸和凸、凹模间隙，对各拼块的尺寸要求较严格，装配工艺较复杂。

二、定位零件

为了保证模具正常工作和冲出合格的冲裁件，必须保证坯料或工序件对模具的工作刃口处于正确的相对位置，即必须对坯料或工序件定位。

条料在模具送料平面中必须有以下两个方向的限位。

送进导向：在与送料方向垂直的方向上的限位，保证条料沿正确的方向送进。

送料定距：在送料方向上的限位，控制条料一次送进的距离（步距）。

1. 送进导向方式与零件

1）导料销

导料销是对条料或带料的侧向进行导向，以免送偏定位零件。

图 3-43 的正装式复合模即为采用导料销送进导向的模具。导料销一般设两个，并位于条料的同一侧，从右向左送料时，导料销装在后侧；从前向后送料时导料销装在左侧。导料销可设在凹模面上（一般为固定式的），见图 3-43；也可以设在弹压卸料板上（一般为活动式的），见图 3-44；还可以设在固定板或下模座上（导料螺钉），见图 3-33。

固定式和活动式的导料销的结构可选相应的国家标准。导料销导向定位多用于单工序模和复合模中。

2) 导料板

导料板也是对条料或带料的侧向进行导向,以免送偏定位零件。与导料销不同的是导料板不是用销导向而是用一块或二块导料板导向。

图3-30是导料板送进导向的模具。具有导板（或卸料板）的单工序模或连续模,常采用这种送料导向结构。导料板一般设在条料两侧,其结构有两种:一种是标准结构,如图3-58（a）所示,它与卸料板（或导板）分开制造；另一种是与卸料板制成整体的结构,如图3-58（b）所示。为使条料顺利通过,两导料板间距离应等于条料最大宽度加上一个间隙值（见排样及条料宽度计算）。导料板的厚度H取决于挡料方式和板料厚度,以便于送料为原则。采用固定挡料销时,导料板高度见表3-21。

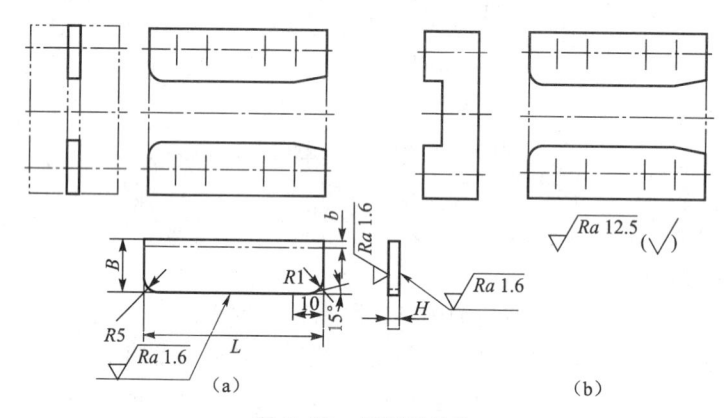

图 3-58 导料板结构

表 3-21 导料板厚度 H　　　　　　　　　　　　　　单位: mm

简　　图			
材料厚度 t	挡料销高度 h	导料板厚度 H	
		固定导料销	自动导料销或侧刃
0.3~2	3	6~8	4~8
2~3	4	8~10	6~8
3~4	4	10~12	8~10
4~6	5	12~15	8~10
6~10	8	15~25	10~15

3) 侧压装置

如果条料的公差较大,为避免条料在导料板中偏摆,使最小搭边得到保证,应在送料方向的一侧装侧压装置,迫使条料始终紧靠另一侧导料板送进,如图3-37所示。

侧压装置的结构形式如图 3-59 所示。国家标准中的侧压装置有以下两种。

（1）图 3-59（a）是弹簧式侧压装置，其侧压力较大，宜用于较厚板料的冲裁模。

（2）图 3-59（b）为簧片式侧压装置，侧压力较小，宜用于板料厚度为 0.3~1 mm 的薄板冲裁模。

在实际生产中还有两种侧压装置：图 3-59（c）是簧片压块式侧压装置，其应用场合与图 3-59（b）相似；图 3-59（d）是板式侧压装置，侧压力大且均匀，一般装在模具进料一端，适用于侧刃定距的连续模中。在一副模具中，侧压装置的数量和位置视实际需要而定。

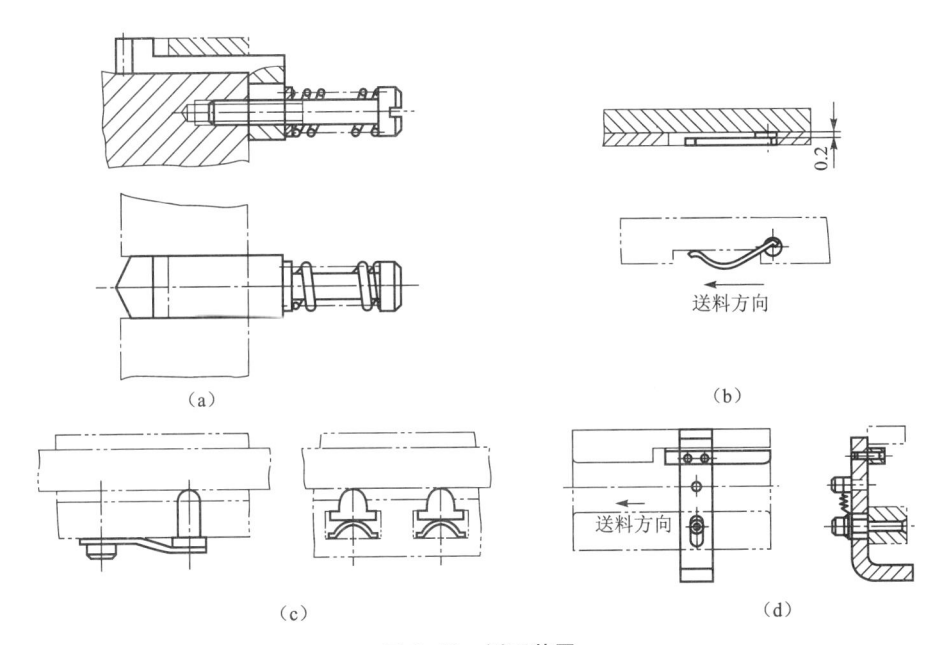

图 3-59 侧压装置

应该注意的是，板料厚度在 0.3 mm 以下的薄板不宜采用侧压装置。另外，由于有侧压装置的模具，送料阻力较大，因而备有辊轴自动送料装置的模具也不宜设置侧压装置。

2. 送料定距方式与零件

常见限定条料送进距离的方式有以下两种。

（1）用挡料销挡住搭边或冲件轮廓以限定条料送进距离的挡料销定距。

（2）用侧刃在条料侧边冲切出不同形状的缺口，限定条料送进距离的侧刃定距。

1）挡料销

根据挡料销的工作特点及作用分为固定挡料销、活动挡料销和始用挡料销。

（1）固定挡料销。

国家标准结构的固定挡料销如图 3-60（a）所示，其结构简单，制造容易，广泛用于冲制中、小型冲裁件的挡料定距；其缺点是销孔离凹模刃壁较近，削弱了凹模的强度。在部颁标准中还有一种钩形挡料销，如图 3-60（b）所示，这种挡料销的销孔距离凹模刃壁较远，不会削弱凹模强度。但为了防止钩头在使用过程中发生转动，需考虑防转。图 3-60（b）中是采用了定向销来防止其转动的，从而增加了制造的工作量。

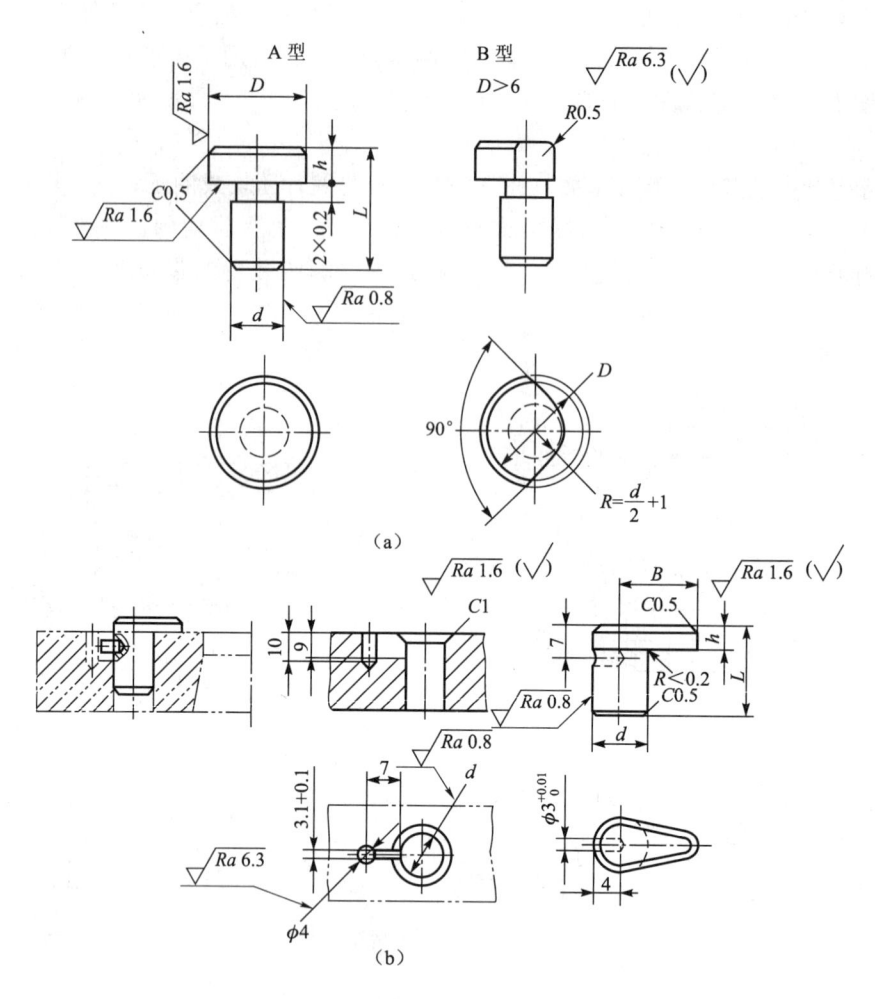

图 3-60　固定挡料销

(2) 活动挡料销。

国家标准结构的活动挡料销如图 3-61 所示。图 3-61 (a) 为弹簧弹顶挡料装置；图 3-61 (b) 是扭簧弹顶挡料装置；图 3-61 (c) 为橡胶弹顶挡料装置；图 3-61 (d) 为回带式挡料装置。

回带式挡料装置的挡料销对着送料方向带有斜面，送料时搭边碰撞斜面使挡料销跳起并越过搭边，然后将条料后拉，挡料销便挡住搭边而定位。即每次送料都要先推后拉，作方向相反的两个动作，操作比较麻烦。采用哪一种结构形式挡料销，需根据卸料方式、卸料装置的具体结构及操作等因素决定。回带式挡料装置常用于具有固定卸料板的模具上；其他形式的常用于具有弹压卸料板的模具上。

(3) 始用挡料销。

采用始用挡料销是为了提高材料的利用率。图 3-62 是国家标准结构的始用挡料装置。

始用挡料销一般用于以导料板送料导向的连续模和单工序模中（图 3-36 和图 3-30）。一副模具用几个始用挡料销，取决于冲裁排样方法及凹模上的工位安排。

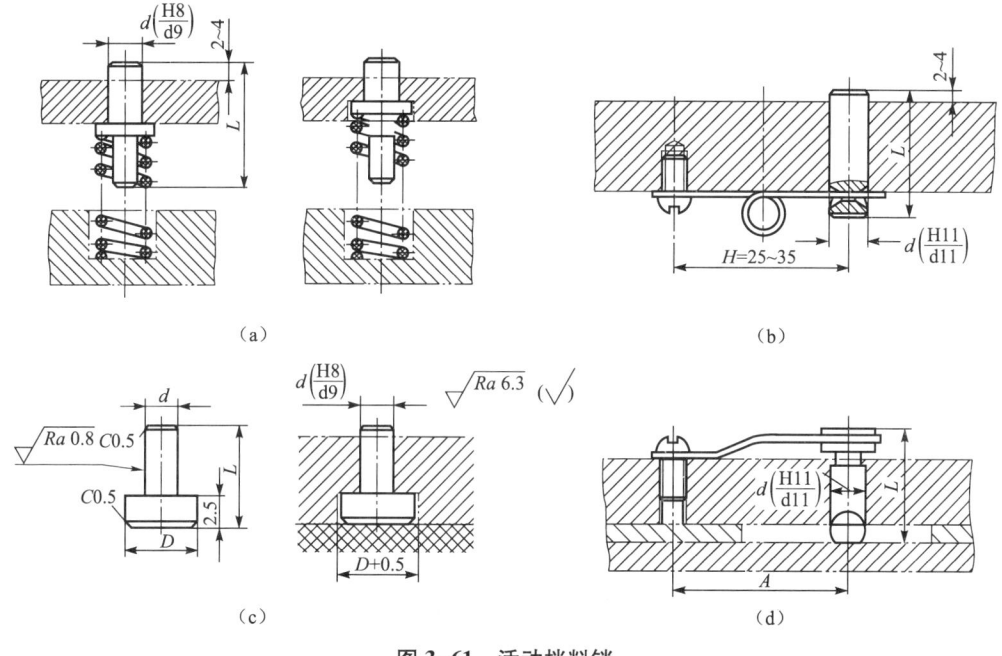

图 3-61 活动挡料销

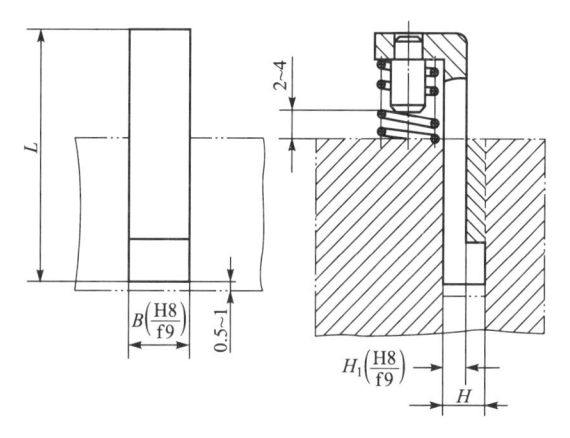

图 3-62 始用挡料销

2) 侧刃

侧刃：在连续模中，为了限定条料送进距离，在条料侧边冲切出一定形状缺口的特殊凸模。

侧刃定位优点：精度高、可靠，保证有较高的送料精度和生产率。

侧刃定位缺点：是增加了材料消耗和冲裁力。

侧刃定位适用范围：

（1）送料精度和生产率要求较高。

（2）不宜采用挡料销时，如冲裁窄长制件，送料进距小，不能安装始用挡料装置和固定挡料销。

（3）冲裁薄料（$\delta < 0.5$ mm），因其刚性差，不便抬起送进，且采用导正销会压弯孔边

而达不到精定位。

(4) 冲裁件侧边需冲出一定形状，由侧刃一同完成时。

按侧刃的工作端面形状分为平面型（Ⅰ）和台阶型（Ⅱ）两类。台阶型的多用于厚度为 1 mm 以上的板料的冲裁，冲裁前凸出部分先进入凹模导向，以免由于侧压力导致侧刃损坏（工作时侧刃是单边冲切）。按侧刃的截面形状分为长方形侧刃和成形侧刃两类。图 3-63 中ⅠA 型和ⅡA 型为长方形侧刃。其结构简单，制造容易，但刃口尖角磨损后，在条料侧边形成的毛刺会影响顺利送进和定位的准确性，如图 3-64（a）所示。而采用成形侧刃，如果条料侧边形成毛刺，毛刺离开了导料板和侧刃挡板的定位面，所以送进顺利，定位准确，如图 3-64（b）所示。但这种侧刃使切边宽度增加，材料的消耗增多，侧刃较复杂，制造较困难。长方形侧刃一般用于板料厚度小于 1.5 mm，冲裁件精度要求不高的送料定距；成形侧刃用于板料厚度小于 0.5 mm，冲裁件精度要求较高的送料定距。

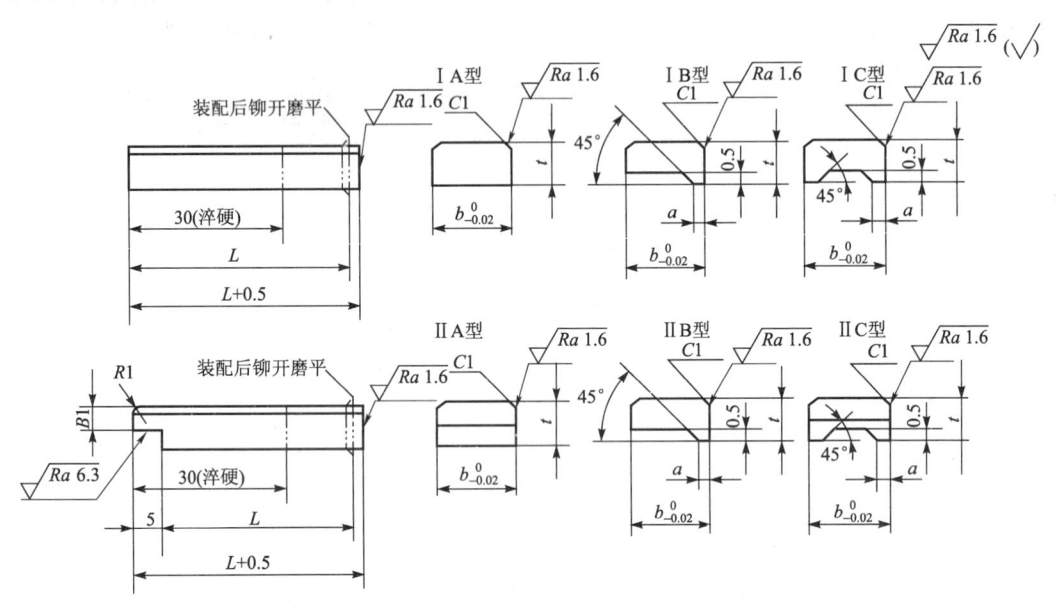

图 3-63 侧刃结构

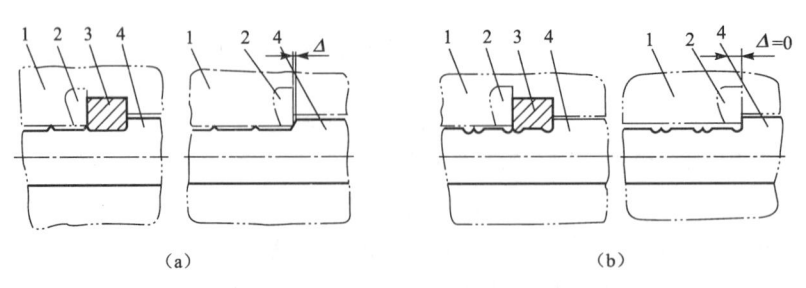

图 3-64 侧刃定距误差比较

1—导料板；2—侧刃挡块；3—侧刃；4—条料

图 3-65 是尖角形侧刃。它与弹簧挡销配合使用。其工作过程如下：侧刃先在料边冲一缺口，条料送进时，当缺口直边滑过挡销后，再向后拉条料，至挡销直边挡住缺口为止。使用这种侧刃定距，材料消耗少，但操作不便，生产率低，此侧刃可用于冲裁贵重金属。

在实际生产中，往往遇到两侧边或一侧边有一定形状的冲裁件，如图 3-66 所示。对这种零件，如果用侧刃定距，则可以设计与侧边形状相应的特殊侧刃（图 3-66 中 1 和 2），这种侧刃既可定距，又可冲裁零件的部分轮廓。

侧刃断面的关键尺寸是宽度 b，其他尺寸按国家标准中的规定。宽度 b 原则上等于步距，但在侧刃与导正销兼用的连续模中，侧刃的宽度 b 必须保证导正销在导正过程中，条料有少许活动的可能，其宽度为

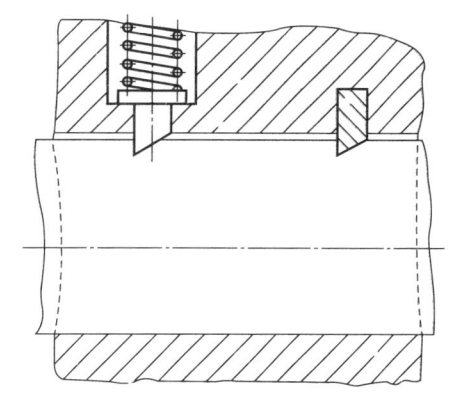

图 3-65　尖角形侧刃

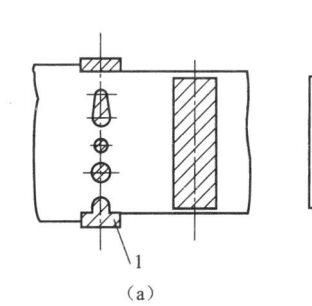

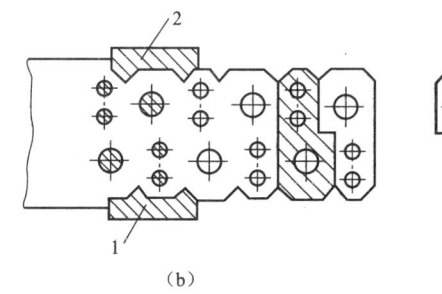

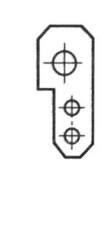

图 3-66　特殊侧刃

$$b = [s + (0.05 \sim 0.1)]_{-\delta_c}^{0} \tag{3-49}$$

式中　b——侧刃宽度，mm；

s——送进步距，mm；

δ_c——侧刃制造偏差，一般按基轴制 h6，精密连续模按 h4 制造。

侧刃凹模按侧刃实际尺寸配制，留单边间隙。

侧刃数量可以是一个，也可以两个。两个侧刃可以在条料两侧并列布置，也可以对角布置，对角布置能够保证料尾的充分利用。

3）导正销

使用导正销的目的是消除送料导向和送料定距或定位板等粗定位的误差，冲裁中，导正销先进入已冲孔中，导正条料位置，保证孔与外形相对位置公差的要求。导正销主要用于连续模，也可用于单工序模。导正销通常与挡料销配合使用，也可以与侧刃配合使用。

国家标准的导正销结构形式如图 3-67 所示。导正销的结构形式主要根据孔的尺寸选择。

A 型导正销用于导正 $d = 2 \sim 12$ mm 的孔。

B 型导正销用于导正 $d \leqslant 10$ mm 的孔。这种形式的导正销采用弹簧压紧结构，如果送料不正确时，可以避免导正销的损坏，这种导正销还可用于连续模上对条料工艺孔的导正。

C 型导正销用于导正 $d = 4 \sim 12$ mm 的孔。这种导正销拆装方便，模具刃磨后导正销长度可以调节。

D 型导正销用于导正 $d = 12 \sim 15$ mm 的孔。

图 3-67 导正销

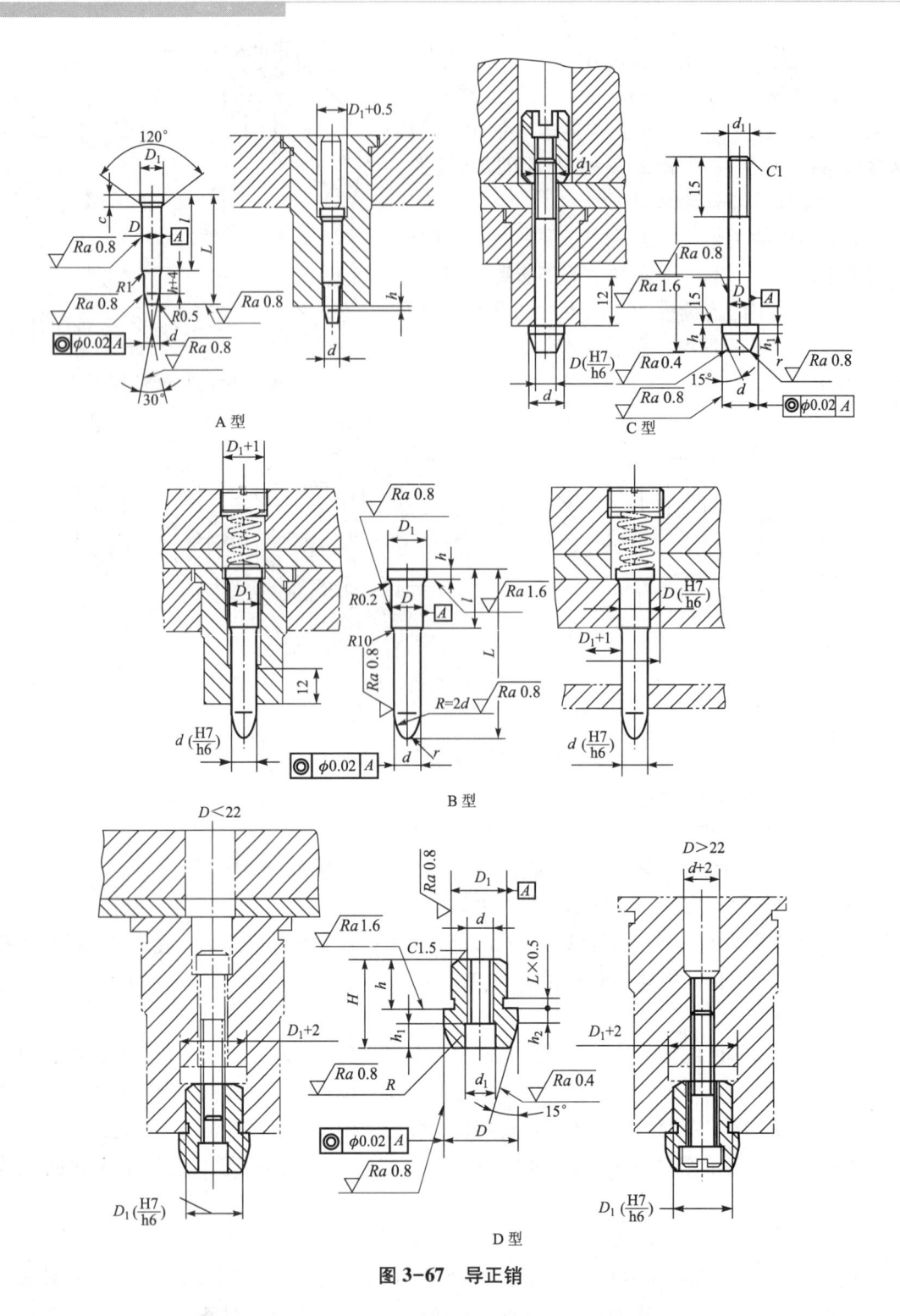

为了使导正销工作可靠，避免折断，导正销的直径一般应大于 2 mm。即孔径小于 2 mm 的孔不宜用导正销导正，但可另冲直径大于 2 mm 的工艺孔进行导正。

导正销的头部由圆锥形的导入部分和圆柱形的导正部分组成。导正部分的直径和高度尺

寸及公差很重要。导正销的基本尺寸可按下式计算

$$d = d_T - a \tag{3-50}$$

式中　d——导正销的基本尺寸，mm；
　　　d_T——冲孔凸模直径，mm；
　　　a——导正销与冲孔凸模直径的差值，见表3-22。

表 3-22　导正销直径与冲孔凸模直径的差值 a　　　　　　　　单位：mm

材料厚度 t	冲孔凸模直径 d_T						
	1.5~6	>6~10	>10~16	>16~24	>24~32	>32~42	>42~60
≤1.5	0.04	0.06	0.06	0.08	0.09	0.10	0.12
1.5~3	0.05	0.07	0.08	0.10	0.12	0.14	0.16
3~5	0.06	0.08	0.10	0.12	0.16	0.18	0.20

导正销圆柱部分直径按公差与配合国家标准 h6 至 h9 制造。

导正销的高度尺寸一般取（0.5~0.8）t（t 为板料厚度）或按表3-23选取。

表 3-23　导正销圆柱段高度 h_1　　　　　　　　单位：mm

材料厚度 t	冲裁件孔尺寸 d		
	1.5~10	>10~25	>25~50
≤1.5	1	1.2	1.5
>1.5~3	0.6 t	0.8 t	t
>3~5	0.5 t	0.6 t	0.8 t

连续模常采用导正销与挡料销配合使用进行定位，挡料销只起粗定位作用，导正销进行精定位。因此挡料销的位置必须保证导正销在导正过程中条料有少许活动的可能。它们的位置关系如图3-68所示。

按图3-68（a）方式定位，挡料销与导正销的中心距为

$$s_1 = s - \frac{D_T}{2} + \frac{D}{2} + 0.1 = s - \frac{D_T - D}{2} + 0.1 \tag{3-51}$$

按图3-68（b）方式定位，挡料销与导正销的中心距为

$$s'_1 = s - \frac{D_T}{2} - \frac{D}{2} + 0.1 = s + \frac{D_T - D}{2} + 0.1 \tag{3-52}$$

式中　s——送料步距，mm；
　　　D_T——落料凸模直径，mm；
　　　D——挡料销头部直径，mm；
　　　s_1、s'_1——挡料销与落料凸模的中心距，mm。

3. 定位板和定位销

定位板和定位销用于单个坯料或工序件的定位。其定位方式有两种：外缘定位和内孔定位，如图3-69所示。

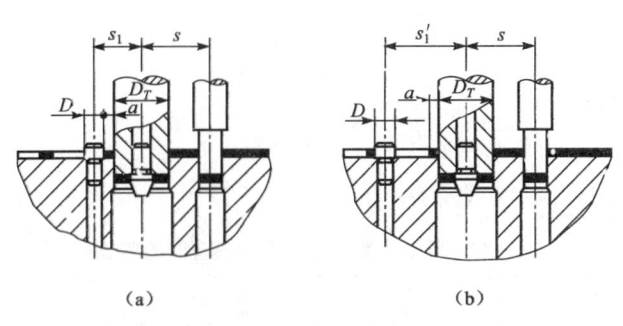

图 3-68 挡料销与导正销的位置关系

定位方式是根据坯料或工序件的外形复杂性、尺寸大小和冲压工序性质等具体情况决定的。外形比较简单的冲裁件一般可采用外缘定位，如图 3-69（a）所示。外形轮廓较复杂的一般可采用内孔定位，见图 3-69（b）。

定位板厚度或定位销高度可按表 3-24 选用。

表 3-24 定位板厚度或定位销高度　　　　　　　　　　　　单位：mm

材料厚度 t	<1	>1~3	>3~5
高度（厚度）h	$t+2$	$t+1$	t

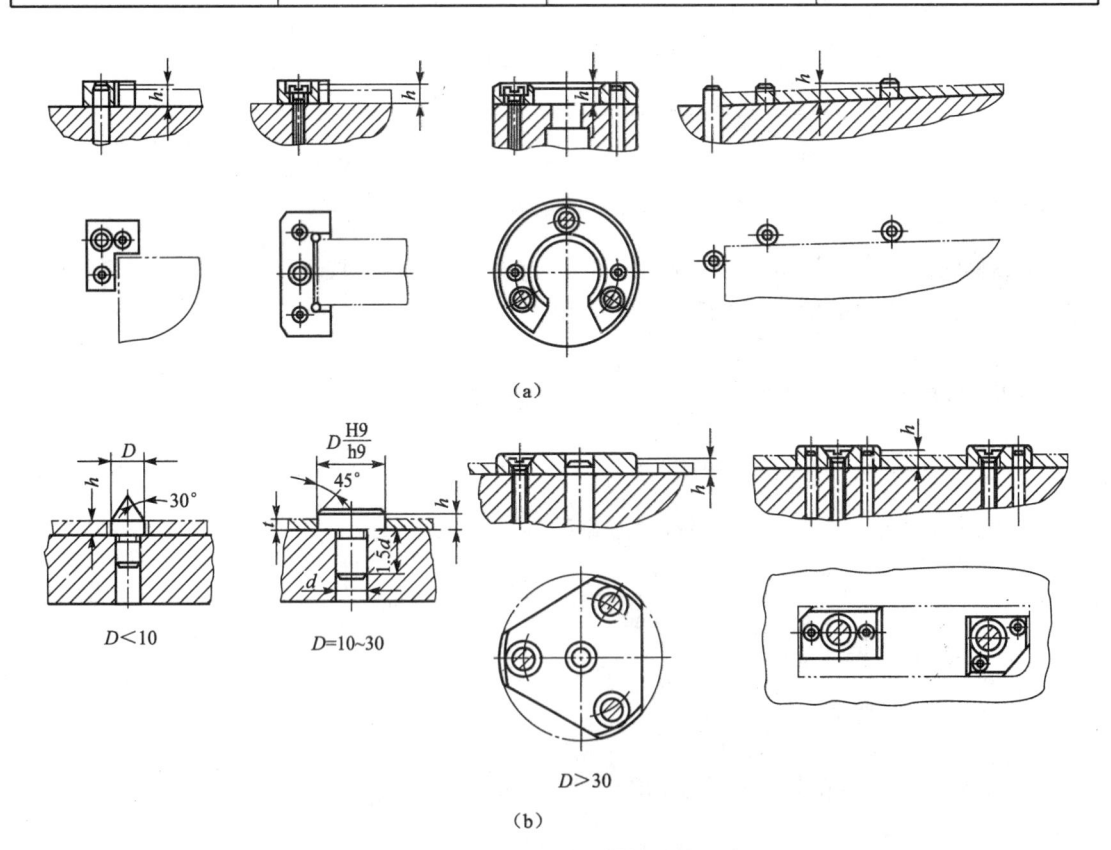

图 3-69 定位板和定位销的结构形式

三、卸料与推件零件

1. 卸料装置

卸料装置分固定卸料装置、弹压卸料装置和废料切刀三种。卸料装置用于卸掉卡箍在凸模上或凸凹模上的冲裁件或废料。废料切刀是在冲压过程中将废料切断成数块,避免卡箍在凸模上,从而实现卸料的零件。

1) 固定卸料装置

生产中常用的固定卸料装置的结构如图 3-70 所示。其中,图 3-70 (a)、(b) 用于平板的冲裁卸料。图 3-70 (a) 卸料板与导料板为一整体。图 3-70 (b) 卸料板与导料板是分开的。图 3-70 (c)、(d) 一般用于成形后的工序件的冲裁卸料。

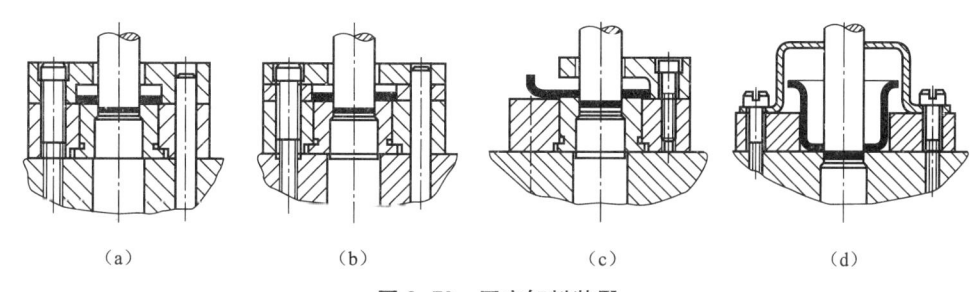

图 3-70 固定卸料装置

当卸料板仅起卸料作用时,凸模与卸料板的双边间隙取决于板料厚度,一般在 0.2~0.5 mm 之间,板料薄时取小值;板料厚时取大值。当固定卸料板兼起导板作用时,一般按 H7/h6 配合制造,但应保证导板与凸模之间间隙小于凸、凹模之间的冲裁间隙,以保证凸、凹模的正确配合。

固定卸料板的卸料力大,卸料可靠。因此,当冲裁板料较厚(大于0.5 mm)、卸料力较大、平直度要求不很高的冲裁件时,一般采用固定卸料装置。

2) 弹压卸料装置

弹压卸料装置是由卸料板、弹性元件(弹簧或橡胶)、卸料螺钉等零件组成。

弹压卸料既起卸料作用又起压料作用,所得冲裁件质量较好,平直度较高。因此,质量要求较高的冲裁件或薄板冲裁宜采用弹压卸料装置。常用的弹压卸料结构形式如图 3-71 所示。

图 3-71 (a) 是最简单的弹压卸料方法,用于冲裁厚板或材质较硬的简单冲裁模。

图 3-71 (b) 是以导料板为送进导向的冲裁模中使用的弹压卸料装置。卸料板凸台部分高度为

$$h = H - (0.1 \sim 0.3)t \tag{3-53}$$

式中 h——卸料板凸台高度,mm;

H——导料板高度,mm;

t——板料厚度,mm。

图 3-71 (c) 与图 3-71 (e) 比较,虽然同属倒装式模具上的弹压卸料装置,但前者的

弹性元件装在下模座之下，卸料力大小容易调节。

图 3-71（d）是以弹压卸料板作为细长小凸模的导向，卸料板本身又以两个以上的小导柱导向，以免弹压卸料板产生水平摆动，从而保护小凸模不被折断。在实际生产中，如果一副模具中还有两个以上直径较大的凸模，可用它来代替小导柱对卸料板进行导向，其效果与小导柱相同。在小孔冲模、精密冲模和多工位连续模中，图 3-71（d）结构是常用的。

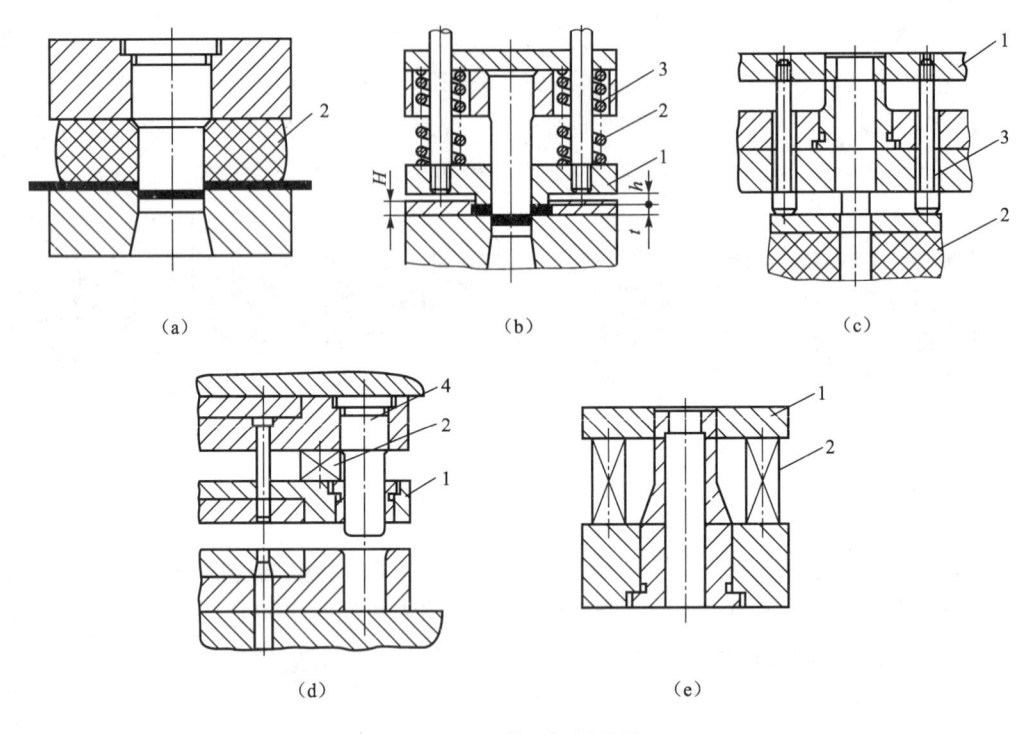

图 3-71 弹压卸料装置
1—卸料板；2—弹性元件；3—卸料螺钉；4—小导柱

弹压卸料板与凸模的单边间隙可根据冲裁板料厚度按表 3-25 选用。在连续模中，特别小的冲孔凸模与卸料板的单边间隙可将表中所列数值适当加大。此时，凸模与固定板以 H7/h6 或 H8/h7 配合。此外，在模具开启状态，卸料板应高出模具工作零件刃口 0.3~0.5 mm，以便顺利卸料。

表 3-25 弹压卸料板与凸模间隙值　　　　　　　　　　　　　　　单位：mm

材料厚度 t	<0.5	0.5~1	>1
单边间隙 Z	0.05	0.1	0.15

3）废料切刀

对于落料或成形件的切边，如果冲裁件尺寸大，卸料力大，往往采用废料切刀代替卸料板，将废料切开而卸料。如图 3-72 所示，当凹模向下切边时，同时把已切下的废料压向废料切刀上，从而将其切开。对于冲裁形状简单的冲裁模，一般设两个废料切刀；冲裁件形状复杂的冲裁模，可以用弹压卸料加废料切刀进行卸料。

图 3-73 是国家标准中的废料切刀的结构。图 3-73（a）为圆废料切刀，用于小型模具和切薄板废料；图 3-73（b）为方形废料切刀，用于大型模具和切厚板废料。废料切刀的刃口长度应比废料宽度大些，刃口比凸模刃口低，其值 h 大约为板料厚度的 2.5~4 倍，并且不小于 2 mm。

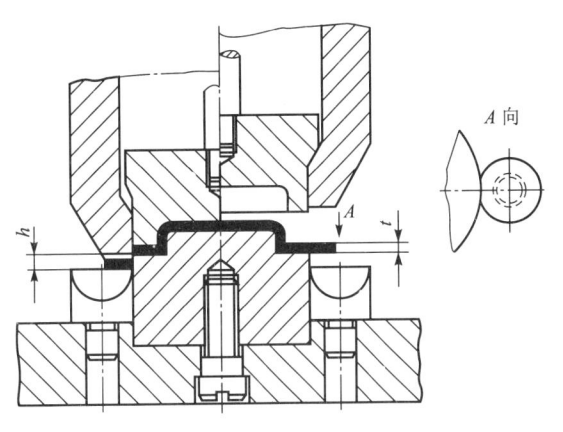

图 3-72 废料切刀工作原理

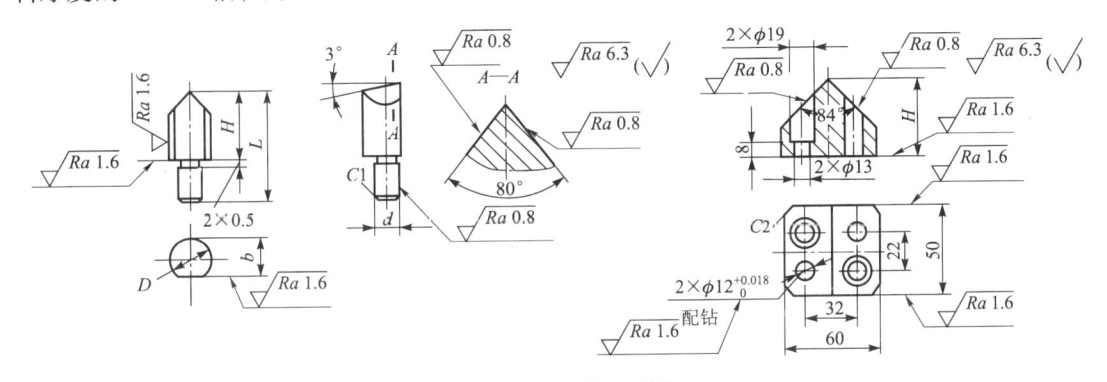

图 3-73 废料切刀结构

2. 推件与顶件装置

推件和顶件的目的都是从凹模中卸下冲裁件或废料。向下推出的机构称为推件，一般装在上模内；向上顶出的机构称为顶件，一般装在下模内。

1）推件装置

推件装置主要有刚性推件装置和弹性推件装置两种。一般刚性推件装置用得多，它由打杆、推板、连接推杆和推件块组成，如图 3-74（a）所示。有的刚性推件装置不需要推板和

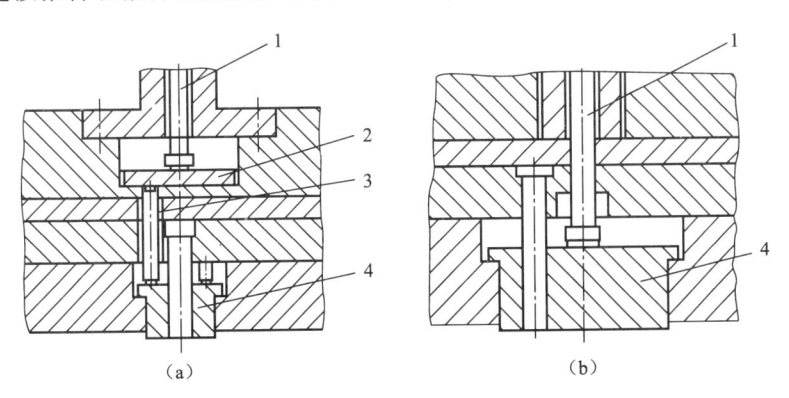

图 3-74 刚性推件装置

1—打杆；2—推板；3—连接推杆；4—推件块

连接推杆组成中间传递结构，而由打杆直接推动推件块，甚至直接由打杆推件，如图 3-74 (b) 所示。其工作原理是在冲压结束后上模回程时，利用压力机滑块上的打料杆，撞击上模内的打杆与推件杆（块），将凹模内的工件推出，其推件力大，工作可靠。

为使刚性推件装置能够正常工作，推力必须均衡。为此，连接推杆需要 2~4 根且分布均匀、长短一致。推板安装在上模座内。在复合模中，为了保证冲孔凸模的支承刚度和强度，推板的平面形状尺寸只要能够覆盖到连接推杆，本身刚度又足够，不必设计得太大，以使安装推板的孔不至太大。图 3-75 为标准推板的结构，设计时可根据实际需要选用。

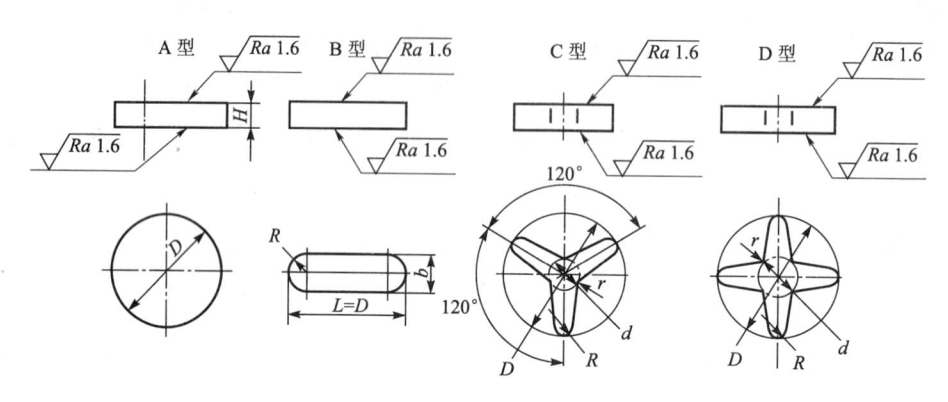

图 3-75 推板结构

由于刚性推件装置推件力大，工作可靠，所以应用十分广泛，不但用于倒装式冲模中的推件，而且也用于正装式冲模中的卸件或推出废料，尤其冲裁板料较厚的冲裁模，宜用这种推件装置。

对于板料较薄且平直度要求较高的冲裁件，宜用弹性推件装置，如图 3-76 所示。它以弹性元件的弹力代替打杆给予推件块的推力。采用这种结构，冲裁件质量较高，但冲裁件容

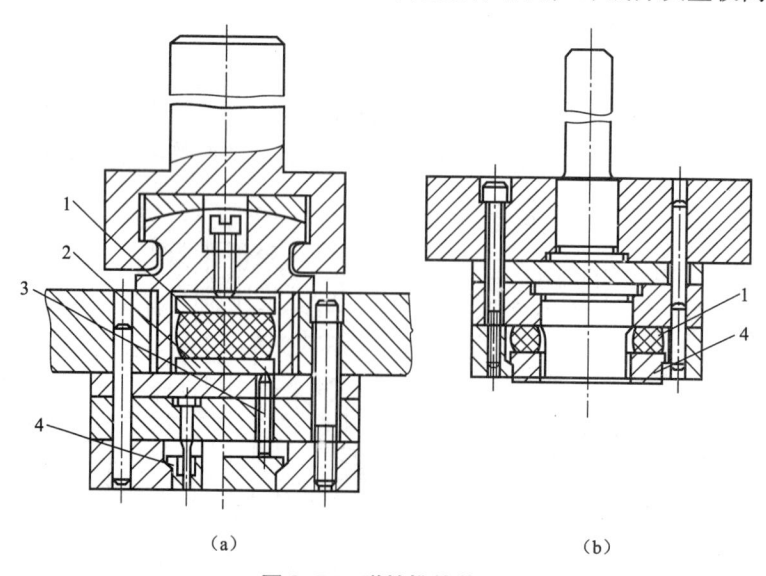

图 3-76 弹性推件装置
1—橡胶；2—推板；3—连接推杆；4—推件块

易嵌入边料中,取出零件麻烦。

应该注意的是,弹性推件装置中的弹性元件的弹力必须足够,必要时应选择弹力较大的聚氨酯橡胶、碟形弹簧等。视模具结构的可能性,可以把弹性元件装在推板之上,见图3-76(a)。也可以装在推件块之上,见图3-76(b)。

2)顶件装置

顶件装置一般是弹性的,顶件装置的典型结构如图3-77所示,其基本零件是顶杆、顶件块和装在下模底下的弹顶器。这种结构的顶件力容易调节,工作可靠,冲裁件平直度较高。但冲裁件容易嵌入边料中,产生与弹性推件同样的问题。

弹顶器可以做成通用的,其弹性元件是弹簧或橡胶。大型压力机本身具有气垫作为弹顶器。

推件块或顶件块在冲裁过程中是在凹模中运动的零件,对它有如下要求:模具处于闭合状态时,其背后有一定空间,以备修磨和调整的需要;模具处于开启状态时必须顺利复位,工作面高出凹模平面,以便继续冲裁;它与凹模和凸模的配合应保证顺利滑动,不发生干涉。为此,推件块和顶件块与凹模为间隙配合,其外形尺寸一般按公差与配合国家标准 h8 制造,也可以根据板料厚度取适当间隙。推件块和顶件块与凸模的配合一般呈较松的间隙配合,也可以根据板料厚度取适当间隙。

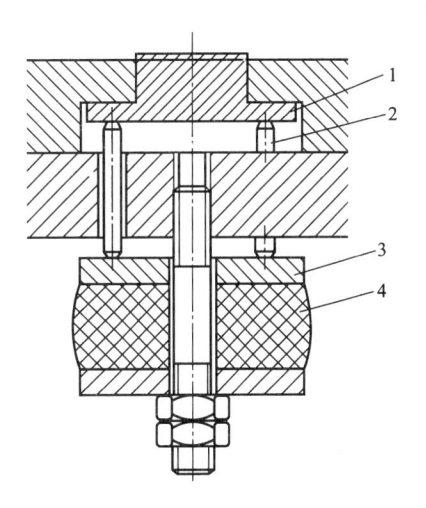

图 3-77 弹性顶件装置
1—顶件块;2—顶杆;
3—托板;4—橡胶

3. 弹簧与橡皮的选用与计算

弹簧和橡胶是模具中广泛应用的弹性元件,主要为弹性卸料、压料及顶件装置提供作用力和行程。

1)弹簧的选用与计算

在冲模的卸料装置中常用的弹簧是圆柱螺旋压缩弹簧和碟形弹簧。弹簧是标准件。以下是圆柱螺旋弹簧的选用与计算方法。

(1)弹簧选择原则。

① 所选弹簧必须满足预压力的要求

$$F_0 \geqslant \frac{F_x}{n} \tag{3-54}$$

式中 F_0——弹簧预压状态的压力,N;
F_x——卸料力,N;
n——弹簧数量。

② 所选弹簧必须满足最大许可压缩量的要求

$$\Delta H_2 \geqslant \Delta H \tag{3-55}$$

$$\Delta H = \Delta H + \Delta H' + \Delta H'' \tag{3-56}$$

式中　ΔH_2——弹簧最大许可压缩量，mm；

　　　ΔH——弹簧实际总压缩量，mm；

　　　ΔH_0——弹簧预压缩量，mm；

　　　$\Delta H'$——卸料板的工作行程，mm，一般取 $\Delta H'=t+1$，t 为板料厚度；

　　　$\Delta H''$——凸模刃磨量和调整量，一般取 5~10 mm。

③ 所选弹簧必须满足模具结构空间的要求，即弹簧的尺寸及数量，应能在模具上安装得下。

（2）弹簧选择步骤。

① 根据卸料力和模具安装弹簧的空间大小，初定弹簧数量 n，计算出每个弹簧应有的预压力 F_0 并满足公式（3-54）。

② 根据预压力 F_0 和模具结构预选弹簧规格，选择时应使弹簧的最大工作负荷 F_2 大于 F_0。

③ 计算预选的弹簧在预压力 F_0 作用下的预压缩量 ΔH_0。

$$\Delta H_0 \geqslant \frac{F_0}{F_2}\Delta H_2 \tag{3-57}$$

也可以直接在弹簧压缩特性曲线上根据 F_0 查出 ΔH_0，见图 3-78。

④ 校核弹簧最大允许压缩量是否大于实际工作总压缩量，即

$$\Delta H_2 > \Delta H_0 + \Delta H' + \Delta H''$$

如果不满足上述关系，则必须重新选择弹簧规格。直到满足为止。

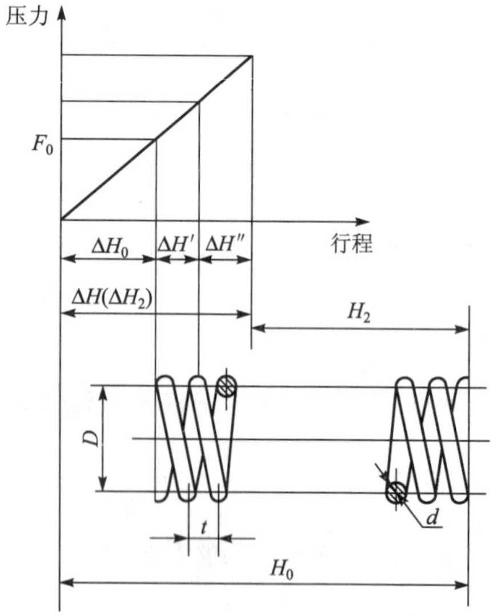

例 3-3　如果采用图 3-71（e）的卸料装置，冲裁板厚为 1 mm 的低碳钢垫圈，设冲裁卸料力为 1 000 N，试选用所需要的卸料弹簧。

解：（1）根据模具安装位置拟选 4 个弹簧，每个弹簧的预压力为

$$F_0 \geqslant \frac{F_x}{n} = \frac{1\ 000\ \text{N}}{4} = 250\ \text{N}$$

图 3-78　弹簧特性曲线

（2）查有关弹簧规格，初选弹簧规格为 25 mm×4 mm×55 mm。具体参数为 $D=25$ mm，$d=4$ mm，$t=6.4$ mm，$F_2=533$ N，$\Delta H_2=14.7$ mm，$H_0=55$ mm，$n=7.7$，$f=1.92$ mm。

（3）计算 ΔH_0

$$\Delta H_0 = \frac{\Delta H_2}{F_2}F_0 = \frac{14.7}{533}\times 250 = 6.9\ (\text{mm})$$

（4）校核。

设 $\Delta H'=2$ mm，$\Delta H''=5$ mm　$\Delta H=\Delta H_0+\Delta H'+\Delta H''=6.9+2+5=13.9$（mm）

由于 14.7>13.9，即 $\Delta H_2 > \Delta H$。

所以，所选弹簧是合适的。其特性曲线如图 3-79 所示。

2）橡胶的选用与计算

橡胶允许承受的负荷较大，安装调整灵活方便，是冲裁模中常用的弹性元件。

（1）橡胶的选择原则。

① 为保证橡胶正常工作，所选橡胶在预压缩状态下的预压力满足下式。

$$F_0 \geqslant F_x \tag{3-58}$$

式中　F_0——橡胶在预压缩状态下的压力，N；

　　　F_x——卸料力，N。

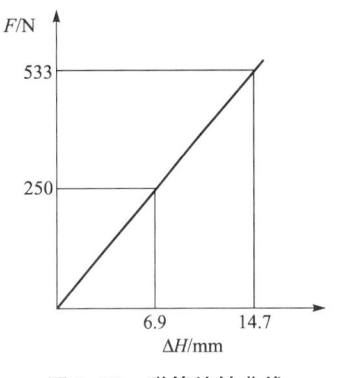

图 3-79　弹簧特性曲线

为保证橡胶不过早失效，其允许最大压缩量不应越过其自由高度的 45%，一般取

$$\Delta H_2 = (0.35 \sim 0.45) H_0 \tag{3-59}$$

式中　ΔH_2——橡胶允许的总压缩量，mm；

　　　H_0——橡胶的自由高度，mm。

橡胶的预压缩量一般取自由高度的 10%~15%。即

$$\Delta H_0 = (0.10 \sim 0.15) H_0 \tag{3-60}$$

式中　ΔH_0——橡胶预压缩量，mm。

故

$$\Delta H_1 = \Delta H_2 - \Delta H_0 = (0.25 \sim 0.35) H_0 \tag{3-61}$$

而

$$\Delta H_1 = \Delta H' + \Delta H''$$

式中　$\Delta H'$——卸料板的工作行程，$\Delta H' = t+1$，t 为板料厚度，mm；

　　　$\Delta H''$——凸模刃口修磨量，mm。

② 橡胶高度与直径之比应按下式校核

$$0.5 \leqslant \frac{H_0}{D} \leqslant 1.5 \tag{3-62}$$

式中　D——橡胶外径，mm。

（2）橡胶选择步骤。

① 根据工艺性质和模具结构确定橡胶性能、形状和数量。冲裁卸料用较硬橡胶；拉深压料用较软橡胶。

② 根据卸料力求橡胶横截面尺寸。

橡胶产生的压力按下式计算

$$F_{xy} = Ap \tag{3-63}$$

所以，橡胶横截面积为

$$A = \frac{F_{xy}}{p} \tag{3-64}$$

式中　F_{xy}——橡胶所产生的压力，设计时大于或等于卸料力 F_x（即 F_0），N；

　　　p——橡胶所产生的单位面积压力，与压缩量有关，其值可按图 3-80 确定，设计时取预压量下的单位压力，MPa；

A——橡胶横截面积，mm^2。

设计时也可以按表 3-26 计算出橡胶横截面尺寸。

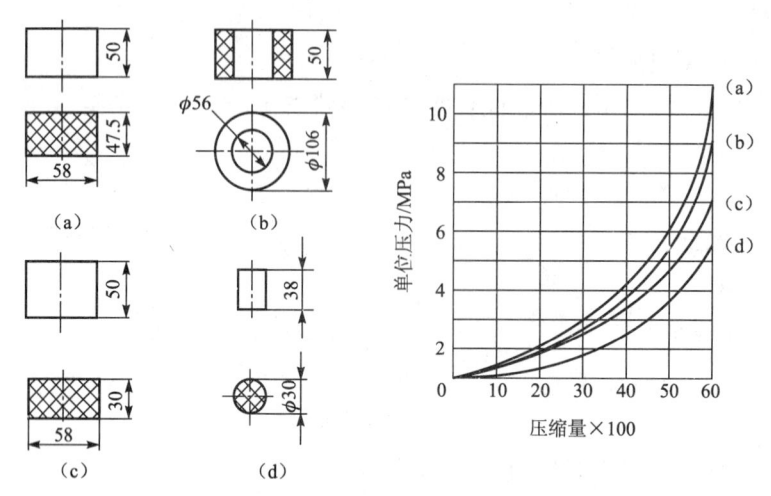

图 3-80 橡胶特性曲线
(a) 矩形；(b) 圆筒形；(c) 矩形；(d) 圆柱表

③ 求橡胶高度尺寸

$$H_0 = \frac{\Delta H_1}{(0.25 \sim 0.30)} \tag{3-65}$$

④ 校核橡胶高度与直径之比：如果超过 1.5，则应把橡胶分成若干块，在其间垫以钢垫圈；如果小于 0.5，则应重新确定其尺寸。

还应校核最大相对压缩变形量是否在许可的范围内。如果橡胶高度是按允许相对压缩量求出的，则不必校核。

表 3-26 橡胶的截面尺寸

橡胶型式						
计算项目	d	D	D	a	a	b
计算公式	按结构选用	$\sqrt{d^2 + 1.27\dfrac{F_x}{p}}$	$\sqrt{1.27\dfrac{F_x}{p}}$	$\sqrt{\dfrac{F_x}{P}}$	$\sqrt{\dfrac{F_x}{bp}}$	$\sqrt{\dfrac{F_x}{ap}}$

聚氨酯橡胶具有高的强度、高弹性、高耐磨性和易于机械加工的特性，在冲模中的应用越来越多。图3-81是国家标准的聚氨酯弹性体。使用时可根据模具空间尺寸和卸料力大小，并参照聚氨酯橡胶块的压缩量与压力的关系，适当选择聚氨酯弹性体的形状和尺寸。如果需要用非标准形状的聚氨酯橡胶时，则应进行必要的计算。聚氨酯橡胶的压缩量一般在10%～35%范围内。

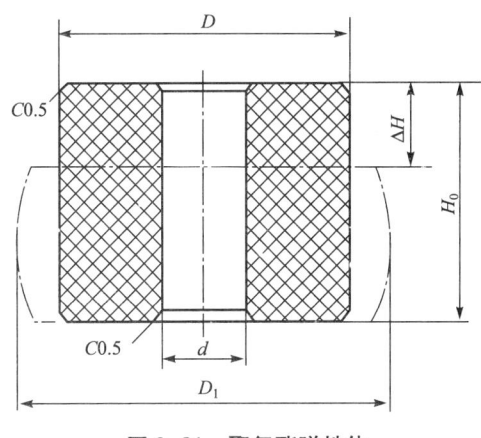

图3-81 聚氨酯弹性体

四、模架及零件

1. 模架

国家标准规定的模架主要有两大类：一类是由上模座、下模座、导柱、导套组成的导柱模模架；另一类是由弹压导板、下模座、导柱、导套组成的导板模模架。模架及其组成零件已经标准化，并对其规定了一定的技术条件。

1）导柱模模架

导柱模模架按导向结构形式分滑动导向和滚动导向两种。滑动导向模架的精度等级分为Ⅰ级和Ⅱ级。滚动导向模架的精度等级分为Ⅰ级和Ⅱ级。各级对导柱、导套的配合精度、上模座上平面对下模座下平面的平行度、导柱轴心线对下模座下平面的垂直度等都规定了一定的公差等级。这些技术条件保证了整个模架具有一定的精度，也是保证冲裁间隙均匀性的前提。有了这一前提，加上工作零件的制造精度和装配精度达到一定的要求，整个模具达到一定的精度就有了基本的保证。

滑动导向模架的结构形式有6种，如图3-82所示。滚动导向模架有4种，即与滑动导向模架相应的有对角导柱模架、中间导柱模架、四角导柱模架和后侧导柱模架。滚动导向模架在导柱和导套间装有保持架和钢球。由于导柱、导套间的导向通过钢球的滚动摩擦实现，导向精度高，使用寿命长，主要用于高精度、高寿命的硬质合金模、薄材料的冲裁模以及高速精密连续模。

对角导柱模架、中间导柱模架、四角导柱模架的共同特点：导向装置都是安装在模具的对称线上，滑动平稳，导向准确可靠。对角导柱模架上、下模座，其工作平面的横向尺寸 L 一般大于纵向尺寸 B，常用于横向送料的连续模、纵向送料的单工序模或复合模。中间导柱模架只能纵向送料，一般用于单工序模或复合模。四角导柱模架常用于精度要求较高或尺寸较大的冲裁件的生产及大批量生产用的自动模。

后侧导柱模架的特点：是导向装置在后侧，横向和纵向送料都比较方便，但如果有偏心载荷，压力机导向又不精确，就会造成上模歪斜，导向装置和凸、凹模都容易磨损，从而影响模具寿命。此模架一般用于较小的冲裁模。

图 3-82 滑动导向模架

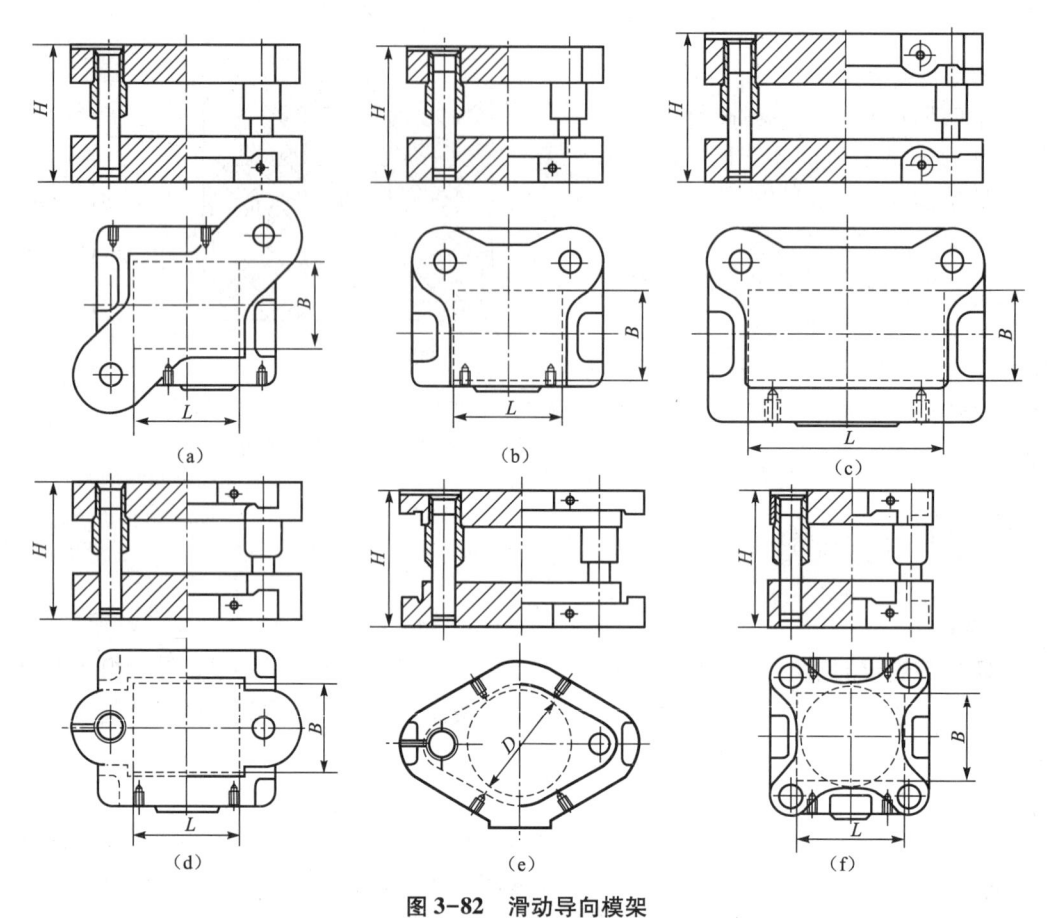

(a) 对角导柱模架；(b) 后侧导柱模架；(c) 后侧导柱窄形模架；
(d) 中间导柱模架；(e) 中间导柱圆形模架；(f) 四角导柱模架

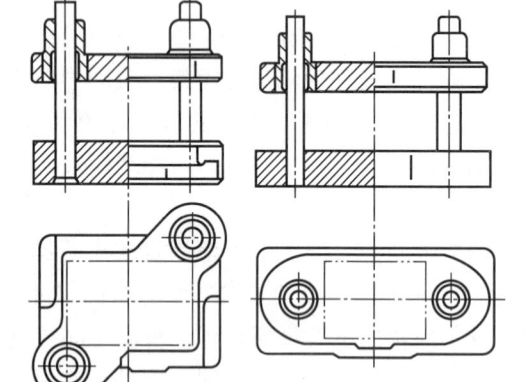

图 3-83 导板模架

(a) 对角导柱弹压模架；(b) 中间导柱弹压模架

2) 导板模模架

导板模模架有两种形式，如图 3-83 所示。

导板模模架的特点：作为凸模导向作用的弹压导板与下模座以导柱导套为导向构成整体结构。凸模与固定板是间隙配合而不是过渡配合，因而凸模在固定板中有一定的浮动量。这种结构形式可以起到保护凸模的作用，一般用于带有细凸模的连续模。

实际上，弹压导板模架在生产中应用并不多。在实际生产中，尤其在多工位连续模中采用图 3-71 (d) 结构形式也会起到保护凸模的作用。在高效、精密、长寿命冲模中采用图 3-84 所示的模架，其效果更佳。

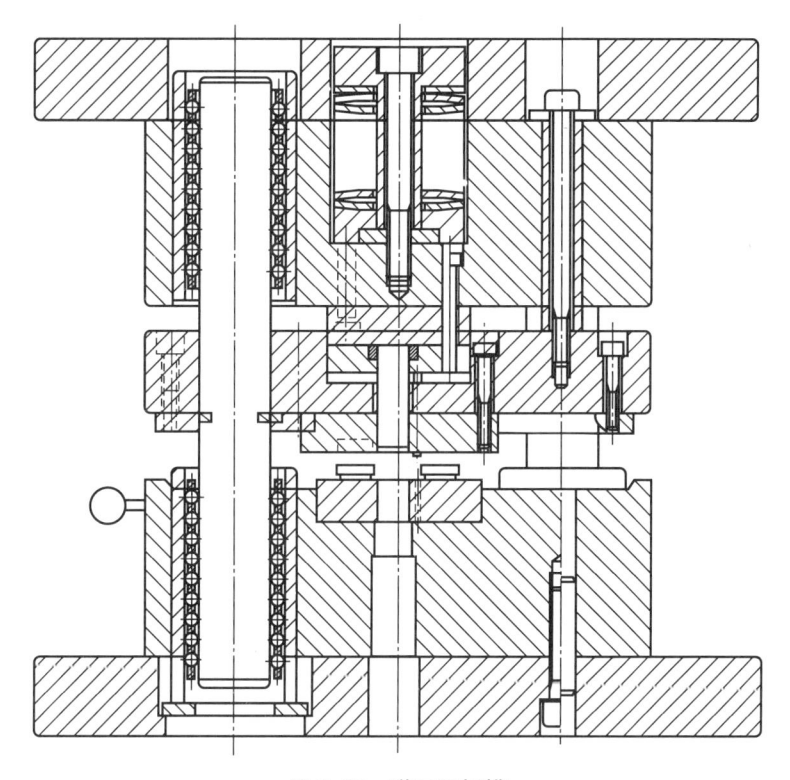

图 3-84 弹压导板模

2. 导向装置

导向装置的作用：保证上模相对于下模的正确运动。

对生产批量较大、零件公差要求较高、寿命要求较长的模具，一般都采用导向装置。导向装置有多种结构形式，常用的有导柱导套导向和导板导向两种。模具中应用最广泛的是导柱和导套。

图 3-85 是国家标准的导柱结构形式。

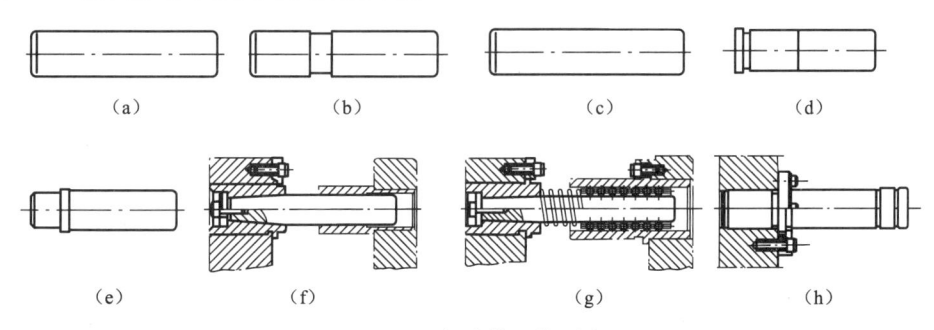

图 3-85 标准的导柱形式

(a) A 型导柱；(b) B 型导柱；(c) C 型导柱；(d) A 型小导柱；(e) B 型小导柱；
(f) A 型可卸导柱；(g) B 型可卸导柱；(h) 压圈固定导柱

图 3-86 是国家标准的导套结构形式。

A 型、B 型、C 型导柱是常用的。尤其是 A 型导柱，其结构简单，制造方便，但与模座为过盈配合,装拆麻烦。A 型和 B 型可卸导柱与衬套为锥度配合并用螺钉和垫圈紧固;衬套又与模座以过渡配合并用压板和螺钉紧固,其结构复杂,制造麻烦,但可卸式的导柱或可卸式导套在磨损后,可以及时更换,便于模具维修和刃磨。

A 型导柱、B 型导柱和 A 型可卸导柱一般与 A 型或 B 型导套配套用于滑动导向,导柱导套按 H7/h6 或 H7/h5 配合。其配合间隙必须小于冲裁间隙,冲裁间隙小的一般应按 H6/h5 配合;间隙较大的按 H7/h6 配合。C 型导柱和 B 型可卸导柱公差和表面粗糙度较小,与用压板固定的 C 型导套配套,用于滚珠导向。压圈固定导柱与压圈固定导套的尺寸较大,用于大型模具上,拆卸方便。导套用压板固定或压圈固定时,导套与模座为过渡配合,避免了用过盈配合而产生对导套内孔尺寸的影响。这是精密导向的特点。

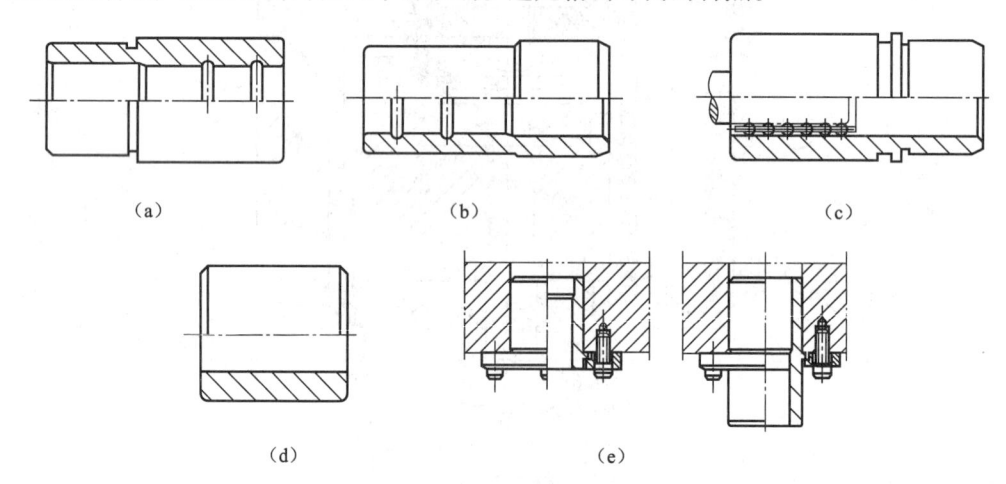

图 3-86 标准的导套结构
(a) A 型导套;(b) B 型导套;(c) C 型导套;(d) 小导套;(e) 压圈固定导套

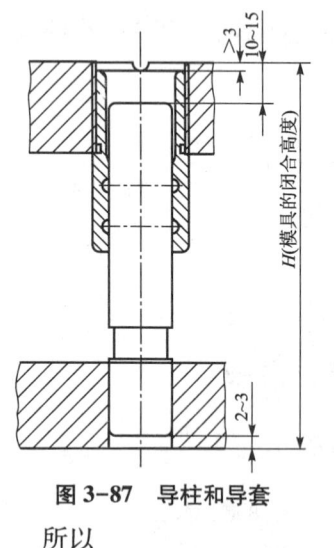

图 3-87 导柱和导套

A 型和 B 型小导柱与小导套配套使用,一般用于卸料板导向等结构上。

导柱、导套与模座的装配方式及要求按国家标准规定。但要注意,在选定导向装置及其零件标准之后,根据所设计的实际闭合高度,一般应符合图 3-87 要求,并保证有足够的导向长度。

导板导向装置分为固定导板和弹压导板导向两种。导板的结构已标准化。

滚珠导向是一种无间隙导向,精度高,寿命长。滚珠导向装置及钢球保持器如图 3-88 所示,滚珠导向装置及其组成零件均已标准化。滚珠在导柱和导套之间应保证导套内径与导柱在工作时有 0.01~0.02 mm 的过盈量。

所以
$$d_1 = d + 2d_2 - (0.01 \sim 0.02) \text{ mm} \quad (3\text{-}66)$$

式中 d_1——导套内径,mm;
d——导柱直径,mm;
d_2——滚珠直径,mm。

为保证滚珠导向装置在工作时钢球保持器不脱离导柱和导套,即导柱、导套在压力机全行程中始终起导向作用,则保持器的高度 H 按下式校核

$$H = \frac{s}{2} + (3\sim4)\frac{b}{2} \tag{3-67}$$

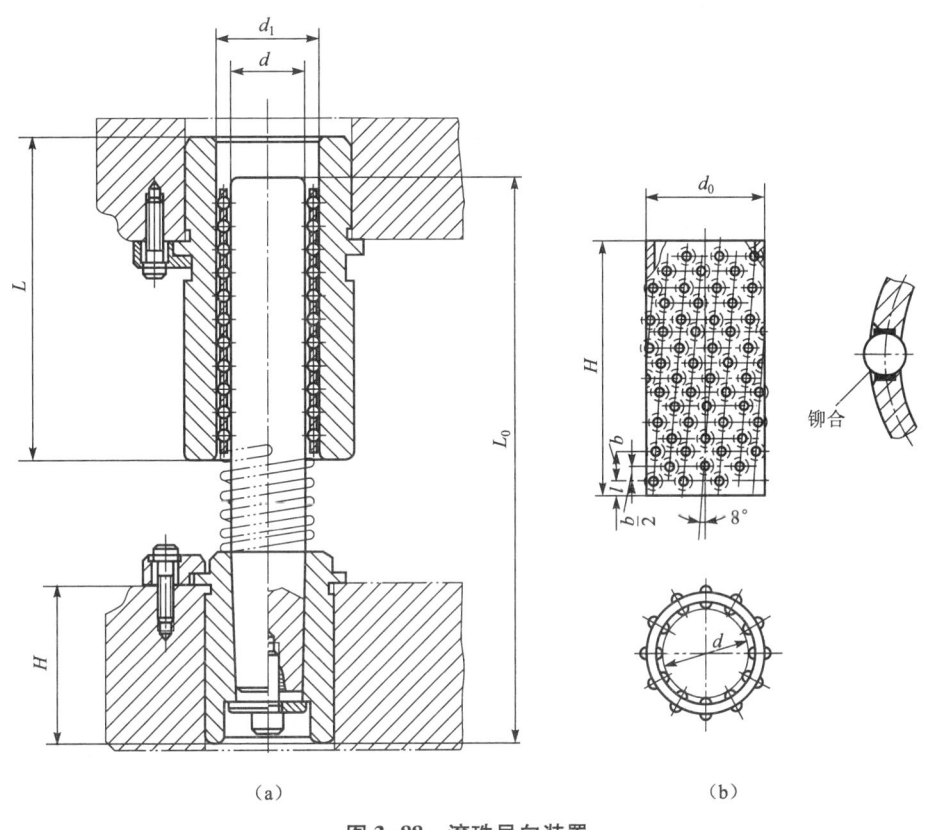

图 3-88 滚珠导向装置

(a) 滚珠导向装置；(b) 钢球保持器

式中　H——钢球保持器高度，mm；

　　　s——压力机行程，mm；

　　　b——滚珠中心距，mm（如图 3-83 所示）。

钢球为 $\phi3\sim\phi4$ mm 的滚珠（0Ⅰ级），保持器用铝合金 2Al1（LY11）、黄铜 H62 或尼龙制造。

导柱、导套一般选用 20 钢制造。为了增加表面硬度和耐磨性,应进行表面渗碳处理,渗碳后的淬火硬度为 58～62HRC。

滚珠导向用于精密冲裁模、硬质合金模、高速冲裁模以及其他精密模具上。

导柱和导套一般采用过盈配合 H7/r6 分别压入下模座和上模座的安装孔中。导柱、导套之间采用间隙配合,其配合必须小于冲裁间隙。

总之,冲模的导向十分重要,选用时应根据生产批量,冲压件的形状、尺寸及公差等要求,冲裁间隙大小,制造和装拆等因素全面考虑,合理选择导向装置的类型和具体结构形式。

3. 模座

模座的作用：直接或间接地安装冲模的所有零件，分别与压力机滑块和工作台面连接，传递压力。

模座因强度不足会产生破坏；如果刚度不足，工作时会产生较大的弹性变形，导致模具的工作零件和导向零件迅速磨损。因此，必须十分重视上、下模座的强度和刚度。

在冲模设计时，一般是按国家标准选用模座。如果根据设计要求，标准模座不能满足需要，则应参照标准进行设计。在选用和设计时应注意如下几点：

（1）尽量选用标准模架，而标准模架的型式和规格就决定了上、下模座的型式和规格。如果需要自行设计模座，则圆形模座的直径应比凹模板直径大30~70 mm，矩形模座的长度应比凹模板长度大40~70 mm，其宽度可以略大或等于凹模板的宽度。模座的厚度可参照标准模座确定，一般为凹模板厚度的1.0~1.5倍，以保证有足够的强度和刚度。对于大型非标准模座，还必须根据实际需要，按铸件工艺性要求和铸件结构设计规范进行设计。

（2）所选用或设计的模座必须与所选压力机的工作台和滑块的有关尺寸相适应，并进行必要的校核。例如，下模座的最小轮廓尺寸，应比压力机工作台上漏料孔的尺寸每边至少要大40~50 mm。

（3）模座材料一般选用HT200、HT250，也可选用Q235、Q255结构钢，对于大型精密模具的模座选用铸钢ZG35、ZG45。

（4）模座的上、下表面的平行度应达到要求，平行度公差一般为4级。

（5）上、下模座的导套、导柱安装孔中心距必须一致，精度一般要求在±0.02 mm以下；模座的导柱、导套安装孔的轴线应与模座的上、下平面垂直，安装滑动式导柱和导套时，垂直度公差一般为4级。

（6）模座的上、下表面粗糙度 Ra 值为1.6~0.8 μm，在保证平行度的前提下，可允许 Ra 值降低为3.2~1.6 μm。

五、其他支承零件及紧固件

模具的其他支承零件有模柄、固定板、垫板、螺钉、销钉等。这些零件大多有国家标准，设计时可按国家标准选用。

1. 模柄

模柄：上模与压力机滑块连接的零件。

模柄的设计要求如下。

① 与压力机滑块上的模柄孔正确配合，安装可靠。

② 与上模正确而可靠地连接。

中、小型模具一般是通过模柄将上模固定在压力机滑块上。国家标准的模柄结构形式如图3-89所示。

（1）图3-89（a）为压入式模柄，它与模座孔采用H7/m6、H7/h6配合并加防转销。这种模柄可较好地保证模柄轴线与上模座的垂直度。主要用于上模座较厚而又没有开设推板孔或上模比较重的场合。

（2）图3-89（b）为旋入式模柄，通过螺纹与上模座连接，并加螺丝防止松动。这种

图 3-89 冲模模柄

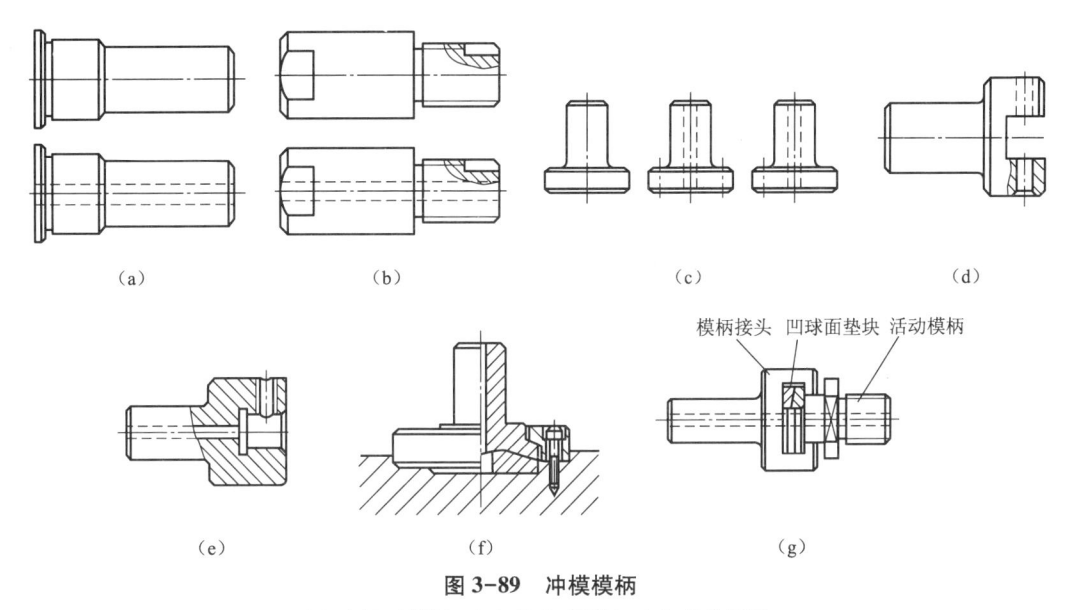

(a) 压入式模柄；(b) 旋入式模柄；(c) 凸缘模柄；
(d) 槽形模柄；(e) 通用模柄；(f) 浮动模柄；(g) 推入式模柄

模具拆装方便，但模柄轴线与上模座的垂直度较差，多用于有导柱的中、小型冲模。

（3）图 3-89（c）为凸缘模柄，它用 3~4 个螺钉紧固于上模座，模柄的凸缘与上模座的窝孔采用 H7/js6 过渡配合。多用于较大型的模具或上模座中开设推板孔的中、小型模具。

（4）图 3-89（d）、(e) 为槽型模柄和通用模柄，均用于直接固定凸模，也可称为带模座的模柄，主要用于简单模中，更换凸模方便。

（5）图 3-89（f）为浮动模柄，主要特点是压力机的压力通过凹球面模柄和凸球面垫块传递到上模，以消除压力机导向误差对模具导向精度的影响。主要用于硬质合金模、精密导柱模。

（6）图 3-89（g）为推入式活动模柄，压力机压力通过模柄接头、凹球面垫块和活动模柄传递到上模，它也是一种浮动模柄。因模柄单面开通（呈 U 形），所以使用时导柱导套不宜脱开，它主要用于精密模具上。

模柄材料通常采用 Q235 或 Q275 钢，其支撑面应垂直于模柄的轴线（垂直度不应超过 0.02∶100）。

总之，选择模柄的结构形式应根据模具大小、上模的具体结构、模具复杂性及模架精度等因素确定。

2. 固定板

将凸模或凹模按一定相对位置压入固定后，作为一个整体安装在上模座或下模座上。模具中最常见的是凸模固定板，固定板分为圆形固定板和矩形固定板两种，主要用于固定小型的凸模或凹模。

固定板的设计原则：

（1）凸模固定板的厚度一般取凹模厚度的 0.6~0.8 倍，其平面尺寸可与凹模、卸料板外形尺寸相同，但还应考虑紧固螺钉及销钉的位置。

（2）固定板上的凸模安装孔与凸模采用过渡配合 H7/m6，凸模压装后端面要与固定板一起磨平。

(3) 固定板的上、下表面应磨平，并与凸模安装孔的轴线垂直。固定板基面和压装配合面的表面粗糙度为 Ra 为 $1.6 \sim 0.8~\mu m$，另一非基准面可适当降低要求。

(4) 固定板材料一般采用 Q235 或 45 钢制造，无须热处理淬硬。

3. 垫板

垫板的作用：直接承受和扩散凸模传递的压力，以降低模座所受的单位压力，防止模座被局部压陷，从而影响凸模的正常工作。

模具中最常见的是凸模垫板，它被装于凸模固定板与模座之间。模具是否加装垫板，要根据模座所受压力的大小进行判断，可按下式校核。

$$p = \frac{F'_Z}{A} \tag{3-68}$$

式中　p——凸模头部端面对模座的单位压力，MPa；

　　　F'_Z——凸模承受的总压力，N；

　　　A——凸模头部端面支承面积，mm^2。

如果头部端面上的单位面积压力 p 大于模座材料的许用压应力时（见表 3-27），就需要在凸模头部支承面上加一块硬度较高的垫板；如果凸模头部端面上的单位面积压力 p 不大于模座材料的许用压应力时，可以不加垫板。据此，凸模较小而冲裁力较大时，一般需加垫板；凸模较大的，一般可以不加垫板。

表 3-27　模座材料的许用压应力

模 板 材 料	$[\sigma_{bc}]$ /MPa
铸铁 HT250	90~140
铸钢 ZG310~570	110~150

4. 螺钉与销钉

螺钉与销钉都是标准件，设计时按国家标准选用即可。螺钉用于固定模具零件；而销钉则起定位作用。模具中广泛应用的是内六角螺钉和圆柱销钉，其中 M6~M12 的螺钉和 $\phi 4 \sim \phi 10~mm$ 的销钉最为常用。

在模具设计中，螺钉、销钉的选用原则：

(1) 螺钉要均匀布置，尽量置于被固定件的外形轮廓附近。当被固定件为圆形时，一般采用 3~4 个螺钉，当为矩形时，一般采用 4~6 个。销钉一般都用两个，且尽量远距离错开布置，以保证定位可靠。螺钉的大小应根据凹模厚度适用，螺钉规格可参照表 3-28。

表 3-28　螺钉的选用　　　　　　　　　　　　　　　　　　单位：mm

凹模厚度	≤13	>13~16	>19~25	>25~32	>35
螺钉直径	M4，M5	M5，M6	M6，M8	M8，M10	M10，M12

(2) 螺钉之间、螺钉与销钉之间的距离，螺钉、销钉距刃口及外边缘的距离，均不应过小，以防降低模具强度。

(3) 内六角螺钉通过孔及其螺钉装配尺寸应合理。

(4) 连接件的销孔应配合加工，以保证位置精度，销钉孔与销钉采用 H7/m6 或 H7/n6

过渡配合。

（5）弹压卸料板上的卸料螺钉，用于连接卸料板，主要承受拉应力。根据卸料螺钉的头部形状，也可分为内六角和圆柱头两种。圆形卸料板常用 3 个卸料螺钉，矩形卸料板一般用 4 或 6 个卸料螺钉。由于弹压卸料板在装配后应保持水平，故卸料螺钉的长度 L 应控制在一定的公差范围内，装配时要选用同一长度的螺钉。

学习单元八　冲裁件的工艺性

☞ **目的与要求**：
熟悉冲裁件的工艺适应性。

☞ **重点与难点**：
冲裁件的冲裁工艺性要求。

冲裁件的工艺性：是指冲裁件的结构、形状、尺寸等对冲裁工艺的适应性。

在编制冲压工艺规程和设计模具之前，应对冲裁件的形状、尺寸和精度等方面进行分析。从工艺角度分析零件设计得是否合理，是否符合冲裁的工艺要求。

主要有以下几个方面。

一、冲裁件工艺性分析

（1）冲裁件的形状应力求简单、对称，有利于材料的合理利用。

（2）冲裁件内形及外形的转角冲裁件内形及外形的转角处要尽量避免尖角，应以圆弧过渡，如图 3-90 所示，以便于模具加工，减少热处理开裂，减少冲裁时尖角处的崩刃和过快磨损。圆角半径 R 的最小值，参照表 3-29 选取。

（3）尽量避免冲裁件上过长的凸出悬臂和凹槽，悬臂和凹槽宽度也不宜过小，其许可值如图 3-91 所示。

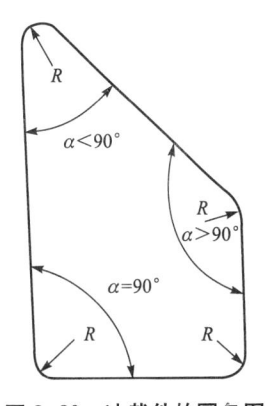

图 3-90　冲裁件的圆角图

表 3-29　冲裁最小圆角半径 R

零件种类		黄铜、铝/t	合金钢/t	软钢/t	备注/mm
落料	交角≥90°	0.18	0.35	0.25	>0.25
	<90°	0.35	0.70	0.5	>0.5
冲孔	交角≥90°	0.2	0.45	0.3	>0.3
	<90°	0.4	0.9	0.6	>0.6

(4) 为避免工件变形和保证模具强度，孔边距和孔间距不能过小。其最小许可值如图3-91所示。

(5) 在弯曲件或拉深件上冲孔时，孔边与直壁之间应保持一定距离，以免冲孔时凸模受水平推力而折断，如图3-91所示。

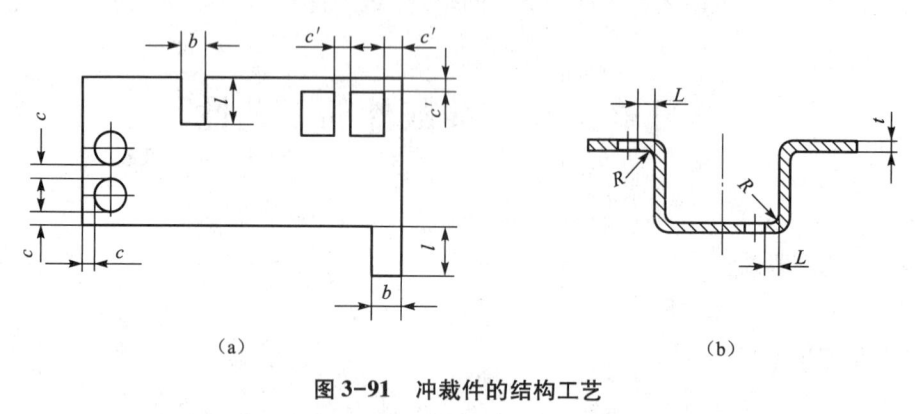

图 3-91　冲裁件的结构工艺

$b_{\min} = 1.5\,t$　　　　$c \geqslant (1 \sim 1.5)\,t$
$l_{\max} = 5b$　　　　$c' \geqslant (1.5 \sim 2)\,t$　　　　$L \geqslant R + 0.5\,t$

(6) 冲孔时，因受凸模强度的限制，孔的尺寸不应太小，否则凸模易折断或压弯。用无导向和有导向的凸模所能冲制的最小尺寸，分别见表3-30和表3-31。

表 3-30　无导向凸模冲孔的最小尺寸

材料	圆形	方形	矩形	长圆形
钢 $\tau_b > 700$ MPa	$d \geqslant 1.5\,t$	$b \geqslant 1.35\,t$	$b \geqslant 1.2\,t$	$b \geqslant 1.1\,t$
钢 $\tau_b = 400 \sim 700$ MPa	$d \geqslant 1.3\,t$	$b \geqslant 1.2\,t$	$b \geqslant 1.0\,t$	$b \geqslant 0.9\,t$
钢 $\tau_b < 400$ MPa	$d \geqslant 1.0\,t$	$b \geqslant 0.9\,t$	$b \geqslant 0.8\,t$	$b \geqslant 0.7\,t$
黄铜、铜	$d \geqslant 0.9\,t$	$b \geqslant 0.8\,t$	$b \geqslant 0.7\,t$	$b \geqslant 0.6\,t$
铝、锌	$d \geqslant 0.8\,t$	$b \geqslant 0.7\,t$	$b \geqslant 0.6\,t$	$b \geqslant 0.5\,t$
纸胶板、布胶板	$d \geqslant 0.7\,t$	$b \geqslant 0.6\,t$	$b \geqslant 0.5\,t$	$b \geqslant 0.4\,t$
纸	$d \geqslant 0.6\,t$	$b \geqslant 0.5\,t$	$b \geqslant 0.4\,t$	$b \geqslant 0.3\,t$

注：t 为板料厚度，τ 为抗剪强度

表 3-31 有导向凸模冲孔的最小尺寸

材料	圆形（直径 d）	矩形（孔宽 b）
硬钢	0.5 t	0.4 t
软钢及黄铜	0.35 t	0.3 t
铝、锌	0.3 t	0.28 t

注：t 为板料厚度

二、冲裁件的尺寸精度和表面粗糙度

（1）冲裁件的经济公差等级不高于 IT11 级，一般要求落料件公差等级最好低于 IT10 级，冲孔件最好低于 IT9 级。冲裁得到的工件公差列于表 3-32、表 3-33。如果工件要求的公差值小于表值，冲裁后需经整修或采用精密冲裁。

（2）冲裁件的断面粗糙度与材料塑性、材料厚度、冲裁模间隙、刃口锐钝以及冲模结构等有关。当冲裁厚度为 2 mm 以下的金属板料时，其断面粗糙度 Ra 一般可达 12.5～3.2 μm。

表 3-32 冲裁件外形与内孔尺寸公差 Δ　　　　　单位：mm

料厚 t	工件尺寸							
	一般精度的工件				较高精度的工件			
	<10	10~50	50~150	150~300	<10	10~50	50~150	150~300
0.2~0.5	0.08/0.05	0.10/0.08	0.14/0.12	0.20	0.025/0.02	0.03/0.04	0.05/0.08	0.08
0.5~1	0.12/0.05	0.16/0.08	0.22/0.12	0.30	0.03/0.02	0.04/0.04	0.06/0.08	0.10
1~2	0.18/0.06	0.22/0.10	0.30/0.16	0.50	0.03/0.03	0.06/0.06	0.08/0.10	0.12
2~4	0.24/0.08	0.28/0.12	0.40/0.20	0.70	0.06/0.04	0.08/0.08	0.10/0.12	0.15
4~6	0.30/0.10	0.31/0.15	0.50/0.25	1.0	0.08/0.05	0.12/0.10	0.15/0.15	0.20

注：（1）分子为外形公差，分母为内孔公差。
　　（2）一般精度的工件采用 IT8~IT7 级精度的普通冲裁模；较高精度的工件采用 IT7~IT6 级精度的高级冲裁模

表 3-33　冲裁件孔中心距公差　　　　　　　　　　　单位：mm

料厚 t	普通冲裁 孔距尺寸			高级冲裁 孔距尺寸		
	<50	50~150	150~300	<50	50~150	150~300
<1	±0.10	±0.15	±0.20	±0.03	±0.05	±0.08
1~2	±0.12	±0.20	±0.30	±0.04	±0.06	±0.10
2~4	±0.15	±0.25	±0.35	±0.06	±0.08	±0.12
4~6	±0.20	±0.30	±0.40	±0.08	±0.10	±0.15

注：适用于本表数值所指的孔应同时冲出

思考题

1. 按材料的分离形式不同，冲裁一般可分为哪两大类？它们的主要区别是什么？
2. 板料冲裁时，其断面特征怎样？影响冲裁件断面质量的因素有哪些？
3. 提高冲裁件尺寸精度和断面质量的有效措施有哪些？
4. 影响冲裁件尺寸精度的因素有哪些？
5. 什么是冲裁间隙？冲裁间隙对冲裁有哪些影响？
6. 什么叫排样？排样的合理与否对冲裁工作有何意义？
7. 排样的方式有哪些？它们各有何优缺点？
8. 什么叫搭边？搭边的作用有哪些？搭边值的大小与哪些因素有关？
9. 在冲裁工作中降低冲裁力有何实际意义？降低冲裁力的方法有哪些？
10. 什么是压力中心？设计冷冲模时确定压力中心有何意义？
11. 冷冲模的基本类型有哪些？
12. 冲模一般由哪些部分组成？各部分的作用是什么？
13. 单工序模有哪几种类型？各有什么特点？
14. 试比较级进模和复合模结构特点。
15. 怎样确定冲裁凹模的外形尺寸？
16. 冲裁模采用镶拼凸、凹模结构有何特点？
17. 设计镶拼凸、凹模的原则是什么？
18. 级进模中使用定距侧刃有什么优点？怎样设计定距侧刃？

模块四 弯 曲

> ☞ **内容提要：**
> 本章在分析弯曲变形过程及弯曲件质量影响因素的基础上，介绍弯曲工艺计算、工艺方案制定和弯曲模设计。涉及弯曲变形过程分析、弯曲半径及最小弯曲半径影响因素、弯曲卸载后的回弹及影响因素、减少回弹的措施、坯料尺寸计算、工艺性分析与工艺方案确定、弯曲模典型结构、弯曲模工作零件设计等。

弯曲：是将板料、型材、管材或棒料等按设计要求弯成一定的角度和一定的曲率，形成所需形状零件的冲压工序。

弯曲属于成形工序，是冲压基本工序之一，在冲压零件生产中应用较普遍，图 4-1 所示为用弯曲方法加工一些典型零件。

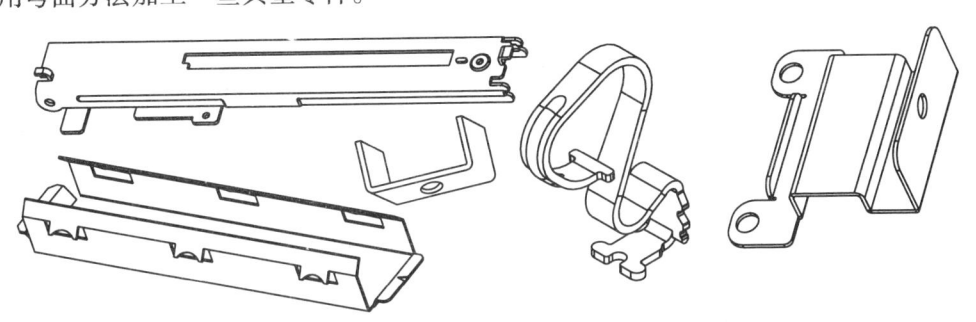

图 4-1 典型的弯曲零件

根据所使用的工艺装备与设备的不同，弯曲方法可分为在压力机上利用模具进行压弯以及在专用弯曲设备上进行的折弯、滚弯、拉弯等，如图 4-2 所示。

图 4-2 弯曲方法的分类

尽管各种弯曲方法所用设备与工艺装备不同，但其变形过程及特点、规律是相同的。本章将主要介绍在生产中应用最典型实用的压弯工艺及其模具设计。

弯曲所使用的模具叫弯曲模，它是弯曲过程必不可少的工艺装备。

学习单元一　弯曲变形过程

☞ **目的与要求**：
1. 了解弯曲变形规律及弯曲变形特点。
2. 掌握弯曲变形程度的表示及变形极限。

☞ **重点与难点**：
1. 弯曲变形的特点。
2. 弯曲变形程度的表示。

一、弯曲过程与特点

V形弯曲是最基本的弯曲变形，任何复杂弯曲都可看成是由 N 个 V 形弯曲组成。弯曲过程中，当坯料上受到凸模压力（弯曲力矩）时，坯料的曲率半径发生变化。

图 4-3 所示为一副常见的 V 形件弯曲模。其弯曲过程简述如下：弯曲开始前，先将平板毛坯放入模具定位板中定位，然后凸模下行，实施弯曲，直至板材与凸模、凹模完全贴紧（此时冲床下行至下死点），然后开模（此时冲床上行至上死点），再从模具里取出 V 形件。其受力情况如图 4-4，变形过程分解如图 4-5 所示。

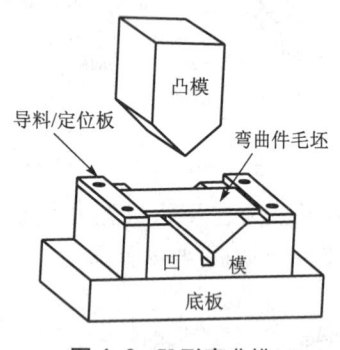

图 4-3　V 形弯曲模

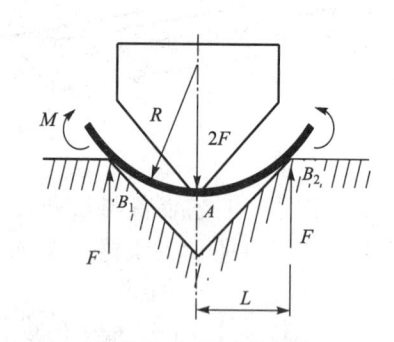

图 4-4　V 形件的弯曲

在板材 A 处，凸模施加外力 $2F$，在凹模支承点 B_1、B_2 处，则产生支撑力，并与外力构成了弯曲力矩 $M=F \times L$，该弯曲力矩使板材产生弯曲变形。弯曲变形可分成弹性变形阶段、塑性变形阶段、校正弯曲阶段。

（1）弹性变形阶段：在凸模的压力下，板料受弯曲力矩 M 的作用，坯料变形区应力最大的内、外表面上的应力分量不满足塑性条件材料没有产生屈服，变形区内的材料仅产生弹性变形，且是自由弯曲，此时如果消除弯曲力矩时，坯料恢复原态。如图4-5（a）所示。

（2）塑性变形阶段：坯料变形区内、外表面的应力分量满足塑性条件，进入塑性变形状态。此时如消除弯曲力矩时，坯料不能恢复原状。随着凸模进一步下行，塑性变形由表面向中心逐步扩展。板料与凹模V形表面逐渐靠紧，同时曲率半径和弯曲力臂逐渐变小，即 $r_0>r_1>r_2>r_k$，$l_0>l_1>l_2>l_k$。可见，弯曲变形的效果表现为板料的弯曲区域内曲率半径和两直边夹角的变化。这一阶段的弯曲仍然属于自由弯曲。

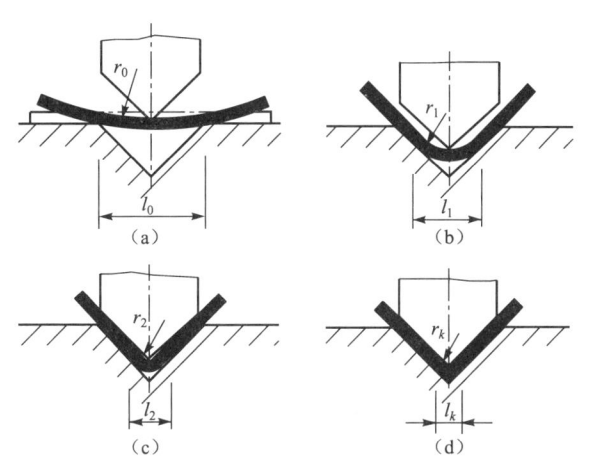

图4-5 V形件弯曲过程的分解

凸模、板料与凹模三者之间完全压合后，如果再增加一定的压力，对弯曲件施压，称为校正弯曲。

（3）校正弯曲阶段：到行程终了时，凸、凹模对弯曲件进行校正，使其直边、圆角与凸模全部靠紧。整个变形区的材料完全处于塑性变形较稳定的状态。此时如消除弯曲力矩时，坯料基本保持现状。

二、弯曲变形时材料的流动情况

为了观察板料弯曲时的金属流动情况，便于分析材料的变形特点，对弯曲前的板料侧表面按正方形网格画线，然后进行V形弯曲，对比弯曲前后网格的尺寸和形状变化情况，如图4-6所示。

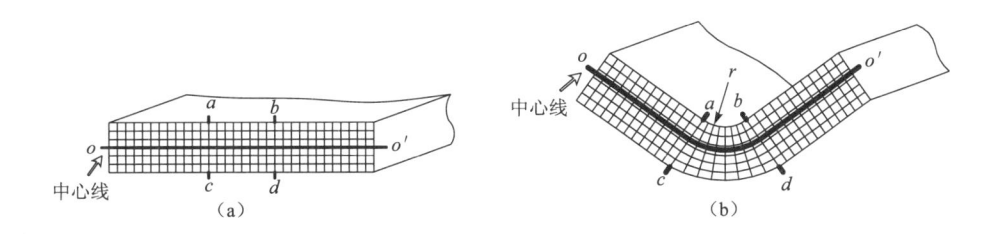

图4-6 弯曲前后坐标网格的变化
（a）弯曲前；（b）弯曲后

弯曲前，材料侧面垂直与水平方向的线条均为直线，并组成大小一致的正方形网格，水平方向网格线长度 $ab=cd$ 以及中心线 oo'。弯曲变形具有以下特点。

1) 弯曲圆角部分是弯曲变形的主要区域

位于弯曲圆角部分（$abcd$ 区域）内的网格发生了显著的变化，由正方形变成了扇形。

而靠近圆角部分的左右两段直边部分基本上没有变形,说明弯曲变形的区域主要发生在弯曲圆角部分。

2) 弯曲变形区内的中性层

在板料内侧（靠近凸模一侧）的水平方向网格线长度缩短,越靠近内侧越短,说明内侧材料受压缩。而在板料外侧（靠近凹模一侧）的水平方向网格线长度伸长,越靠近外侧越长,说明外侧材料受拉伸。

应变中性层：由于材料的连续性,从板料弯曲外侧网格线长度的伸长过渡到内侧长度的缩短,其中必定有一层金属纤维的长度在弯曲前后保持不变,此金属层称为应变中性层,即图中的 $o-o'$ 层。

当弯曲变形程度很小时,应变中性层的位置基本上处于材料厚度的正中心,但当弯曲变形程度较大时,可以发现应变中性线向板料内侧移动,变形程度越大,内移量越大。

3) 变形区材料厚度变薄的现象

弯曲变形程度较大时,变形区外侧材料受拉伸长,使得厚度减薄;变形区内侧材料受压,使得厚度增厚。由于中性层位置的内移,外侧的减薄区域随之扩大,内侧的增厚区域逐渐缩小,外侧的减薄量大于内侧的增厚量,因此使弯曲变形区的材料总厚度变薄。变形程度越大,变薄现象越严重。

4) 变形区横断面的变形

板料的相对宽度 B/t（B 是板料的宽度,t 是板料的厚度）对弯曲变形区的材料变形有很大影响。一般将相对宽度 $B/t>3$ 的板料称为宽板,相对宽度 $B/t\leqslant3$ 的称为窄板。

（1）窄板弯曲时,宽度方向的变形基本不受约束。由于弯曲变形区外侧材料受拉伸引起板料宽度方向收缩,内侧材料又因受压引起板料宽度方向伸长,其横断面形状由矩形变成了扇形,如图 4-7（a）所示。这种横断面形状尺寸的改变我们称为畸变。

（2）宽板弯曲时,在宽度方向的变形会受到相邻部分材料的制约,材料不易流动,因此其横断面形状变化较小,仅在两端会出现少量变形,横断面形状基本保持为矩形（如图 4-7（b）所示）。

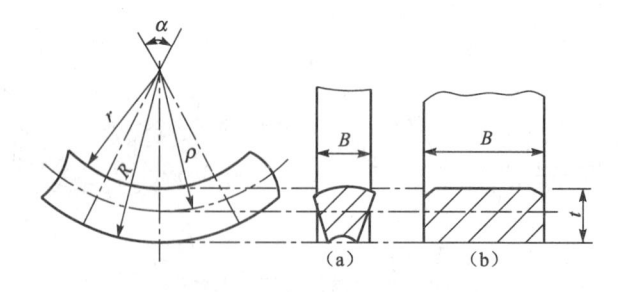

图 4-7 窄板、宽板的变形
（a）窄板;（b）宽板

5) 弯曲后的畸变、翘曲

细而长的板料弯曲件,弯曲后纵向产生翘曲变形（图 4-8（a））。这是因为沿折弯线方向工件的刚度小,塑性弯曲时,外区宽度方向的压应变和内区的拉应变将得以实现,结果使折弯线翘曲。当板料弯曲件短而粗时,沿工件纵向刚度大,宽度方向应变被拟制,翘曲则不明显。对于管材、型材弯曲后的剖面畸变如图4-8（b）所示，这种现象是因为径向压应力 σ_2 所引起的。另外，在薄壁管的弯曲中，还会出现内侧面因受切向压应力的作用而失稳起皱的现象。

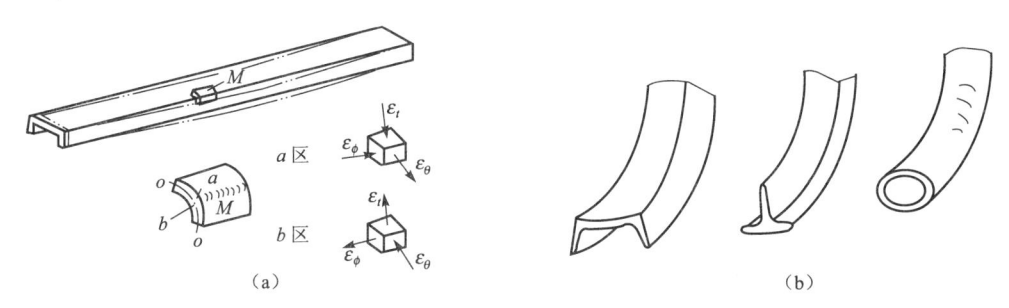

图 4-8 型材在弯曲时断面的畸变

三、弯曲变形区的应力与应变状态分析

1. 应变状态

（1）切向 ε_1（长度方向）：弯曲变形区内侧纤维缩短，切向应变表现为压应变（$\varepsilon_1<0$）；而外侧纤维伸长，切向应变为拉应变（$\varepsilon_1>0$）。由于弯曲时，材料的主要表现为中性层内外纤维的伸长与缩短，故切向应变 ε_1 为绝对值最大的主应变。根据塑性变形体积不变条件可知，必然引起径向（厚度方向）和宽度方向产生与 ε_1 符号相反的应变，$\varepsilon_1 = -\varepsilon_2 - \varepsilon_3$。

（2）径向 ε_2（厚度方向）：由以上分析可知：在弯曲变形的内侧，最大的主应变 ε_1 为压应变，故径向 ε_2 为拉应变；在弯曲变形的外侧，最大的主应变 ε_1 为拉应变，故径向 ε_2 为压应变。

（3）宽度方向 ε_3：根据相对宽度 B/t 的不同，分以下两种情况。

① 对于 $B/t<3$ 的窄板，在弯曲变形的内侧，径向 ε_3 为拉应变；在弯曲变形的外侧，径向 ε_3 为压应变。

② 对于 $B/t>3$ 的宽板，由于宽度方向受到材料彼此之间的约束，不能自由变形，可以近似认为无论外侧还是内侧，宽度方向的应变 $\varepsilon_3=0$。

从应变角度看，窄板弯曲时应变状态是立体的（三向的），宽板弯曲时应变状态是平面的。

2. 应力状态

（1）切向 σ_1：内侧纤维受压，σ_1 为压应力；而外侧纤维受拉，σ_1 为拉应力。

（2）径向 σ_2：弯曲时变形区域曲率不断增大，以及金属各层之间的相互挤压作用，从而引起变形区内的径向压应力 σ_2，在材料表面 $\sigma_2=0$，由表及里逐渐递增，至中性层处达到最大值。

（3）在宽度方向：窄板的宽度方向可以自由变形，因而无论内侧还是外侧，$\sigma_3=0$；而宽板的宽度方向受到材料的制约作用，内区由于宽度方向的伸长受阻，故 σ_3 为压应力；外区由于宽度方向的收缩受阻，故 σ_3 为拉应力。

因此就应力而言，宽板弯曲应力单元体是立体的，窄板弯曲应力单元体是平面的。如表 4-1 所示。

表 4-1 弯曲时应力应变状态

板宽 位置	窄板 应力单元体	窄板 应变状态	宽板 应力单元体	宽板 应变状态
内侧	σ_2, σ_1	ε_2, ε_1, ε_3	σ_2, σ_1, σ_3	ε_2, ε_1
外侧	σ_2, σ_1	ε_2, ε_1, ε_3	σ_2, σ_1, σ_3	ε_2, ε_1

四、弯曲变形程度及表示方法

塑性弯曲必须经过弹性弯曲阶段,在弹性弯曲时,受拉的外区与收压的内区以中性层为界,中性层上的应力应变为零。如图 4-9 所示,假定弯曲内表面圆角半径为 r,中性层的曲率半径为 ρ ($\rho = r + t/2$),弯曲中心角为 α,则距中性层 y 处的切向应变 ε_1 为

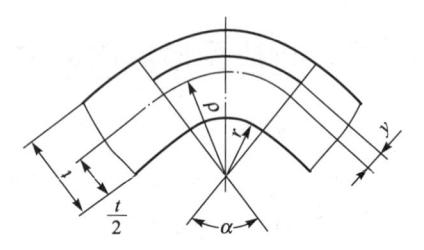

图 4-9 弯曲半径和弯曲中心角

$$\varepsilon_1 = \ln \frac{(\rho + y)\alpha}{\rho \alpha} = \ln\left(1 + \frac{y}{\rho}\right) \approx \frac{y}{\rho} \tag{4-1}$$

切向应力 σ_1 为

$$\sigma_1 = E\varepsilon_1 = E\frac{y}{\rho} \tag{4-2}$$

从上式可见,材料切向的变形程度 ε_1 和应力 σ_1 的大小只取决于比值 y/ρ,而与弯曲中心角 α 无关。在弯曲变形区的内外表面,切向应力与应变达到最大值,分别为

$$\varepsilon_{1\max} = \pm \frac{\dfrac{t}{2}}{r + \dfrac{t}{2}} = \pm \frac{1}{1 + 2\dfrac{r}{t}} \tag{4-3}$$

$$\sigma_{1\max} = \pm E\varepsilon_{1\max} = \pm \frac{E}{1 + 2\dfrac{r}{t}} \tag{4-4}$$

若材料的屈服极限为 σ_s,则弹性弯曲的条件为

$$|\sigma_{1\max}| = \pm \frac{E}{1 + 2\dfrac{r}{t}} \leqslant \sigma_s \tag{4-5}$$

或

$$\frac{r}{t} \geqslant \frac{1}{2}\left(\frac{E}{\sigma_s} - 1\right) \tag{4-6}$$

r/t 称为相对弯曲半径，r/t 越小，板料表面的切向变形程度越大。因此，生产中常用 r/t 来表示弯曲变形程度的大小。

(1) 当 $\dfrac{r}{t} > \dfrac{1}{2}\left(\dfrac{E}{\sigma_s} - 1\right)$ 时，仅在板料内部引起弹性变形。

(2) 当 $\dfrac{r}{t} = \dfrac{1}{2}\left(\dfrac{E}{\sigma_s} - 1\right)$ 时，板料变形区的内、外表面首先屈服开始塑性变形。

(3) 当 $\dfrac{r}{t} < \dfrac{1}{2}\left(\dfrac{E}{\sigma_s} - 1\right)$，塑性变形部分由内外表面向中心逐步扩展，弹性变形区域逐步缩小。

学习单元二　最小弯曲半径

> ☞ 目的与要求：
> 了解弯曲变形极限及影响因素。
>
> ☞ 重点与难点：
> 弯曲变形极限及其控制。

从上面的弯曲变形程度及表示方法可知，相对弯曲半径 r/t 值越小，变形程度越大。当 r/t 值小到一定程度值后，则板料的外侧表面将产生裂纹。

最小弯曲半径 r_{min}：在弯曲时板料外侧表面不产生裂纹的条件下，所能弯成零件内表面的最小圆角半径，用它来表示弯曲时的成形极限。

一、影响最小弯曲半径的因素

1. 材料的力学性能

材料的塑性越好，塑性变形的稳定性越强，许可的最小弯曲半径就越小。

2. 板料表面和侧面的质量

板料表面和侧面（剪切断面）的质量差时，容易造成应力集中并降低塑性变形的稳定性，引发材料遭到破坏。对于冲裁或剪裁的坯料，若未经退火，由于切断面上存在加工硬化，就会使材料塑性降低，弯曲时应使有毛刺的一边处于弯角的内侧，使之处于压应力区以提高其塑性。

3. 弯曲线的方向

轧制钢板具有纤维组织，顺着纤维方向的塑性指标高于垂直纤维方向的塑性指标。因此当工件的弯曲线与板料的纤维方向垂直时，可以用最小的弯曲半径。反之，工件的弯曲线与板料的纤维平行时，其最小弯曲半径就大。所以，在弯制 r/t 较小的工件时，其排样应使弯曲线尽可能垂直于板料的纤维方向，若工件有两个相互垂直的弯曲线，应在排样时使两个弯曲线与板料的纤维方向成 45°的夹角。而当 r/t 较大时，可以不考虑纤维方向，如图 4-10 所示。

4. 弯曲中心角 α

公式（4-1）表明，弯曲变形区的变形程度只与 r/t 有关，而与弯曲中心角 α 无关。但在实际弯曲过程中，由于板料纤维之间的相互牵制作用，圆角附近的直边部分材料也参与了变形，即扩大了弯曲变形的范围。分散了圆角部分的弯曲应变。圆角部分外表面纤维的拉伸应变得到一定程度的降低，这对防止材料外表面开裂有利，弯曲中心角越小，变形分散效应越显著，最小弯曲半径的数值也越小。

由于上述各种因素的影响十分复杂，所以目前最小弯曲半径的数值一般用试验方法确定。各种金属材料在不同状态下的最小弯曲半径的数值，参见表 4-2。

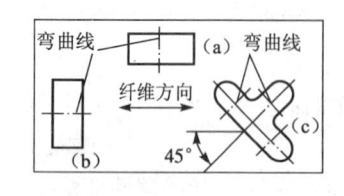

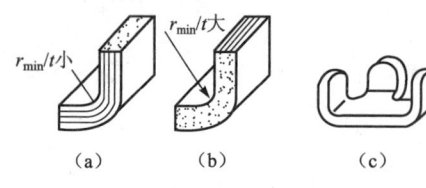

图 4-10 纤维方向对 r_{min} 的影响

表 4-2 最小许可弯曲半径 γ_{min}

材料	退火状态		冷作硬化状态	
	弯曲线位置			
	垂直于纤维方向	平行于纤维方向	垂直于纤维方向	平行于纤维方向
铝	0.1t	0.4t	0.3t	0.8t
纯铜			1.0t	2.0t
软黄铜			0.35t	0.8t
半硬黄铜			0.5t	1.2t
磷铜	—	—	1.0t	3.0t
08 钢、10 钢、Q195、Q215	0.1t	0.4t	0.4t	0.8t
15 钢、20 钢、Q235	0.1t	0.5t	0.5t	1.0t
25 钢、30 钢、Q255	0.2t	0.6t	0.6t	1.2t
35 钢、40 钢、Q275	0.3t	0.8t	0.8t	1.5t
45 钢、50 钢	0.5t	1.0t	1.0t	1.7t
55 钢、60 钢、65Mn、T7A	0.7t	1.3t	1.3t	2.0t
硬铝（软）	1.0t	1.5t	1.5t	2.5t
硬铝（硬）	2.0t	3.0t	3.0t	4.0t

注：(1) 当弯曲线与纤维方向成一定角度时，可采用垂直和平行纤维方向二者的中间值。
(2) 在冲裁或剪切后没有退火的毛坯弯曲时，应作为硬化的金属选用。
(3) 弯曲时应使有毛刺的一边处于弯角的内侧。
(4) t 为板料厚度

二、提高弯曲极限变形程度的方法

在弯曲件的实际生产中，通常不宜采用最小弯曲半径。当工件的弯曲半径小于表 4-2 中所列数值时，为提高弯曲极限变形程度，常采取以下措施。

(1) 对于厚度 1 mm 以下的薄料，在圆角处压出凸肩，如图 4-11 (a) 所示。
(2) 对于厚料，如结构允许，在圆角处先开槽后弯曲，如图 4-11 (b) 所示。

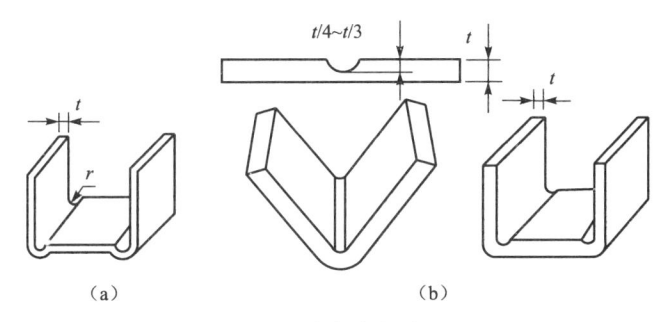

图 4-11 弯曲半径的处理

(3) 经变形且产生加工硬化的材料，可先采用热处理的方法恢复其塑性，再进行弯曲。
(4) 采用切去材料表面硬化层或滚光毛坯表面的毛刺，当毛刺较小时，也可以使有毛刺的一面处于弯曲变形区的内侧，以免应力集中而开裂。
(5) 对于低塑性的材料或厚料，可采用加热弯曲。
(6) 采取两次弯曲的工艺方法，即第一次弯曲采用较大的弯曲半径，然后退火；第二次再按图纸要求的弯曲半径进行弯曲，这样就使变形区域扩大，减少了变形程度。

学习单元三 弯曲件的回弹

☞ **目的与要求：**
了解弯曲回弹现象，掌握弯曲回弹值的确定及控制回弹的措施。

☞ **重点与难点：**
弯曲回弹现象，弯曲回弹值的确定及控制回弹的措施。

一、回弹现象

在凸模压力作用下产生的弯曲变形由塑性变形和弹性变形两部分组成。
弯曲回弹：当弯曲过程结束后，塑性变形保存下来，而弹性变形则发生回复，导致弯曲变形区外侧因弹性回复而缩短，内侧因弹性回复而伸长，产生了弯曲件的弯曲角度和弯曲半径与模具相应尺寸不一致的现象（两翼外张，弯曲半径变大）。

由于弯曲时内、外侧切向应力方向不一致，因而弹性回复的方向相反，即外侧弹性缩短而内侧弹性伸长，这种反向的弹性回复加剧了工件形状和尺寸的改变。所以与其他成形工序相比，弯曲过程的回弹是一个十分重要的问题，它直接影响工件的尺寸精度。

弯曲件回弹的表现形式如下。

（1）弯曲半径变大，由回弹前弯曲半径 r_t 变大为回弹后的 r_0。

（2）弯曲中心角变小，由回弹前弯曲中心角度 α_t（凸模的中心角度）变为回弹后的工件实际中心角度 α_0，弯曲中心角的变化值称为回弹角 $\Delta\alpha$，如图4-12所示。

$$\Delta\alpha = \alpha_t - \alpha_0 \tag{4-7}$$

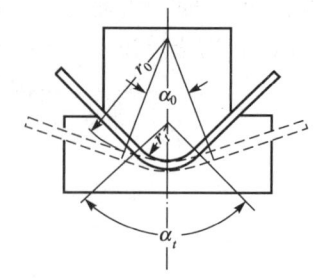

图4-12 弯曲回弹的表现形式

二、影响回弹的因素

1. 材料的力学性能

板料在加载和卸载过程，其弹性变形特点可以按照材料力学中拉伸曲线图来理解。卸载时弹性应变量与材料的屈服极限成正比，与弹性模量成反比。如图4-13（a）所示，两种材料的屈服极限 σ_s 基本相同，但弹性模量不同（$E_1 > E_2$），当弯曲件的相对半径 r/t 相同时，回弹量却不一样，卸载时黄铜的回弹量大于退火软钢的回弹（$\varepsilon_1 < \varepsilon_2$）。图4-13（b）表示的是两种材料弹性模量基本相同，而屈服极限不同（$\sigma_{s4} > \sigma_{s3}$），在弯曲变形相同的情况下，回弹量不一样，经过冷作硬化而屈服强度较高的硬钢卸载时的回弹大于退火软钢的回弹，即 $\varepsilon_4 > \varepsilon_3$。

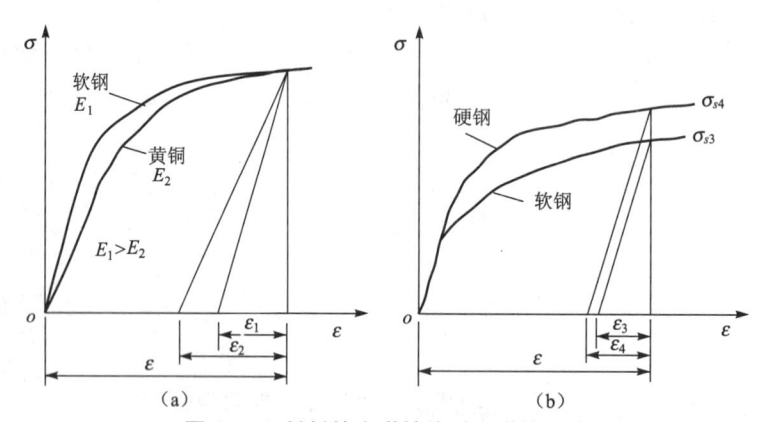

图4-13 材料的力学性能对回弹的影响

2. 相对弯曲半径 r/t

当板料的厚度一定时，弯曲半径越大，弯曲变形程度就越小，塑性变形在总变形中所占的比重就越小，而弹性变形在总变形中所占的比重就越大，弯曲结束后，回弹量就越大。因此相对弯曲半径 r/t 越大，回弹就越大；反之，相对弯曲半径 r/t 越小，则回弹也越小。

3. 弯曲方式和校正力的大小

弯曲方式有两种：校正弯曲和自由弯曲。采用校正弯曲比自由弯曲回弹小，校正力越大回弹越小。

4. 工件的形状及其他

一般而言，弯曲件越复杂，一次弯曲成形角的数量越多，则弯曲时各部分互相牵制作用越大，回弹受阻，故回弹量就越小。例如一次弯曲成形时，Z 形件的回弹量较 U 形件小，U 形件又较 V 形件为小。此外，弯曲时润滑及压料情况等都对回弹有影响。

5. 弯曲中心角 α

弯曲中心角 α 越大，表示弯曲变形区的长度越长，回弹积累值也越大。

6. 模具间隙

在弯曲 U 形件时，模具凸、凹模间隙对弯曲件的回弹值有直接的影响，间隙越小，板料与模具之间摩擦越大，由于模具对板料产生挤薄作用，使得回弹减小。相反，当间隙较大时，回弹加大。

三、回弹角度的确定方法

由于影响回弹角数值的因素较多，且各个因素又互相影响，因而理论分析计算比较复杂且不精确，一般采取的是按表查出经验数值或按计算方法求得回弹值后，再在试模中修正。

1. 小变形程度（$r/t \geq 10$）自由弯曲时的回弹值

$$r_T = \frac{r}{1 + 3\frac{\sigma_s r}{Et}} \tag{4-8}$$

$$\alpha_T = \frac{r}{r_T}\alpha \tag{4-9}$$

式中　r_T——凸模工作部分的圆角半径；

　　　r——弯曲件的圆角半径；

　　　α_T——凸模圆角部分的中心角；

　　　α——弯曲件圆角部分的中心角；

　　　σ_s——弯曲件材料的屈服点；

　　　E——弯曲件材料的弹性模量；

　　　t——弯曲件材料厚度。

2. 大变形程度（$r/t < 10$）自由弯曲时的回弹值

单角自由弯曲 90°时的平均回弹角 $\Delta\alpha_{90}$ 见表 4-3。

表 4-3　单角自由弯曲 90°时的平均回弹角 $\Delta\alpha_{90}$

材料	r/t	材料厚度		
		<0.8	0.8~2	>2
软钢 黄铜 铝和锌	<1	4°	2°	0°
	1~5	5°	3°	1°
	>5	6°	4°	2°
中硬钢 硬黄铜 硬青铜	<1	5°	2°	0°
	1~5	6°	3°	1°
	>5	8°	5°	2°

续表

材料	r/t	材料厚度		
		<0.8	0.8~2	>2
硬铜 $\sigma_b=550$ MPa	<1	7°	4°	2°
	1~5	9°	5°	3°
	>5	12°	7°	6°
硬铝 LY12	<2	2°	3°	4°30′
	2~5	4°	6°	8°30′
	>5	6°30′	10°	14°

弯曲件中心角不为90°时，其回弹角可用下式计算。

$$\Delta\alpha = \frac{\alpha}{90}\Delta\alpha_{90} \tag{4-10}$$

四、减少弯曲件回弹的措施

在实际生产中，由于材料的力学性能和厚度的波动等影响，要完全消除弯曲件的回弹是不可能的。但可以采取一些措施来减小或补偿回弹所产生的误差，以提高弯曲件的精度。

1. 改进弯曲件的设计

（1）尽量避免选用过大的相对弯曲半径 r/t。

（2）在弯曲区压制加强筋，不仅可以提高工件的刚度，也有利于抑制弯曲回弹。

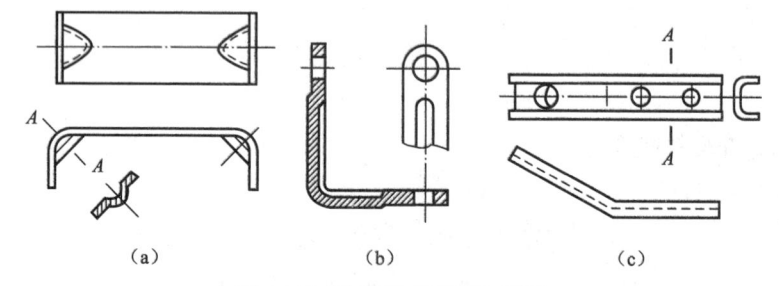

图4-14 在弯曲区压制加强筋

（3）尽量选用弹性模量大、屈服极限小的材料，选用力学性能稳定和板料厚度波动小的材料。也可以使弯曲件的回弹量减少。对一些已经冷作硬化的材料，弯曲前先进行退火处理，降低其屈服极限以减少弯曲时的回弹。在条件允许的情况下，甚至可使用加热弯曲。

2. 采取适当的弯曲工艺

（1）采用校正弯曲代替自由弯曲。

（2）对冷作硬化的材料须先退火，使其屈服极限降低。

（3）采用拉弯工艺。弯曲相对弯曲半径很大的弯曲件，如 $r \geq (10\sim15)t$ 时，由于变形程度很小，变形区横截面大部分或全部处于弹性变形状态，回弹很大，甚至根本无法成型，这时可采用拉弯工艺，拉弯模具如图 4-15 所示。拉弯特点是在弯曲之前先使坯料承受一定的拉伸应力，其数值使坯料截面内的应力稍大于材料的屈服极限。随后在拉力作用的同时进行弯曲。拉弯主要用于长度和曲率半径都比较大的零件。

图 4-15 拉弯工艺减少回弹

3. 从模具结构上采取措施

（1）对于厚度在 0.8mm 以上的软材料，弯曲半径又不大时，可把凸模做成局部凸起（图 4-16），以便对弯曲变形区进行局部整形来减少回弹。

（2）在弯曲 U 形件时，将凸模外壁做出等于回弹角的倾斜角度。或将凸模和顶板做成弧形面，如图 4-17 所示，这时工件的底平面就有局部弹性变形，当工件从模具中取出时，由于弧形部分的弹性恢复，这个地方的回弹补偿了工件两侧壁的回弹，工件恰好变形到所需的形状。这种方法显然要预先查找到回弹角度 $\Delta\alpha$ 的值。

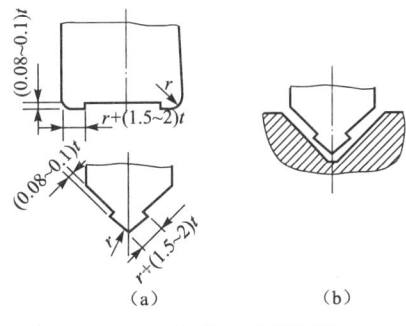

图 4-16 局部整形克服回弹

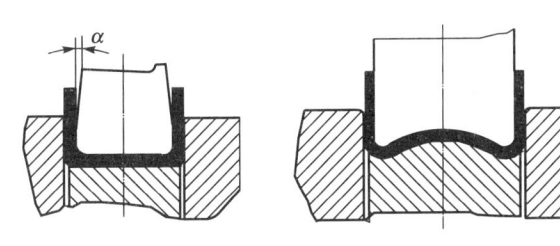

图 4-17 模具形状改变克服回弹

（3）采用橡胶、聚氨酯软凹模代替金属凹模（如图 4-18 所示），调节凸模压入软凹模的深度，可以减少回弹。

（4）在弯曲件的端部加压，使弯曲变形区的内外区都成为压应力而减少回弹，并获得精确的弯边高度（图 4-19）。

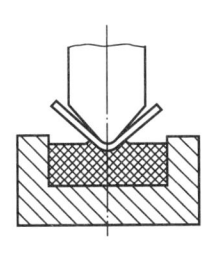

图 4-18 软凹模弯曲

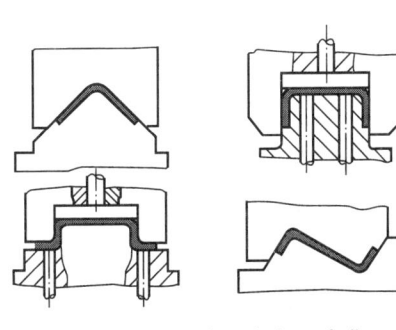

图 4-19 坯料端部加压弯曲

学习单元四 弯曲件的工艺计算

☞ **目的与要求：**
掌握应变中性层的确定及毛坯尺寸的计算方法。

☞ **重点与难点：**
应变中性层的确定及毛坯尺寸的计算方法。

一、中性层位置的确定

根据中性层的定义，弯曲件的坯料展开长度，应等于中性层的展开长度。弯曲过程中，中性层并不在板厚的中间，而是随着变形程度的大小而有所不同。中性层的位置以曲率半径 ρ 表示，如图 4-20 所示，通常用下面的经验公式计算。

$$\rho = r + xt \quad (4-11)$$

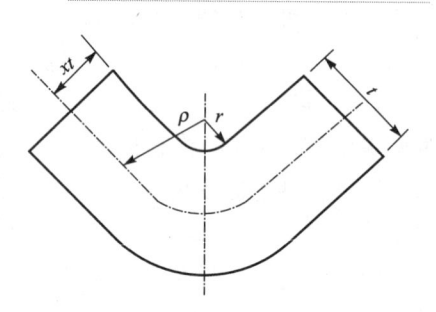

图 4-20 中性层的位置

式中　r——零件的内弯曲半径；
　　　t——板料的厚度；
　　　x——中性层位移系数，见表 4-4。

表 4-4 板料弯曲时中性层位移系数 x

$\dfrac{r}{t}$	0.1	0.2	0.3	0.4	0.5	0.6	0.7	0.8	1	1.2
x	0.21	0.22	0.23	0.24	0.25	0.26	0.28	0.3	0.32	0.33
$\dfrac{r}{t}$	1.3	1.5	2	2.5	3	4	5	6	7	≥8
x	0.34	0.36	0.38	0.39	0.4	0.42	0.44	0.46	0.48	0.5

二、弯曲件坯料尺寸的计算

在中性层计算的基础上，弯曲件毛坯展开尺寸计算的方法是：将零件划分为直线部分和圆角部分，直线部分的长度不变，而弯曲的圆角部分长度按应变中性层相对移动后计算，各部分长度的总和即毛坯展开尺寸。

对于形状比较简单、尺寸精度要求不高的弯曲件，可直接采用下面介绍的方法计算坯料长度。而对于形状比较复杂或精度要求高的弯曲件，在利用下述公式初步计算坯料长度后，还需反复试弯不断修正，才能最后确定坯料的形状及尺寸（先做弯曲模，确定坯料的形状及尺寸无误后,再做落料模)。

1. 圆角半径 $r>0.5t$ 的弯曲件

由于变薄不严重,按中性层展开的原理,坯料总长度等于弯曲件直线部分和圆弧部分长度之和,如图 4-21 所示。即

$$L_z = l_1 + l_2 + \frac{\pi\rho\varphi}{180} = l_1 + l_2 + \frac{\pi\varphi(r+xt)}{180} \quad (4-12)$$

式中　L_z——坯料展开总长度;
　　　φ——弯曲中心角,(°)。

2. 圆角半径 $r<0.5t$ 的弯曲件

对于 $r<0.5t$ 的弯曲件,由于弯曲变形时不仅零件的圆角变形区产生严重变薄,而且与其相邻的直边部分也变薄,故应按变形前后体积不变条件确定坯料长度。通常采用表 4-5 所列经验公式。

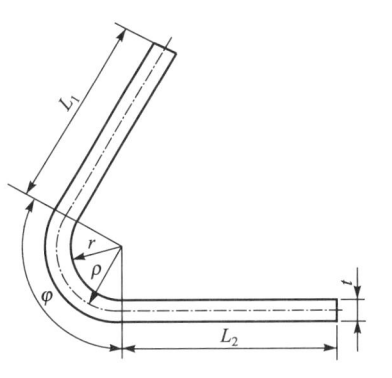

图 4-21　半径 $r>0.5t$ 的弯曲

表 4-5　$r<0.5t$ 的弯曲件坯料长度计算公式

简　图	经验公式
	$L_z = l_1 + l_2 + 0.4t$
	$L_z = l_1 + l_2 + l_3 + 0.6t$ (一次同时弯曲两个角)
	$L_z = l_1 + l_2 - 0.43t$
	$L_z = l_1 + 2l_2 + 2l_3 + t$ (一次同时弯曲四个角) $L_z = l_1 + 2l_2 + 2l_3 + 1.2t$ (分两次同时弯曲四个角)

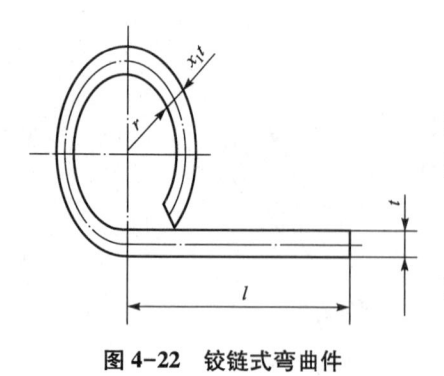

3. 铰链式弯曲件

对于 r 取 $(0.6~3.5)\,t$ 的零件，通常用卷圆的方法成形，在卷圆过程中坯料增厚，中性层外移，具体的坯料长度可按下式近似计算，见图4-22所示。

$$L_z = l + 1.5\pi(r + x_1 t) + r \approx l + 5.7r + 4.7 x_1 t \tag{4-13}$$

式中　l——直线的长度；
　　　r——卷圆内半径；
　　　x_1——中性层位移系数，见表4-6。

图4-22　铰链式弯曲件

表4-6　卷边时中性层位移系数

r/t	>0.5~0.6	>0.6~0.8	>0.8~1	>1~1.2	>1.2~1.5	>1.5~1.8	>1.8~2	>2~2.2	>2
x_1	0.76	0.73	0.7	0.67	0.64	0.61	0.58	0.54	0.5

学习单元五　弯曲力的计算和设备选择

☞ **目的与要求：**
掌握弯曲力的计算及弯曲时压力机公称压力的选择。

☞ **重点与难点：**
压力机公称压力的选择。

设计弯曲模和选择压力机吨位时需要知道弯曲力，尤其当板料较厚、弯曲线较长、相对弯曲半径较小；材料强度较大、而弯曲设备的吨位与功率有限时，必须对弯曲力进行计算。

1. 自由弯曲时的弯曲力

V形件弯曲力

$$F_{自} = \frac{0.6 K B t^2 \sigma_b}{r+t} \tag{4-14}$$

U形件弯曲力

$$F_{自} = \frac{0.7 K B t^2 \sigma_b}{r+t} \tag{4-15}$$

式中　$F_{自}$——冲压行程结束时自由弯曲力，N；
　　　K——安全系数，一般 $K=1.3$；
　　　B——弯曲件的宽度，mm；
　　　t——弯曲材料的厚度，mm；
　　　r——弯曲件的内弯曲半径，mm；
　　　σ_b——材料的抗拉强度，MPa。

2. 校正弯曲时的弯曲力

校正弯曲时，V形件和U形件的校正力计算公式如下：

$$F_{校} = Ap \tag{4-16}$$

式中 $F_{校}$——校正弯曲时的弯曲力,N;
A——校正部分投影面积,mm^2;
p——单位面积校正力,MPa,其值见表 4-7。

表 4-7 单位面积校正力 p MPa

材　料	料厚 t/mm		材　料	料厚 t(mm)	
	≤3	>3~10		≤3	>3~10
铝	30~40	50~60	25~35 钢	100~120	120~150
黄铜	60~80	80~100	钛合金 BT1	160~180	180~210
10~20 钢	80~100	100~120	钛合金 BT2	160~200	200~260

3. 顶件力和压料力

若弯曲模设有顶件装置或压料装置,其顶件力 F_D 或压料力 F_Y 可近似取自由弯曲力的 30%~80%。即

$$F_D = (0.3~0.8)F_{自} \tag{4-17}$$

4. 压力机公称压力的确定

自由弯曲时,压力机公称压力 $F_{机}$ 为

$$F_{机} \geq F_{自} + F_Y \tag{4-18}$$

校正弯曲时,由于校正弯曲力比顶件力 F_D 或压料力 F_Y 大得多,可以忽略比顶件力和压料力,即

$$F_{机} \geq F_{校} \tag{4-19}$$

学习单元六　弯曲件的工艺性和工序安排

☞ **目的与要求**:
了解弯曲工序的安排。

☞ **重点与难点**:
弯曲工序的安排。

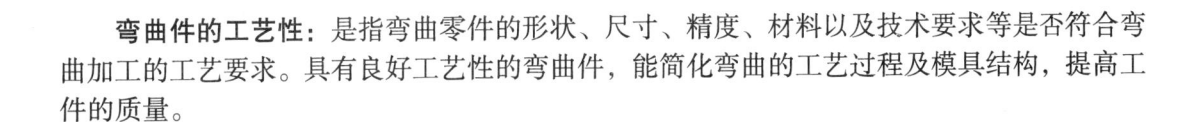

弯曲件的工艺性:是指弯曲零件的形状、尺寸、精度、材料以及技术要求等是否符合弯曲加工的工艺要求。具有良好工艺性的弯曲件,能简化弯曲的工艺过程及模具结构,提高工件的质量。

一、弯曲件的工艺性

1. 弯曲件的结构工艺性

1) 弯曲件的形状

一般要求弯曲件形状对称,弯曲半径左右一致,则弯曲时坯料受力平衡而无滑动。否

则，由于摩擦阻力不均匀，坯料在弯曲过程中会产生滑动，造成偏移，如图4-23所示。

2) 弯曲半径

弯曲件的弯曲半径不宜小于最小弯曲半径，否则，要多次弯曲，增加工序数；但也不宜过大，因为弯曲半径过大时，回弹量增大，弯曲角度与弯曲半径的精度都不易保证。当弯曲半径过小时，则须预先压槽，再弯曲，如图4-24所示。

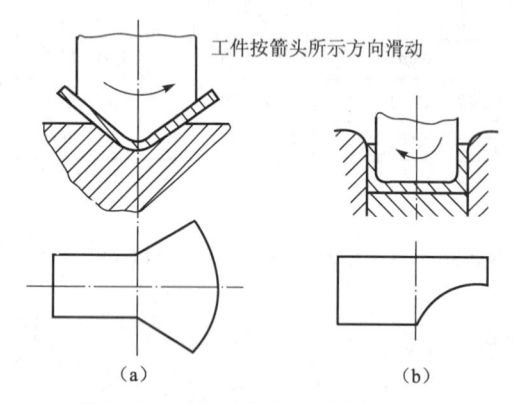

图 4-23 形状对称和不对称的弯曲件

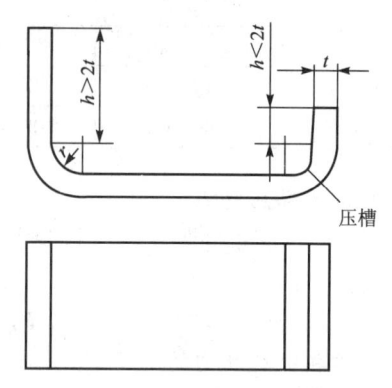

图 4-24 弯曲件的直边高度

3) 弯曲件直边高度

弯曲件的直边高度不宜过小，其值应为 $h>2t$（图4-24（a））。当 h 较小时，直边在模具上支持的长度过小，不容易形成足够的弯矩，很难得到形状准确的零件。若 $H<2t$ 时，则需预先压槽；或增加直边高度，弯曲后再切掉。当所弯直边带有斜角，且斜线到达变形区，则不可能弯曲到要求的角度，并容易开裂（图4-25（a）），因此，必须改变零件形状，使其带有一直边（图4-25（b））。

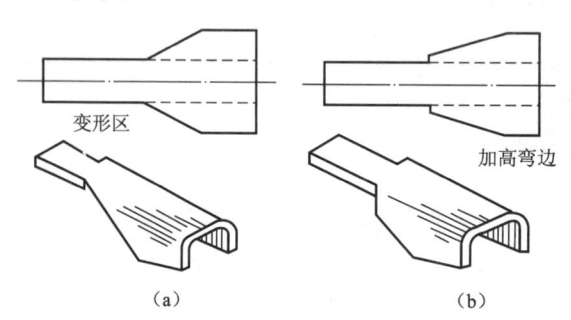

图 4-25 直边带有斜角的弯曲件

4) 防止弯曲根部裂纹的工件结构

为避免在尺寸突变的尖角处弯裂，应改变零件形状，使突变处退出弯曲线之外，即 $s \geq r$（图4-26（a））；或在尺寸突变处冲槽，且 $b \geq t$，$h=t+r+b/2$（图4-26（b））；或冲出直径为 $d \geq t$ 的工艺孔（图4-26（c））。

5) 弯曲件孔边距离

弯曲有孔的工序件时，如果孔位于弯曲变形区内，则弯曲时孔要发生变形，为此必须使孔处于变形区之外（图4-27（a））。从孔边到弯曲半径 r 中心的距离根据料厚不同取：

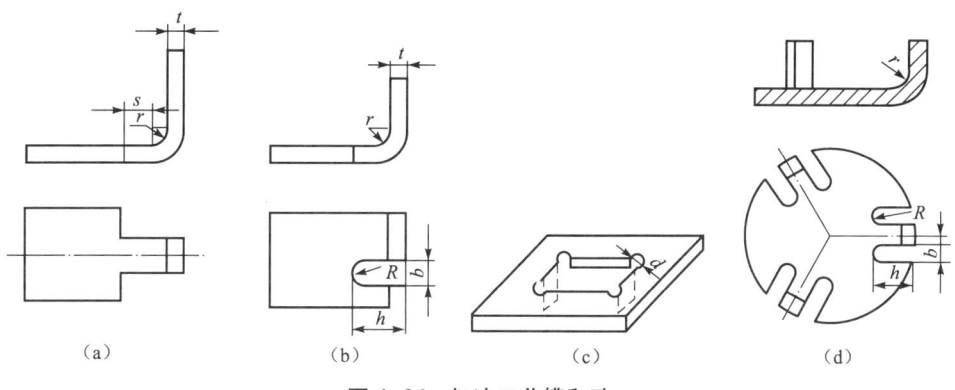

图 4-26 加冲工艺槽和孔

$t<2\,\mathrm{mm}$,$l\geq t$;
$t\geq 2\,\mathrm{mm}$,$l\geq 2t$。

如果孔边至弯曲中心的距离过小,为防止弯曲时孔变形,可在弯曲线上冲工艺孔(图 4-27（b）)。如对零件孔的精度要求较高,则应先弯曲后冲孔。

6）增添连接带和定位工艺孔

在弯曲变形区附近有缺口的弯曲件,若在坯料上先将缺口冲出,弯曲时会出现叉口,严重时无法成形,这时应在缺口处留连接带,待弯曲成形后再将连接带切除（图 4-28（a）、（b））。为保证坯料在弯曲模内准确定位,或防止在弯曲过程中坯料的偏移,最好能在坯料上预先增添定位工艺孔（图 4-28（b）、（c））。

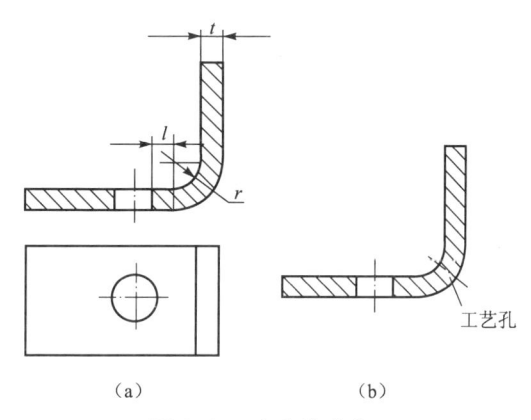

图 4-27 弯曲件孔边距

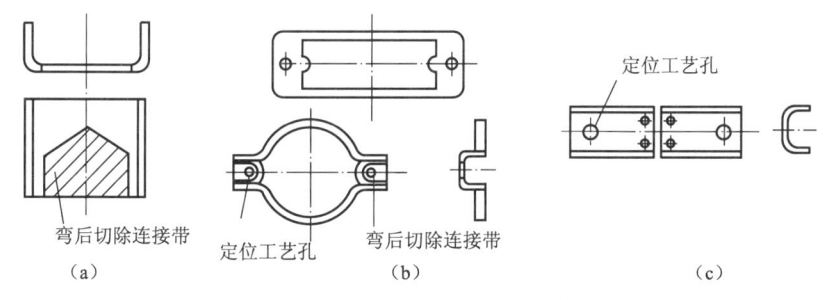

图 4-28 增添连接带和定位工艺孔的弯曲件

7）尺寸标注

尺寸标注对弯曲件的工艺性有很大的影响。对于图 4-29（a）,孔的位置精度不受坯料展开长度和回弹的影响,将大大简化工艺设计。因此,在不要求弯曲件有一定装配关系时,应尽量考虑冲压工艺的方便来标注尺寸。第二种标注法是必须在成形后再进行冲孔以确保证尺寸与公差。第三种标注法也是必须在成形后以内边为基准,再进行冲孔以确保证尺寸与公差。

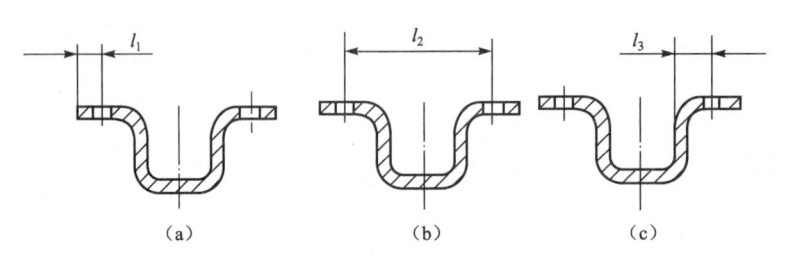

图 4-29　尺寸标注对弯曲工艺性的影响

2. 弯曲件材料

如果弯曲件的材料具有足够的塑性，屈强比（σ_s/σ_b）小，屈服极限与弹性模量的比值（σ_s/E）小，则有利于弯曲成形和工件质量的提高。如软钢、黄铜和铝等材料的弯曲成形性能好。而脆性较大的材料，如磷青铜、铍青铜等，则最小相对弯曲半径要大，回弹大，不利于成形。

3. 弯曲件的精度

弯曲件的精度受坯料定位、偏移、翘曲和回弹等因素的影响，弯曲的工序数目越多，精度也越低。一般弯曲件长度的未注公差尺寸的极限偏差见表 4-8。

表 4-8　弯曲件长度的未注公差尺寸的极限偏差

长度尺寸 l/mm		3~6	>6~18	>18~50	>50~120	>120~260	>260~500
材料厚度 t/mm	≤2	±0.3	±0.4	±0.6	±0.8	±1.0	±1.5
	>2~4	±0.4	±0.6	±0.8	±1.2	±1.5	±2.0
	>4	—	±0.8	±1.0	±1.5	±2.0	±2.5

二、弯曲件的工序安排

弯曲件的工序安排应根据工件形状、精度等级、生产批量以及材料的力学性质等因素进行考虑。

工序安排的一般原则如下。

（1）先弯外角后弯内角。

（2）后续弯曲工序不影响前次弯曲部分的成形。

（3）本次弯曲必须考虑到后续弯曲时有合适的定位基准。

工序安排如果有几种不同的方案，需要进行比较才能确定，应尽量做到在满足工件精度质量要求的前提下，减少工序次数，简化模具结构，提高劳动生产率。

弯曲件工序安排一般方法如下。

（1）对于形状简单的弯曲件，如 V 形、U 形、Z 形工件等，可以采用一次弯曲成形。

（2）对于形状复杂的弯曲件，一般需要采用二次或多次弯曲成形。如图 4-30、图 4-31 所示。

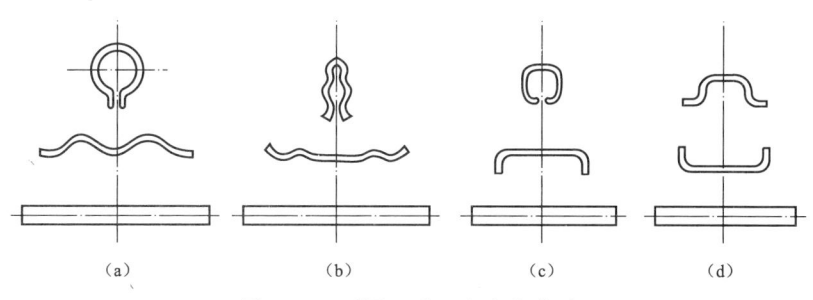

图 4-30 采用二道工序弯曲成形

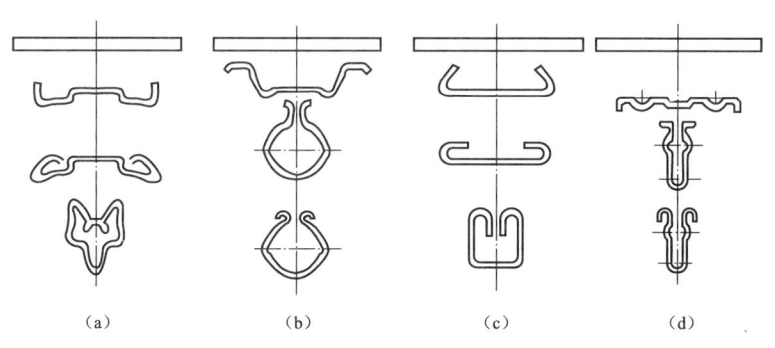

图 4-31 三道工序的弯曲

(3) 当弯曲件几何形状不对称时,为避免压弯时坯料偏移,应尽量采用成对弯曲,然后再切成两件的工艺,实践证明这种方法效果较好,如图 4-32 所示。

(4) 对于批量大而尺寸较小的弯曲件,为使操作方便、定位准确和提高生产率,应尽可能采用级进模、专用模或复合模。

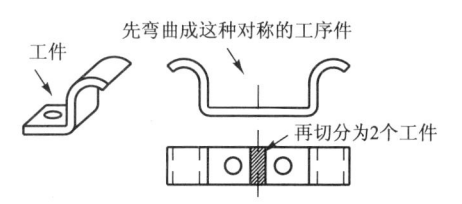

图 4-32 成对弯曲成形

学习单元七　弯曲模工作部分设计

☞ **目的与要求:**
掌握弯曲模工作零件的设计。

☞ **重点:**
弯曲模工作零件的设计。

一、凸、凹模的设计

弯曲模工作部分尺寸如图 4-33 所示。

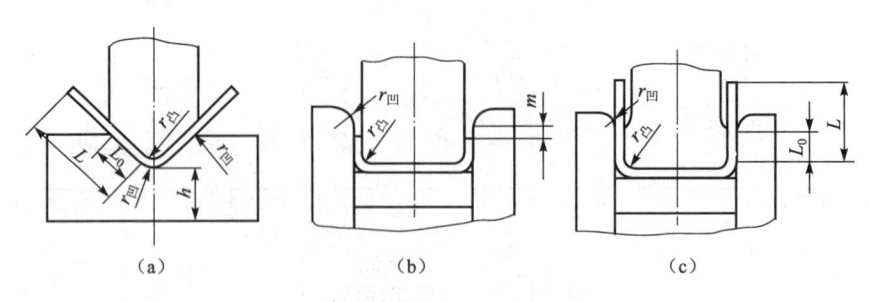

图 4-33 弯曲模工作部分尺寸

1. 弯曲凸模的圆角半径

当弯曲件的相对弯曲半径 r/t 较小时,凸模的圆角半径 $r_凸$ 可以取弯曲件的弯曲半径,但不能小于弯曲件的最小圆角半径(表 4-2)。如图 4-33(a)、(b)、(c)。

当弯曲件的相对弯曲半径 r/t 较大时,凸模圆角半径应根据弯曲件的回弹值作相应的修正。

2. 弯曲凹模的圆角半径

凹模的圆角 $r_凹$ 半径不能过小,且圆角处过于粗糙会使工件通过时摩擦阻力增大,毛坯表面刮伤,增加弯曲力。两边的凹模圆角半径应一致,否则曲弯时毛坯会产生偏移。生产中,按材料的厚度决定凹模圆角半径,见表 4-9。

表 4-9 凹模圆角半径 单位:mm

材料厚度 t	≤2	2~4	≥4
凹模圆角半径 r	$(3\sim6)t$	$(2\sim3)t$	$2t$

二、凹模深度

弯曲凹模深度见图 4-33(a)、(c) 中 L_0,取值要适当,如 L_0 过小,则工件两端的自由部分较长,零件回弹大,不平直;如 L_0 过大,则浪费模具钢材,且需要冲床有较大的工作行程。

弯曲 V 形件时见图 4-33(a),凹模深度 L_0 和底部最小厚度 h 可按照表 4-10 取值。但应保证凹模开口宽度 $L_凹$ 之值不能大于弯曲坯料展开长度的 0.8 倍。

表 4-10 弯曲 V 形件时凹模深度 L_0 和底部最小厚度 h mm

弯曲件边长 L	材料厚度 t					
	<2		2~4		>4	
	h	L_0	h	L_0	h	L_0
>10~25	20	10~15	22	15	—	—
>25~50	22	15~20	27	25	32	30

续表

弯曲件边长 L	材料厚度 t					
	<2		2~4		>4	
	h	L_0	h	L_0	h	L_0
>50~75	27	20~25	32	30	37	35
>75~100	32	25~30	37	35	42	40
>100~150	37	30~35	42	40	47	50

弯曲 U 形件时见图 4-33（b），对于弯边高度不大或要求两边平直 U 形件，凹模深度应大于零件高度，属于校正弯曲。其高差用 m 表示，它的取值按表 4-11。

对于弯边高度较大且对平直度要求不高的 U 形件，可采用图 4-33（c）所示的凹模结构，其中凹模深度 L_0 按照表 4-12 取值。

表 4-11　弯曲 U 形件时凹模的 m 值　　　　　　　　　　　　单位：mm

材料厚度 t	≤1	1~2	2~3	3~4	4~5	5~6	6~7	7~8	8~10
m	3	4	5	6	8	10	15	20	25

表 4-12　弯曲 U 形件的凹模深度 L_0 值　　　　　　　　　　单位：mm

弯曲件边长 L	材料厚度 t				
	≤1	1~2	2~4	4~6	6~10
<50	15	20	25	30	35
50~75	20	25	30	35	40
75~100	25	30	35	40	40
100~150	30	35	40	50	50
150~200	40	45	55	65	65

三、弯曲凸模和凹模之间的间隙

对于 V 形件，凸模和凹模之间的间隙是由调节压力机的装模高度来控制的。设计时可以不考虑间隙。

对于 U 形件，凸模和凹模之间的间隙值对弯曲件回弹、表面质量和弯曲力均有很大的影响。间隙越大，回弹越大；间隙过小，则零件的边缘变薄凹模摩擦加剧，会降低凹模的使用寿命。

U 形件弯曲模的凸、凹模单边间隙可按下式计算

$$Z = t_{\max} + ct \tag{4-20}$$

式中　Z——弯曲模的凸、凹模单边间隙；
　　　t——工件材料厚度；

t_{max}——工件材料的最大厚度；

c——间隙系数，见表4-13。

表4-13 U形件间隙系数 c

弯曲件高度 H /mm	材料厚度 t/mm									
	$b/H \leqslant 2$				$b/H > 2$				
	<0.5	0.6~2	2.1~4	4.1~5	<0.5	0.6~2	2.1~4	4.1~7.5	7.5~12
10	0.05	0.05	0.04	—	0.10	0.10	0.08	—	—
20	0.05	0.05	0.04	0.03	0.10	0.10	0.08	0.06	0.06
35	0.07	0.05	0.04	0.03	0.15	0.10	0.08	0.06	0.06
50	0.10	0.07	0.05	0.04	0.20	0.15	0.10	0.06	0.06
70	0.10	0.07	0.05	0.05	0.20	0.15	0.10	0.10	0.08
100	—	0.07	0.05	0.05	—	0.15	0.10	0.10	0.08
150	—	0.10	0.07	0.05	—	0.20	0.15	0.10	0.10
200	—	0.10	0.07	0.07	—	0.20	0.15	0.15	0.10

当工件精度要求较高时，其间隙应适当减少，可以取 $Z=t$。

四、凸凹模工作部分的尺寸与公差

弯曲凸模和凹模宽度尺寸与工件尺寸的标注有关。如图4-34（a），工件标的是外表面尺寸，则模具要以凹模为基准件，间隙就取在凸模上。如图4-34（b），工件标的是内表面尺寸，则模具要以凸模为基准件，间隙取在凹模上。

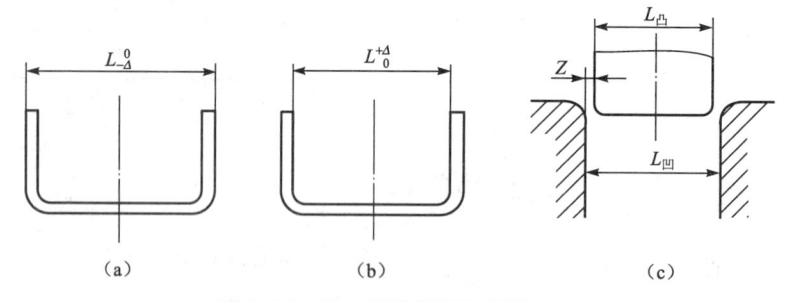

图4-34 凸、凹模间隙与模具宽度

当工件上标外形尺寸时

$$L_{凹} = (L_{max} - 0.75\Delta)^{+\delta_{凹}}_{0} \quad (4-21)$$

$$L_{凸} = (L_{凹} - 2Z)^{0}_{-\delta_{凸}} \quad (4-22)$$

当工件上标内形尺寸时

$$L_{凸} = (L_{min} + 0.75\Delta)^{0}_{-\delta_{凸}} \quad (4-23)$$

$$L_{凹} = (L_{凸} + 2Z)^{+\delta_{凹}}_{0} \quad (4-24)$$

式中　L_{max}、L_{min}——弯曲件宽度的最大尺寸、最小尺寸；
　　　$L_凸$、$L_凹$——凸模和凹模宽度；
　　　$δ_凸$、$δ_凹$——凸模和凹模的制造偏差，一般按 IT9 级选用；
　　　Δ——弯曲件宽度的尺寸公差。

学习单元八　弯曲模的典型结构

☞ **目的与要求：**
熟悉各种典型结构的弯曲模。

☞ **重点：**
典型结构的弯曲模。

☞ **难点：**
典型结构的弯曲模。

弯曲模的结构与冲压模相似，分上、下两部分，由工作零件（凸模、凹模）、定位零件、卸料装置及导向件、紧固件等组成。但弯曲模的凸模、凹模除一般动作外，有时还需摆动，转动等。

1. 普通 V 形件弯曲模

图 4-35 所示为 V 形件弯曲模的典型结构。

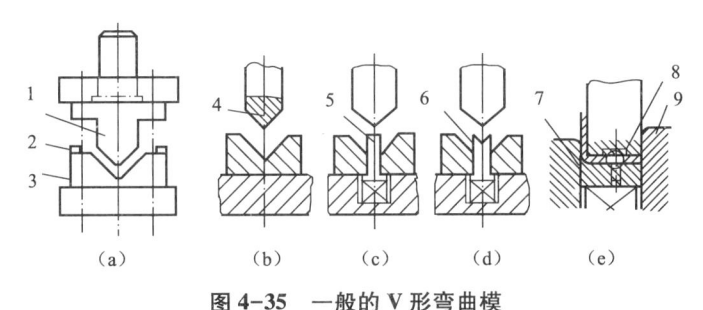

图 4-35　一般的 V 形弯曲模
1—凸模；2—定位板；3—凹模；4—定位尖；5—顶杆；6—V 形顶板；7—顶板；8—定位销；9—反侧压板

图 4-35（a）所示的模具结构简单、通用性好。但弯曲时坯料容易偏移，影响工件精度。

图 4-35（b）、（c）、（d）所示分别为带有定位尖、顶杆、V 形顶板的模具结构，可以防止坯料滑动，提高工件精度。

图 4-35（e）所示的有顶板及定料销，可以有效防止弯曲时坯料的偏移。反侧压块的作用平衡左边弯曲时产生的水平侧向力。

2. 可转动凹模的 V 形件弯曲模

图 4-36 所示为可转动凹模的 V 形件弯曲模。两块活动凹模 4 通过转轴 5 铰接，定位板

3（或定位销）固定在活动凹模上。弯曲前顶杆 7 将转轴顶到最高位置，使两块活动凹模成一平面。在弯曲过程中坯料始终与活动凹模和定位板接触，以防止弯曲过程中坯料的偏移。这种结构特别适用于有精确孔位的小零件、坯料不易放平稳的带窄条的零件以及没有足够压料面的零件。

3. U 形件弯曲模

图 4-37 所示为 U 形弯曲模的典型结构。

图 4-37（a）所示为开底凹模，用于底部不要求平整的制件。

图 4-37（b）用于底部要求平整的弯曲件。

图 4-37（c）用于料厚公差较大而外侧尺寸要求较高的弯曲件，其凸模为活动结构，可随料厚自动调整凸模横向尺寸。

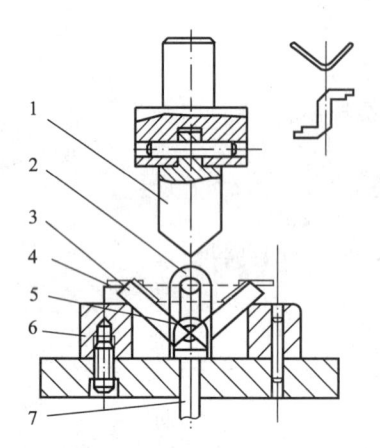

图 4-36 可转动 V 形模

1—凸模；2—支架；3—定位板（或定位销）；4—活动凹模；5—转轴；6—支承板；7—顶杆

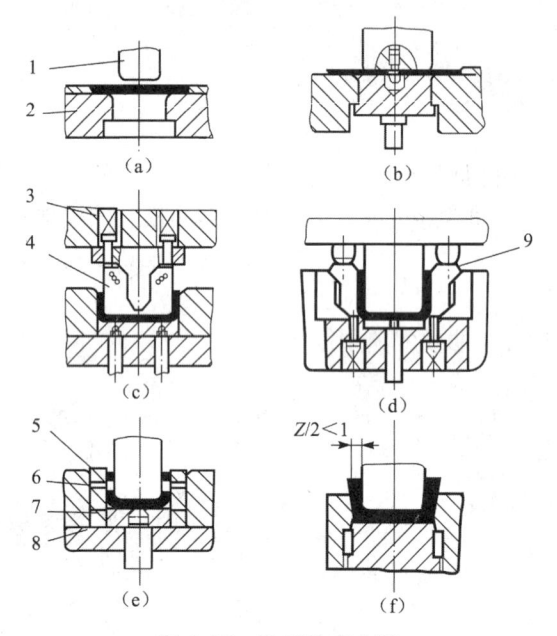

图 4-37 U 形件弯曲模

1—凸模；2—凹模；3—弹簧；4—凸模活动镶块；5，9—凹模活动镶块；6—定位销；7—转轴；8—顶板

图 4-37（d）用于料厚公差较大而内侧尺寸要求较高的弯曲件，凹模两侧为活动结构，可随料厚自动调整凹模横向尺寸。

图 4-37（e）为 U 形精弯模，两侧的凹模活动镶块用转轴分别与顶板铰接。弯曲前顶杆将顶板顶出凹模面，同时顶板与凹模活动镶块成一平面，镶块上有定位销供工序件定位之用。弯曲时工序件与凹模活动一起运动，这样就保证了两侧孔的同轴。

图 4-37（f）为弯曲件两侧壁厚变薄的弯曲模。

4. 锐角 U 形弯曲模

图 4-38 是弯曲角小于 90°的 U 形弯曲模。压弯时凸模首先将坯料弯曲成 U 形，当凸模继续下压时，两侧的转动凹模使坯料最后压弯成弯曲角小于 90°的 U 形件。凸模上升，弹簧使转动凹模复位，工件则由垂直图面方向从凸模上卸下。

5. Z 形件弯曲模

图 4-39 所示为 Z 形件弯曲模，该模具有两个凸模进行顺序弯曲。为了防止坯料在弯曲中滑动，设置了定位销及弹性顶板 1。反侧压块 9 能克服上、下模具之间水平方向上的错移力。弯曲前凸模 7 与凸模 6 的下端面齐平，在下模弹性元件（图中未绘出）的作用下，顶板 1 的上平面与反侧压块的上平面齐平。上模下行，活动凸模 7 与顶板 1 将坯料夹紧并下压，使坯料左端弯曲。当顶板 1 接触下模座后，凸模 7 停止下行，橡胶 3 被压缩，凸模 6 继续下行，将坯料右端弯曲。当压块 4 与上模座接触后，零件得到校正。

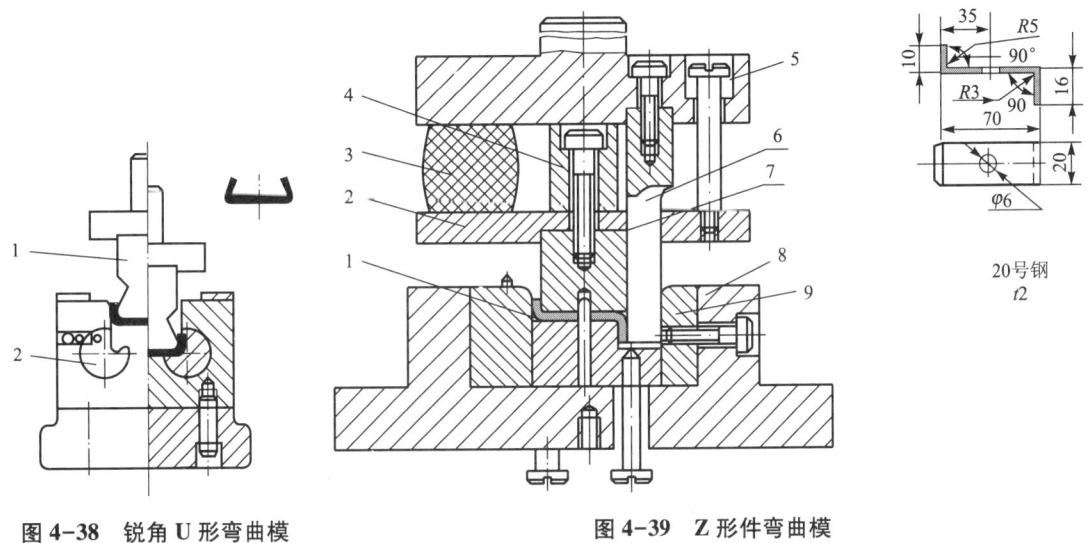

图 4-38　锐角 U 形弯曲模
1—凸模；2—转动凹模

图 4-39　Z 形件弯曲模
1—顶板；2—托板；3—橡胶；4—压块；5—上模座；
6，7—凸模；8—下模座；9—反侧压块

6. 帽罩形件弯曲模

帽罩形件如图 4-40（a）所示，有四个角需弯曲成形。这种弯曲件可以两次弯曲成形，也可以一次弯曲成形。

图 4-40（b）、(c) 所示结构为两次弯曲成形。

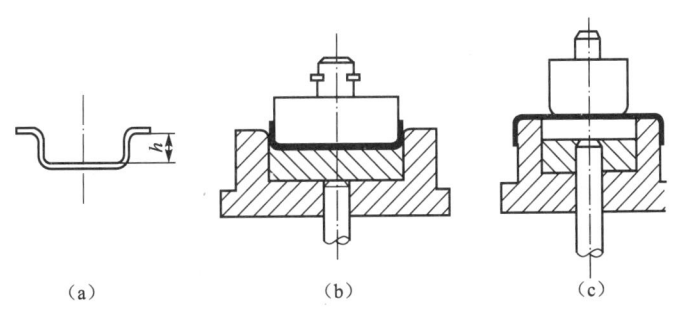

图 4-40　帽罩形件弯曲模（两次）

图 4-41 所示为采用复合弯曲模一次弯曲成形，即在一副模具中完成两次弯曲的帽罩形件复合弯曲模。凸凹模下行，先使坯料凹模压弯成 U 形，凸凹模继续下行与活动凸模作用，最后压弯成帽罩形。这种结构需要凹模下腔空间较大，以方便工件侧边的转动。

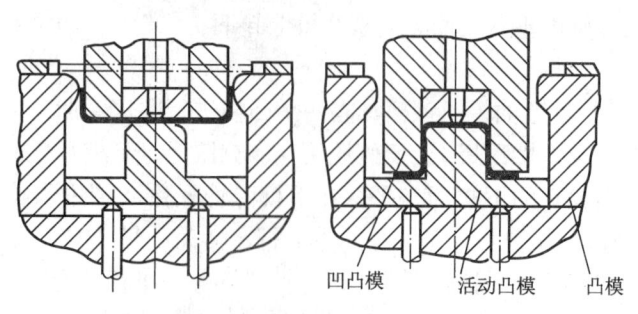

图 4-41　帽罩形件弯曲模（一次）

复合弯曲的另一种结构形式如图 4-42 所示。凹模下行，利用活动凸模的弹性力先将坯料弯成 U 形。凹模继续下行，当推板与凹模底面接触时，便强迫凸模向下运动，在摆块作用下最后弯成帽罩形。

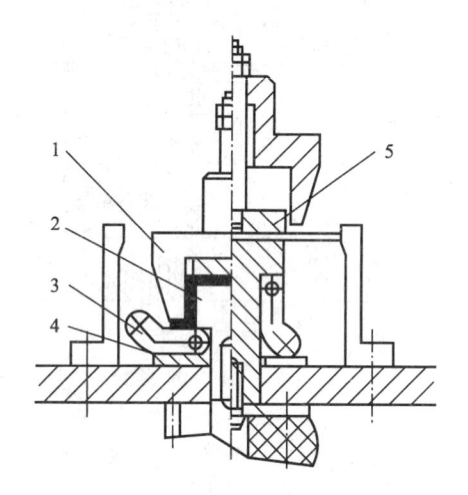

图 4-42　帽罩形复合弯曲模

7. 铰链件弯曲模

图 4-43 为常见的铰链件形式和弯曲工序的安排。

图 4-43（a）所示为预弯模。

图 4-43（b）所示为立式卷圆模，结构简单。

图 4-43（c）所示为卧式卷圆模，有压料装置，工件质量较好，操作方便。

8. 圆形件弯曲模

圆形件直径小于 5 mm 的小圆形件，一般的弯曲方法是先弯成 U 形件，再由 U 形件弯成圆形件。有时由于工件小，分两次弯曲操作不便，并且当弯曲件精度较高时，可以采用如图 4-44 所示的带芯轴的顺序卷圆模。该模具设计的关键是上模四个弹簧的压力必须大于毛坯预弯曲 U 形件时的成形压力。

(a)　　　　　　　　　(b)　　　　　　　　(c)

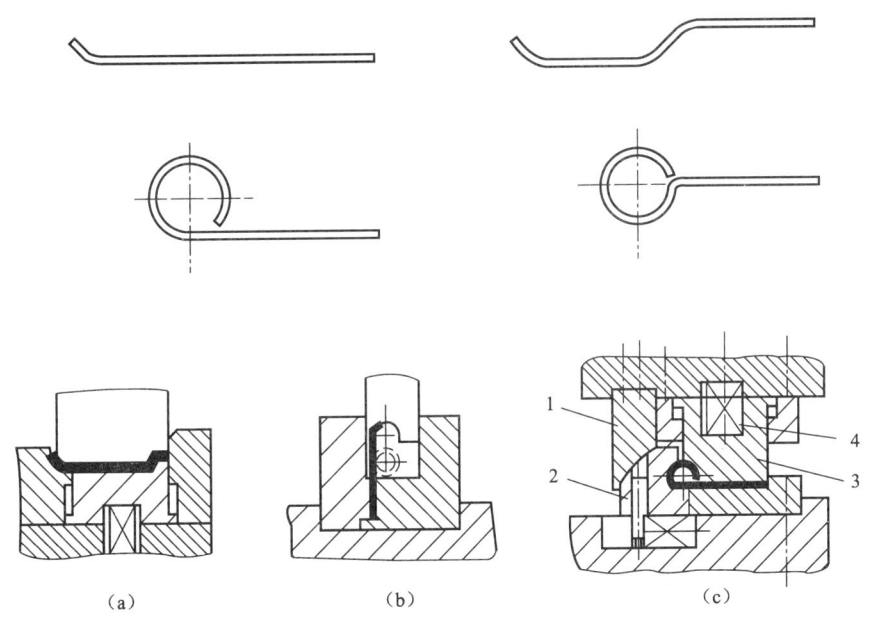

图 4-43　铰链件弯曲模

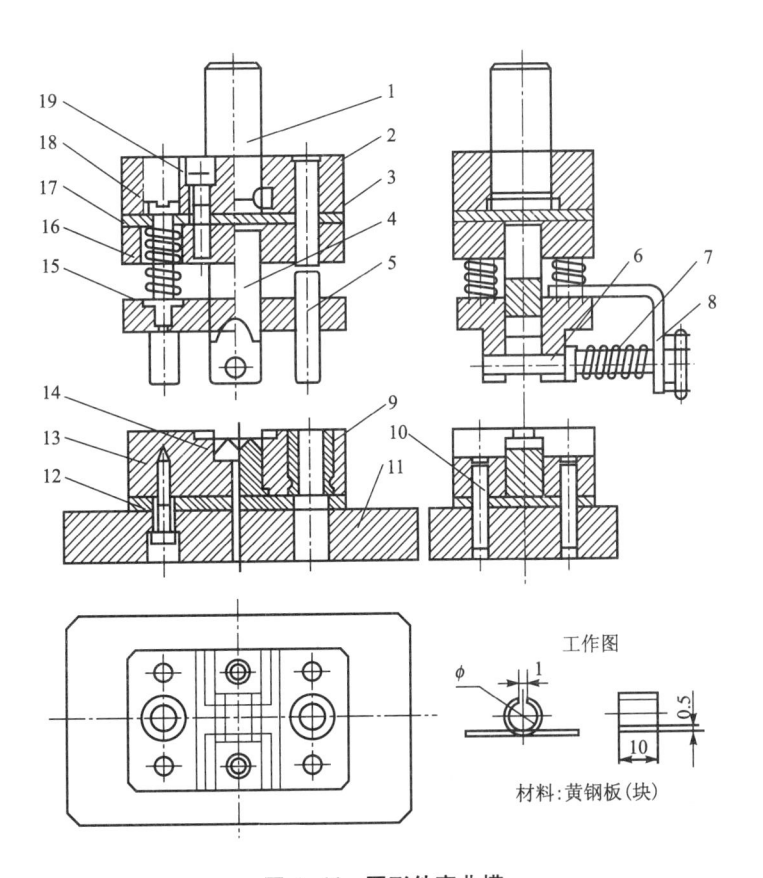

工作图

材料：黄铜板（块）

图 4-44　圆形件弯曲模

图 4-45 所示的摆动式圆形件弯曲成形，适合于直径 5~20 mm 的各种圆形件。毛坯放置在成形滑块 5 的凹模内定位，上模下行时，先将毛坯弯成 U 形件。上模继续下行，芯棒 3 带着毛坯驱动凹模支架 4 向下运动，这时摆动块 6 绕轴摆动，并通过芯轴 13 和滚套 14，带动成形滑块作横向移动，将 U 形件压弯成圆形件，直到凹模支架与限制块 7 接触为止。上模回程后，凹模支架上升，下模在拉簧 8 与摆动块的作用下复位，留在芯棒上的弯曲件从芯棒上纵向取出。

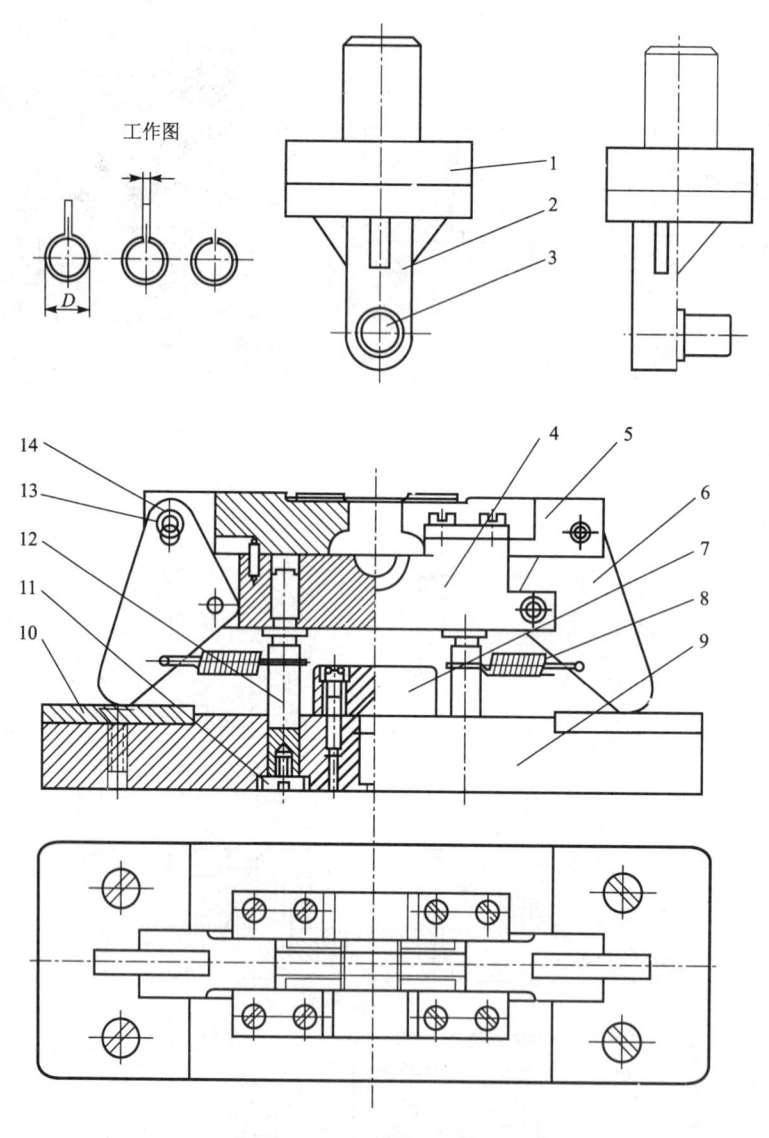

图 4-45 摆动式圆形件弯曲成形模

直径大于 20 mm 的圆形件，其弯曲方法是将毛坯弯成波浪形件弯曲模（图4-46（a））设计了压料杆 5 和顶料杆 3，用以压料和顶件。图 4-46（b）所示的弯圆模，装有定位块 5 和定位钉 4，用以波浪形预弯件的定位，凸模 2 下行将坯料弯成圆形件。

9. 其他形状弯曲件的弯曲模

对于其他形状弯曲件，由于品种繁多，其工序安排和模具设计只能根据弯曲件的形状、尺寸、精度要求、材料的性能以及生产批量等来考虑，不可能有一个统一不变的弯曲方法。

1）滚轴式弯曲模（图4-47）

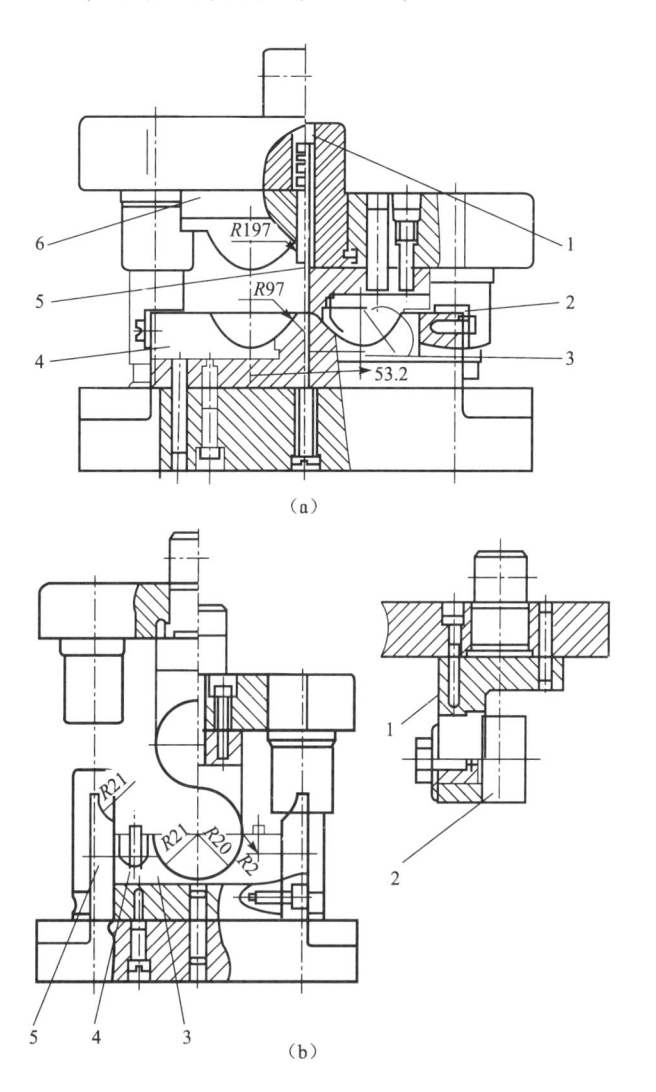

图4-46 圆形件弯曲成形模

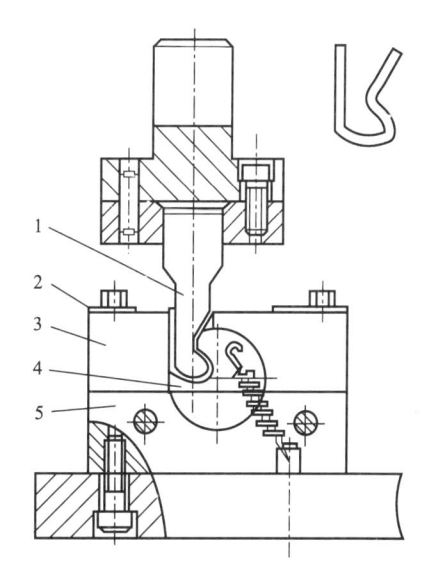

图4-47 滚轴式弯曲模
1—凸模；2—定位板；3—凹模；
4—滚轴；5—挡板

2）带摆动凸模弯曲模（图4-48）

3）带摆动凹模的弯曲模（图4-49）

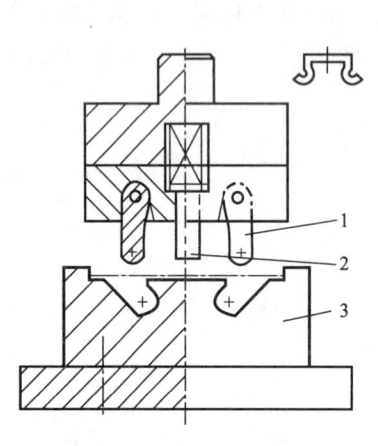

图 4-48 带摆动凸模弯曲模
1—摆动凸模；2—压料装置；3—凹模

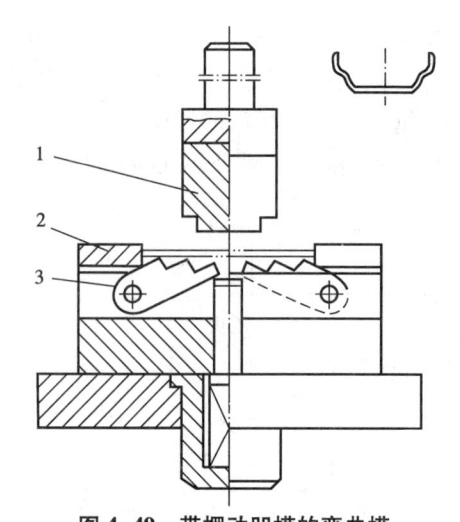

图 4-49 带摆动凹模的弯曲模
1—凸模；2—定位板；3—摆动凹模

思考题

1. 什么是弯曲？弯曲有哪几种形式？
2. 宽板弯曲件与窄板弯曲件为什么得到的横截面形状不同？
3. 板料的弯曲变形有哪些特点？
4. 什么是材料的相对弯曲半径？此参数对弯曲有何影响？
5. 什么是最小弯曲半径？影响最小弯曲半径的因素有哪些？
6. 什么是中性层？怎样确定变形中性层的位置？
7. 什么是回弹？在生产中掌握回弹规律有何实际意义？
8. 板料弯曲时产生回弹的原因是什么？弯曲回弹的表现形式是什么？
9. 影响弯曲回弹的因素是什么？减小弯曲回弹的措施有哪些？
10. 弯曲件工序安排的一般原则是什么？

模块五　拉　　深

> **内容提要：**
> 本章在分析拉深变形过程及拉深件质量影响因素的基础上，介绍拉深工艺计算、工艺方案制定和拉深模设计。涉及拉深变形过程分析、拉深件质量分析、圆筒形件的工艺计算、其他形状零件的拉深变形特点、拉深工艺性分析与工艺方案确定、拉深模典型结构、拉深模工作零件设计、拉深辅助工序等。

拉深：即利用拉深模具将冲裁好的平板坯料或工序件变成开口空心件的一种冲压工艺。

拉深可以制成圆筒形、阶梯形、盒形、球面、锥形、抛物面等旋转体零件，也可以制成方形盒形等非旋转体零件，还可以与其他成形工艺（如胀形、翻边等）复合制成形状非常复杂的零件。拉深的加工范围：可以从轮廓尺寸为几毫米、厚度仅0.2mm的小零件到轮廓尺寸达2~3m、厚度200~300mm的大型零件。

平板坯料成形包括多种变形过程，圆筒形件的拉深是其中的一种极端形式：它在坯料平面内，一个主应变为拉，另一个主应变为压，厚度变化很小；平板坯料成形的另一种极端形式是胀形（双向等拉），它的两个主应变均为拉伸，厚度变薄。其他成形工艺则介于两者之间，即在同一工序中，有的区域可能是拉深变形占优势，另外的区域则是双向等拉占优势。

学习单元一　圆筒形件拉深的变形过程

> **目的与要求：**
> 1. 了解拉深变形规律、掌握拉深变形程度的表示方法。
> 2. 掌握应力与应变状态；应力分布与起皱；受力分析与拉裂。
> 3. 了解防止起皱的措施。
>
> **重点与难点：**
> 拉深变形特点；拉深变形的应力与应变状态。

用拉深工艺制造的零件中，旋转体拉深件最为常见，本节将以圆筒形件的拉深为代表分析拉深变形过程及应力应变状态。

一、拉深的变形过程及特点

拉深变形过程如图 5-1 所示，拉深模一般由凸模、凹模和压边圈（有时可不带压边圈）三部分组成。拉深时，直径为 D、厚度为 t 的圆形平板毛坯 4 同时受到凸模 1 和压边圈 2 的作用，其凸模的压力大于压边圈的压力，坯料便在凸模的压力作用下进入凹模，随着凸模的不断下行，留在凹模 3 端面上的毛坯外径不断缩小，圆形毛坯逐渐被拉进凸、凹模间的间隙中形成直壁，而处于凸模下面的材料则成为拉深件的底部，当板料全部进入拉深件的间隙时拉深过程结束，圆形平板毛坯就变成直径为 d、高度为 h 的开口圆筒形零件 5。由此可见圆形平板坯料在拉深过程中，变形主要是集中在凹模端面上的凸缘部分，即拉深过程的实质就是凸缘部分逐步缩小转变为筒壁的过程。坯料的凸缘部分是变形区，底部和已形成的筒壁为传力区。

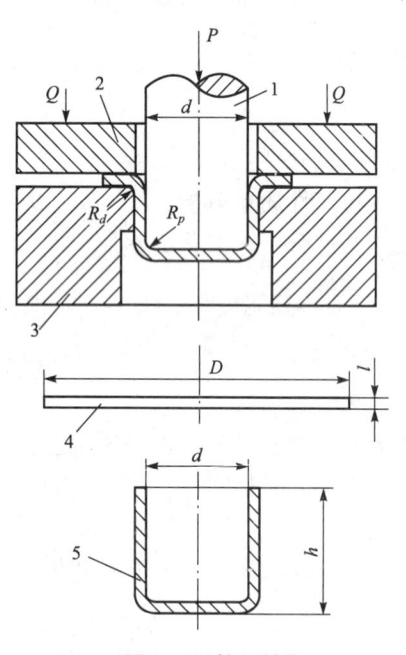

拉深模中凸、凹模的结构和形状不同于冲裁模，它们没有锋利的刃口，而是做成具有一定半径的圆角，凸、凹模之间的间隙稍大于板料的厚度。

在拉深变形过程中，圆形的平板毛坯究竟是怎样变成圆筒形件的呢？这是金属材料在变形时发生塑性流动的结果。我们把圆形平板毛坯进行划分（如图 5-2 所示），如果将三角形阴影部分 b_1、b_2、b_3、…切去，将留下部分的狭条 a_1、a_2、a_3、…沿直径为 d 的圆周弯折过来，再把它们加以焊接，就可以得到一个直径为 d，高度为 $h=0.5(D-d)$，周边带有焊缝，口部呈波浪形的开口筒形件。这说明圆形平板毛坯在成为筒形件的过程中必须去除多余材料。

但是圆形平板毛坯在实际的拉深过程中并没有把多余的三角形材料切掉，因此只能认为这部分多余的材料在拉深过程中由于产生塑性流动而转移了，其结果是：一方面，工件壁厚增加 Δt，另一方面，工件高度增加了 Δh，使工件的高度 $h>0.5(D-d)$。

为进一步了解金属材料的流动状态，在圆形平板毛坯上画许多间距都等于 a 的同心圆和分度都相等的辐射线，如图 5-3 所示。拉深后，圆筒形件底部网格的形状基本没有变化，而筒壁部分的网格发生了很大的变化，拉深前等距离 a 的同

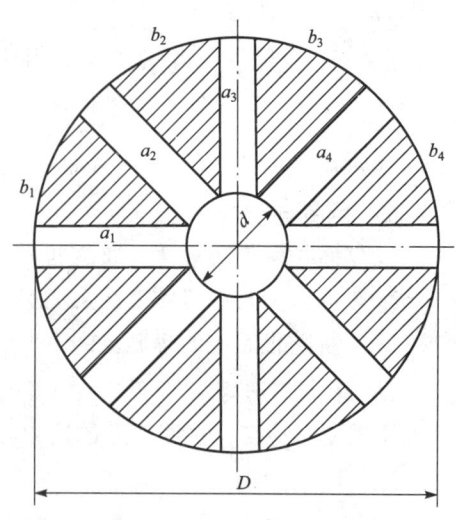

图 5-1 拉深过程

1—凸模；2—压边圈；3—凹模；
4—圆形平板毛坯；5—圆筒形件

图 5-2 金属材料的转移

心圆拉深后变成了与筒底平行的不等距离的水平圆圈线，其间距 a 也增大了，越靠近筒的口部增大越多，即 $a_1>a_2>a_3>\cdots>a$；拉深前分度相等的辐射线拉深后变成了等距离、相互平行且垂直于底部的平行线，即 $b_1=b_2=b_3=\cdots=b_n$。

如果取网格中一个小单元体来看，如图 5-4 所示，拉深前为扇形的 S_1 经拉深后，由于毛坯整体内材料相互制约、相互作用，使径向相邻单元体之间产生了拉应力 σ_1，切向相邻单元体之间产生了压应力 σ_3。扇形小单元体在 σ_1 和 σ_3 的共同作用下，直径方向被拉长，切向方向被压缩，因此拉深后扇形小单元体变成矩形小单元体 S_2，由于材料厚度变化很小，可认为拉深前后小单元体的面积不变，即 $S_1=S_2$，小单元体 S_2 即形成零件的筒壁，从图中可看出，单元体的高度也发生了变化，离筒底部越远矩形单元体的高度越大。

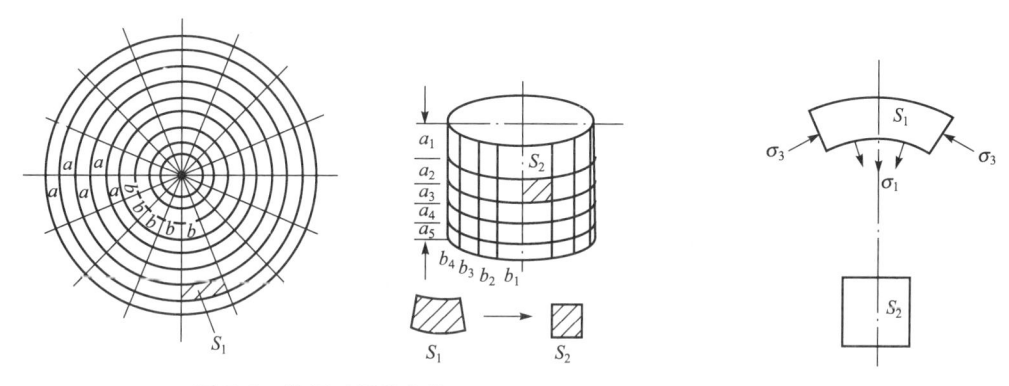

图 5-3 拉深时网格变化

图 5-4 小单元体的拉深变形时网格变化

综上所述，拉深变形过程可以归纳如下。

（1）在拉深过程中，处于凸模底部的材料几乎不发生变化，变形主要集中在处于凹模端面上的凸缘部分。

（2）由于金属材料内部的相互作用，使金属各单元体之间产生了内应力，在径向产生拉应力 σ_1，在切向产生压应力 σ_3。在 σ_1 和 σ_3 的共同作用下该处金属材料沿径向伸长，且越到口部伸长得越多；沿切向被压缩，且越到口部压缩得越多。毛坯凸缘区的材料在发生塑性变形的条件下不断地被拉入凹模内成为圆筒形零件的直壁。

（3）拉深时，凸缘变形区内各部分的变形是不均匀的。如图 5-5 所示为经过拉深件上料

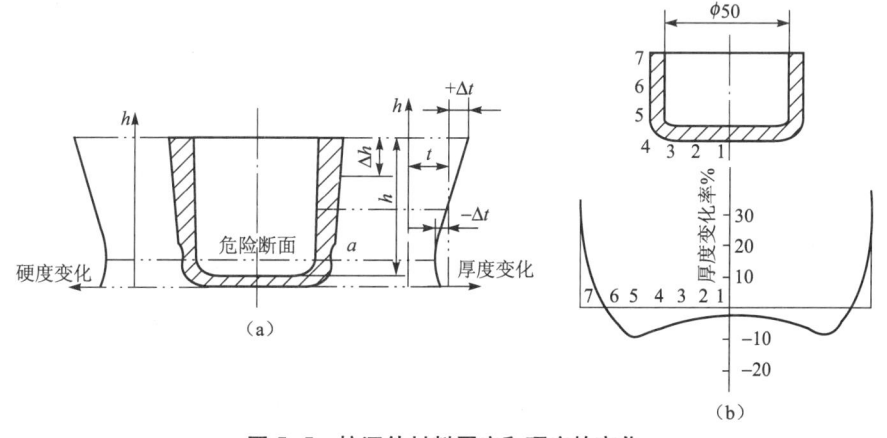

图 5-5 拉深件材料厚度和硬度的变化

厚和硬度变化的示意图。一般是底部厚度略有变薄（一般忽略不计），且筒壁由底部向口部逐渐增厚。此外，沿高度方向零件各部分的硬度也不同，越到零件口部硬度越高，这些特点说明了在拉深变形过程中坯料由于所承受的应力应变不同造成了坯料的不均匀变形。

二、拉深时坯料内的应力与应变状态

在拉深过程中，材料的变形程度由底部小，向口部逐步增大，故平板坯料各部分的加工硬化程度有所不同，应力与应变状态相差很大。且随着拉深的继续进行，凸缘部分的材料不断被拉入凸、凹模间的间隙中而形成直壁，即使是变形区同一位置的材料，其应力和应变状态也在时刻变化。而在实际生产中，拉深工艺出现质量问题的形式主要有以下两点。

（1）凸缘变形区的起皱并出现板料有所增厚，其主要原因是切向压应力引起板料失去稳定而产生弯曲。

（2）传力区的拉裂并出现板料有所变薄，其主要原因是径向拉应力超过抗拉强度而引起板料断裂。

要解决上述问题，必须研究拉深过程中坯料内各区的应力与应变状态。现以带压边圈的直壁圆筒形件的首次拉深为例，分析在拉深过程中的某一时刻，毛坯处于如图 5-6 所示的不同区域的应力与应变状态。

图中　σ_1、ε_1——分别表示毛坯的径向应力与应变；

　　　σ_2、ε_2——分别表示毛坯的厚度方向应力与应变；

　　　σ_3、ε_3——分别表示毛坯的切向应力与应变。

根据圆筒形件在拉深时各部分的受力和变形性质的不同，可将拉深毛坯件划分为以下五个部分。

1. **平面凸缘部分**（图 5-6（a）、（b）、（c））

材料在径向拉应力 σ_1 和切向压应力 σ_3 的共同作用下产生切向压缩与径向伸长变形并逐步被拉入凸、凹模间的间隙中而形成直壁。在厚度方向，由于压料圈的作用，产生压应力 σ_2，一般情况 σ_1 和 σ_3 的绝对值比 σ_2 大得多。材料产生切向压缩与径向伸长变形，与此同时厚度有所增厚，越接近外缘，增厚越多。如果不压料（$\sigma_2=0$）或压料力较小（σ_2 小），这时板料增厚比较大。当拉深变形程度较大，板料又比较薄时，则在坯料的凸缘部分，特别是外缘部分，在切向压应力 σ_3 的作用下可能失稳而拱起，形成所谓起皱。该区域的应力状态为一拉二压，即径向拉应力 σ_1、压料圈产生的压应力 σ_2 和切向压应力 σ_3。

2. **凹模圆角部分**（图 5-6（a）、（b）、（d））

凹模圆角部分上的材料，切向受压应力而压缩，径向受拉应力而伸长，厚度方向受到凹模圆角的弯曲作用产生压应力。切向压应力值 σ_3 不大，而径向拉应力 σ_1 最大，且凹模圆角越小，则弯曲变形程度越大，弯曲引起的拉应力越大，所以有可能出现破裂。该部分也是变形区，但是变形次于平面凸缘部分的过渡区。该区域的应力状态也为一拉二压，即径向拉应力 σ_1、凹模圆角的弯曲作用产生压应力 σ_2 和切向压应力 σ_3。

3. **筒壁部分**（图 5-6（a）、（b）、（e））

拉深时形成的直壁部分，是已经结束了塑性变形阶段的已变形区，且已经发生了加工硬

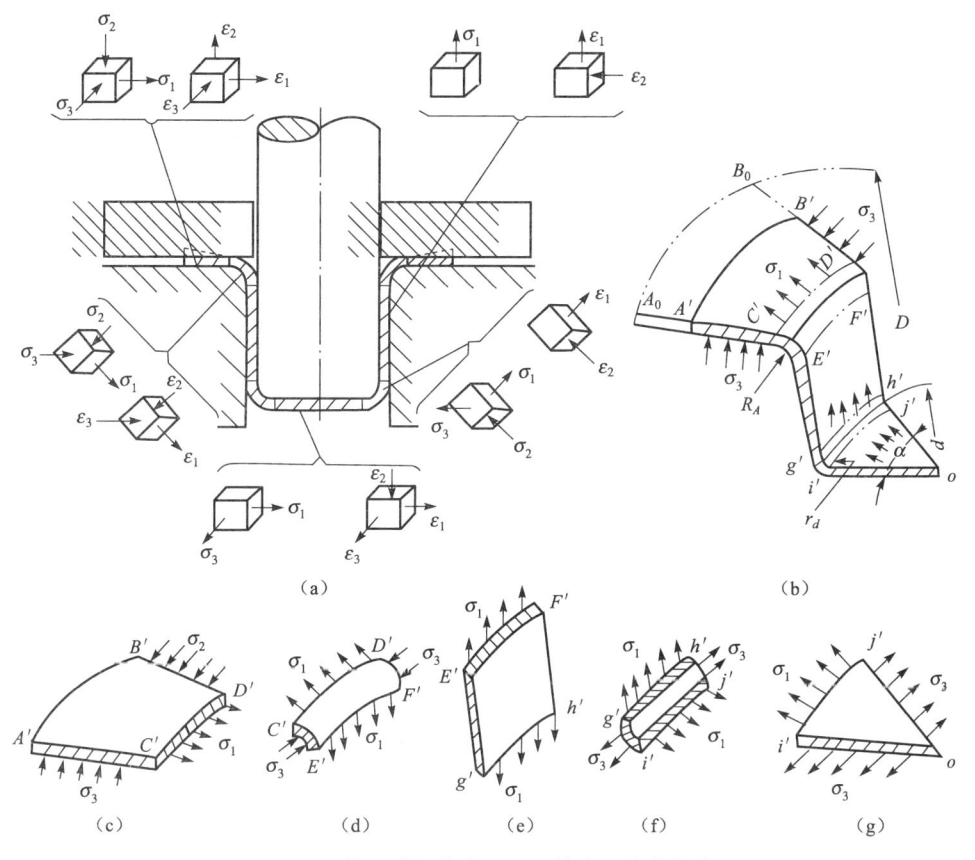

图 5-6 拉深过程中变形毛坯的应力应变状态

化，其变形抗力较大，所以几乎不再变形。在继续拉深过程中，该区域起着将凸模的拉深力传递到凸缘变形区的作用，因此该区域也称为传力区。该区域的应力状态为单向拉应力，变形是拉伸变形。

4. 凸模圆角部分（图 5-6（a）、(b)、(f)）

这一部分是筒壁和圆筒底部的过渡区。材料承受径向拉应力 σ_1 和切向压应力 σ_3 的作用，同时，在厚度方向由于凸模的压力和弯曲作用而受到压应力的 σ_2 的作用，使这部分材料的变薄最为严重，故此处最容易出现拉裂现象。一般而言，变薄最严重的地方发生在筒壁直段与凸模圆角相切的部位，此处称为危险断面。该区域为平面应变状态，径向 ε_1 为伸长应变，厚向 ε_2 为压缩应变。

5. 筒底部分（图 5-6（a）、(b)、(g)）

这部分材料处于凸模下面，直接承受凸模施加的轴向拉应力并由它将力传给圆筒底部，拉深一开始就被拉入凹模，并始终保持平面状态，因此该区域也是传力区。此处材料承受双向拉应力 σ_1 和 σ_3 的作用（平面应力状态），其应变为平面方向的拉应变 ε_1 和 ε_3 及厚度方向的压缩应变 ε_2。由于受到凸模端面和圆角摩擦的制约，圆筒底部材料的应力与应变均不大，拉深前后的厚度变化甚微，可视为不变形区。

三、拉深时凸缘区的应力分布与起皱

1. 凸缘变形区的应力分布

根据力学的平衡条件和塑性条件，可以求出拉深过程的某一瞬间，凸缘变形区内 σ_1 和 σ_3 的大小。其值按下式计算

$$\sigma_1 = 1.1\sigma_{sm}\ln\frac{R_t}{R'} \tag{5-1}$$

$$\sigma_3 = 1.1\sigma_{sm}\left(1 - \ln\frac{R_t}{R'}\right) \tag{5-2}$$

式中 σ_{sm}——拉深过程中某一瞬间凸缘区变形抗力的平均值，与材料性质和变形程度有关；
R_t——拉深过程中某一瞬间凸缘区的外缘半径；
R'——拉深过程中凸缘任意点的半径。

将不同的 R' 值代入公式（5-1）和式（5-2）即可得到拉深到 R_t 时，凸缘变形区切向压应力和径向拉应力的分布曲线（如图 5-7 所示）。在 $R'=r$ 处（即凸缘区内缘），径向拉应力最大，其值为

$$\sigma_{1max} = 1.1\sigma_{sm}\ln\frac{R_t}{r} \tag{5-3}$$

或

$$\sigma_{1max} = 1.1\sigma_{sm}\ln\frac{R_tR}{Rr} = 1.1\sigma_{sm}\left(\ln\frac{R_t}{R} - \ln m\right)$$

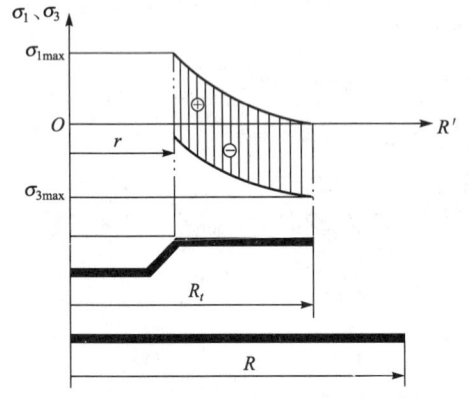

图 5-7 圆筒形件拉深凸缘区的应力分布

式中 R——坯料的半径；
r——拉深件的半径。

当开始拉深时，$R_t = R$，则

$$\sigma_{1max} = 1.1\sigma_{sm}(\ln 1 - \ln m) = 1.1\sigma_{sm}\ln\frac{1}{m}$$

上式说明坯料变形区内最大径向拉应力 σ_{1max} 取决于材料的力学性能和拉深系数，而且拉深系数越小，径向拉应力越大。

当 $R' = R_t$ 时（即凸缘区外缘），切向压应力最大，其值为

$$\sigma_{3max} = 1.1\sigma_{sm} \tag{5-4}$$

由图 5-7 所示曲线的变化规律可以得知，在凸缘变形区一定存在这样一个圆，其上的切向压应力和径向拉应力绝对值相等，并将凸缘分成两部分，由此圆向内到凹模口部，这一部分的凸缘区拉应力占优势（$|\sigma_1| > |\sigma_3|$），拉应变为主应变，板料变薄；而由此圆向外到边缘，这一部分的凸缘区压应力占优势（$|\sigma_3| > |\sigma_1|$），压应变为最大主应变，板料增厚。交点处就是变形区在厚度方向发生增厚和减薄变形的分界处。令 $|\sigma_1| = |\sigma_3|$
即

$$\left|1.1\sigma_{sm}\ln\frac{R_t}{R'}\right| = \left|1.1\sigma_{sm}\left(1-\ln\frac{R_t}{R'}\right)\right|$$

求解得 $R' = 0.61R_t$。这进一步说明拉深时凸缘变形区中以压应力为主的压缩变形部分比以拉应力为主的伸长变形部分大得多,甚至整个凸缘区都是压缩变形区,故拉深成形时,凸缘区变为侧壁后板料略有增厚。

2. 凸缘变形区的起皱

起皱：拉深过程中,凸缘变形区的小扇形块在切向受到 σ_3 压应力的作用,且当扇形块较薄,σ_3 过大并超过此时扇形块所能承受的临界压应力时,扇形块就会产生弯曲失稳而拱起,在凸缘变形区形成沿切向高低不平的皱纹的现象。如图 5-8 所示。

起皱现象类似于材料力学中的压杆稳定问题,压杆是否稳定不仅取决于压力的大小而且还取决于压杆的粗细（在拉深过程中即指坯料的相对厚度 t/D）。

起皱现象的发生对拉深的正常进行是非常不利的。因为毛坯起皱后,拱起的皱纹很难通过凸、凹模间隙而被拉入凹模,如果强行拉入,则拉应力迅速增大,容易使毛坯承受过大的拉应力而导致断裂报废。

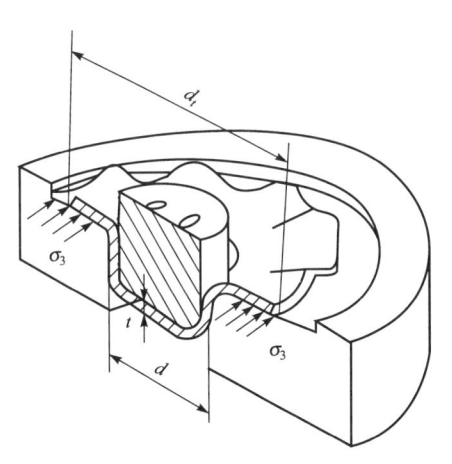

图 5-8 起皱现象

即使模具间隙较大,或者起皱不严重时,拱起的皱纹能勉强被拉入凹模内形成筒壁,皱纹会被熔平,但也会在工件的侧壁上留下皱痕,从而影响零件的表面质量。同时,起皱后的材料在通过凸、凹模间隙时与模具间的压力增加,导致与模具间的摩擦加剧,磨损严重,使得模具的寿命大为降低。因此,在拉深过程中应尽量避免出现起皱现象。

拉深是否发生失稳起皱现象与拉深件受到的压力大小和拉深中凸缘的几何尺寸有关,主要取决于下列因素。

1) 凸缘部分材料的相对厚度

凸缘部分材料的相对料厚即为 $t/(D-d)$,其中,t 为板料厚度；D 为凸缘外径；d 为工件直径。凸缘相对料厚越大,说明 t 较大而 $(D-d)$ 较小,即变形区较窄较厚,因此抗失稳能力强,稳定性好,不易起皱。反之,当凸缘相对料厚较小时,材料抗纵向弯曲能力弱,容易起皱。

2) 切向压应力 σ_3 的大小

拉深时 σ_3 的大小取决于变形程度,变形程度越大,需要转移的材料就越多,σ_3 就越大,也就越容易起皱。

3) 材料的力学性能

板料的屈强比 σ_s/σ_b 小,则屈服极限小,变形区内的切向压应力也相对减小,因此,板料不容易起皱。

4) 凹模工作部分的几何形状

与普通的平端面凹模相比,锥形凹模允许用相对厚度较小的毛坯而不致起皱,在生产中可用下述公式概略估算拉深件是否会发生起皱现象。

用平端面凹模拉深时,毛坯首次拉深不起皱的条件是

$$t/D \geq 0.09(1-d/D) \tag{5-5}$$

用锥形凹模拉深时,毛坯首次拉深不起皱的条件是

$$t/D \geqslant 0.03(1-d/D) \tag{5-6}$$

式中　D——毛坯的直径,mm;
　　　d——工件的直径,mm;
　　　t——为板料的厚度,mm。

在拉深中,为了防止起皱现象的发生必须采用相应的措施,通常采用压边圈(如图5-9所示)来防止起皱发生。通过压边圈的压边力的作用,材料被强迫在压边圈和凹模平面间的间隙中流动,稳定性得到增加,使毛坯不易拱起而达到防皱的目的。

压边力的大小对拉深力有很大的影响,压边力太大,则会增加危险断面处的拉应力,导致拉裂或严重变薄现象;压边力太小则防皱效果不好。另外,在理论上,压边力的大小如图5-10所示规律随起皱可能性大小的变化而变化,其变化规律与最大拉深力的变化规律相一致,即在拉深过程中,毛坯外径减小至 $R_t = 0.85 R_0$ 时,是起皱最严重的时刻。

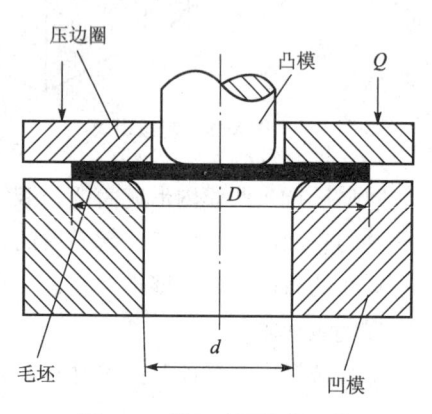

图5-9　带压边圈的拉深模

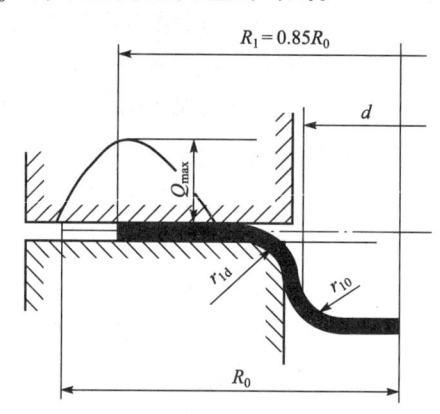

图5-10　首次拉深时压边力 F_Y 的理论变化情况

四、筒壁传力区的受力分析与拉裂

坯料内各部分的受力关系如图5-11所示。筒壁所受的拉应力与下列因素有关。

(1) 径向拉应力 σ_1。
(2) 压边力 F_Y 引起的摩擦力

$$\sigma_f = \frac{2\mu F_Y}{\pi d t}$$

(3) 坯料流过凹模圆角时产生弯曲变形的阻力

$$\sigma_w = \frac{1}{4} \sigma_b \frac{t}{r_A + t/2}$$

(4) 坯料流过凹模圆角后又被拉直成筒壁时产生的反向弯曲阻力

$$\sigma'_W = \sigma_W$$

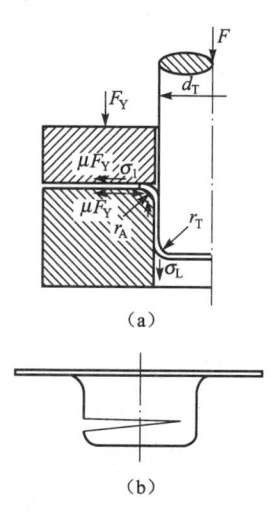

图5-11　拉深坯料各部分的受力关系及筒壁拉裂情况

(5) 坯料流过凹模圆角时的摩擦阻力可近似按皮带沿滑轮的滑动摩擦理论来计算：即用摩擦阻力系数 $e^{\mu\alpha}$ 来修正，其中且当 $\alpha=\pi/2$ 时

$$e^{\mu\frac{\pi}{2}}=1+1.6\mu$$

为了克服上述各种阻力，筒壁必须传递的拉应力 σ_L 值为

$$\sigma_L = \left[\sigma_{1\max}+\frac{2\mu F_Y}{\pi dt}\right](1+1.6\mu)+\frac{\sigma_b}{2\frac{r_A}{t}+1}$$

$$= \left[1.1\sigma_{sm}\left(\ln\frac{R_t}{R}-\ln m\right)+\frac{2\mu F_Y}{\pi dt}\right](1+1.6\mu)+\frac{\sigma_b}{2\frac{r_A}{t}+1} \tag{5-7}$$

式中 σ_L——拉深到某一瞬间的筒壁传力区的拉应力；
F_Y——压料力；
μ——摩擦系数；
d——拉深后筒形件的直径；
t——板料厚度；
σ_b——材料的抗拉强度；
r_A——凹模圆角半径；
m——拉深系数。

其他符号同前。

如果 $\sigma_{1\max}$ 以整个拉深过程的最大值（$\sigma_{1\max}^{\max}$）代入公式（5-7），即得整个拉深过程中筒壁内最大的拉应力（$\sigma_{L\max}$），在 $\sigma_{L\max}$ 瞬间及之前是可能发生拉裂的危险阶段。最大拉应力求出后，最大拉深力即可按下式计算

$$F_{\max}=\pi dt\sigma_{L\max} \tag{5-8}$$

拉深工艺能否顺利进行的另一个关键问题是筒壁传力区的拉裂，这主要取决于两方面：一方面是筒壁传力区中的拉应力 σ_L；另一方面是筒壁传力区抗拉强度。当筒壁拉应力 σ_L 超过筒壁材料的抗拉强度时，拉深件壁部就产生破裂。

拉深时，在筒壁直段与凸模圆角相切的部位，材料的变薄最为严重，当该断面的应力超过材料的强度极限时，零件就在此处产生破裂，此处称为"危险断面"。如图 5-11 所示。

综上所述，在拉深中经常遇到的问题是起皱与拉裂。但一般情况下，起皱并不是拉深工作中的主要问题，因为它可以通过使用压边圈、拉深筋及反拉深等方法予以消除。而主要的问题是掌握了拉深工艺的这些特点后，在制定工艺、设计模具时就要考虑如何在保证最大的变形程度下避免毛坯破裂，使拉深能顺利进行。

学习单元二　圆筒形件拉深的工艺计算及模具设计

☞ 目的与要求：
1. 掌握圆筒形件拉深时拉深系数和拉深次数的计算。

2. 掌握拉深件毛坯尺寸计算。
3. 掌握带凸缘与不带凸缘圆筒形件的工序尺寸计算。
4. 掌握压边装置与压边力的确定。
5. 掌握拉深力与压力机的选择。
6. 掌握拉深件的工艺性分析。
7. 掌握拉深模具设计原理。

☞ **重点与难点：**
圆筒形件拉深时拉深系数和拉深次数的计算；拉深件毛坯尺寸计算；带凸缘与不带凸缘圆筒形件的工序尺寸计算；压边装置与压边力的确定；拉深模具设计原理。

一、拉深系数与拉深次数

1. 拉深系数

拉深系数： 是指拉深后圆筒形件的直径与拉深前的毛坯（或半成品）直径之比。

如图 5-12 所示是用直径为 D 的毛坯拉深成直径为 d_n、高度为 h_n 的圆筒形件的工艺顺序。第一次拉深成 d_1 和 h_1 的尺寸，第二次拉深成 d_2 和 h_2 的尺寸，第三次拉深成 d_3 和 h_3 的尺寸，以此类推，最后一次即得圆筒形件的尺寸 d_n 和 h_n，其各次的拉深系数为

首次拉深时

$$m_1 = d_1/D \tag{5-9}$$

后续各次拉深时

$$m_2 = d_2/d_1$$
$$m_3 = d_3/d_2$$
$$\ldots$$
$$m_n = d_n/d_{(n-1)}$$

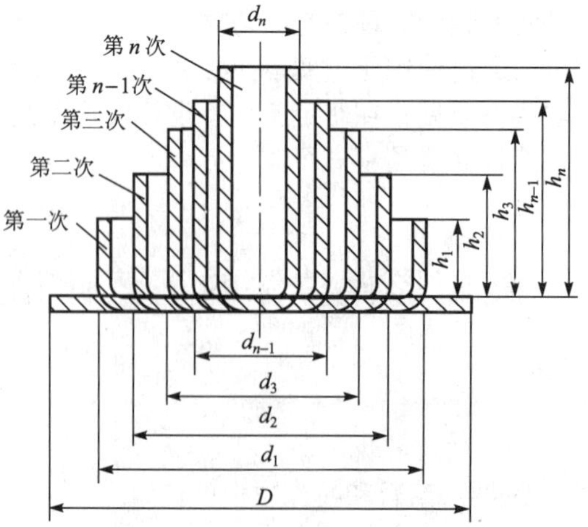

图 5-12 圆筒形件拉深工序图

总拉深系数为

$$m_{总} = d_n/D = m_1 m_2 m_3 \cdots m_n \tag{5-10}$$

式中　$m_1, m_2, m_3, \cdots, m_n$ ——各次拉深系数；

　　　$m_{总}$ ——表示直径为 D 的毛坯拉深至 d_n 的总变形程度；

　　　$d_1, d_2, d_3, \cdots, d_n$ ——各次拉深件的直径，mm；

　　　D ——毛坯直径，mm。

将式（5-9）变换，得

$$m_1 = \frac{\pi d_1}{\pi D} = \frac{第一次半成品周长}{坯料周长} \tag{5-11}$$

$$m_2 = \frac{\pi d_2}{\pi d_1} = \frac{第二次半成品周长}{第一次半成品周长}$$

从上式可以看出，拉深系数也等于拉深后工件周长与拉深前坯料（或半成品）周长之比，当工件不是圆筒形件时，其拉深系数可通过拉深前后的周长来计算。

拉深系数表示了拉深前后坯料直径或周长的变化率，且反映了毛坯外边缘在拉深时切向压缩变形的大小，因此可用它作为衡量拉深变形程度的指标。其数值永远小于1。拉深系数越小，说明拉深变形程度越大；相反，拉深系数越大，变形程度越小。

在实际生产中采用拉深系数的合理与否关系到拉深工艺的成败，当采用的拉深系数过大，则拉深变形程度小，材料的塑性潜力未被充分利用，每次毛坯只能产生很小的变形，拉深次数就要增加，冲模套数增多，从而使成本增加而不经济。但是，当采用的拉深系数过小，则拉深变形程度大，工件容易出现起皱、局部严重变薄甚至材料被拉裂，得不到合格的工件。

2. 极限拉深系数 m_{min} 及其影响因素

极限拉深系数：即在拉深件不破裂的前提下所能达到的最小拉深系数 m_{min}。

当 $m < m_{min}$ 时，就会使拉深件起皱、破裂或严重变薄而超差。

影响极限拉深系数的因素有以下几方面。

1) 材料的内部组织和力学性能

屈强比 $(\sigma)_s/\sigma_b$ 越小对拉深越有利。因 σ_s 小表示变形区抗力小，材料容易变形。而 σ_b 大则说明危险断面处强度高而不易破裂，因而 σ_s/σ_b 小的材料拉深系数可取小些。

材料的塑性差即伸长率值 δ 小时，因塑性变形能力差，则拉深系数要取大些。

材料的厚向异性系数 r 和硬化指数 n 大时易于拉深，可以采用较小的拉深系数。这是由于 r 值大时，板平面方向比厚度方向变形容易，即板厚方向变形较小，凸缘变形区不易起皱，传力区不易拉破。而 n 值大则表示加工硬化程度大，抗局部颈缩失稳能力强，变形均匀，因此板料的总体成形极限提高。

2) 毛坯的相对厚度 t/D

相对厚度 t/D 小时，拉深变形区易起皱，防皱压边圈的压边力加大而引起摩擦阻力也增大，拉深力加大，导致筒壁承受的拉应力增加，工件有可能开裂，故必须提高极限拉深系数。反之，t/D 大时，可不用压边圈，变形抗力减小，有利于拉深。

3) 拉深模的凸模圆角半径 r_p 和凹模圆角半径 r_d

凸模圆角半径 r_p 过小时，筒壁和底部的过渡区弯曲变形大，使危险断面的强度受到削弱，其极限拉深系数增大。凹模圆角半径 r_d 过小时，毛坯沿凹模口部滑动的阻力增加，筒壁的拉应力相应增大，使其极限拉深系数加大。

4）凹模表面粗糙度及润滑条件

凹模工作表面（尤其是圆角）光滑，凸、凹模间隙合理，润滑条件良好，可以减小摩擦阻力和改善金属的流动情况，使极限拉深系数减小。

5）拉深条件

拉深时是否采用压边圈对影响极限拉深系数的关系很大，一般来说，采用压边圈拉深时，因毛坯不易起皱，极限拉深系数值可取小些；若不用压边圈拉深时，毛坯变形区起皱的倾向增加，每次拉深时变形不能太大，故极限拉深系数应增大。

6）拉深速度

一般情况下，拉深速度对极限拉深系数的影响不太大，但对变形速度敏感的金属（如钛合金、不锈钢和耐热钢等）拉深速度大时，应选用较大的极限拉深系数。

综上所述，凡是能增加筒壁传力区拉应力和能减小危险断面强度的因素均使极限拉深系数加大；反之，凡是可以降低筒壁传力区拉应力及增加危险断面强度的因素都有利于毛坯变形区的塑性变形，极限拉深系数就可以减小。

理论上如不考虑摩擦损失以及材料在凸、凹模圆角处的弯曲变形和材料的硬化，根据拉深时材料的拉应力不应超过危险断面强度的原则，可求出第一次拉深的理想极限拉深系数，其值大约为 0.4。即在理想情况下毛坯直径不能大于工件直径的 2.5 倍，否则就拉破。当然，这个拉深系数在实际生产中通常不能用的，但可用来衡量实际拉深工艺的完善程度。通常 m 为 0.46～0.60，以后各次的拉深系数在 0.70～0.86 之间。无凸缘圆筒形工件有压边圈和无压边圈时的极限拉深系数如表 5-1、表 5-2 和表 5-3 所示。但是，在实际生产中采用的拉深系数一般均大于表中所列数字，因采用过小的接近于极限值的拉深系数会使工件在凸模圆角部位过分变薄，在以后的拉深工序中这变薄严重的缺陷会转移到工件侧壁上去，使零件质量降低，所以当零件质量有较高的要求时，必须采用稍大于极限值的拉深系数。

表 5-1　无凸缘圆筒形件有压边圈的极限拉深系数

各次拉深系数	毛坯相对厚度 $t/D\times100$					
	≤1.5	<1.0	<0.6	<0.3	<0.15	<0.08
m_1	0.48～0.50	0.50～0.53	0.53～0.55	0.55～0.58	0.58～0.60	0.60～0.63
m_2	0.73～0.75	0.75～0.76	0.76～0.78	0.78～0.79	0.79～0.80	0.80～0.82
m_3	0.76～0.78	0.78～0.79	0.79～0.80	0.80～0.81	0.81～0.82	0.82～0.84
m_4	0.78～0.80	0.80～0.81	0.81～0.82	0.82～0.83	0.83～0.85	0.85～0.86
m_5	0.80～0.82	0.82～0.84	0.84～0.85	0.85～0.86	0.86～0.87	0.87～0.88

表 5-2　无凸缘圆筒形件无压边圈的极限拉深系数

毛坯相对厚度 $t/D\times100$	各次拉深系数					
	m_1	m_2	m_3	m_4	m_5	m_6
0.8	0.80	0.88				
1.0	0.75	0.85	0.90			

续表

毛坯相对厚度 $t/D\times 100$	各次拉深系数					
	m_1	m_2	m_3	m_4	m_5	m_6
1.5	0.65	0.80	0.84	0.87	0.90	
2.0	0.60	0.75	0.80	0.84	0.87	0.90
2.5	0.55	0.75	0.80	0.84	0.87	0.90
3.0	0.53	0.75	0.80	0.84	0.87	0.90
>3	0.50	0.70	0.75	0.78	0.82	0.85

注：表5-1和表5-2在使用中应注意下列三点事项。
(1) 表中拉深系数适用于08Q钢、10钢和15Mn等普通的拉深碳钢及软黄钢H62。对拉深性能较差的材料，如20钢、25钢、Q215、Q235、硬铝等其拉深系数应比表中数值大1.5%~2.0%。对塑性更好的材料如05钢等深拉深钢及软铝，则其拉深系数应比表中数值小1.5%~2.0%。
(2) 表中数值适用于未经中间退火的拉深，若采用中间退火工序时，其拉深系数可取较表中数值小2%~3%。
(3) 表中较小值适用于大的凹模圆角半径 $r_d=(8\sim 15)t$，较大值适用于小的凹模圆角半径 $r_d=(4\sim 8)t$。

表5-3 其他材料的极限拉深系数

材料	牌号	首次拉深 m_1	以后各次拉深 m_2
铝和铝合金	L6M、L4M、LF21M	0.52~0.55	0.70~0.75
杜拉铝	LY11M、LY12M	0.56~0.58	0.75~0.80
黄铜	H62	0.52~0.54	0.70~0.72
	H68	0.50~0.52	0.68~0.72
紫铜	T2、T3、T4	0.50~0.55	0.72~0.80
无氧铜		0.52~0.58	0.75~0.82
镍、镁镍、硅镍		0.48~0.53	0.70~0.75
康铜（铜镍合金）		0.50~0.56	0.74~0.84
白铁皮		0.58~0.65	0.80~0.85
酸洗钢板		0.54~0.58	0.75~0.78
	Cr13	0.52~0.56	0.75~0.78
	Cr18Ni	0.50~0.52	0.70~0.75
	1Cr18Ni9Ti	0.52~0.55	0.78~0.81
不锈钢、耐热钢及其合金	Cr18Ni11Nb、Cr23Ni18	0.52~0.55 0.46	0.78~0.80

续表

材料	牌号	首次拉深 m_1	以后各次拉深 m_2
钢	Cr20Ni75Mo2AlTiNb	0.48	
		0.48~0.50	
	Cr25Ni60W15Ti	0.54~0.59	0.78~0.84
	Cr22Ni38W3Ti	0.62~0.70	0.80~0.84
可伐合金	Cr20Ni80Ti	0.65~0.67	0.85~0.90
钼铱合金	30CrMnSiA	0.72~0.82	0.91~0.97
钽		0.65~0.67	0.84~0.87
铌		0.65~0.67	0.84~0.87
		0.58~0.60	0.80~0.85
钛合金		0.60~0.65	0.80~0.85
锌	工业纯钛 TA5	0.65~0.70	0.85~0.90

注：（1）凹模圆角半径 $r_d<6t$ 时，拉深系数取大值。
（2）凹模圆角半径 $r_d \geqslant (7\sim8)t$ 时，拉深系数取小值。
（3）材料的相对厚度 $t/D \geqslant 0.6\%$ 时，拉深系数取小值。
（4）材料的相对厚度 $t/D<0.6\%$ 时，拉深系数取大值。

3. 拉深次数

在工艺计算中，只要知道每道工序的拉深系数，就可以计算其所对应的工序件尺寸，确定出该拉深件的拉深工序次数。从降低生产成本出发，希望拉深次数越少越好，即采用较小的拉深系数。

确定拉深次数时首先得判断零件能否一次拉出，即通过比较实际所需的总拉深系数 $m_{总}$ 和第一次允许的极限拉深系数 m_1 的大小。

当 $m_{总}>m_1$ 时，说明拉深该工件的实际变形程度比第一次容许的极限变形程度要小，所以工件可以一次拉成。

当 $m_{总} \leqslant m_1$ 时，该零件不可一次拉深成形，必须进行多次拉深。其拉深次数的确定通常有两种方法：

（1）根据所查拉深系数进行推算，即把毛坯直径或中间工序毛坯尺寸依次乘以查出的极限拉深系数 m_1，m_2，m_3，…，m_n 得各次半成品的直径，直到计算出的直径 $d_n \leqslant d$ 为止（d 为工件直径，调正 $d_n = d$），则计算出的最终次数 n 即为所需的拉深次数。

（2）根据拉深件的相对高度（H/d）和毛坯的相对厚度（$t/D \times 100$）从表中查取，如表 5-4 所示，确定拉深次数的范围。

表 5-4 拉深次数的确定（适用于08钢、10钢等软钢）

拉深次数 \ 相对高度 H/d	毛坯相对厚度 t/D×100					
	2~1.5	1.5~1.0	1.0~0.6	0.6~0.3	0.3~0.15	0.15~0.06
1	0.94~0.77	0.84~0.65	0.70~0.57	0.62~0.5	0.52~0.45	0.46~0.38
2	1.88~1.54	1.60~1.32	1.36~1.1	1.13~0.94	0.96~0.83	0.9~0.7
3	3.5~2.7	2.8~2.2	2.3~1.8	1.9~1.5	1.6~1.3	1.3~1.1
4	5.6~4.3	4.3~3.5	3.6~2.9	2.9~2.4	2.4~2.0	2.0~1.5
5	8.9~6.6	6.6~5.1	5.2~4.1	4.1~3.3	3.3~2.7	2.7~2.0

在拉深过程中，由于后续各次拉深所用的工序件与首次拉深时不同，不是平板毛坯而是圆筒形件，因此，它与首次拉深相比具有许多区别。

（1）首次拉深时，平板毛坯的厚度和力学性能都是均匀的，而后续各次拉深时圆筒形工序件的壁厚及力学性能都不均匀。

（2）首次拉深时，凸缘变形区是逐渐缩小的，而后续各次拉深时其变形区保持不变，只是在拉深终了以前才逐渐缩小。

（3）首次拉深时，拉深力的变化是变形抗力增加与变形区减小两个相反的因素互相消长的过程，因而在开始阶段较快地达到最大拉深力，然后逐渐减小到零。而后续各次拉深变形区保持不变，但材料的加工硬化及厚度增加都是沿筒壁的高度方向进行的，所以其拉深力在整个拉深过程中一直都在增加，直到拉深的最后阶段才由最大值下降至零。

（4）后续各次拉深时的危险断面与首次拉深时一样，都是在凸模的圆角处，但首次拉深的最大拉深力发生在初始阶段，所以破裂也发生在拉深的初始阶段，而后续各次拉深的最大拉深力发生在拉深的终了阶段，所以破裂往往出现在拉深的结尾阶段。

（5）后续各次拉深变形区的外缘有筒壁的刚性支持，所以稳定性较首次拉深时好。只是在拉深的最后阶段，筒壁边缘进入变形区以后，变形区的外缘失去了刚性支持，这时才易起皱。

（6）后续各次拉深时由于材料已发生加工硬化，加上变形较复杂，所以它的极限拉深系数要比首次拉深大得多，而且通常后一次都略大于前一次。

二、毛坯尺寸的确定

1. 拉深件毛坯尺寸计算的原则

拉深时，金属材料按一定的规律流动，毛坯尺寸应满足成形后制件的要求，形状必须适应金属流动。毛坯尺寸的计算应遵循以下原则：

（1）表面积相等原则：对于不变薄拉深，因材料厚度拉深前后变化很小可视为厚度不变，毛坯的尺寸是按"拉深前毛坯表面积等于拉深后工件的表面积"的原则来确定。

（2）形状相似原则：拉深毛坯的形状一般与工件的截面形状相似，即零件的横截面是圆形或椭圆形时,其拉深前毛坯展开形状也基本上是圆形或椭圆形的。对于异形件拉深,其毛坯的周边轮廓必须采用光滑曲线连接,应避免急剧的转折和尖角,从而改善材料的流动。

拉深件毛坯形状的确定和尺寸计算是否正确,不仅直接影响生产过程,而且对冲压件生产有很大的经济意义,因为在冲压零件的总成本中,材料费用一般占到60%~80%。

下面以生产上用得最多的等面积法来计算毛坯尺寸,具体求解步骤如下。

1) 确定切边余量

由于拉深零件的材料厚度有公差、板料具有各向异性、模具间隙和摩擦阻力的不均匀以及毛坯的定位不准确等原因会造成拉深后工件的口部出现凸耳(尤其是多次拉深)。为了得到口部平齐高度一致的拉深件,通常在最后一次拉深完成后增加一道切边工序,将不平齐的部分切除。因此,在计算毛坯尺寸之前,应先在零件上增加切边余量,切边余量 δ 的值可根据零件的相对高度查表5-5和表5-6。

表5-5 无凸缘零件切边余量 δ

零件总高 H	切边余量数值 δ/mm			
	工件相对高度 H/d 或 H/B			
	≤0.5~0.8	0.8~1.6	1.6~2.5	2.5~4
≤10	1.0	1.2	1.5	2
>10~20	1.2	1.6	2	2.5
>20~50	2	2.5	3.3	4
>50~100	3	3.8	5	6
>100~150	4	5	6.5	8
>150~200	5	6.3	8	10
>200~250	6	7.5	9	11
>250	7	8.5	10	12

表5-6 带凸缘零件切边余量 δ

凸缘直径 d_f 或 B_f	切边余量数值 δ/mm			
	相对凸缘直径 d_f/d 或 B_f/B			
	≤1.5	1.5~2	2~2.5	2.5~3
≤25	1.6	1.4	1.2	1.0
>25~50	2.5	2	1.8	1.6
>50~100	3.5	3	2.5	2.2
>100~150	4.3	3.6	3.0	2.5
>150~200	5.0	4.2	3.5	2.7
>200~250	5.5	4.6	3.8	2.8
>250	6	5	4	3

注:(1) B 为正方形的边宽或长方形的短边宽度;
(2) 对于高拉深件必须规定中间切边工序;
(3) 对于材料厚度小于0.5mm的薄材料作多次拉深时,其切边余量应按表值增加30%。

2) 计算工件表面积

对于形状简单的旋转体拉深件,为了便于计算,一般可将拉深件分解为若干更简单的几何体,分别求出其表面积,然后叠加起来求出零件(含切边余量 δ 在内)的总面积。如图 5-13 所示的零件可看成由圆筒直壁部分相连(A_1),圆弧旋转而成的球台部分(A_2)以及底部圆形平板(A_3)三部分组成。由于旋转体拉深件的毛坯为圆形,根据面积相等原则,可计算出拉深零件的毛坯直径,即

圆筒直壁部分的表面积为

$$A_1 = \pi d(h+\delta) \tag{5-12}$$

式中 d——圆筒部分的中径,mm。

圆角球台部分的表面积为

$$A_2 = 2\pi\left(\frac{d_0}{2} + \frac{2r}{\pi}\right)\frac{\pi}{2}r = \frac{\pi}{4}(2\pi r d_0 + 8r^2) \tag{5-13}$$

式中 d_0——底部平板部分的直径,mm;

r——工件中线在圆角处的圆角半径,mm。

底部表面积为

$$A_3 = \frac{\pi}{4}d_0^2 \tag{5-14}$$

工件的总面积为 A_1,A_2 和 A_3 之和,即

$$A = \pi d(h+\delta) + \frac{\pi}{4}(2\pi r d_0 + 8r^2) + \frac{\pi}{4}d_0^2 \tag{5-15}$$

3) 求出毛坯尺寸

设坯的直径为 D,根据毛坯表面积等于工件表面积的原则,得

$$\frac{\pi}{4}D^2 = \pi d(h+\delta) + \frac{\pi}{4}(2\pi r d_0 + 8r^2) + \frac{\pi}{4}d_0^2 \tag{5-16}$$

所以

$$D = \sqrt{d_0^2 + 4d(h+\delta) + 2\pi r d_0 + 8r^2} \tag{5-17}$$

说明:对于上式,若材料的厚度 $t<1$mm,且以外径和外高或内部尺寸来计算时,毛坯尺寸的 2 差不大。若材料的厚度 $t\geqslant 1$mm,则各个尺寸应以零件厚度的中线尺寸代入而进行计算。

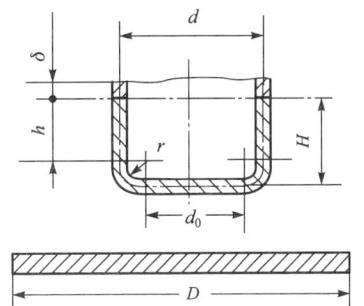

对于简单旋转体拉深零件的毛坯直径 D,可以按下表 5-7 所列公式计算或查阅有关设计资料。

表 5-7 常用旋转体拉深件坯料直径计算公式

序号	零件形状	坯料直径 D
1		$\sqrt{d_1^2+2l(d_1+d_2)}$

续表

序号	零件形状	坯料直径 D
2		$\sqrt{d_1^2+2r(\pi d_1+4r)}$
3		$\sqrt{d_1^2+4d_2h+6.28rd_1+8r^2}$ 或 $\sqrt{d_2^2+4d_2H-1.72rd_2-0.56r^2}$
4		当 $r \neq R$ 时 $\sqrt{d_1^2+6.28rd_1+8r^2+4d_2h+6.28Rd_2+4.56R^2+d_4^2-d_3^2}$ 当 $r=R$ 时 $\sqrt{d_4^2+4d_2H-3.44rd_2}$
5		$\sqrt{8rh}$ 或 $\sqrt{S^2+4h^2}$
6		$\sqrt{2d^2}=1.414d$
7		$\sqrt{d_1^2+4h^2+2l(d_1+d_2)}$

续表

序号	零件形状	坯料直径 D
8		$\sqrt{8r_1\left[x - b\left(\arcsin \dfrac{x}{r_1}\right)\right] + 4dh_2 + 8rh_1}$
9		$D = \sqrt{8r^2 + 4dH - 4dr - 1.72dR + 0.56R^2 + d_4^2 - d^2}$
10		$D = \sqrt{4h_1(2r_1-d) + (d-2r)(0.0696r\alpha - 4h_2) + 4dH}$ $\sin \alpha = \dfrac{\sqrt{r_1^2 - r(2r_1-d)} - 0.25d^2}{r_1 - r}$ $h_1 = r_1(1 - \sin\alpha)$ $h_2 = r\sin \alpha$

三、圆筒形件的工序尺寸计算

1. 无凸缘圆筒形各次拉深工序尺寸的计算

1) 每次拉深工序件直径的计算

拉深次数确定之后，查表得各次拉深的极限拉深系数，并在计算各次拉深直径后加以调整。保证 $m_1 \cdot m_2 \cdot m_3 \cdots \leq d/D$，然后再按调整后的拉深系数确各工序拉深件的直径

$$d_1 = m_1 D$$
$$d_2 = m_2 d_1$$
$$\cdots\cdots$$
$$d_n = m_n d_{n-1}$$

2) 每次拉深工序件圆角半径的计算

圆角半径的确定方法将在学习单元七中讨论。

3) 每次拉深工序件高度的计算

根据无凸缘圆筒形件坯料尺寸的计算推导出每次拉深工序件高度的计算公式为

$$h_1 = 0.25\left(\dfrac{D^2}{d_1} - d_1\right) + 0.43\dfrac{r_1}{d_1}(d_1 + 0.32r_1)$$

$$h_2 = 0.25\left(\frac{D^2}{d_2} - d_2\right) + 0.43\frac{r_2}{d_2}(d_2 + 0.32r_2)$$

$$\cdots$$

$$h_n = 0.25\left(\frac{D^2}{d_n} - d_n\right) + 0.43\frac{r_n}{d_n}(d_{n1} + 0.32r_n) \tag{5-18}$$

式中 $d_1 、 d_2 、 \cdots 、 d_n$ ——各次工序件直径（中线值）；

$h_1 、 h_2 、 \cdots 、 h_n$ ——各次工序件高度（中线值）；

$r_1 、 r_2 、 \cdots 、 r_n$ ——各次工序件底部圆角半径（中线值）；

D ——坯料直径。

例 5-1 试确定图 5-14 所示零件（材料 10 钢，料厚 1mm）的拉深次数和各拉深工序尺寸。

解：计算步骤如下。

1）确定切边余量 δ

根据 $H = 68 - 1/2 = 67.5$ mm, $d = 21 - 1 = 20$ mm, 则 $H/d = 67.5/20 = 3.375$，

查表 5-5 得切边余量 $\delta = 6$ mm

2）按表 5-7 序号 3 的公式计算毛坯直径

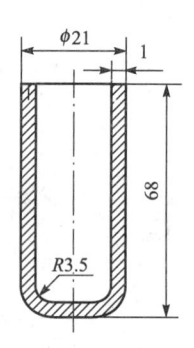

图 5-14 零件图

$$D = \sqrt{d_2^2 + 4d_2 H - 1.72 r d_2 - 0.56 r^2}$$
$$= \sqrt{20^2 + 4 \times 20 \times (67.5 + 6) - 1.72 \times 3.5 \times 20 - 0.56 \times 3.5^2}$$
$$= \sqrt{6152.74}$$
$$\approx 78 \text{ (mm)}$$

3）确定拉深形式及拉深次数

根据式（5-5），毛坯首次拉深不起皱的条件是：

$$t/D \approx 0.013 < 0.09(1 - d/D) \approx 0.06$$

显然首次拉深必须采用压边圈。

又 $H/d = 73.5/20 = 3.7, t/D \times 100 \approx 1.3$

4）确定每次拉深的拉深系数

毛坯的相对厚度 $t/D \times 100 \approx 1.3$，查表 5-1，得：$m_1 = 0.50, m_2 = 0.75, m_3 = 0.78, m_4 = 0.81$。

5）计算每次拉深工序件的直径

$d_1 = m_1 D = 0.50 \times 78 = 39$ mm，

$d_2 = m_2 d_1 = 0.75 \times 39 = 29.25$ mm，取为 29.3 mm

$d_3 = m_3 d_2 = 0.78 \times 29.3 = 22.854$ mm，取为 22.9 mm

$d_4 = m_4 d_3 = 0.81 \times 22.9 = 18.55 < 20$ mm

由于 $d_4 = 18.5$ mm < 20 mm（工件的直径），所以可适当增大前三次拉深系数，使变形程度分布合理。现调整为 $m_1 = 0.53, m_2 = 0.76, m_3 = 0.79, m_4 = 0.81$。调整后的拉深直径为

$d_1 = 0.53 \times 78 = 41.34$ mm，取为 41.3 mm

$d_2 = 0.76 \times 41.3 = 31.388$ mm，取为 31.4 mm

$d_3 = 0.79 \times 31.4 = 24.806$ mm，取为 24.8 mm

$d_4 = 0.81 \times 24.8 = 20.088$ mm，取为 20 mm

6）计算每次拉深工序件的高度

根据式（5-18）计算各次拉深工序件的高度：选 $r_1 = 7$，$r_2 = 5$，$r_3 = 4$，$r_4 = 3$（相关内容见学习单元七）

$h_1 = 29.7$ mm，$h_2 = 43$ mm，$h_3 = 57$ mm，$h_4 = 74$ mm。

7）画出各拉深工序的半成品件图（如图 5-15 所示）

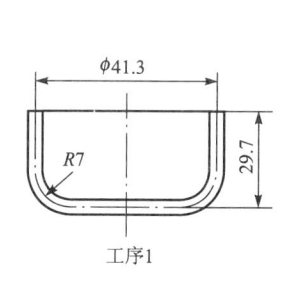

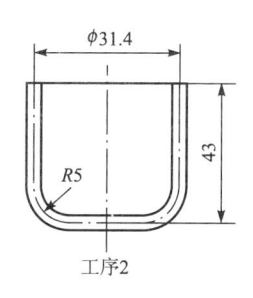

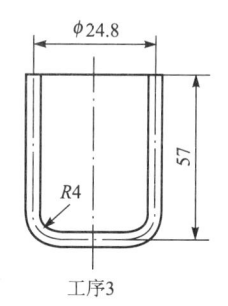

图 5-15 拉深件工序图

2. 有凸缘圆筒形件后续各次拉深工序尺寸的计算

1）有凸缘圆筒形件的拉深特点

有凸缘拉深件可以看成是一般圆筒形件在拉深未结束时的半成品，即只将毛坯外径拉深到等于凸缘直径 d_f 时拉深过程就结束了，因此其变形区的应力应变状态和变形特点应与圆筒形件相同。如图 5-17 所示为有凸缘圆筒形件拉深过程中不同时刻毛坯的形状和尺寸，以及该瞬时在拉深力和行程关系曲线上的位置。凸缘件的拉深相当于图中的 A，B，C 和 D 的状态。

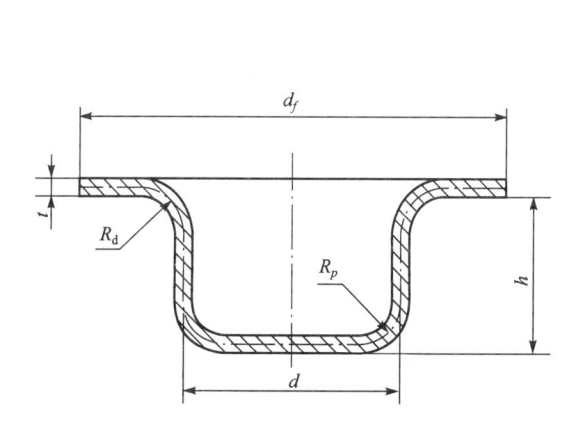

图 5-16 带凸缘圆筒形件

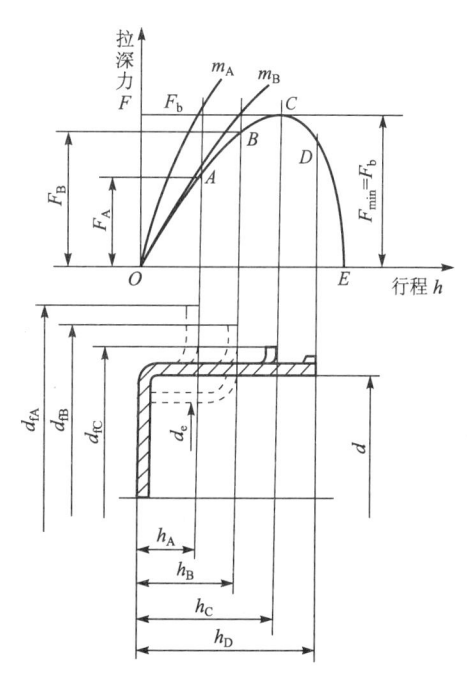

图 5-17 有凸缘圆筒形件拉深过程

根据凸缘的相对直径 d_f/d 比值的不同,有凸缘筒形件可分为:窄凸缘筒形件(d_f/d 为 1.1~1.4)和宽凸缘筒形件($d_f/d>1.4$)。

2)窄凸缘筒形件的方法

对于窄凸缘筒形件的拉深,有以下两种拉深方法。

(1)在前几道工序中按无凸缘圆筒形件拉深及尺寸计算,而在最后两道工序中,将制件拉深成为口部带锥形的拉深件,最终将锥形凸缘校平,如图 5-18 所示。

(2)一开始就拉深成带凸缘形状,凸缘直径为 $d_0 + t + 2r_d$,以后各次拉深一直保持这样的形状,只是改变各部分尺寸,直到拉成所要求的最终尺寸和形状,如图 5-19 所示。

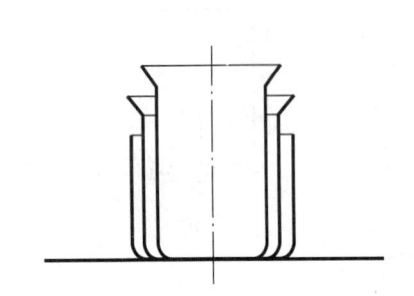

图 5-18 窄凸缘筒形件第一种拉深方法

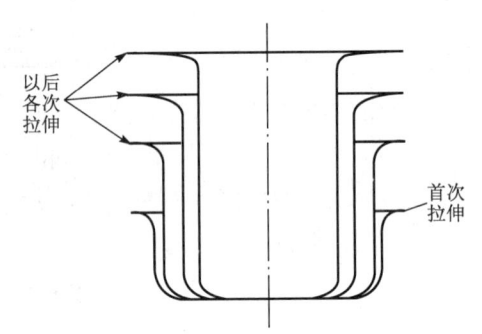

图 5-19 窄凸缘筒形件第二种拉深方法

下面着重对宽凸缘筒形件的拉深进行分析,主要介绍其与直壁圆筒形件的不同点。当 $r_p = r_d = r$ 时,宽凸缘件毛坯直径的计算公式为

$$D = \sqrt{d_f^2 + 4dh - 3.44dr} \tag{5-19}$$

根据拉深系数的定义,宽凸缘件总的拉深系数仍可表示为

$$m = \frac{d}{D} = \frac{d}{\sqrt{d_f^2 + 4dh - 3.44dr}}$$

$$= \frac{1}{\sqrt{\left(\frac{d_f}{d}\right)^2 + 4\left(\frac{h}{d}\right) - 3.44\left(\frac{r}{d}\right)}} \tag{5-20}$$

式中 d_f——凸缘直径,mm;

d——制件筒部直径(中径),mm;

r——底部和凸缘部的圆角半径(当料厚大于 1mm 时,r 值按中线尺寸计算)。

由上式可见,宽凸缘筒形件的拉伸系数取决于凸缘的相对直径 d_f/d、拉深件的相对高度 h/d 和相对圆角半径 r/d。凸缘的相对直径 d_f/d 影响最大,相对圆角半径 r/d 影响最小。d_f/d 和 h/d 越大,表示拉深变形程度越大,拉深的难度也越大。

对于两个直壁圆筒形零件,只要它们的总拉深系数相同,则表示它们的变形程度就相同。但是这个原则对于宽凸缘件是不成立的,如图 5-17 所示。该图表示用直径为 D 的毛坯拉深直径为 d,高为 h 的圆筒形零件的变形过程,F_b 表示危险断面的强度。设图中的 A、B 两种状态即为所求的宽凸缘零件,两者的高度及凸缘直径不同,但筒部的直径相同,即两者的拉深系数完全相同($m=d/D$)。很明显,B 状态时的变形程度比 A 状态时的要大。因拉深 A 状态时,毛坯外边的切向收缩变形为 $(D-d_{fA})/D$,B 时是 $(D-d_{fB})/D$,

而 $d_{fB} < d_{fA}$，所以拉深 B 时有较多的材料被拉入凹模，即 B 状态时的变形程度大于 A 状态。这就说明对于宽凸缘件，不能以拉深系数的大小来判断变形程度的大小。

由于宽凸缘拉深的特点，宽凸缘件的拉深变形程度不能用拉深系数的大小来衡量；宽凸缘件的首次极限拉深系数比直壁圆筒形零件要小。

图 5-17 中，拉深到 B 瞬时的凸缘件拉深结束时变形力为 F_B，从图中看出，该力比危险断面处的承载能力 F_b 要小，说明材料的塑性未被充分利用，还允许产生更大的塑性变形，因而第一次可采用小于 d 的直径进行拉深，如采用 d_B 拉深凸缘零件，因 $d_B < d$，这时的极限拉深系数为 $m_B = d_B/D$，小于直壁圆筒形零件的拉深系数。

（3）宽凸缘件的首次极限拉深系数值与零件的相对凸缘直径 d_f/d 有关。

由此可见，宽凸缘件的首次极限拉深系数不能仅根据 d_f/d 的大小来选用，还应考虑毛坯的相对厚度，如表 5-8 所示。当凸缘件总的拉深系数一定，即毛坯直径 D 一定，工件直径一定时，用同一直径的毛坯能够拉出多个不同的 d_f/d 和 h/d 的零件，但这些零件的 d_f/d 和 h/d 值之间要受总拉深系数的制约，其相互间的关系是一定的。d_f/d 大则 h/d 小，d_f/d 小则 h/d 大。因此也常用 h/d 来表示第一次拉深时的极限变形程度，如表 5-9 所示。如果工件的 d_f/d 和 h/d 都大，则毛坯的变形区就宽，拉深的难度就大，不能一次拉出工件只有进行多次拉深才行。

表 5-8 宽凸缘圆筒形件第一次拉深时最小拉深系数 m_1（适用于 08 钢、10 钢）

凸缘相对直径 d_f/d	毛坯相对厚度 $t/D \times 100$				
	>0.06~0.2	>0.2~0.5	>0.5~1	>1~1.5	>1.5
≤1.1	0.59	0.57	0.55	0.53	0.51
>1~1.3	0.55	0.54	0.53	0.51	0.49
>1.3~1.5	0.52	0.51	0.50	0.49	0.47
>1.5~1.8	0.48	0.48	0.47	0.46	0.45
>1.8~2.0	0.45	0.45	0.44	0.43	0.42
>2.0~2.2	0.42	0.42	0.42	0.41	0.40
>2.2~2.5	0.38	0.38	0.38	0.38	0.37
>2.5~2.8	0.35	0.35	0.34	0.34	0.33
>2.8~3.0	0.33	0.33	0.32	0.32	0.31

表 5-9 宽凸缘筒形件首次拉深的最大相对高度 h_1/d_1（适用于 08 钢、10 钢）

凸缘相对直径 d_f/d	毛坯相对厚度 $t/D \times 100$				
	>0.06~0.2	>0.2~0.5	>0.5~1	>1~1.5	>1.5
≤1.1	0.45~0.52	0.50~0.62	0.57~0.70	0.60~0.80	0.75~0.90
>1~1.3	0.40~0.47	0.45~0.53	0.50~0.60	0.56~0.72	0.65~0.80
>1.3~1.5	0.35~0.42	0.40~0.48	0.45~0.53	0.50~0.63	0.58~0.70
>1.5~1.8	0.29~0.35	0.34~0.39	0.37~0.44	0.42~0.53	0.48~0.58

续表

凸缘相对直径 d_f/d	毛坯相对厚度 $t/D\times 100$				
	>0.06~0.2	>0.2~0.5	>0.5~1	>1~1.5	>1.5
>1.8~2.0	0.25~0.30	0.29~0.34	0.32~0.38	0.36~0.46	0.42~0.51
>2.0~2.2	0.22~0.26	0.25~0.29	0.27~0.33	0.31~0.40	0.35~0.45
>2.2~2.5	0.17~0.21	0.20~0.23	0.22~0.27	0.25~0.32	0.28~0.35
>2.5~2.8	0.16~0.18	0.15~0.18	0.17~0.21	0.19~0.24	0.22~0.27
>2.8~3.0	0.10~0.13	0.12~0.15	0.14~0.17	0.16~0.20	0.18~0.22

注：(1) 对塑性好的材料取较大值，对塑性差的材料取较小值；
(2) 当零件圆角半径较大时，即 r_d 与 r_p = (10~20) t 时，h_1/d_1 取大值；当零件圆角半径较小时，即 r_d 与 r_p = (4~8) t 时，h_1/d_1 取小值

由于影响变形程度的变量有两个（d_f/d 和 h_1/d_1），宽凸缘筒形件首次拉深时不能只采用首次拉深系数 m_1。显然，仅确定了 m_1，还有不确定的 h_1/d_1 或 h_1。而 h_1/d_1 或 h_1 值小，可以使首次拉深成功，即不破裂；h_1/d_1 或 h_1 值大，可以使首次拉深失败，即产生破裂，如图 5-20 所示。而在无凸缘筒形件首次拉深中，因为板料全部变成直筒状，一旦确定了 m_1，也就确定了 h_1。

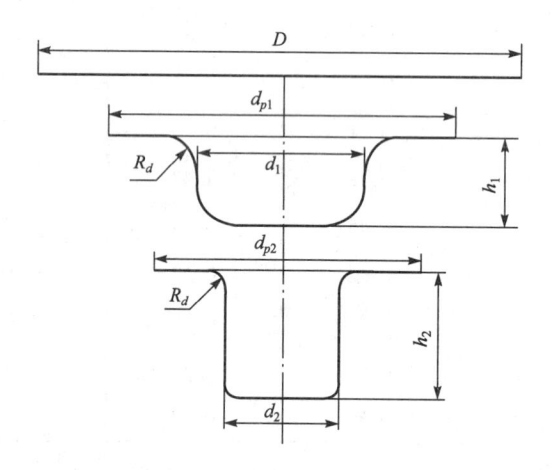

图 5-20 相同的 m_1 而不同的 h

在工艺计算时，必须采用试算法确定合理的 m_1 和 h_1/d_1。具体做法是，根据 d_f/d 和 (t/D) ×100% 从表 5-8 中初选 m_1，由 m_1 计算出第一次拉深的相对高度 h_1/d_1，该值必须小于相对应的第一次拉深允许相对拉深高度（h_1/d_1），否则须重新选择拉深系数 m_1，直至第一次拉深的相对高度小于 h_1/d_1 为止。

3）宽凸缘筒形件的拉深方法
（1）宽凸缘筒形件拉深应遵循的规律。

① 宽凸缘圆筒形件拉深时，只要凸缘尺寸微量减小，意味着筒壁产生较大的拉应力增量。为避免危险断面处破裂，第一次拉深就应使凸缘直径达到最终值。而在以后各次拉深中，保持凸缘直径不变，仅使筒部直径和高度变化，由筒部板料的转移流动来达到所要求的尺寸。

② 为了使后续各次拉深凸缘直径保持不变，首次拉入凹模的板料应比制件最后实际所需板料多3%~5%（拉深次数多的取上限，拉深次数少的取下限）。在后续各次拉深时，用挤压的方法将多进入凹模的板料每次按1%~3%返回到凸缘，使凸缘增厚，减小拉裂倾向，同时可以补偿计算误差，为调试模具留有余地，以保证中间板料的凸缘外径不减小。对0.5mm以下的薄板拉深，由于容易拉破，采用此法效果甚佳。

（2）宽凸缘筒形件的拉深方法。

① 对于中小型制件（$d_f<200\,\text{mm}$）通常采用减小筒部直径，增加筒部高度来达到最终尺寸。而圆角半径在整个拉深过程中基本不变，如图5-21（a）所示。用这种方法拉深，容易在制件表面上留下拉深的痕迹，尺寸形状不规整。所以，一般在最后增加一道整形工序对制件进行整形。

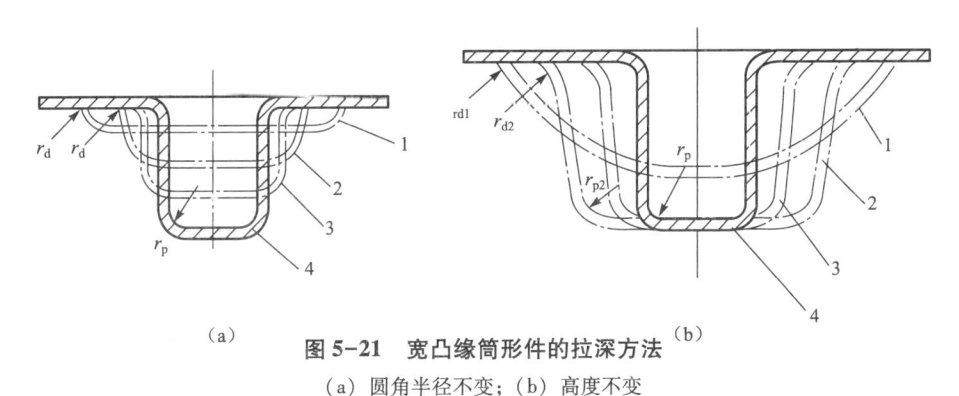

图5-21 宽凸缘筒形件的拉深方法
（a）圆角半径不变；（b）高度不变

② 对于大型制件（$d_f>200\,\text{mm}$），经过第二次拉深，在凸缘根部和圆筒底部形成有很大圆角半径的半成品。在后续各次拉深工序中，使高度基本保持不变。改变尺寸是通过减少圆角半径，逐渐缩小筒形部分的直径来达到，如图5-20（b）所示。用这种方法拉深的制件，表面光滑平整，厚度均匀，在圆角处无变薄痕迹。但这种方法只能用于板料相对厚度较大、而且在第一次拉深中大圆角不起皱的情况下使用。

4）宽凸缘圆筒形件拉深工序尺寸的计算

（1）毛坯尺寸的计算。

毛坯尺寸的计算仍按等面积原理进行，参考无凸缘筒形件毛坯的计算方法计算，毛坯尺寸的计算公式中d_f要考虑切边余量δ，其值查表5-6进行选取。

（2）判断工件能否一次拉成。

这只需比较工件实际所需的总拉深系数和h/d与凸缘件第一次拉深的极限拉深系数和极限拉深相对高度即可。当$m_总>m_1$，$h/d \leqslant h_1/d_1$时，可一次拉成，工序计算到此结束，否则则应进行多次拉深。

（3）拉深次数和半成品尺寸的计算。

凸缘件进行多次拉深时，第一次拉深后得到的半成品尺寸，在保证凸缘直径满足要求的前提下，其筒部直径 d_1 应尽可能小，以减少拉深次数，同时又要能尽量多的将板料拉入凹模。

宽凸缘件的拉深次数仍可用推算法求出。具体的做法是：先假定 d_f/d_1 的值，由相对料厚从表 5-8 中查出第一次拉深系数 m_1，据此求出 d_1，进而求出 h_1，并根据表 5-9 的最大相对高度验算 m_1 的正确性。若验算合格，则以后各次的半成品直径可以按一般圆筒形件多次拉深的方法，根据表 5-10 中的拉深系数进行计算，即第 n 次拉深后的直径为

$$d_n = m_n d_{(n-1)} \tag{5-21}$$

式中　m_n——第 n 次拉深时的拉深系数，可由表 5-10 中查得；
　　　$d_{(n-1)}$——为前次拉深的筒部直径，mm。

表 5-10　宽凸缘圆筒形件后续各次拉深的拉深系数 m（适用于 08 钢、10 钢）

拉深系数	毛坯的相对厚度 (t/D)×100				
	2.0~1.5	1.5~1.0	1.0~0.6	0.6~0.3	0.3~0.15
m_2	0.73	0.75	0.76	0.78	0.80
m_3	0.75	0.78	0.79	0.80	0.82
m_4	0.78	0.80	0.82	0.83	0.84
m_5	0.80	0.82	0.84	0.85	0.86

当计算到 $d_n \leq d$（工件直径）时，总的拉深次数 n 就确定了，若验算不合格，则重复上述步骤。

以后各次拉深后的筒部高度可按下式进行计算

$$h_n = \frac{0.25}{d_n}(D_n^2 - d_f^2) + 0.43(r_{pn} + r_{dn}) + \frac{0.14}{d_n}(r_{pn}^2 - r_{dn}^2) \tag{5-22}$$

式中　D_n——考虑每次多拉入筒部的材料量后求得的假象毛坯直径，mm；
　　　d_f——零件凸缘直径（包括切边余量），mm；
　　　d_n——第 n 次拉深后的工件直径，mm；
　　　r_{pn}——第 n 次拉深后侧壁与底部的圆角半径，mm；
　　　r_{dn}——第 n 次拉深后凸缘与筒部的圆角半径，mm。

例 5-2　计算图 5-22 所示零件（材料：08 钢）的工序尺寸。

解：计算步骤如下。

1）确定切边余量 δ

$d_f = 76\text{mm}$，$d = 30 - 2 = 28\text{mm}$，$d_f/d = 76/28 = 2.7 > 1.4$，查表 5-6，取 δ = 2.2mm。

故带切边余量的拉深件凸缘直径为

$$d_f = 76 + 2 \times 2.2 = 80.4 \text{（mm）}$$

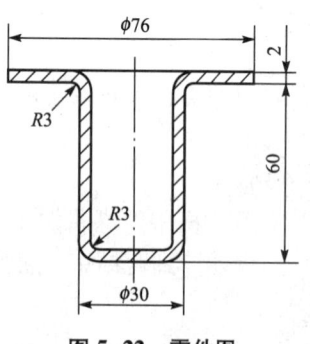

图 5-22　零件图

2)计算毛坯直径 D

由表 5-7 毛坯的计算公式序号 4 得:

$$D = \sqrt{d_f^2 + 4dh - 3.44dr}$$
$$= \sqrt{80.4^2 + 4 \times 28 \times 60 - 3.44 \times 28 \times 3}$$
$$\approx 114 \text{ (mm)}$$

3)判断拉深次数

由 $m_{总} = d/D = 28/114 = 0.25$,$(t/D) \times 100 = (2/114) \times 100 = 1.75$

$d_f/d_1 = 80.4/28 = 2.87$,查表 5-8,$m_1 = 0.31$。因为 $m_{总} < m_1$,所以不能一次拉深成形。

再由 $h/d = 60/28 = 2.14$,查表 5-9,$h_1/d_1 = 0.18 \sim 0.22$,远远小于零件的 2.14,故必须采用多次拉深。

4)计算首次拉深尺寸

当零件的拉深系数一定时,如果在第一次拉深中使相对凸缘直径 d_f/d_1 小,得到的 h_1/d_1 就大。这样就会使首次拉深的直径 d_1 尽可能小,而拉入凹模洞口内的材料也尽可能的多。所以工艺上常将首次拉深的制件考虑为窄凸缘件。一般初选第一次的相对凸缘直径 $d_f/d = 1.1$,由表 5-8 查得首次极限拉深系数 $m_1 = 0.51$。

因为首次拉深后的凸缘部分在以后的工序中保持不变,所以第一次拉入凹模内的材料应比零件相应部分的面积多 3%~5%。本例取 5%,则毛坯直径修正为

$$D_1 = \sqrt{d_f^2 + 4dh - 3.44dr}$$
$$= \sqrt{(80.4 \times 1.05)^2 + 4 \times 28 \times 60 - 3.44 \times 28 \times 3}$$
$$= 116 \text{ (mm)}$$

首次拉深直径

$$d_1 = m_1 D_1 = 0.51 \times 116 \approx 59 \text{ (mm)}$$

则首次拉深高度为

$$h_1 = \frac{0.25}{d_1}(D_1^2 - d_f^2) + 0.43(r_{p1} + r_{d1}) + \frac{0.14}{d_1}(r_{p1}^2 - r_{d1}^2)$$

凹模圆角半径

$$r_d = 0.8\sqrt{(D_1 - d_1)t}$$
$$= 0.8\sqrt{(116 - 59) \times 2}$$
$$\approx 8.54 \text{ (mm)} \quad 取为 8.5 \text{ mm}$$

凸模圆角半径

$$r_p 为 (0.7 \sim 1)r_d$$

所以令

$$r_{p1} = r_1 = r_{d1} = 8.5 \text{ (mm)}$$

代入式中

$$h_1 = \frac{0.25}{59}(116^2 - 80.4^2) + 0.43(8.5 + 8.5)$$
$$= 36.94 \text{ (mm)} \approx 37 \text{ mm}$$

5) 验证 m_1 是否选择正确

首次拉深相对高度

$$h_1/d_1 = 37/59 \approx 0.63$$

由表 5-9 所示，零件的 $d_f/d_1 = 80.4/59 = 1.36$，$(t/D) \times 100 = (2/116) \times 100 \approx 1.72$，查得 h_1/d_1 为 $0.58 \sim 0.70$。零件的相对高度 0.63 在其范围内，故 $m_1 = 0.51$ 选用合理。若验证结果不能满足条件，则需重新选择较大的 m_1 值。

6) 确定以后各次拉深系数及工序尺寸

由表 5-1 查得

$m_2 = 0.75$，$d_2 = m_2 d_1 = 0.75 \times 59 = 44.25$ mm，取为 44.3 mm

$m_3 = 0.78$，$d_3 = m_3 d_2 = 0.78 \times 44.3 = 34.554$ mm，取为 34.6 mm

$m_4 = 0.80$，$d_4 = m_4 d_3 = 0.80 \times 34.6 = 27.68$ mm < 28 mm

从计算结果来看，各次拉深变形程度分配基本合理。d_4 为 28 mm，该零件需用 4 次拉深成形。

7) 确定第二、第三次拉深的圆角半径

根据经验公式 $r_{dn} = (0.6 \sim 0.8) r_{d(n-1)}$，一般可按偏小值设计，便于试模修整，故系数取 0.65。

即

$$r_{p2} = r_2 = r_{d2} = 0.65 \times 8.5 = 5.525 \text{(mm,)} \text{取为 } 5.5 \text{(mm)}$$

$$r_{p3} = r_3 = r_{d3} = 0.65 \times 5.5 = 3.575 \text{ mm}, \text{取为 } 3.6 \text{(mm)}$$

$$r_{p4} = r_4 = r_{d4} = 3 \text{ mm（零件圆角半径）}$$

8) 计算拉深高度

设第二次多拉入凹模的材料为 3%，这时假想毛坯直径为

$$D_2 = \sqrt{d_f^2 + 4dh - 3.44dr}$$
$$= \sqrt{(80.4 \times 1.03)^2 + 4 \times 28 \times 60 - 3.44 \times 28 \times 3}$$
$$\approx 115.3 \text{ (mm)}$$

拉深高度为

$$h_2 = \frac{0.25}{d_2}(D_2^2 - d_f^2) + 0.43(r_{p2} + r_{d2}) + \frac{0.14}{d_2}(r_{p2}^2 - r_{d2}^2)$$
$$= \frac{0.25}{44.3}(115.3^2 - 80.4^2) + 0.43(5.5 + 5.5)$$
$$\approx 43.3 \text{ (mm)}$$

设第三次多拉入凹模的材料为 1.5%，这时假想毛坯直径为

$$D_3 = \sqrt{d_f^2 + 4dh - 3.44dr}$$
$$= \sqrt{(80.4 \times 1.015)^2 + 4 \times 28 \times 60 - 3.44 \times 28 \times 3}$$
$$\approx 114.4 \text{ (mm)}$$

拉深高度为

$$h_3 = \frac{0.25}{d_3}(D_3^2 - d_f^2) + 0.43(r_{p3} + r_{d3}) + \frac{0.14}{d_3}(r_{p3}^2 - r_{d3}^2)$$

$$= \frac{0.25}{34.6}(114.4^2 - 80.4^2) + 0.43(3.6 + 3.6)$$

$$\approx 51 \text{ (mm)}$$

第四次的拉深高度为

$$h_4 = 60 \text{ (mm)}$$

9) 画出工序图

如图 5-23 所示，其中工序 5 为切边工序，使 $d_f = 76$ (mm)。

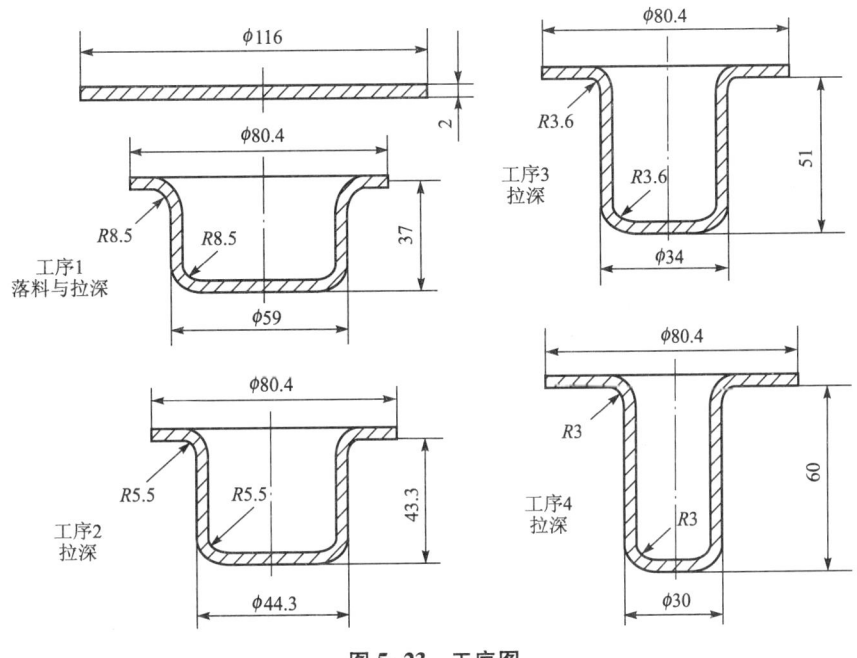

图 5-23 工序图

四、压边装置与压边力的确定

在生产中，防止圆筒形件拉深产生起皱的方法，通常是在拉深模上设置压边装置，并采用适当的压边力。但变形程度较小，坯料相对厚度较大，则不会起皱，就可不必采用压边圈。是否采用压边圈可按表 5-11 确定。

表 5-11 采用或不采用压边圈的条件

拉深方法	第一次拉深		以后各次拉深	
	$(t/D) \times 100$	m_1	$(t/d_{n-1}) \times 100$	m_n
用压边圈	<1.5	<0.6	<1	<0.8
可用可不用	1.5~2.0	0.6	1~1.5	0.8
不用压边圈	>2.0	>0.6	>1.5	>0.8

1. 压边装置（压边圈）

(1) 首次拉深模一般采用平板压边圈（如图 5-24 所示）。对于宽凸缘拉深件，为了减少毛坯与压边圈的接触面积，增大单位压力；或凸缘起皱最严重的时刻结束了以后减少压边力，可使用如图 5-25 所示的压边圈。对于凸缘呈半球形、抛物线形或凸缘特别小的拉深件，为了防止起皱，可以采用带拉深筋（槛）的模具结构。为了防止拉深后期由于弹性压边力过大，可以采用带限位装置的压边圈，如图 5-26 所示。限位距离 S 一般为 $(1.05\sim 1.2)t$（注：硬材料取大值）。

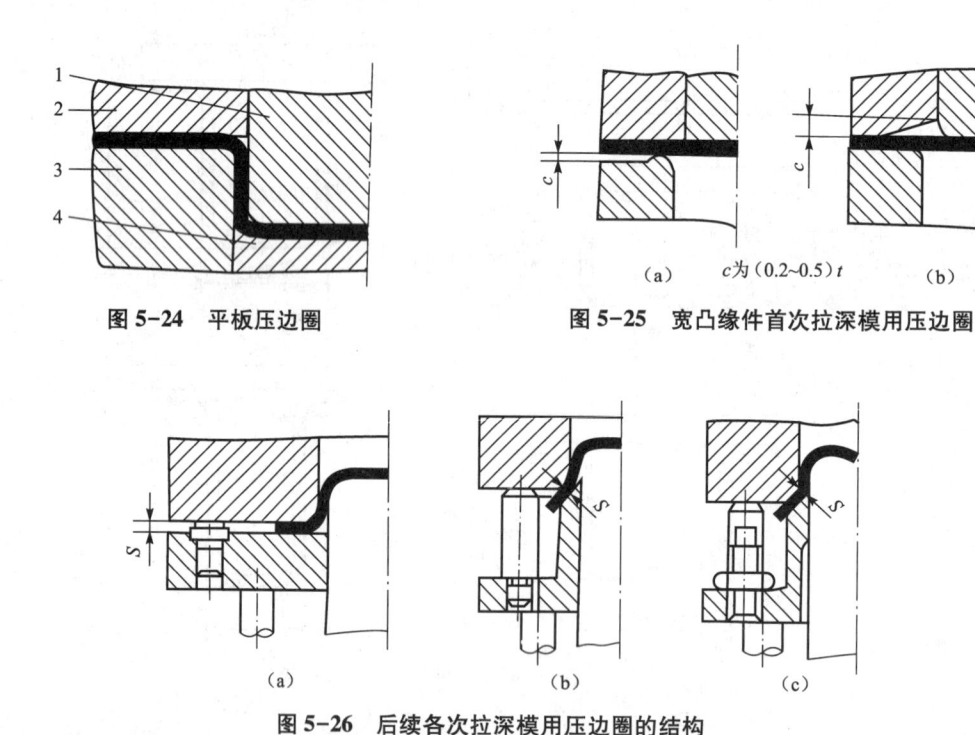

图 5-24　平板压边圈

图 5-25　宽凸缘件首次拉深模用压边圈

图 5-26　后续各次拉深模用压边圈的结构

(2) 后续各次拉深模用压边圈的结构如图 5-26（b）、(c) 所示。由于毛坯为筒形，稳定性比较好、拉深时不易起皱，因此需要的压边力比较小。

(3) 在双动压力机上进行拉深，将压边圈安装在机床的外滑块上，利用外滑块压边，其压边性质与带限位装置相似，但模具结构比前者简单。

(4) 弹性压边常用弹性元件有气垫、液压垫和弹簧、橡皮垫四种。气垫、液压垫能保持在整个拉深过程中其压边力保持不变，压边效果较好。这类模具结构简单，使用方便，在一般中小制件拉深中经常使用。

2. 压边力的确定

压边力必须适当，如果压边力过大，会增加拉入凹模的拉力，使危险断面拉裂；如果压边力不足，则不能防止凸缘起皱。压边力的选择是在零件不起皱的条件下取最小值，其表达式为

$$Q = Fq \, (\text{N}) \tag{5-23}$$

式中　F——在压边圈下毛坯的投影面积，mm^2；

q——单位面积上的压边力,MPa,如表 5-12 所示。

因此,圆筒形件首次拉深的压边力为

$$Q = \frac{\pi}{4}[D^2 - (d_1 + 2r_{d1})^2]q \tag{5-24}$$

圆筒形件后续各次拉深的压边力为

$$Q_n = \frac{\pi}{4}[d_{n-1}^2 - (d_n + 2r_{dn})^2]q \tag{5-25}$$

表 5-12 单位压边力

材料名称		单位压边力/MPa
钼		0.8~1.2
紫铜、硬铝(已退火)		1.2~1.8
黄铜		1.5~2.0
软钢	$t<0.5$ mm	2.5~3.0
	$t>0.5$ mm	2.0~2.5
镀锡钢板		2.5~3.0
高合金钢、高锰钢、不锈钢		3.0~4.5
高温合金		2.8~3.5

五、拉深力的确定与压力机的选取

1. 拉深力的确定

拉深力的确定依据:危险断面处的拉应力必须小于该断面的破坏应力。

由于影响因素比较复杂,在实际生产中,常采用经验公式进行确定。

当模具采用压边圈时,圆筒形件拉深力为

首次拉深 $\qquad P = \pi d_1 t \sigma_b k_1 \tag{5-26}$

后续各次拉深 $\qquad P_n = \pi d_n t \sigma_b k_2 \tag{5-27}$

当模具不采用压边圈时,圆筒形件拉深力为

首次拉深 $\qquad P = 1.25\pi(D - d_1)t\sigma_b \tag{5-28}$

后续各次拉深 $\qquad P_n = 1.3\pi(d_{n-1} - d_n)t\sigma_b \tag{5-29}$

式中 $d_1 \cdots d_n$——后续各次拉深后的直径,mm;

t——板料厚度;

D——毛坯直径;

σ_b——材料强度极限;

k_1、k_2——修正系数,如表 5-13 所示。

表 5-13 修正系数 k 值

拉深系数 m_1	0.55	0.57	0.60	0.62	0.65	0.67	0.70	0.72	0.75	0.77	0.80
修正系数 k_1	1.00	0.93	0.86	0.79	0.72	0.66	0.60	0.55	0.50	0.45	0.40
拉深系数 $m_2 \cdots m_n$	0.70	0.72	0.75	0.77	0.80	0.85	0.90	0.95			
修正系数 k_2	1.00	0.95	0.90	0.85	0.80	0.70	0.60	0.50			

2. 压力机的选取

在单动压力机上拉深时，所选压力机公称压力应大于总的工艺力，总工艺力应包括拉深力 P 和压边力 Q，即

$$P_总 = P + Q \tag{5-30}$$

选择压力机时必须注意，当拉深行程较大时，应使总工艺力曲线位于压力机滑块的许用载荷曲线之下，如图 5-27 所示，否则易使压力机超载而损坏。

曲线 3 是拉深总工艺力曲线，如选用公称压力为 P_1 的压力机，虽然公称压力大于最大拉深力，但在全部行程中不是都大于拉深总工艺力。为此必须选用公称压力为 P_2 的压力机。如果模具是落料——拉深复合模，曲线 4 是落料力曲线，选用公称压力为 P_2 的压力机也不行，还需选择更大吨位的压力机。

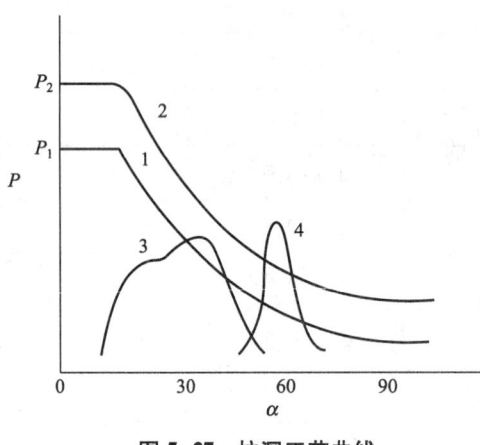

图 5-27 拉深工艺曲线

实际生产中可按下式估算压力机的公称压力 P_0

浅拉深：$P_0 \geq P_总$

深拉深：$P_0 \geq P_总$

六、拉深件的工艺性

拉深件工艺性的好坏直接影响到该零件能否用拉深的方法生产出来，影响到零件的质量、成本和生产周期等。一个工艺性好的拉深件，不仅能满足产品的使用要求，同时也能够用最简单、最经济和最快的方法生产出来。

1. 对拉深件外形尺寸的要求

设计拉深件时应尽量减小其高度，使其尽量可用一次或两次拉深工序来完成。对于各种形状的拉深件，用一次工序可制成的条件为

（1）圆筒件一次拉成的高度如表 5-14 所示。

表 5-14 圆筒形件一次拉深的高度

材料名称	铝	硬铝	黄铜	软铜
相对拉深高度 h/D	0.73~0.75	0.60~0.65	0.75~0.80	0.68~0.72

(2) 对于矩形件一次制成的条件为：当矩形件角部的圆角半径 r 为（0.05~0.20）B（式中 B 为矩形件的短边宽度）时，拉深件高度 h<0.8B。

(3) 对于凸缘件一次制成的条件是：零件的圆筒形部分直径与毛坯直径的比值 $d/D \geq 0.4$。

2. 对拉深件形状的要求

(1) 设计拉深件时，应明确注明必须保证的是外形还是内形，不能同时标注零件内外形尺寸。

(2) 尽量避免采用非常复杂的和非对称的拉深件。对于半敞开的或非对称的空心件，应组合成对进行拉深，然后将其切成两个或多个零件（如图 5-28 所示）。

(3) 拉深复杂外形的空心件时，要考虑工序间毛坯定位的工艺基准。

(4) 在凸缘面上有下凹的拉深件（如图 5-29 所示），若下凹的轴线与拉深方向一致，可以拉出。若下凹的轴线与拉深方向垂直，则只能在最后校正时压出。

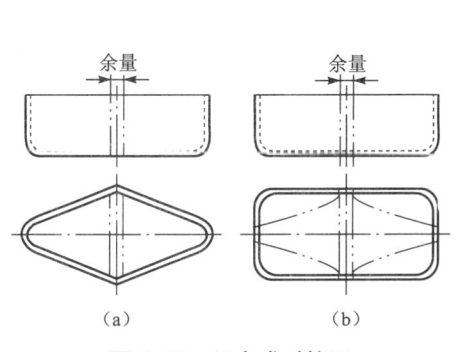

图 5-28 组合成对拉深

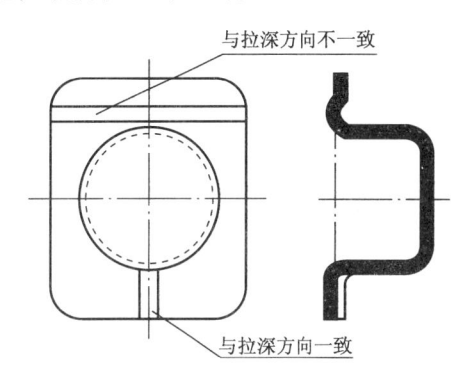

图 5-29 凸缘上带下凹的拉深件

3. 对拉深件的圆角半径和拉深件精度的要求

(1) 为了使拉深顺利进行，拉深件的底与壁、凸缘与壁、盒形件的四壁间的圆角半径（如图 5-30 所示）应满足 $r_d \geq t$，$R \geq 2t$，$r \geq 3t$，否则，应增加整形工序。

(2) 一般情况下不要对拉深件的尺寸公差要求过严。其断面尺寸公差等级一般都在 IT11 以下，如果公差等级要求高，可增加整形工序。

(3) 拉深件的底部或凸缘上的孔边到侧壁的距离应满足：$a \geq R+0.5t$（或 $a \geq r_d+0.5t$），如图 5-30（a）所示。

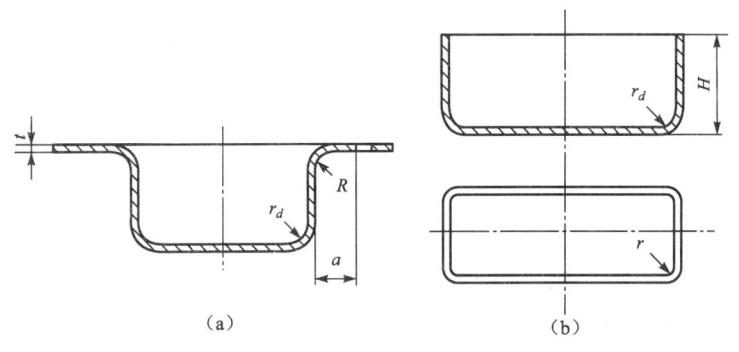

图 5-30 拉深件的圆角半径

七、凸、凹模工作部分的设计

拉深模工作部分的结构尺寸指的是凹模圆角半径、凸模圆角半径、凸凹模间隙、凸模直径、凹模直径等。

1. 凸、凹模圆角半径的确定

1) 凹模圆角半径的确定

凹模圆角半径对拉深工作影响很大。毛坯经凹模圆角进入凹模时,受到弯曲和摩擦作用,若凹模圆角半径 r_d 过小,因径向拉力增大,易使拉深件产生断裂;若凹模圆角半径 r_d 过大,则压边面积减小导致悬空面积增大,容易起皱。因此,合理选择凹模圆角半径是极为重要的。

首次拉深凹模圆角半径可按下式计算

$$r_{d1} = 0.8\sqrt{(D-d)t} \qquad (5-31)$$

式中 r_{d1}——首次拉深凹模圆角半径,mm;
D——毛坯直径,mm;
d——凹模内径,mm;
t——材料厚度,mm。

首次拉深凹模圆角半径的大小,也可以参考表 5-15 的值进行选取。

表 5-15 首次拉深凹模的圆角半径 r_{d1}

拉深方式	毛坯的相对厚度 $(t/D) \times 100$				
	2.0~1.5	1.5~1.0	1.0~0.6	0.6~0.3	0.3~0.1
无凸缘拉深	(4~7)t	(5~8)t	(6~9)t	(7~10)t	(8~13)t
有凸缘拉深	(6~10)t	(8~13)t	(10~16)t	(12~18)t	(15~22)t

注:对于有色金属和拉深钢取偏小值,对于其他黑色金属取偏大值。

后续各次拉深的凹模圆角半径 r_{dn} 应逐步减小,可按下式确定

$$r_{dn} = (0.6 \sim 0.8) r_{d(n-1)} \quad (n \geq 2) \qquad (5-32)$$

但应大于或等于 $2t$,若其值小于 $2t$,一般很难拉出,只能靠拉深后整形得到所需零件。

2) 凸模圆角半径的确定

凸模圆角半径 r_p 的大小,对拉深影响也很大。r_p 过小,r_p 处弯曲变形程度大,"危险断面"受拉力大,制件易产生局部变薄;r_p 过大,凸模与毛坯接触面小,底部易变薄。

首次拉深凸模圆角半径可按下式确定

$$r_{p1} = (0.7 \sim 1.0) r_{d1} \qquad (5-33)$$

中间各次拉深凸模圆角半径可按下式确定

$$r_{p(n-1)} = (d_{(n-1)} - d_n - 2t)/2 \quad (n \geq 3) \qquad (5-34)$$

式中 $r_{p(n-1)}$——本次拉深的凸模圆角半径,mm;
$d_{(n-1)}$——本次拉深直径,mm;

d_n——下次拉深的工件直径，mm。

最后一次拉深时，r_{pn}应等于零件的内圆角半径值，即$r_{pn} = r_{零件}$，但r_{pn}不得小于料厚。如必须获得较小的圆角半径时，最后一次拉深时仍取$r_{pn} > r_{零件}$，拉深结束后再增加一道整形工序，使$r_{pn} = r_{零件}$。

2. 拉深模间隙

拉深模间隙是指拉深时凸、凹模的单边间隙c，间隙的大小对拉深力、拉深件的质量、拉深模的寿命都有影响。间隙c小时得到的零件侧壁平直而光滑，质量较好，精度较高。

间隙c过小，凸缘区变厚的材料通过间隙时，校直与变形的阻力增加，与模具表面间的摩擦、磨损严重，使拉深力增加，零件变薄严重，甚至拉裂，模具寿命降低。但冲件回弹小，精度高。

间隙c过大，对毛坯的校直和挤压作用减小，拉深力降低，模具的寿命提高，但零件的质量变差，冲出的零件侧壁锥度大，冲件回弹大，精度差。

因此，应根据板料厚度及公差、拉深过程板料的增厚情况、拉深次数、零件的形状及精度要求等，合理确定拉深间隙。

（1）无压边圈模具的间隙为

$$c = (1 \sim 1.1) t_{max} \tag{5-35}$$

式中 c——拉深凸、凹模的单边间隙，mm；

t_{max}——板料厚度的最大极限尺寸，mm。

其中较小的数值用于末次拉深或精密拉深件，较大的数值用于中间拉深或精度要求不高的拉深件。

（2）有压边圈模具的间隙，按表5-16确定。

表5-16 有压边圈拉深时的单边间隙值

总拉深次数	拉深工序	单边间隙c
1	第一次拉深	$(1 \sim 1.1) t$
2	第一次拉深 第二次拉深	$1.1 t$ $(1 \sim 1.05) t$
3	第一次拉深 第二次拉深 第三次拉深	$1.2 t$ $1.1 t$ $(1 \sim 1.05) t$
4	第一、二次拉深 第三次拉深 第四次拉深	$1.2 t$ $1.1 t$ $(1 \sim 1.05) t$
5	第一、二、三次拉深 第四次拉深 第五次拉深	$1.2 t$ $1.1 t$ $(1 \sim 1.05) t$

注：（1）材料厚度t取材料允许偏差的中间值。
（2）当拉深精密零件时，最末一次拉深间隙$c = t$。

（3）矩形件拉深凸模和凹模间的间隙，直边部分可近似按 U 形件弯曲的间隙确定，圆角部分的间隙应比直边部分的间隙增大 $0.1t$。

（4）圆筒形拉深件最后一道工序的间隙，尺寸标注在外径上的圆筒形拉深件，应当以凹模为基准，间隙取在凸模上，减小凸模尺寸取得间隙；尺寸标注在内径上的圆筒形拉深件，应当以凸模为基准，间隙取在凹模上，增大凹模尺寸得到间隙。

3. 凸、凹模工作部分尺寸及公差的确定

工件的尺寸精度由最后一道拉深的凸、凹模的尺寸及公差来决定，因此除最后一道拉深模的尺寸公差需要考虑外，首次及中间各道次的模具尺寸公差和拉深半成品的尺寸公差没有必要作严格限制，这时模具的尺寸只要取等于毛坯的过渡尺寸即可。对于最后一道拉深工序，拉深凹模及凸模的尺寸和公差应按照零件的要求来确定。

当尺寸标注在工件外形时，如图 5-31（a）所示，以凹模为基准，先定凹模尺寸，凹模尺寸的计算为

$$D_\mathrm{d} = (D_\mathrm{max} - 0.75\Delta)_0^{\delta_d} \tag{5-36}$$

则凸模尺寸的计算为

$$D_\mathrm{p} = (D_\mathrm{max} - 0.75\Delta - Z)_{\delta_p}^0 \tag{5-37}$$

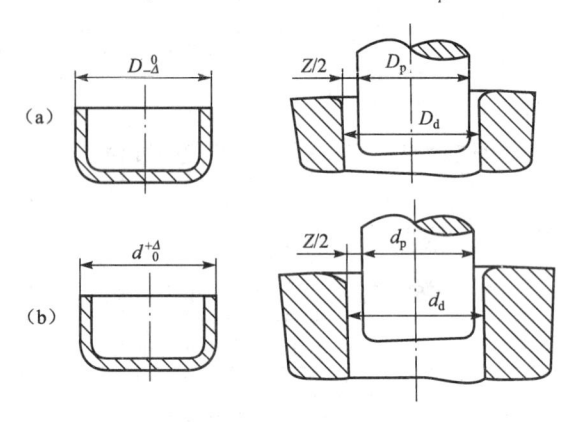

图 5-31 尺寸标注形式

当尺寸标注在工件内形时，如图 5-31（b）所示，以凸模为基准，先定凸模尺寸，凸模尺寸的计算为

$$d_\mathrm{p} = (d_\mathrm{min} + 0.4\Delta)_{\delta_p}^0 \tag{5-38}$$

则凹模尺寸的计算为

$$d_\mathrm{d} = (d_\mathrm{min} + 0.4\Delta + Z)_0^{\delta_d} \tag{5-39}$$

对于多次拉深，工序件尺寸无须严格要求，若以凹模为基准，凹模尺寸的计算为

$$D_\mathrm{d} = D_0^{\delta_d} \tag{5-40}$$

则凸模尺寸的计算为

$$D_\mathrm{p} = (D - Z)_{\delta_p}^0 \tag{5-41}$$

式中 D_d、d_d——凹模的基本尺寸，mm；

D_p、d_p——凸模的基本尺寸，mm；

D_max——拉深件外径的最大极限尺寸，mm；

$d_{\min}$——拉深件内径的最小极限尺寸，mm；
Δ——制件公差；
δ_p、δ_d——凸模和凹模制造公差见表 5-17 所示；
Z——拉深模双边间隙，mm。

表 5-17 凸模和凹模的制造公差　　　　　　　　　　　　　　　　　　mm

材料厚度 t	拉深件直径 d					
	≤20		20~100		>100	
	δ_d	δ_p	δ_d	δ_p	δ_d	δ_p
≤0.5	0.02	0.01	0.03	0.02	—	—
>0.5~1.5	0.04	0.02	0.05	0.03	0.08	0.05
>1.5	0.06	0.04	0.08	0.05	0.10	0.06

凸、凹模工作表面粗糙度要求：凹模工作表面和型腔表面粗糙度应达到 $Ra\ 0.8\mu m$；圆角处的表面粗糙度一般要求为 $Ra\ 0.4\mu m$；凸模工作部分表面粗糙度一般要求为 $Ra1.6\sim 0.8\mu m$。

八、拉深模的典型结构

拉深模具的分类很多，根据使用的压力机类型不同，可分为单动压力机用拉深模和双动压力机用拉深模；根据拉深顺序不同可分为首次拉深模和后续各次拉深模；根据工序组合情况不同可分为单工序拉深模、复合工序拉深模、级进拉深模；根据有无压料装置可分为有压料装置拉深模和无压料装置拉深模。本节将几种常用的拉深模的工作原理、结构和适用范围作简单介绍。

1. 单动压力机首次拉深模

单动压力机首次拉深模所用的毛坯一般为平面形状，模具结构相对简单。根据拉深工作情况的不同，可以分为以下几种不同的类型。

1）无压边圈的拉深模

（1）无压边圈带有顶出装置的拉深模如图 5-32 所示。

这种模具适用于底部平整、拉深变形程度不大、相对厚度（t/D）较大和拉深高度较小的零件。

凸模用螺钉紧固在带模柄的上模座上，上模座和压力机滑块连接，随滑块上下作往复运动。凹模用螺钉销钉紧固在下模座上，下模座用螺栓和压板与压力机的工作台紧固连接。

模具工作过程为：将平板毛坯放入定位板的定位孔中，启动压力机，凸模随滑块下行，将板料毛坯压在顶料块上；凸模继续下行，压缩顶料弹簧，板料被拉入凹模成形为制件。然后凸模随滑块上行，顶料块在顶料弹簧力的作用下，将制件从凹模中顶出，用人工将凸模上的制件取下。

为防止制件在拉深后紧贴在凸模上难以取下，或在取件过程中制件与凸模之间形成真空而引起制件变形，在凸模上应设计与大气相通且直径大于 3mm 的通气孔。

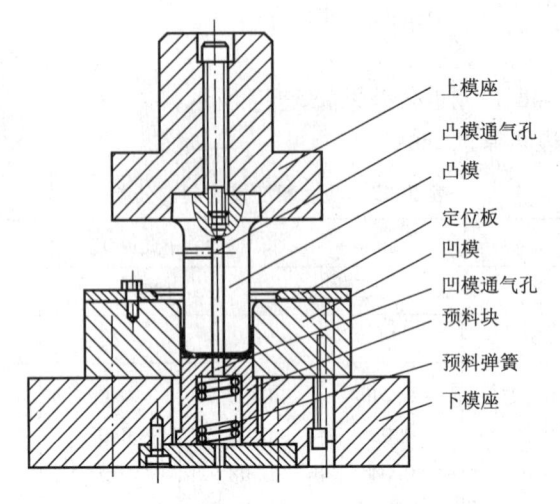

图 5-32 无压边圈有顶出装置的拉深模

（2）无压边圈落料拉深复合模如图 5-33 所示。

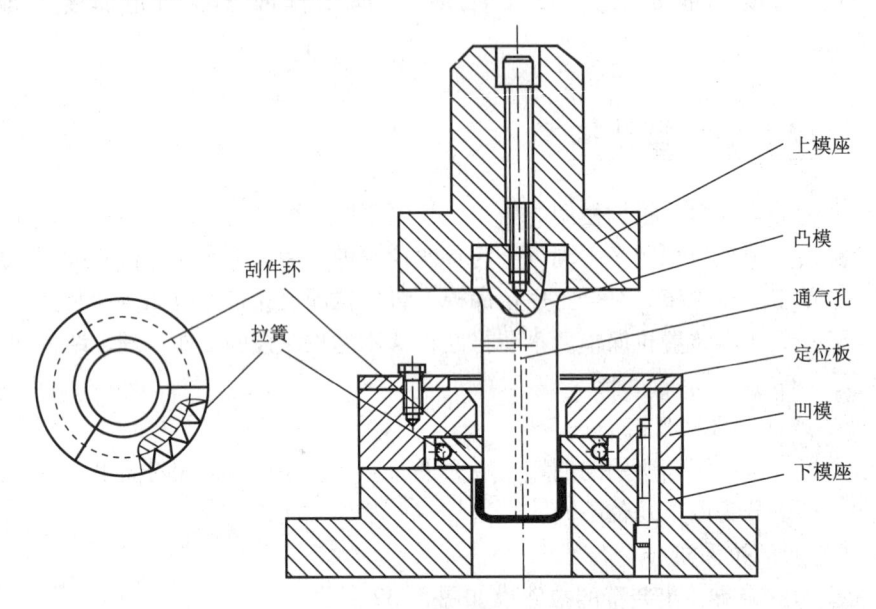

图 5-33 无压边圈落料拉深复合模

它采用锥形凹模，为拉深变形提供了有利的条件，坯料不易起皱，可适用于薄料拉深。

模具工作过程为：将平板毛坯放入定位板的定位孔中，启动压力机，凸模随滑块下行，板料毛坯被拉入凹模。由于刮件环是由二块（或四块）分离的部分构成的环形，其直径可以增大，当拉深制件完全通过后，在拉簧力的作用下，刮件环又紧贴凸模，于是在凸模上行时可以将制件脱出，由下模座孔中落下。

2）带压边圈的拉深模

（1）带固定压边圈的拉深模如图 5-34 所示。

在固定压边圈上制出缺口，可以方便地将板料毛坯（图中的圆形毛坯）由定位板的缺口送入工作位置并定位，凸模将毛坯拉入凹模成形。模具设有专门的卸料装置，当拉深制件

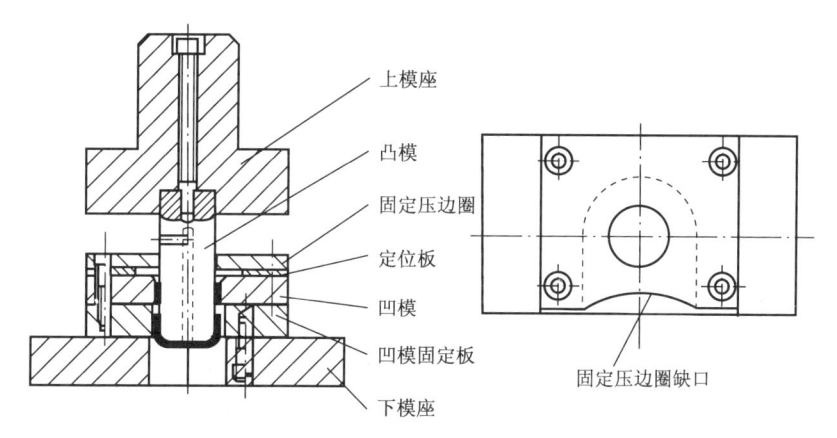

图 5-34 带固定压边圈的拉深模

进入凹模下部的较大通孔后,制件口部会发生弹性恢复张开,直径增大,在凸模上行时将被凹模下底面刮落。

有弹性压边装置的正装式拉深模如图 5-35 所示。

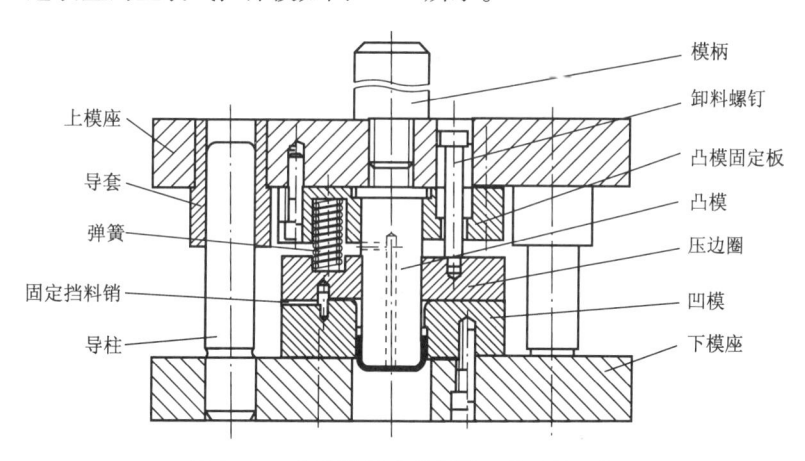

图 5-35 有弹性压边装置的正装式拉深模

该模具的凸模和弹性元件装在上模,因此凸模一般比较长,适宜于拉深深度不大的零件。弹性元件一般为弹簧或者橡皮,压边圈兼有卸件作用。坯料由固定挡料销定位,卸料方式与图 5-34 相同。本模具采用导柱导套式模架,也可以采用其他形式的模架。

(2) 有弹性压边装置的倒装式拉深模如图 5-36 所示。

这是中小型制件采用最多的模具形式。凹模固定在上模座上,并设有刚性打料装置。坯料由固定挡料销定位,也可见图 5-32 所示的定位板定位。凸模固定在下模座上,并设有弹性压边装置,其压边力可以由弹簧或橡皮产生,也可以由气垫产生。

模具工作过程为:平板毛坯放在压边圈上,并由挡料销定位,开动压力机,上模下行,凹模将板料毛坯压在压边圈上,继续下行,凸模使其拉入凹模内。拉深成形后,上模上行,顶料杆在弹性力(弹簧、橡皮)或气垫力的作用下,通过压边圈将制件从凸模上顶出。如果制件卡在凹模中,打料杆在压力机横杆作用下,通过打料块将其推出。

(3) 带凸缘零件的拉深模如图 5-37 所示。

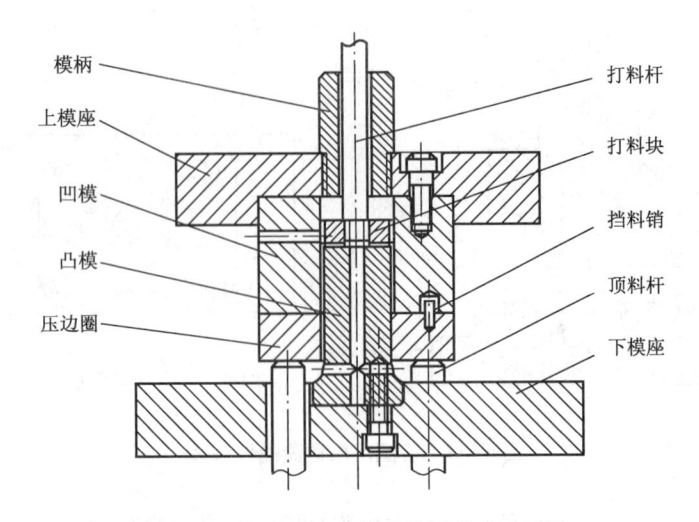

图 5-36　有弹性压边装置的倒装式拉深模

其结构与图 5-36 相似，毛坯用定位板定位，在下模座上安装了定距垫块，用来控制拉深深度，以保证制件的拉深高度和凸缘直径。

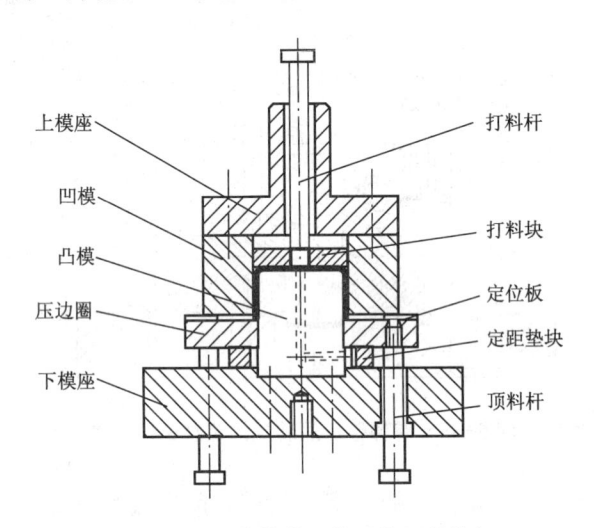

图 5-37　凸缘件拉深模（定距垫块）

（4）图 5-38 是一种带凸缘零件的拉深模。

毛坯用固定挡料销定位，打料块同时起定距垫块的作用，作用同样是控制拉深高度和凸缘直径。

2. 单动压力机后续各次拉深模

由于首次拉深的拉深系数有限，许多零件经首次拉深后，其尺寸和高度不能达到要求，还需要经第二次、第三次甚至更多次拉深，这里统称为后续各次拉深。后续各次拉深模的定位方式、压边方式、拉深方法以及所用毛坯与首次拉深模有所不同。

（1）无压边圈的后续各次拉深模如图 5-39 所示。

图中毛坯（双点画线）是经过前道工序拉深成为一定尺寸的半成品筒形件，置入模具

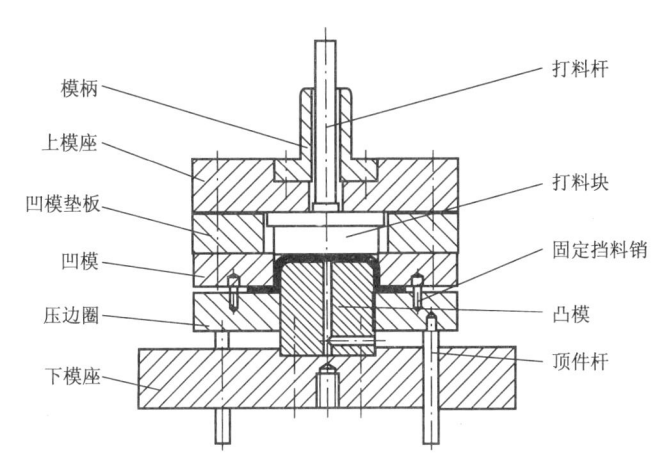

图 5-38 凸缘件拉深模(打料块定距)

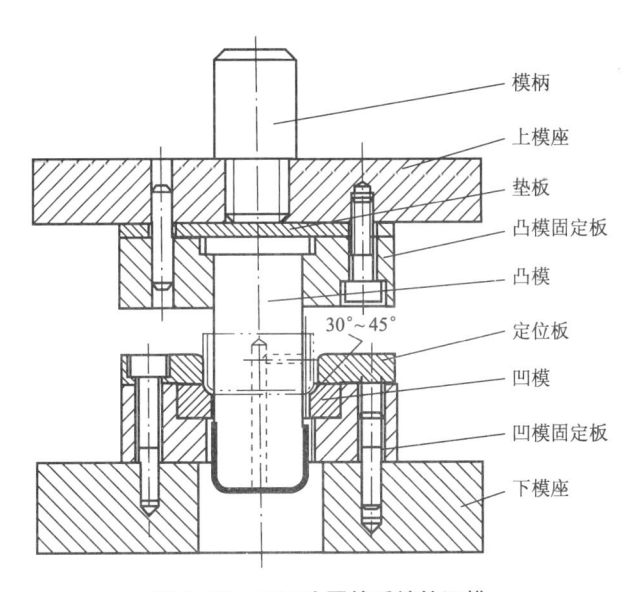

图 5-39 无压边圈的后续拉深模

的定位板中定位后进行拉深,模具的打料原理与图 5-34 相同。本模具主要适用于侧壁厚度一致、直径变化量不大、稍加整形即可达到尺寸精度要求的圆筒形拉深件。

(2) 无压边圈的反向后续拉深模如图 5-40 所示。

多用于较薄材料的后续各次拉深和锥形、半球形及抛物线形等旋转体形状零件的后续各次拉深。

模具工作过程为:将经过前次拉深的半成品制件套在凹模上,制件的内壁经拉深后翻转到外边,使材料的内外表面互相转换,材料要绕凹模流动 180° 才能成形。因此,材料流动的摩擦阻力及弯曲阻力均比一般拉深大,引起变形区的径向拉应力大大增加,而变形区的切向压应力则相应减小,从而减少了起皱的可能性,可以得到较大的变形程度。

反拉深的极限拉深系数可比一般拉深降低 10%~15%。但凹模的壁厚尺寸往往受拉深系数的限制,而不能根据强度的需要来确定。因此,反拉深一般用于毛坯相对厚度 (t/D) ×

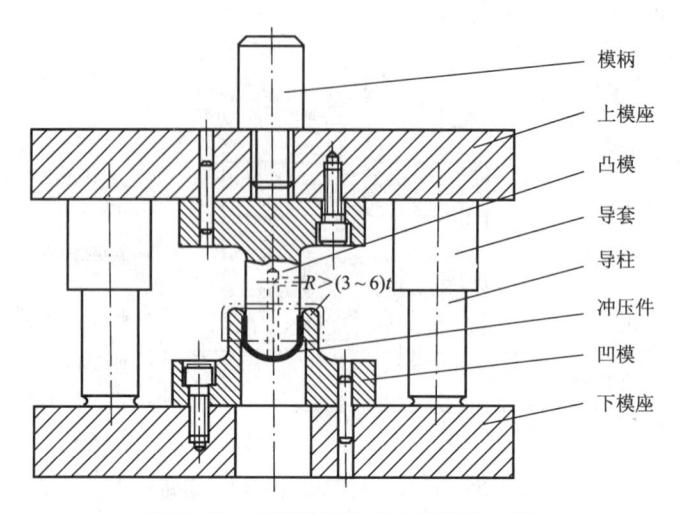

图 5-40 无压边圈的反向后续拉深模

100<0.3，相对高度 h/d 为 0.7~1，以及制件的最小直径 $d=(30~60)t$ 的拉深工艺。

(3) 有弹性压边圈的反向后续各次拉深模如图 5-41 所示。

与图 5-40 相比，模具增加了弹性压边力，可以减小毛坯起皱趋势，但同时也增大了毛坯变形时的摩擦阻力，使毛坯的拉裂倾向增加。

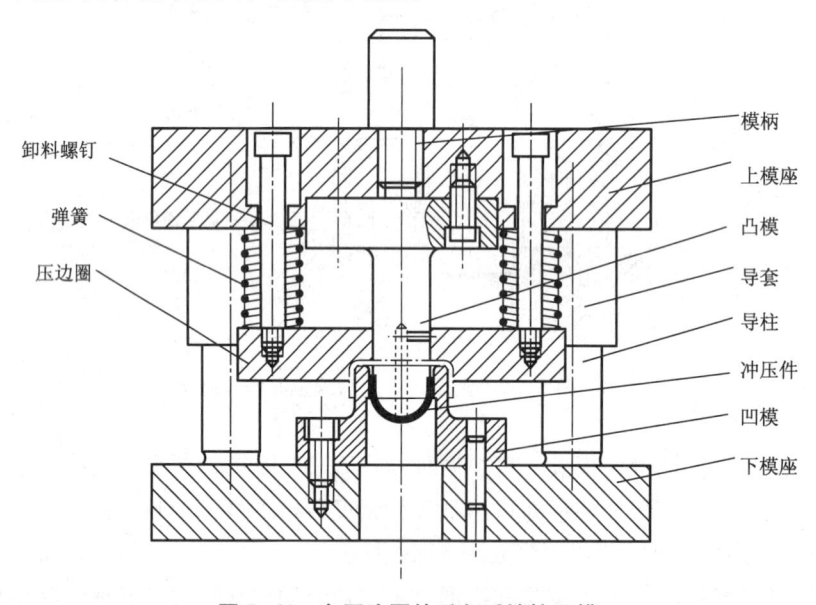

图 5-41 有压边圈的反向后续拉深模

(4) 在双动压力机上，正拉深和反拉深可以在一次工作行程中完成，如图 5-42 所示。

凸模安装在内滑块，凹模安装在外滑块，凸凹模安装在工作台。模具工作时，双动压力机外滑块先下行，带动凹模向下运动完成正拉深，内滑块再带动凸模下行完成反拉深。

(5) 常用的有弹性压边圈后续各次拉深模如图 5-43 所示。

采用倒装式结构，拉深凹模安装在上模。模具工作过程为：将前次拉深的半成品制件套在定位压边圈上，模具下部的压边装置（弹簧、橡皮、气垫等）通过卸料螺钉将压边力传递

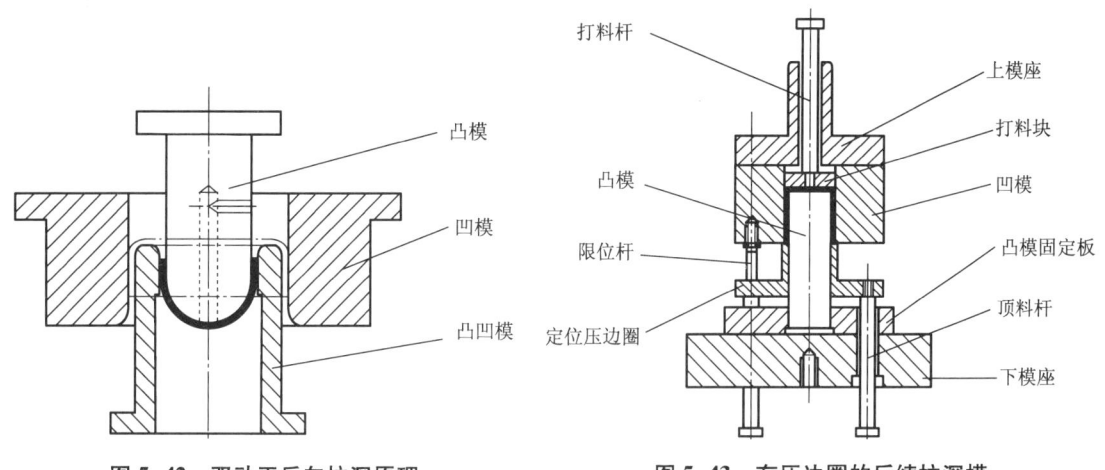

图 5-42 双动正反向拉深原理

图 5-43 有压边圈的后续拉深模

到定位压边圈上。上模下行，将毛坯拉入凹模，从而得到所需要的制件。当上模返回，制件可以被定位压边圈从凸模上顶出，如果卡在凹模中将被打料块推出。为了定位可靠和操作方便，定位压边圈的外径应比毛坯的内径小 0.05mm~0.1mm，其工作部分比毛坯高出 2mm~4mm。定位压边圈顶部的圆角半径等于毛坯的底部半径。模具装配时，要注意保证定位压边圈圆角部位与凹模圆角部位之间的间隙为 （1.1~1.2）t（铝、铜件取小值，钢件取大值），该距离可以通过调整限位杆的伸出长度来实现。大多数采用弹性压边圈的后续各次拉深模都应使用限位装置，以防止因压边力太大而拉裂制件。

3. 单动压力机落料拉深模

拉深工序可以与一种或多种其他冲压工序（如落料、冲孔、成形、翻边、切边等）复合，构成拉深复合模。在单动压力机的一个工作行程内，落料拉深模可完成落料、拉深两道（甚至更多道）工序，工作效率高，但结构较复杂，设计时要特别注意模具中所复合的各冲压工序的工作顺序。

1）凸缘制件的落料拉深模

带凸缘零件的落料拉深复合模如图 5-44 所示。

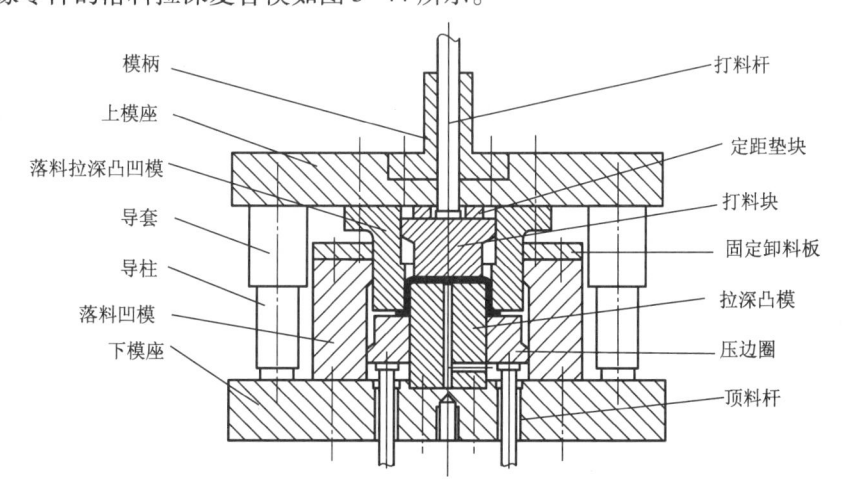

图 5-44 带凸缘制件落料拉深复合模

这类模具要注意设计成先落料后拉深,因此拉深凸模低于落料凹模。模具工作过程为:条形板料通过固定卸料板的定位槽由前向后送入并定位,上模下行,落料拉深凸凹模与落料凹模首先完成落料工序。上模继续下行,拉深凸模开始接触落料毛坯并将其拉入落料拉深凸凹模孔内,完成拉深工序。上模回程时,固定卸料板从落料拉深凸凹模上卸下废料,压边圈将制件从拉深凸模上顶出;若制件卡在落料拉深凸凹模孔内,可通过打料杆推出。本模具的定距垫块安装在打料块和上模座之间,可以通过改变定距垫块的厚度来控制拉深深度,保证拉深制件的高度和凸缘的大小。

2) 球形制件落料拉深模

球形零件落料拉深复合模如图 5-45 所示。落料拉深凸凹模的外缘是落料凸模刃口,内孔是拉深凹模。模具采用固定卸料板卸料,也可以采用结构如图 5-34 所示的弹性卸料装置。为减小拉深时毛坯的起皱趋势,在落料拉深凸凹模的凸模刃口处设计了一个锥面。定距垫块安装在压边圈和下模座之间,用于控制和确定拉深制件的高度和凸缘的大小。

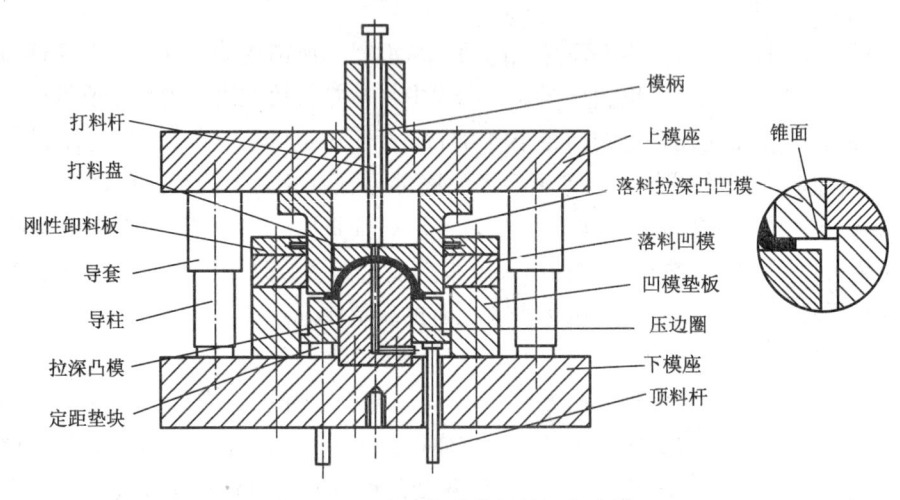

图 5-45 球形制件落料拉深复合模

3) 矩形制件落料拉深模

(1) 矩形油箱的落料拉深复合模如图 5-46 所示。

当条形板料沿固定卸料板的定位槽送进定位之后,上模下行,落料拉深凸凹模和落料凹模完成落料。上模继续下行,落料拉深凸凹模和拉深凸模完成拉深。上模返回时,条形废料由固定卸料板卸下。顶料杆和压边圈将制件由拉深凸模上顶出,若拉深制件卡在落料拉深凸凹模内孔中,由打料杆和打料盘推出。

(2) 矩形制件落料拉深复合模如图 5-47 所示。

模具中凸模下端结构形状是十字相交的通槽,压边圈制成相应的十字键,与通槽相配,用于压边和顶件。此结构常用于顶料杆位置和间距受到压力机工作台底孔的限制时。

4) 落料拉深压形模

落料拉深压形复合模如图 5-48 所示。上模下行时,落料拉深凸凹模与落料凹模完成落料。上模继续下行,落料拉深凸凹模与拉深凸模完成拉深。在上模行程的终了阶段,压形凸模和拉深压形凸凹模镦压制件,进行压形。

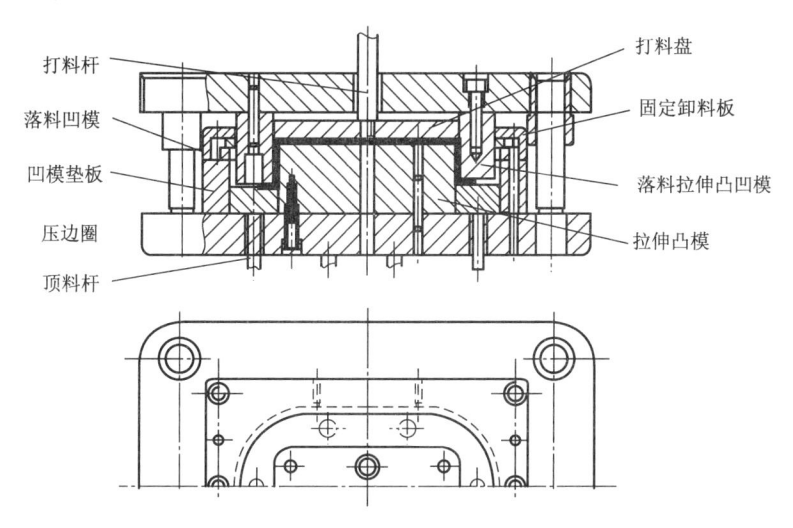

图 5-46 油箱落料拉深复合模

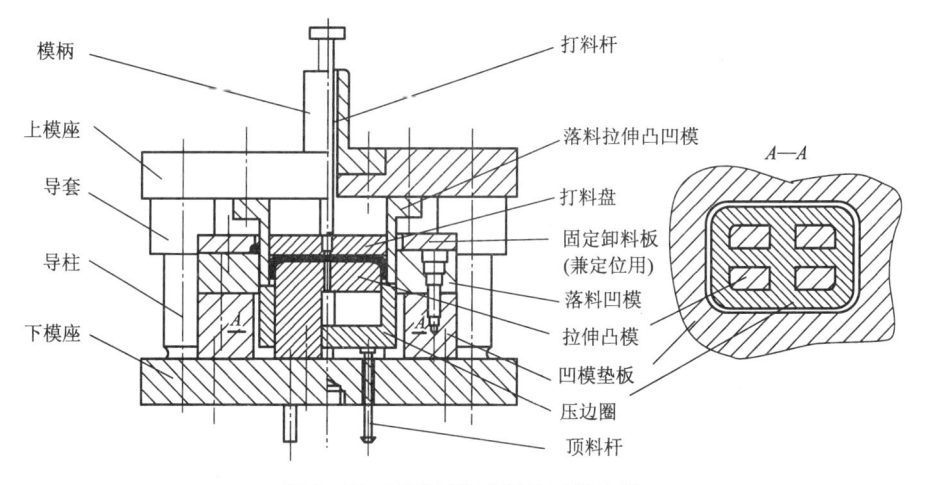

图 5-47 矩形制件落料拉深复合模

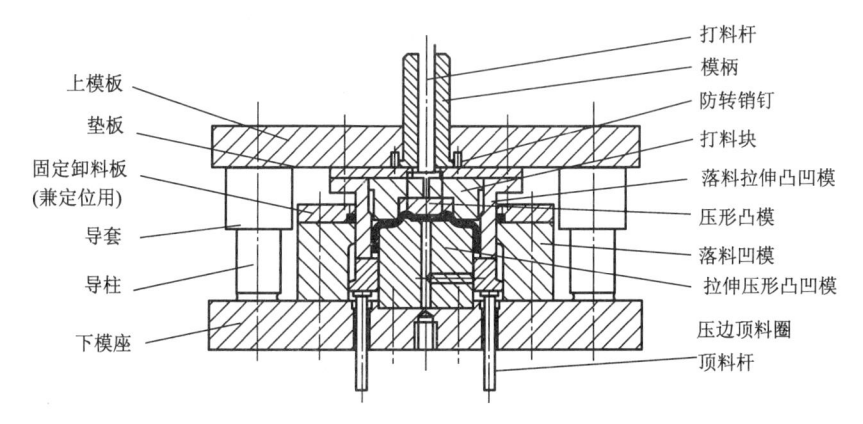

图 5-48 落料拉深压形复合模

5) 落料拉深冲孔模

落料拉深冲孔复合模如图5-49所示。条形板料通过固定卸料板中的定位槽送进定位。上模下行，落料拉深凸凹模与落料凹模完成落料。上模继续下行，落料拉深凸凹模与拉深冲孔凸凹模完成拉深，冲孔凸模与拉深冲孔凸凹模完成冲孔。冲孔废料由空心螺杆孔落下。上模回程时，固定卸料板卸下落料拉深凸凹模上的条形废料。压边卸料圈顶出拉深冲孔凸凹模上的制件，若制件卡在落料拉深凸凹模的内孔中，可由打料盘推出。打料盘由打料杆、打料块和打料销驱动。

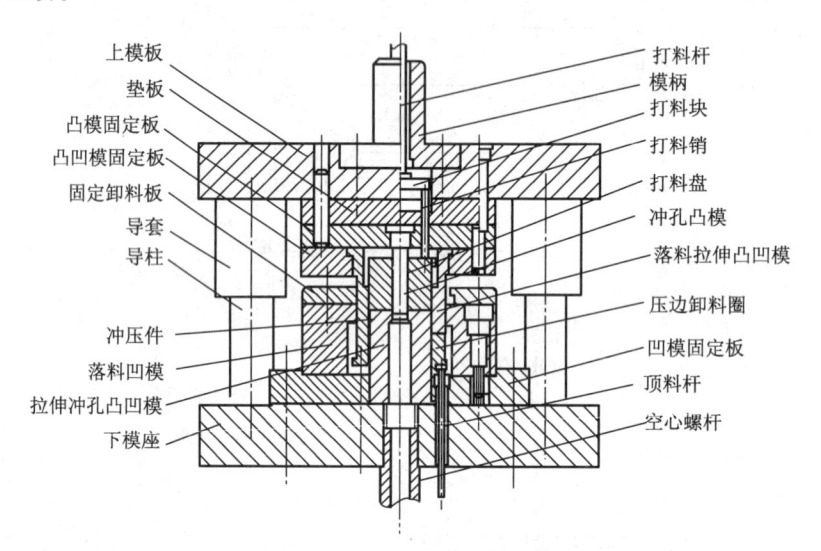

图5-49 落料拉深冲孔复合模

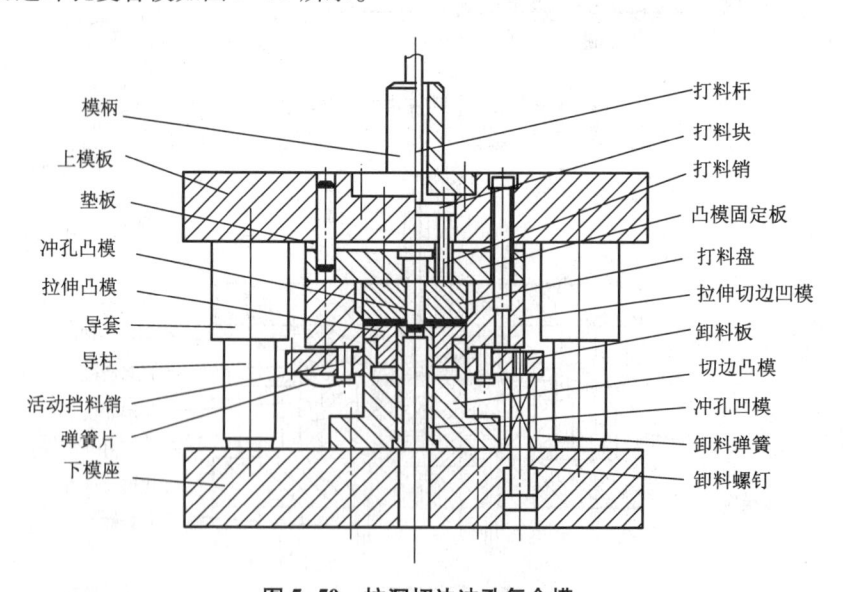

6) 拉深切边冲孔复合模

拉深切边冲孔复合模如图5-50所示。

图5-50 拉深切边冲孔复合模

其弹性卸料机构装在下模,用活动挡料销对坯料进行定位。上模下行时,拉深凸模与拉深切边凹模完成拉深,拉深切边凹模与切边凸模完成切边,冲孔凸模与冲孔凹模完成冲孔。冲孔废料由冲孔凹模中落下,卡在切边凸模上的切边废料由卸料板卸下,卡在拉深切边凹模中的制件由打料块推出。本结构适用于拉深高度不大的零件。

7) 单动压力机落料、正反拉深、冲孔和翻边复合模

图 5-51 所示的模具复合了落料、正拉深、反拉深、冲孔、翻边等多道冲压工序。其工作过程为:条形板料沿固定卸料板下面的定位槽送进定位,上模下行,落料拉深凸凹模与落料凹模完成落料工序。压边顶件圈在压力机气垫作用下,通过顶料杆获得压力,实现压边。上模继续下行,落料拉深凸凹模与拉深凸凹模进行正拉深,随后拉深冲孔凸凹模与拉深凸凹模进行反拉深,反拉深到要求的高度时,冲孔凸模与拉深冲孔凸凹模完成冲孔。上模继续下行,拉深冲孔凸凹模对制件底部进行翻边,制件完成成形。冲孔废料由拉深冲孔凸凹模的孔中落下。上模回程时,固定卸料板卸下落料拉深凸凹模上的条形废料,中心打料杆卸下卡在拉深冲孔凸凹模洞口中的冲孔废料,压边顶料圈顶出拉深凸凹模上的制件,若制件卡在落料拉深凸凹模和拉深冲孔凸凹模之间,可由打料杆、打料块和打料销推出。

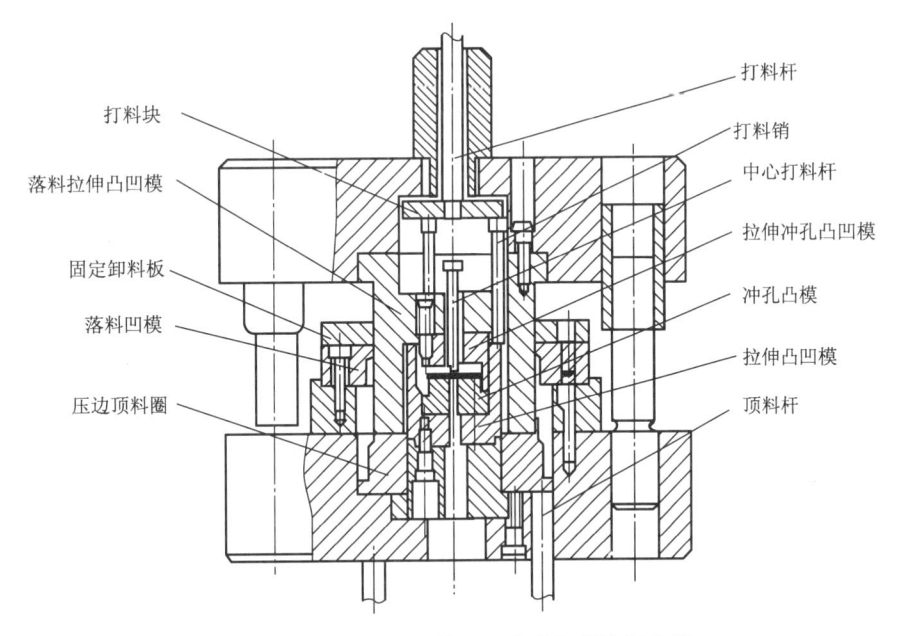

图 5-51 落料、正反拉深、冲孔和翻边复合模

4. 双动压力机拉深模

双动压力机大型零件拉深模如图 5-52 所示。

凸模通过螺钉销钉固定在凸模座上,凸模座与压力机内滑块紧固;压边圈用螺钉和压板紧固在压力机外滑块上;压边圈和凸模通过导向板保持两者之间的位置;凹模用螺钉和压板紧固在工作台上。

模具工作过程为:薄板送料机(或人工)通过滑道把平板坯料送入模具内,此时顶料支撑装置已升高至定位平面,可以支撑板料防止下塌,定位装置可保证其位置正确。外滑块首先下行,将坯料压住完成压边,接着内滑块下行进行拉深;拉深完毕后内滑块带动凸模首

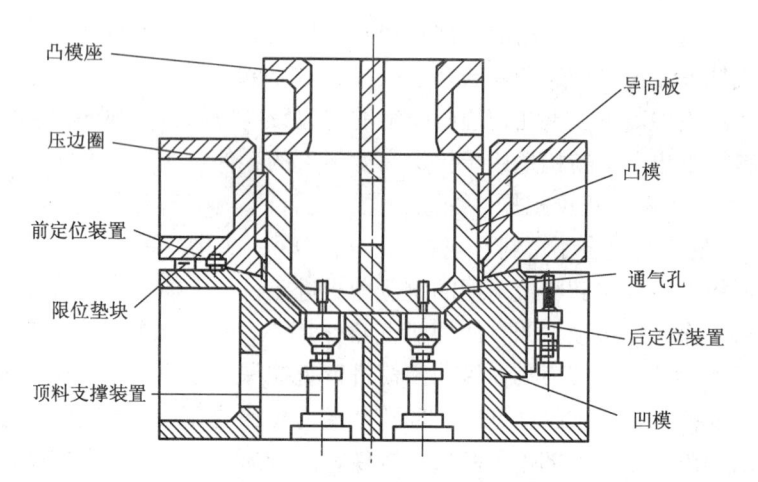

图 5-52 双动压力机大型零件拉深模（凸模导向）

先回程，然后压边圈回程，以上内、外滑块的动作次序由双动压力机本身提供。模具中的顶料支撑装置将制件从凹模中顶出，也可以用由压力机驱动的顶件装置将制件从凹模中顶出。由于压边圈和凹模之间没有导向，拉深时在水平或侧向力的作用下上下模之间易发生错移，因此多用于凹模表面比较平的情况。

图 5-53 所示的双动压力机拉深模与图 5-52 有所不同。采用拉延筋增加局部流动阻力，可以使坯料易于变形的长直边部分和难于变形的角部在变形程度上趋向均匀；定位板对坯料定位；压边圈和凹模之间采用导向板导向，可以克服拉深过程中水平或侧向力带来的影响，多用于易产生水平或侧向推力的倾斜凹模表面和特殊形状零件的拉深。

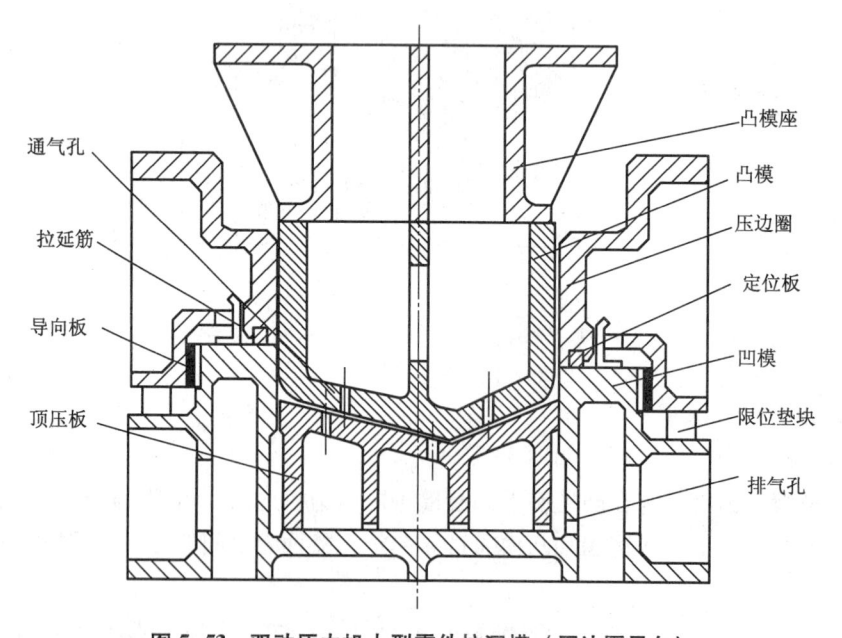

图 5-53 双动压力机大型零件拉深模（压边圈导向）

学习单元三　阶梯形状零件的拉深

☞ 目的与要求：
了解阶梯圆筒形件的拉深变形特点及工艺计算。
☞ 重点与难点：
阶梯圆筒形件的拉深变形特点及工艺计算。

阶梯圆筒形件的拉深相当于圆筒形件多次拉深的过渡状态（如图5-54所示）。即圆筒形件各次拉深时不拉到底就得到阶梯形体，故阶梯圆筒形件拉深的变形特点与圆筒形件拉深的特点相同。但由于其形状相对复杂，因此拉深工艺的设计与直壁圆筒形件有较大的区别，主要表现在拉深次数及拉深方法上。

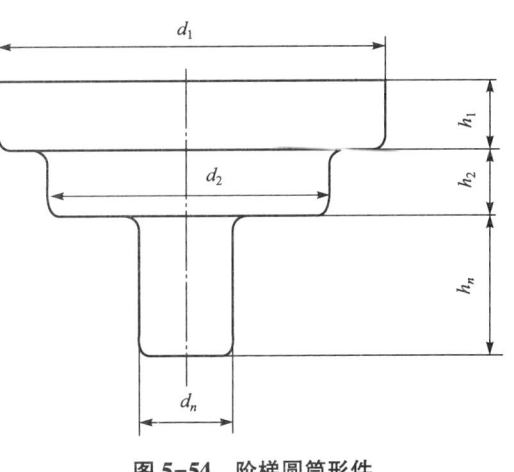

一、拉深次数的确定

判断阶梯形件能否一次拉成，主要根据零件的总高度与最小阶梯筒部的直径之比值 h/d_n 是否小于相应圆筒形件第一次拉深所允许的相对高度 h/d_n，即

$$(h_1+h_2+h_3+\cdots+h_n)/d_n \leq h/d_n \tag{5-42}$$

图 5-54　阶梯圆筒形件

式中　h_1，h_2，h_3，$\cdots$，h_n——各个阶梯的高度，mm；
　　　d_n——最小阶梯筒部的直径，mm；
　　　h——直径为 d_n 的圆筒形件第一次拉深时可能得到的最大高度，mm；
　　　h/d_n——第一次拉深允许的相对拉深高度，由表5-9查出。
若上述条件不能满足，则该阶梯件需多次拉深。

二、拉深方法的确定

多次拉深的阶梯形件，其方法如下。
（1）当任意两相邻阶梯直径的比值 $d_n/d_{(n-1)}$ 均不小于相应的圆筒形件的极限拉深系数时，其拉深方法：先从大阶梯开始拉深，每次拉深一个阶梯，依次拉深到最小阶梯，拉深次数即等于阶梯数。

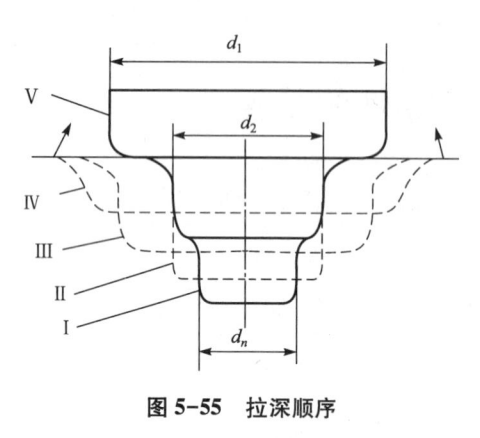

(2) 当某相邻两阶梯直径的比值 d_n/d_{n-1} 均小于相应圆筒形件的极限拉深系数时，则由直径 d_{n-1} 到 d_n 的拉深，按宽凸缘件的拉深工序尺寸计算，如图 5-55 所示，其拉深的顺序为由小阶梯到大阶梯依次拉出，因 d_2/d_1 小于相应的圆筒形极限拉深系数，故用Ⅳ，Ⅲ，Ⅱ工序三次拉深出 d_2 后，再用工序Ⅴ拉出 d_1 来。

(3) 若最小阶梯直径 d_n 过小，即 $d_n/d_{(n-1)}$ 过小，h_n 又不大时，最小阶梯可用胀形法得到。但材料变薄，影响零件质量。

图 5-55 拉深顺序

(4) 若阶梯形件较浅，且每个阶梯的高度又不大，但相邻阶梯直径相差又较大而又不能一次拉出时，可先拉成圆形或带有大圆角的筒形，最后通过整形得到所需零件，如图 5-56 所示。

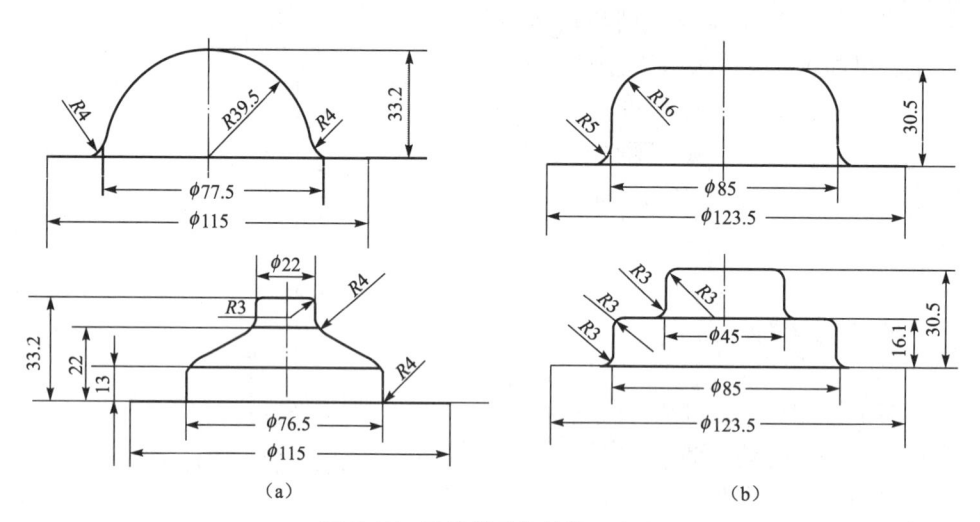

图 5-56 浅阶梯形件的拉深方法
(a) 球面形状；(b) 大圆角形状

学习单元四　曲面形状零件的拉深

☞ **目的与要求：**
1. 掌握曲面形状零件拉深变形的特点。
2. 了解各类曲面形状零件的拉深方法。
3. 理解提高曲面形状零件成形质量的措施。

> ☞ **重点与难点：**
> 1. 曲面形状零件拉深变形的特点。
> 2. 提高曲面形状零件成形质量的措施。

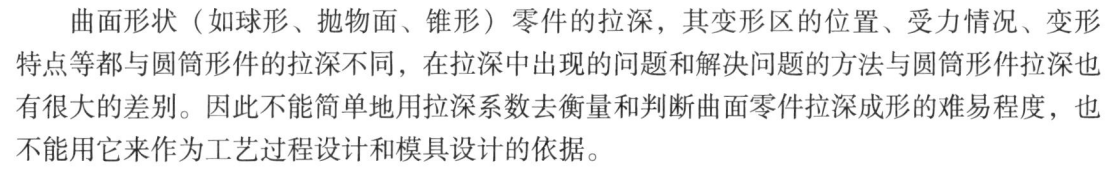

曲面形状（如球形、抛物面、锥形）零件的拉深，其变形区的位置、受力情况、变形特点等都与圆筒形件的拉深不同，在拉深中出现的问题和解决问题的方法与圆筒形件拉深也有很大的差别。因此不能简单地用拉深系数去衡量和判断曲面零件拉深成形的难易程度，也不能用它来作为工艺过程设计和模具设计的依据。

圆筒形件零件拉深时变形的特点如下。

（1）变形区是坯料未拉入凹模的凸缘部分和凹模圆角处，在切边压应力的作用下产生切向压缩变形和径向伸长变形。

（2）传力区是已拉入凹模的直壁部分。

（3）其变形程度受传力区承载能力的限制，而且都可以直接或间接地用拉深系数控制其变形程度，并以拉深系数作为工艺计算和模具设计的依据。

（4）拉深中出现的主要问题是拉裂和起皱，克服拉裂和起皱的主要办法是正确确定拉深系数和采用适当的压边装置积压边力。

一、曲面形状零件的拉深特点

1. 曲面形状零件的成形过程

以球形零件拉深变形举例说明曲面形状零件拉深变形的特点。

图 5-57 所示是球形零件拉深成形的过程。凸模向下运动接触坯料，位于顶点 O 及其附近的金属首先开始变形而贴紧凸模，凸模继续向下运动，中心附近以外的金属以及压边圈下面的环形部分金属也逐步产生了变形，并由里向外贴紧凸模，最后形成了凸模表面一致的球形零件。

2. 曲面形状零件的成形特点

在圆筒形件的拉深过程中，坯料的变形区仅仅限于凸缘区和凹模圆角处。而在球面形状零件的拉深过程中，为使平板坯料变成球面形件，不仅要求凸缘区（图 5-57 中 AB）和位于凹模圆角处的材料产生与圆筒形件拉深时相同的变形，而且还要求中间部分（图 5-57 中 OB）的材料也成为变形区由平面变成曲面，因此整个坯料都是变形区，而且在很多情况下中间部分反而是主要变形区。

在球面形状零件的拉深过程中，整个变形区内的变形性质是不同的，坯料凸缘区及凹模圆角处的应力应变状态与圆筒形件拉深时相同；而中间部分的受力和变形情况则比较复杂，在凸模顶点及其附近的坯料处于双向（切向和径向）受拉的应力状态（图 5-57），从而产生厚度变薄表面积增大的胀形变形。

在变形前坯料的位于凸模顶点附近取一点 D，假设拉深变形过程中坯料厚度不发生变化，按理论计算，变形后 D 点应该在 D_1 点贴紧凸模，但由于在拉深变形过程中，材料要变薄，故变形后 D 点处于 D_2 点或 D_3 点甚至更外的位置贴紧凸模。这充分说明这个区域确实属于胀形变形区。随着与凸模顶点的距离加大，切向拉应力逐步减小，且当距离超过一定界限后切向拉应力变为零，随后变成切向压应力，这一定界限就是指切向应力为零，既不伸长又不缩短的部位。一定界限之外直至压边圈下的凸缘区都是在切向压应力和径向拉应力的作用下，产生切向压缩、径向伸长的变形，这种变形通常称"拉深变形"。由此可见球面形状零件的拉深成形是胀形和拉深变形的复合变形。一定界限的位置是随着压边力等冲压条件的变化而变化的。

从球面形状零件的成形过程中可以看出，刚开始拉深时，中间部分坯料几乎都不与模具表面接触，即处于"悬空"状态。随着拉深过程的进行，悬空状态部分虽有逐步减少，但仍比圆筒形件拉深时大得多。坯料处于这种悬空状态，抗失稳能力较差，在切向压应力作用下很容易起皱。这个现象常成为球面形状零件拉深必须解决的主要问题。另一方面，由于坯料中的径向拉应力在凸模顶部接触的中心部位上最大，因此，球面中心部位的破裂仍是这类零件成形中需要注意的另一个问题。

抛物面零件：是母线为抛物线的旋转体空心件。

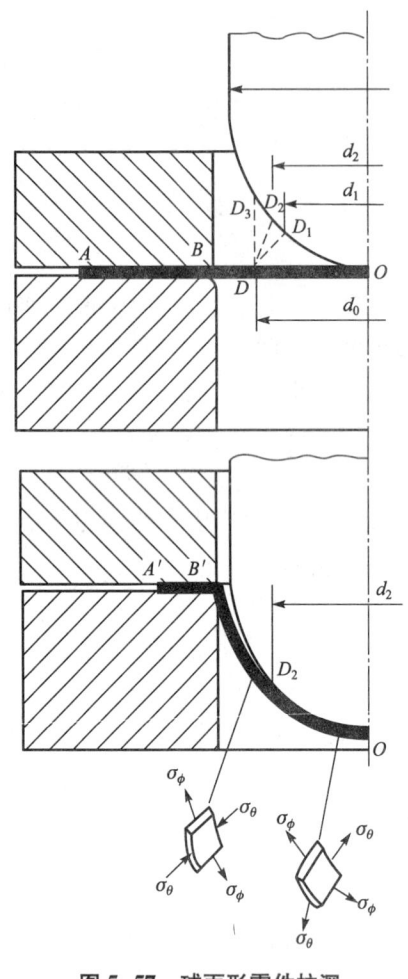

图 5-57 球面形零件拉深

其拉深时和球面形状一样，材料处于悬空状态，极易发生起皱。但抛物面零件的拉深和球面形状又有所不同，半球面形状零件的拉深系数为一常数，而抛物面零件由于母线形状复杂，拉深时变形区的位置、受力情况、变形特点等都随零件形状、尺寸的不同而变化。

锥形零件的拉深与球面形状零件一样，除具有凸模接触面积小、压力集中、容易引起局部变薄及自由面积大、压边圈作用相对减弱、容易起皱等特点外，还由于零件口部与底部直径差别大，回弹现象严重，因此锥形零件的拉深比球面形状零件更为困难。

由此可见，曲面零件拉深时，坯料环形部分和中间部分的外缘具有拉深变形的特点，而坯料最中间的部分却具有胀形变形的特点，这两者之间的分界线即为应力分界圆。可以说曲面零件的拉深变形是拉深和胀形两种变形方式的复合。

3. 提高曲面形状零件成形质量的措施

曲面零件拉深成形的关键问题是如何防止起皱，在生产中常采用增大中间部分胀形区的方法，通过加大了坯料凸缘部分的变形抗力和摩擦力，从而增大了径向拉应力，降低了中间部分坯料的切向压应力，增大了中间部分胀形区，从而起到了防皱的作用。

具体措施如下。

（1）加大坯料直径这种防皱简单，但增加材料消耗，建议尽量不采用。

（2）加大压边力，甚至采用压边筋。

（3）采用反拉深。

曲面形状零件拉深时，为保证凸缘部分和中间部分坯料都不起皱，按中间部分不起皱的要求，平面压边圈所需要的压边力可按下式计算

$$F_Y = \frac{\pi}{4}(D^2 - d^2)p \tag{5-43}$$

式中　F_Y——压边力；

　　　D——坯料直径；

　　　d——坯料球面部分的直径；

　　　p——凸缘上单位面积压料力，p 值可查表 5-18。

表 5-18　凸缘上的单位面积压料力 p（初始）　　　MPa

$\dfrac{D}{d}$	坯料相对厚度（t/D）×100	
	0.6~1.3	0.3~0.6
1.5	3~3.5	5~6
1.6	1.7~2.2	3.5~4.5
1.7	1.0~1.5	1.5~3
1.8	1.0~1.2	0.7~1.5

注：本表中的数据是按在压料部分不用润滑的条件下得到的试验结果；如果用润滑时，表中数据应提高 50%~100%。本表适用于厚度为 0.5~2mm 的低碳冷轧钢板，冲压半球形。

采用带压边筋的拉深模（图 5-58）这种模具在拉深时，板料在压边筋上弯曲和滑动，增大了进料的摩擦，压边筋的结构形状有圆弧形的（图 5-58）、阶梯形的（图 5-59），其中阶梯形的又称压边槛，它在拉深时对板料滑动的阻力较大。改变压边筋的高度、压边筋的圆角半径和压边筋的数量及其布置可以达到调整径向拉应力和切向压应力值的大小。

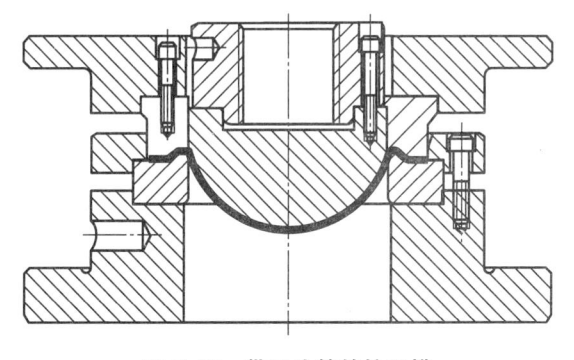

图 5-58　带压边筋的拉深模　　　图 5-59　压边筋

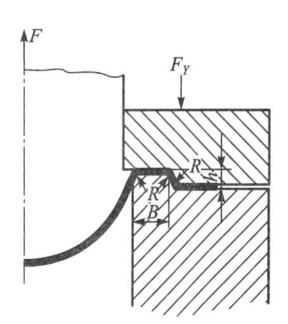

压边筋可以设在凹模上（图 5-58），压边圈上开出相应的凹槽；也可设在压料圈上（图 5-60），凹模上开出相应的凹槽。后一种形式用于大型覆盖零件的拉深模，便于坯料定位。

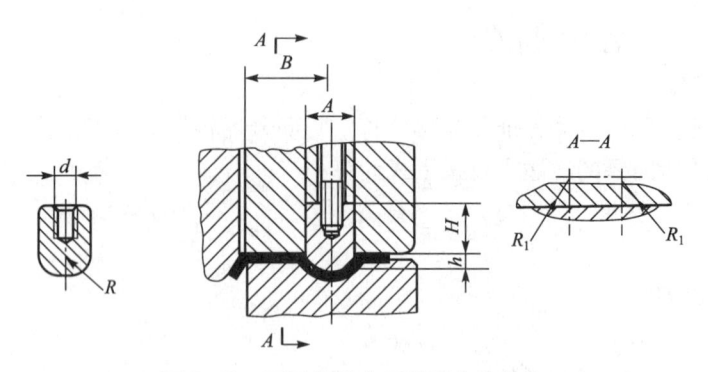

图 5-60　压边筋设在压料圈上的结构

为了便于加工和调整，压边筋常作成嵌件嵌入压边圈中（图 5-60）。压边筋有关尺寸可参考表 5-19。其中压边筋高度尺寸和圆弧半径很重要，一般在试模中需要加以调整和修磨，借以调整沿冲件周边各部位上的径向拉应力。

表 5-19　压边筋尺寸　　　　　　　　　　　　　　　mm

用途	尺寸						
	A	R	B	h	R_1	H	d
大型	20	10	32~38	8	150	—	M8
大中型	16	8	28~35	7	150	—	M6
中小型	14	7	25~32	6	125	—	M4

采用反拉深方法拉深原理如图 5-61 所示。图 5-61（a）为汽车灯前罩，经过多次拉深，逐步增大高度，减少顶部曲率半径，从而达到零件尺寸要求，从而达到零件尺寸要求。图 5-61（b）为圆筒形件的反拉深。图 5-61（c）为正、反拉深，用于尺寸较大，板料薄的曲面形状零件的拉深。

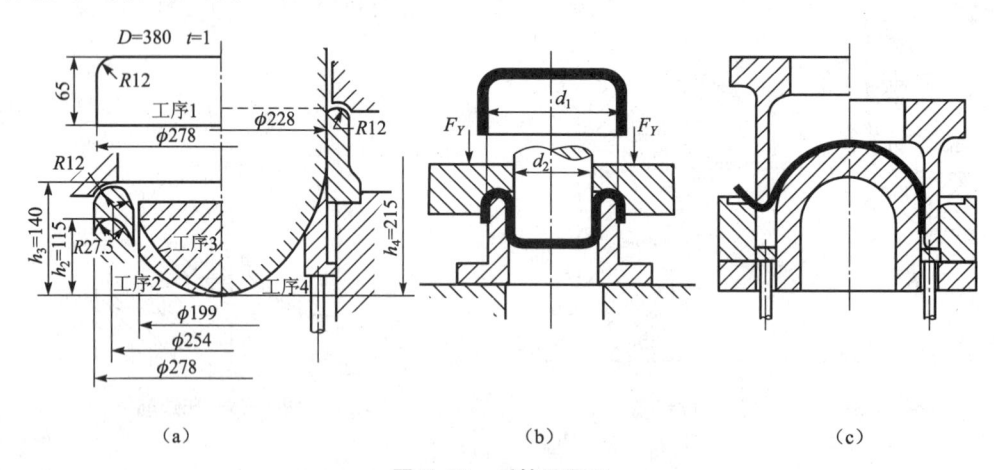

图 5-61　反拉深原理
(a) 汽车灯前罩反拉深；(b) 圆筒形件反拉深；(c) 正、反拉深

反拉深时，由于坯料与凹模的包角为 180°（一般拉深为 90°），所以增大了材料拉入凹

模的摩擦阻力,使劲向拉应力增大,切向压应力减少,材料不容易起皱。同时由于反拉深过程坯料侧壁反复弯曲次数少,硬化程度较小,所以反拉深的拉深系数可比正拉深降低 10%~15%。

反拉深的凹模壁厚尺寸决定于拉深系数,如果拉深系数大,则凹模壁厚小,强度低。反拉深的凹模圆角半径也受到两次拉深工序件直径差的限制,最大不能超过直径差的1/4(即 (d_1-d_2)/4),所以反拉深不适用于直径小而厚度大的零件,一般用于拉深尺寸较大、板料较薄($t/D<0.3\%$)的零件,如图 5-62 所示。

反拉深所需的拉深力,比正拉深大 10%~20%。采用增大中间部分胀形区的方法,虽可以防皱但可能导致凸模顶点附近材料过分变薄甚至破裂,即防皱却带来拉裂的倾向。所以,在实际生产中必须根据各种曲面零件拉深时具体的变形特点,选择适当的防皱措施,正确确定和认真调整压料力和压料筋的尺寸,以确保拉深件的质量。

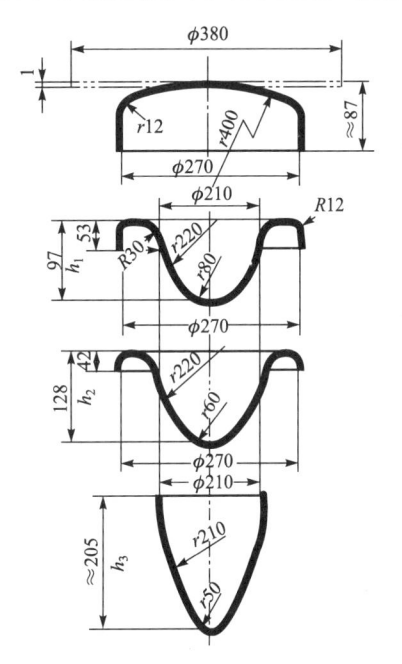

图 5-62 反拉深示例

二、球形件拉深方法

球面形状的零件可分为半球形件和非半球形件两大类(图 5-63)。

1. 半球形零件(图 5-63(a))

半球形零件的拉深系数为

$$m = \frac{d}{D} = \frac{d}{\sqrt{2}d} = 0.71 = 常数$$

可见半球形件拉深系数是一个与零件直径大小无关的常数。其值大于圆筒极限拉深系数。因此,不能以拉深系数作为设计工艺过程的依据。而以坯料的相对厚度 t/D 来确定拉深成形的难易程度和拉深方法。

半球形零件有以下三种成形方法。

(1) 当 $t/D>3\%$ 时,可用不带压料装置的简单拉深一次拉深成功(图5-64)。以这种方法拉深,坯料贴膜不良,需要用球形底凹模在拉深工作行程终了时进行整形。

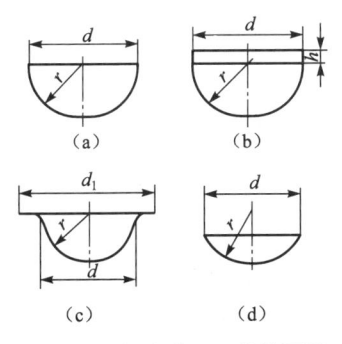

图 5-63 各种球面形状的零件

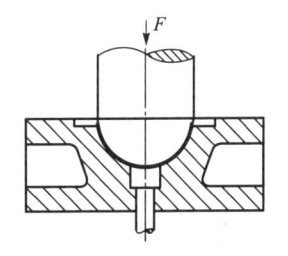

图 5-64 不带压料装置的球形件拉深模

(2) 当 t/D 为 0.5%~3% 时，采用带压料装置的拉深模进行拉深。

(3) 当 $t/D<0.5\%$ 时，采用由压边筋的拉深模或反拉深方法进行拉深。

对于带有高度为 $(0.1~0.2)d$ 的圆筒直边（图 5-63（b））或带有宽度为 $(0.1~0.5)d$ 的凸缘的非半球面零件（图 5-63（c）），虽然变形程度有所增大，拉深系数有所降低，但坯料直径加大，变形抗力和摩擦力增加，导致径向拉应力加大，中间部分胀形区加大，因此反而对对球面的成形有一定的好处。同理，对于不带凸缘和不带直边的球形零件的表面质量和尺寸精度要求较高时，可加大坯料尺寸，形成凸缘，在拉深之后再切边。

2. 高度小于球面半径的浅球零件（图 5-63（d））

这种零件在拉深成形时，其具体工艺按几何形状可分为以下两类。

(1) 当坯料直径 $D \leq 9\sqrt{rt}$ 时，可以不压料，常采用球形底的凹模一次成形。此时毛坯不易起皱，但成形时毛坯容易带动，而且卸载后还会有一定的回弹。

(2) 当坯料直径 $D>9\sqrt{rt}$ 时，起皱现象十分严重，应加大坯料直径，并用强力压料装置或带压料筋的模具进行拉深，以克服回弹并防止坯料在成形时产生偏移。多余的材料，可在成形后切边。

三、锥形件拉深

锥形件的拉深与球形件拉深一样，如图 5-65 所示。开始拉深时，凸模与毛坯接触面积小，压力集中，坯料容易产生局部变薄；又由于自由面积大，压边面积小，易使工件起皱；同时，工件底部与口部尺寸差别很大，拉深后回弹现象严重。因此，拉深深锥形件要比球形件更困难。一般根据锥形件的相对高度 h/d，锥度 2α 和毛坯相对厚度 $(t/D)\times100$ 来确定锥形件的拉深方法。

锥形件的拉深形式分为以下三类：

1. 低锥形件

当零件相对高度 h/d 为 0.1~0.25 和 α 为 50°~80° 时，称为低锥形件，如图 5-66（a）所示。这类制件的拉深变形程度不大，但易产生回弹。因此必须采用压边圈或带拉深筋的凹模，以增加压边力，减少回弹，如图 5-66 所示，通常这类制件只需一次拉深便可成形。

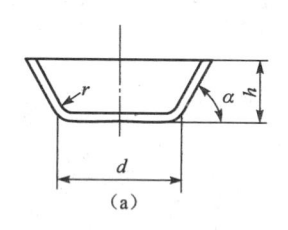

图 5-65 锥形拉深件

2. 中锥形件

当零件相对高度 h/d 为 0.3~0.7 和 α 为 15°~45° 时，称为中锥形件，如图 5-66（b）所示。这类制件大多数可一次拉深成形，只有少数需几次拉深，所用的凸、凹模之间具有很大的间隙，该处的材料受不到压边圈的作用而处于自由状态，起皱便成为主要问题。因此，需根据毛坯的相对厚度$(t/D) \times 100$,采取不同的防皱措施进行拉深。

(1) 相对厚度$(t/D) \times 100 \geqslant 2.5$的坯料,可一次拉深,不用压边圈,但工作行程终了时应镦底整形,如图 5-67 所示。

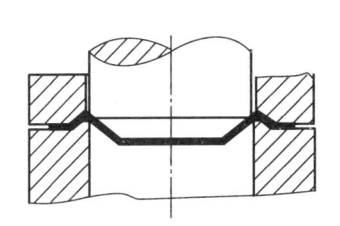

图 5-66 带拉深筋的锥形件拉深模

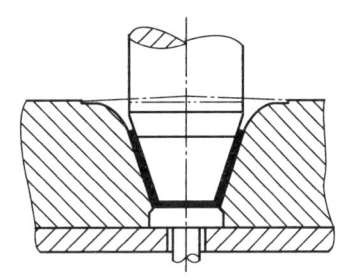

图 5-67 镦底整形拉深模

(2) 相对厚度$(t/D) \times 100$为 1.5~2.5 的坯料,也可一次拉出,但为了防止起皱,需要使用压边圈,并在工作行程末,进行镦压校形,使之外形平整。

(3) 相对厚度$(t/D) \times 100 < 1.5$的坯料或带有凸缘的锥形件,需要二次或三次拉深。其工序尺寸的计算与圆筒形件相似,但拉深系数取上限。这类制件往往先拉深成面积相等的、带有大圆角的简单圆筒形或半球形,然后拉深成所要求的锥形件。也可采用反拉深方法,如图 5-68 所示。

3. 高锥形件

如图 5-65c 所示,相对高度 $h/d > 0.8$ 和 α 为 10°~30°时

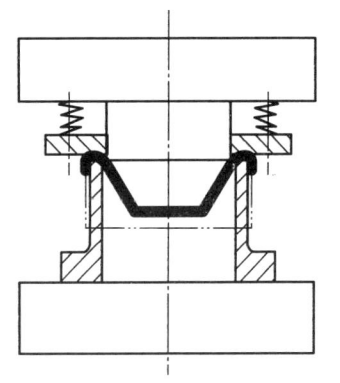

图 5-68 反拉深锥形件

的锥形件,称为高锥形件。这类制件需多次拉深成形。因为这类零件深度太大,需用强力压边装置来防止起皱,相应地引起了严重的局部变薄甚至拉裂现象。带凸缘件需先拉深出凸缘尺寸并保持不变,然后按面积相等的原则拉深锥形。拉深方式有以下两种。

(1) 母线和轴线夹角 $\alpha \leqslant 10°$ 的工件,可用两道工序拉成,第一道工序拉深成带有凸底的圆筒形,第二道工序采用正拉深或反拉深成形。采用这种工艺,工件大小端直径的比值可参见表 5-20 所示。

表 5-20 锥形件大小端许用直径比

相对厚度 $(t/d_1) \times 100$	0.25	0.50	1.0	2.0
比值 d_2/d_2^-	0.90	0.85	0.80	0.75

注:d_1——上道工序半成品件直径,d_2——锥形件小端直径,d_2^-——锥形件大端直径。

(2) 母线与轴线夹角较大的工件,需多次拉深才能完成,常用的方法有两种。

阶梯法:坯料逐次工序拉深成阶梯形,阶梯的外形与制件的内形相切,最后整形,达到制件要求,如图 5-69 所示。该法工序多,制件壁厚不均匀,印痕难消除,表面质量不光洁,故很少采用。

锥面增大法:如图 5-70 所示,为了得到光滑平整的表面,首先将平板毛坯拉深成直

径等于锥体大端直径的圆筒形，其面积等于或略大于制件的面积，随后各道工序拉深圆锥面，逐步增加高度，最终达到制件要求。该法在生产中应用较多。

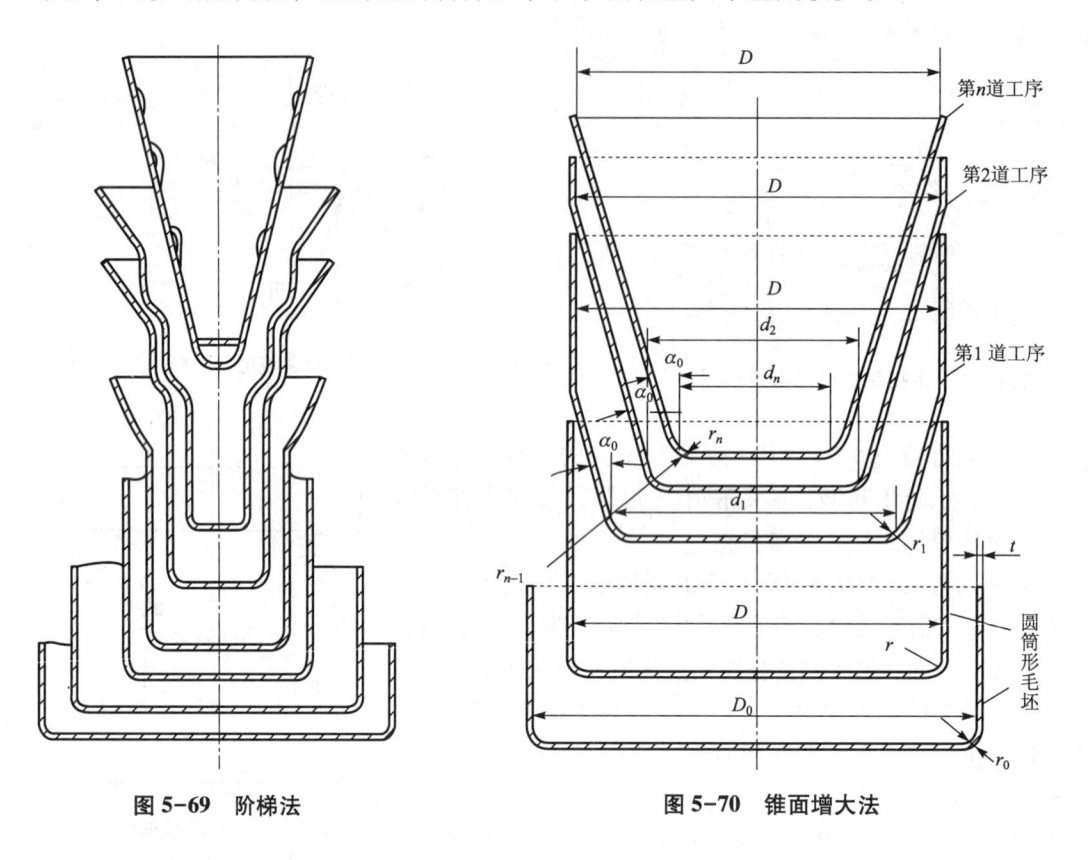

图 5-69 阶梯法

图 5-70 锥面增大法

四、抛物线形件拉深

抛物线形件的拉深，按其相对高度 h/d（h 为工件高度，d 为工件直径）不同，可以分为以下两种情况。

1. 浅抛物线形件

相对高度 $h/d<0.6$ 的制件称为浅抛物线形件，其拉深特点基本与半球形件相同，因此拉深方法按球形件进行。

2. 深抛物线形件

相对高度 $h/d>0.6$ 的制件称为深抛物线形件，该件均需多次拉深，拉深方法有以下三种。

1）阶梯成形法

根据圆筒形件的拉深系数进行计算，首先拉深到近似工件大端直径，保持拉深直径不变，逐次拉深成近似工件的阶梯圆筒形，使各阶梯的内形和制件的外形相切，最后稍微胀形使之成形的方法，称为阶梯成形法，如图 5-71 所示。该法适用于相对高度 $h/d>1$ 的制件，但拉深件的表面不平整、厚度不均匀。

2）曲面增大法（又称相似法）

根据圆筒形件的拉深系数，计算各次拉深的工序尺寸，逐次拉深加大曲面，使之逐渐接近制件形状，最后拉成所要求零件的方法，如图 5-72 所示。该法适用于相对高度 $h/d>1$ 的拉深件，并可以得到平整光滑的表面。

3）反拉深法（如图 5-72 所示）

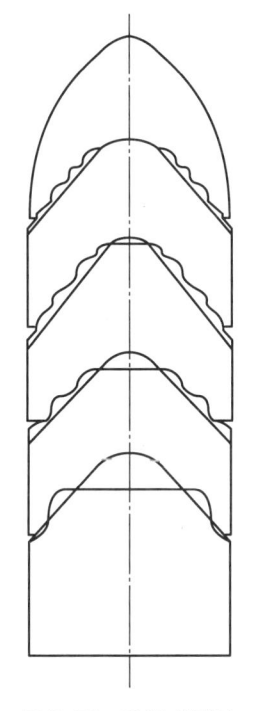

图 5-71　阶梯成形法

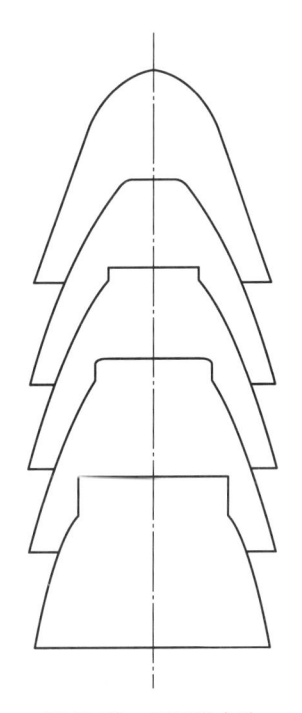

图 5-72　曲面增大法

思考题

1. 什么是拉深？拉深在冲压生产中有何用途？
2. 拉深变形的特点是什么？
3. 什么是拉深的危险断面？它在拉深过程中的应力与应变状态如何？
4. 试述产生起皱的原因及消除方法。
5. 影响拉深时坯料起皱的主要因素是什么？防止起皱的方法有哪些？机理是什么？
6. 什么是拉深系数？拉深系数对拉深有何影响？
7. 影响拉深系数的因素有哪些？
8. 筒形件的拉深有什么特点？
9. 有凸缘圆筒形件拉深与无凸缘筒形件拉深的本质区别是什么？
10. 为什么说盒形件比圆筒形件（同等截面周长）的拉深变形要容易？

模块六　其他冲压成形工艺

☞ **内容提要：**
在掌握冲裁、弯曲、拉深成形工艺与模具设计的基础之上，本章介绍其他成形工艺特点和模具结构特点。涉及胀形、翻边、缩口、校形等成形工序的变形特点、工艺与模具设计特点。同时，还介绍了冷挤压成形的工艺及模具设计要点。

学习单元一　胀　　形

☞ **目的与要求：**
1. 了解胀形工序的变形特点。
2. 了解胀形模的结构特点。

☞ **重点：**
胀形工序的变形特点、工艺计算和模具结构特点。

☞ **难点：**
胀形工序的变形特点和工艺计算。

胀形： 利用模具迫使板料厚度减薄和表面积增大，以获取零件几何形状的冲压加工方法。

冲压生产中的起伏成形、圆柱形空心毛坯的凸胀成形、波纹管的成形等均属于胀形成形方式。汽车覆盖件等形状复杂的零件成形也常常包含胀形成分。

一、平板的胀形

在平板毛坯上进行胀形加工的通俗名称很多，例如压窝、压加强筋、打包、凸起、起伏成形等，但它们的变形力学特点是相同的，同属于胀形。

1. 胀形的变形特点

图 6-1 所示为在平板毛坯的局部压窝坑的胀形模，在结构上可与首次拉深模完全相同，

但变形特点却完全不同，当毛坯直径 D 超过工件直径 d 的 3 倍以上时，成形时凹模口部以外的凸缘区材料已无法流入凹模内，即拉深变形已不可能，塑性变形只局限于凹模口部以内的部分材料范围之内，这就是胀形。

胀形变形是依靠变形区部分板料厚度变薄、表面积增大来实现的。胀形时变形区内的材料不可能向变形区外转移，通常变形区外的材料也不向变形区内补充。

胀形时变形区的应力状态为双向受拉应力，即径向应力 σ_r 和切向应力 σ_θ 均为拉应力，而板厚方向应力可视为零。变形区的应变状态为双向受拉伸、一向受压缩，即径向应变 ε_r 和切向应变 ε_θ 均为拉应变，而板厚方向应变 ε_t 为压应变。

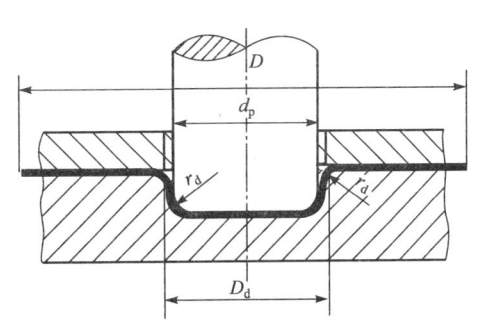

图 6-1　平板毛坯局部胀形示意图

径向和切向的伸长变形引起板厚的变薄，因此胀形属于伸长类变形。

胀形过程中不会产生失稳起皱现象，而且由于材料加工硬化作用，在胀形充分时工件表面很光滑。胀形的这些变形特点在一些板料的成形加工中很有用途，例如对于一个经多次拉深成形的工件，如果最后成形或整形时能带有一定的胀形变形，不仅可使工件表面光滑，而且可提高工件的尺寸精度。又如在复杂曲面件的拉深成形时，必须附加胀形变形，而且胀形要充分，才能防止起皱。

2. 平板毛坯胀形的变形程度

胀形的破坏形式是胀裂或胀破。对于某些产品的胀形件，即使不胀破，板厚过分变薄也是不允许的。因此平板毛坯局部胀形的极限变形程度可按截面最大相对伸长变形 ε_r 不超过工件材料许用伸长率 $[\delta]$ 的 70%~75% 来控制

$$\varepsilon_r = \frac{L-L_0}{L_0}(\%) \leq (0.7 \sim 0.75)[\delta] \tag{6-1}$$

式中　L_0、L——胀形前、后变形区截面长度；

　　　$[\delta]$——工件材料的许用伸长率；系数 0.7~0.75 可视胀形变形的均匀程度来选取，例如压加强筋时，截面为圆弧形时可取较大值，截面为梯形时应取较小值。

在生产中按式（6-1）核算胀形的变形程度并不方便，按胀形深度控制变形程度则更加直观。而且胀形深度与毛坯直径或毛坯宽度无关，因为胀形时变形区外的材料不向变形区内流动，这给核算变形程度带来了方便。但胀形深度除了受材料塑性影响以外，还要受到凸模形状、板料硬化指数 n 值及润滑情况等因素的影响。

1) 凸模形状

当用平头凸模胀形时，变形过分集中于凸模圆角区，能达到的胀形深度是很有限的。随着凸模圆角半径 r_p 的增大，变形得到缓和，胀形深度能有所增加。当用球头凸模胀形时，变形趋于均匀，胀形深度要比用平头凸模大些。

2) 硬化指数

硬化指数 n 值大的材料胀形时可避免变形过分集中，提高均匀变形程度，避免局部板厚过分变薄而过早破裂。因此硬化指数 n 值大的材料可以获得较大的胀形深度。

3）润滑情况

胀形时进行良好的润滑，也有使变形趋于均匀化的作用，使胀形深度能够增加。但润滑的部位应与拉深不同，在凹模圆角区进行润滑是没有意义的，润滑面应选在凸模与板料的接触部分，这是由胀形的变形特点所决定的。

采用平头凸模对塑性较好的低碳钢板、软铝板进行胀形所能达到的深度 h 见表6-1。采用球头凸模胀形能达到的深度 h 为：$h \approx d/3$，d 为胀形件的直径。在平板上压加强筋时，如果截面形状为圆弧形，可能达到的压筋深度 h 为压筋宽度 b 的30%左右，即 $h \leq 0.3b$。

表6-1 平头凸模的极限胀形深度 h

材 料 种 类	胀 形 深 度 h
软钢	≤（0.15~0.20）d
铝	≤（0.10~0.15）d
黄铜	≤（0.15~0.22）d

如果一个如图6-2（b）所示的平底胀形件的深度 h_2 超过了表6-1给出的极限值，可先用较大直径的球头凸模胀形，得到一个如图6-2（a）所示的工序件，最后用整形法达到工件所要求的形状和尺寸。如果采用上述两道工序仍不能达到工件所要求的深度，就必须适当降低工件的深度。

3. 平板毛坯胀形力的计算

采用刚性凸模对平板毛坯进行胀形时所需的胀形力 F 按下式估算：

$$F = KLt\sigma_b \text{（N）} \quad (6-2)$$

式中　L——胀形区周边长度，mm；

　　　t——板料厚度，mm；

　　　σ_b——板料抗拉强度，MPa；

　　　K——变形程度大小的系数，一般取 0.7~1。

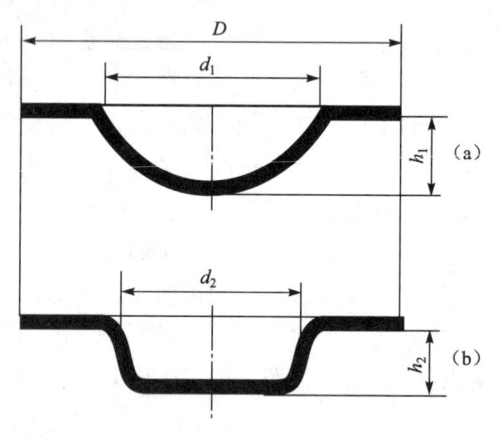

图6-2 深度较大工件的胀形法示意图
（a）先胀形；（b）后整形

在曲柄压力机上对板厚小于 1.5 mm、成形面积小于 200 mm² 的小件压加强筋时，如在成形后进行校形，所需冲压力 F 按下式计算：

$$F = AKt^2 \quad (6-3)$$

式中　A——成形区的面积，mm²；

　　　t——板料厚度，mm；

　　　K——系数，对于钢为 200~300 N/mm⁴，对于铜、铝为 150~200 N/mm⁴。

二、空心毛坯的胀形

空心毛坯的胀形：是将空心工序件或管状毛坯沿径向往外扩张的冲压工序，如壶嘴、皮带轮、波纹管、各种接头等。

1. 空心毛坯胀形的变形程度

对空心毛坯的胀形具有与平板毛坯胀形相同的变形特点，应力-应变状态也相同。但对空心毛坯的胀形，如图 6-3 所示对一段管子的凸肚胀形，如果管子的长度不是很长，胀形时管子的长度就会缩短。这表明胀形区以外的材料向胀形区内补充，使胀形区的径向拉伸变形得到缓和，而使切向的拉伸变形成为最主要的变形，胀破就是由于切向拉应变过大引起的。

为了不胀破，需限制切向最大拉应变 $\varepsilon_{\theta\max}$ 不超过材料的许用伸长率 $[\delta]$

$$\varepsilon_{\theta\max} = \frac{d_{\max} - d_0}{d_0} = \frac{d_{\max}}{d_0} - 1 \leq [\delta] \tag{6-4}$$

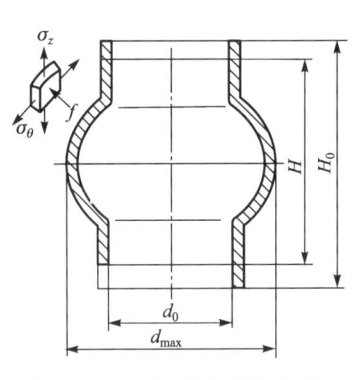

图 6-3 空心毛坯胀形示意图

令比值 $d_{\max}/d_0$ 为胀形系数 K：

$$K = d_{\max}/d_0 \tag{6-5}$$

按式（6-4）胀形系数 K 与材料的许用伸长率 $[\delta]$ 有如下关系

$$K \leq 1 + [\delta] \tag{6-6}$$

式中 d_0——胀形前工序件的初始直径；

$d_{\max}$——胀形后工件的最大直径。

由式（6-6）可见，胀形系数 K 可以表示胀形的变形程度。但材料的许用伸长率不能套用材料单向拉伸试验所得的伸长率，因为胀形时的应力状态与单向拉伸不同。表 6-2 给出了一些材料的许用伸长率 $[\delta]$ 和极限胀形系数 K 的实验值，可供设计时参考。

表 6-2 许用伸长率 $[\delta]$ 和极限胀形系数 K 的实验值

材　料	厚　度 /mm	材料许用伸长率 $\delta/\%$	极限胀形系数 K
高塑性铝合金	0.5	25	1.25
纯　铝	1.0	28	1.28
	1.2	32	1.32
	2.0	32	1.32
低碳钢	0.5	20	1.20
	1.0	24	1.24
耐热不锈钢	0.5	26~32	1.26~1.32
	1.0	28~34	1.28~1.34

2. 空心毛坯胀形工序件的计算

当胀形件留有不变形段时，工序件的直径就等于不变形段的直径。当胀形件全长都参与胀形时，如图 6-4（a）所示的凸肚形件，则胀形前工序件的直径 d_0 应稍小于工件小端直径 $d_{\min}$ 并可利用式（6-5），按表 6-2 允许的胀形系数 K 值，求得工序件直径 d_0。如果选用一段管材为胀形前的工序件,应将所计算的 d_0 值化为最靠近的标准管材的直径。两者相差较大时,应重新核算变形程度。

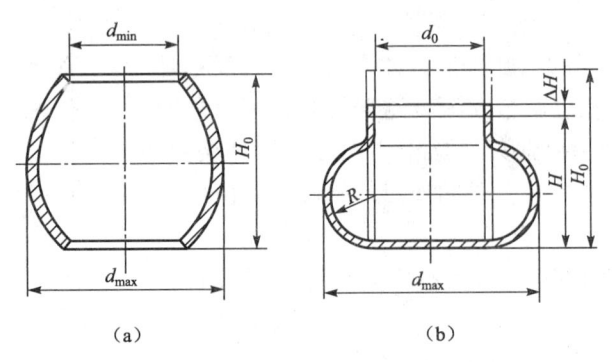

图 6-4 胀形工序件的尺寸计算示意图

对于一个具体的胀形件,其高度往往是有限的,胀形时两端一般不加固定,任其自由收缩,可以减小胀形区板厚的变薄程度。因此胀形工序件的高度或长度应比工件高度增加一收缩量,需切边时还需增加一切边余量。例如对于图 6-4(b)所示的凸肚胀形件,工序件高度 H_0 可按下式计算

$$H_0 = H[1+(0.3\sim0.4)\delta] + \Delta H \tag{6-7}$$

式中 H——胀形区母线展开长度;

ΔH——切边余量,一般取 5~15 mm;

δ——材料切向最大伸长率,见表 6-2。

其前面的系数 0.3~0.4 决定了收缩量的大小。

3. 空心毛坯胀形方法

对空心毛坯的胀形需通过传力介质将压力传至工序件的内壁,产生较大的切向变形,使直径尺寸增大。按传力介质的不同,空心毛坯的胀形可分为刚性凸模胀形和软模胀形两大类。

1) 刚性凸模胀形

刚性凸模胀形:采用普通金属凸模进行胀形。

图 6-5 所示为双动压力机用的整体凸模胀形模。工序件为直母线锥形筒,由板料弯曲成形并焊接制成。为了防止胀形时工序件下滑,造成工件大端缺料,胀形前先由压力机外滑块带动锥面压边圈 2 进行扩口压边,将工序件大端的一段压紧到凹模 3 上口的锥面上,工序件要相应留出工艺余量。然后压力机内滑块带动凸模 1 下行完成胀形。由于工件的曲母线比较平缓,成形后凸模能顺利从工件大端抽出,因此凸模可以采取整体式的结构。

采用整体式凸模对空心毛坯进行胀形加工的机会并不多,在多数情况下,凸模必须采取纵向分体式结构,胀形后才能顺利与胀形体分离。

图 6-6 所示为凸模纵向分体的胀形模。拉深制备的工序件由下凹模 7 定位,当上凹模 1 下行时,将迫使分体凸模 2 沿锥面导向轴 3 下滑,随着直径的增大而产生径向压力,在下止点处完成对工件底部两侧的胀形。在回程时,弹顶装置(图中未画出)的压力通过顶杆 6 和顶板 5 将分体凸模连同工件一起顶起。分体凸模在弹性卡圈 4 箍紧力的作用下,将始终紧贴着导向轴上升。同时直径不断减小,至上止点能保证胀形完的工件顺利从分体凸模上

抽出。

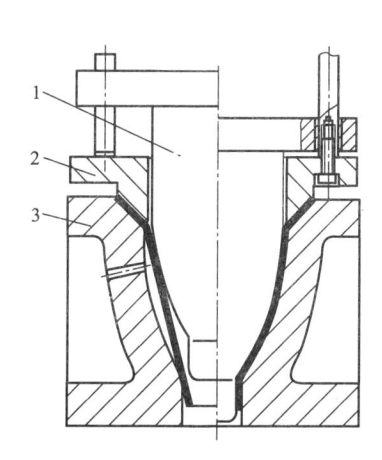

图 6-5 整体凸模胀形模示意图
1—凸模；2—锥面压边圈；3—凹模

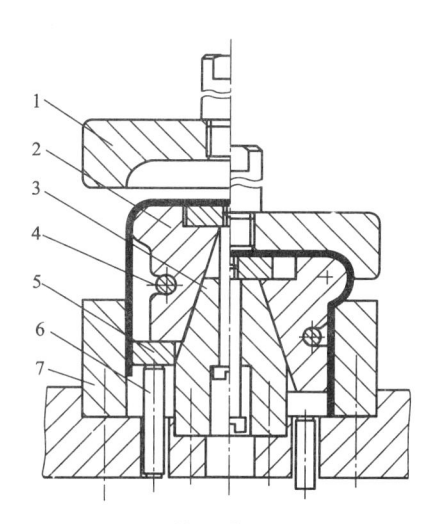

图 6-6 分体凸模胀形模示意图
1—上凹模；2—分体凸模；3—锥面导向轴；
4—弹性卡圈；5—顶板；6—顶杆；7—下凹模

刚性凸模胀形的优点是加工费用较低，但存在着严重的缺点。

（1）由于凸模是分体的，在下止点处完成最大胀形变形时，在分型面处将会出现较大的缝隙，使胀形件的质量变坏。

（2）受模具制造与装配精度的影响较大，很难获得尺寸精确的胀形件，工件表面很容易出现压痕。

（3）当工件形状复杂时，给模具制造带来较大的困难，工件质量更难以保证，因而使刚性凸模胀形的应用受到很大的限制。

2）软模胀形

软模胀形：是以气体、液体、橡胶及石蜡等作为传力介质，代替金属凸模进行胀形。

软模胀形的优点：板料的变形比较均匀，容易保证工件的几何形状和尺寸精度要求，而且对于不对称的形状复杂的空心件也很容易实现胀形加工。因此软模胀形的应用比较广泛，并具有广阔的发展前途。

（1）聚氨酯橡胶胀形。对于图 6-6 所示的凸肚形工件，采用图 6-7 所示的聚氨酯橡胶胀形模，模具结构将十分简单。该模具以浇注型聚氨酯橡胶棒 2 为凸模，其直径可比工序件内径小一点，以便能顺利放入工序件内。工序件在下凹模 3 与顶柱 4 之间的间隙处进行定位，并对工件不成形段起内、外支撑作用。当上凹模 1 下行时，在其压力作用下聚氨酯橡胶棒将产生变形，完成胀形加工。

聚氨酯橡胶棒为弹性体，在压缩量不超过 30% 的条件下不会产生永久变形，在回程卸载后仍能恢复原状。因此成形后的工件能与聚氨酯橡胶棒顺利分离，以便进行下一个工件的加工。

图 6-7 所示模具为倒装式结构，当管壁较薄时，如果外侧无支撑段较长，成形时有可能出现失稳起皱。因此聚氨酯橡胶胀形模常采取顺装式结构，可避免管壁失稳起皱。图 6-8 所示自行车中接头聚氨酯橡胶胀形模属于顺装式结构，管壁内、外均有支撑，成形时不会发生失稳起皱现象。

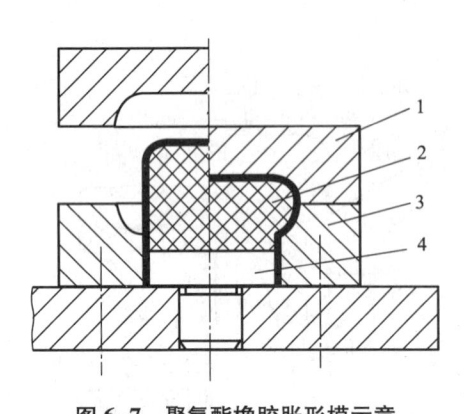

图 6-7 聚氨酯橡胶胀形模示意
1—上凹模；2—凸模；3—下凹模；4—顶柱

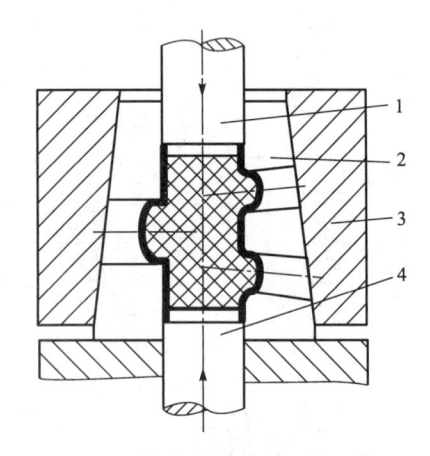

图 6-8 聚氨酯橡胶胀形模示意图
1—上压柱；2—凹模；3—锥套；4—下压柱

由于管坯长度有限，成形时沿长度方向有较大的收缩，因此这种胀形加工不是纯胀形，管坯长度需留出较大的工艺余量。上压柱 1 和下压柱 4 的端头均制成台阶形，开始胀形时小端直径先压缩聚氨酯橡胶棒，当大端直径接触管坯端头后，随胀形的进行将推动管坯产生轴向收缩变形，有助于材料的流动，使变形均匀些。

凹模 2 需制成分体式的，以管坯轴线与胀形孔轴线相交组成的平面为分型面，以便成形后能够取出工件。自行车中接头胀形模的凹模需分成三块，为了防止胀形时在分型面出现缝隙，用锥套 3 将凹模箍紧，凹模外形也制成相配合的锥形，半锥角一般不超过 6°以便能自锁。

聚氨酯橡胶棒的尺寸和硬度不仅影响胀形件的质量，而且影响其使用寿命。胶棒的直径需小于管坯的直径，但直径偏小时将增大橡胶的总压缩量，降低其使用寿命。聚氨酯橡胶的硬度偏小时，产生的单位压力较小，使其寿命降低。硬度偏大时，对压力机的冲击破坏作用将增大。聚氨酯橡胶硬度可选取邵氏 70~80A。胶棒的尺寸和硬度选取合适时，一个胶棒可加工 1 000 件以上，选取不合适时，一个胶棒胀形几十件就可能需要更换。因此在生产中应通过试验最后确定胶棒的尺寸和硬度，以求获得最佳的技术经济效果。

（2）液压胀形。采用图 6-9 所示的液压胀形模也可以加工管接头类工件。工作时先将管坯置于下凹模 3 之上，然后将上凹模 1 压下，拼合成完整的凹模。再将两顶轴 2 引入凹模

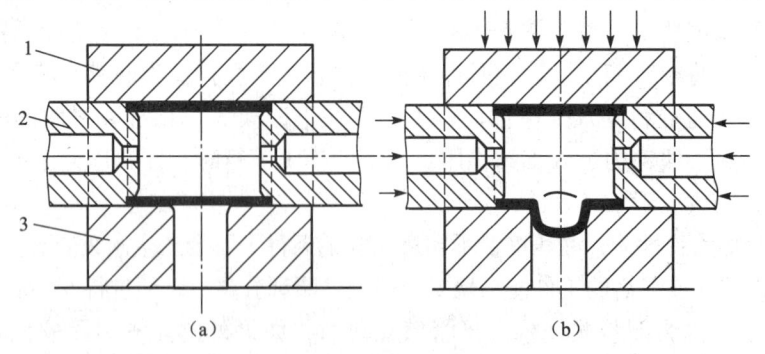

图 6-9 轴向加压液压胀形示意图
（a）胀形前；（b）胀形时
1—上凹模；2—顶轴；3—下凹模

内并顶住管坯的两端，如图（a）所示。图（b）表示由顶轴中心孔注入高压液体进行胀形的情形。胀形时管坯沿轴向有较大的收缩，两顶轴必须始终压紧管坯。因此这种胀形方法属于轴向加压的液压胀形，在胀形过程中管坯除内壁受压力作用外，两端还受较大的压力作用，与纯胀形相比较。可以提高胀形的变形程度，减小胀形件壁厚的变薄量。

图 6-10（a）所示为一种常见的波纹管。它是一种薄壁金属软管，在管路连接中能起到很好的缓冲作用，因此广泛用于飞机、火箭、化工设备等的管路系统中。

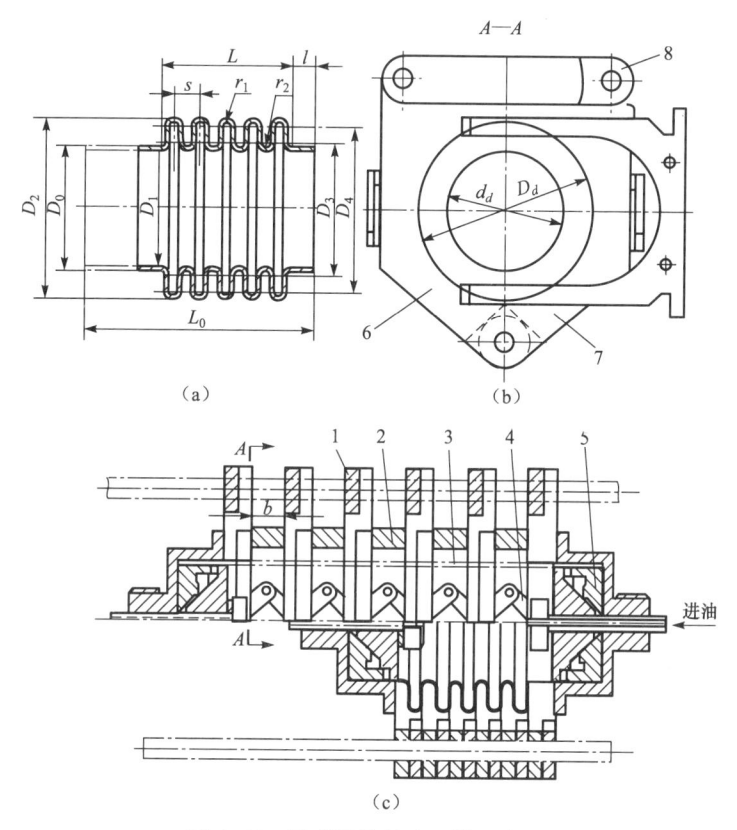

图 6-10　卧式波纹管胀形模示意图

1—模片；2—定位梳；3—管坯；4—铰链；5—弹性夹头；6—左模片；7—右模片；8—锁片

正规加工波纹管通常是在专用的卧式成形机上进行，采取轴向加压的液压胀形方法。因为波纹管的径向胀形量较大，随胀形的进行轴向必须产生较大的收缩变形，才能避免胀破或局部壁厚过分变薄。

图 6-10（c）表示了波纹管卧式液压胀形模的工作情形。模具的成形部分由若干片可移动的模片 1 串接组成，相互由铰链 4 连接起来。模片的数量按波纹数确定。串接模片的一侧为固定夹头，另一侧为可移动夹头，两模片间的距离与波纹尺寸有关，在两模片之间插入定位梳 2 进行轴向定距，可保证模片间的距离均匀一致。

图 6-10（b）表示了模片和定位梳的平面形状，模片由左模片 6、右模片 7 及锁片 8 组成。左、右模片合在一起时，可由锁片锁住，抬起锁片，可使左、右模片分开。

在开模状态装入管坯 3，两端由弹性夹头 5 夹紧。合上左、右模片并锁住后，由进油口注入高压油，使处在模片间的管壁产生胀形变形，形成大圆弧的初波。然后抽出定位梳，再边注入高压油胀形,边移动可移动夹头,使模片合拢。待全部模片都贴合时,就完成了波纹管的胀形。这时,为了减小回弹,提高波纹管的尺寸精度,可适当增加油压。卸压后,分开左、右模片,松开弹性夹头,移动可移动夹头,便可取出工件。

波纹管的管坯一般由薄板卷圆后焊接制备,也可由变薄拉深制备,管坯的长度 L_0 可按母线展开进行计算

$$L_0 = n[\pi(r_1+r_2)+(D_4-D_3)]+2l \qquad (6-8)$$

式中　n——波纹管的波纹数;

　　　r_1——波峰中线圆弧半径;

　　　r_2——波谷中线圆弧半径;

　　　D_4——波峰圆弧中心直径;

　　　D_3——波谷圆弧中心直径;

　　　l——工艺余量,一般取 20~30 mm。

管坯的直径 D_0 就是波纹管的最小直径,即波谷直径 D_1,但为了便于装入管坯,可使 D_0 比 D_1 小 1~2 mm。

模片有两个工作直径,即最小工作直径 d_d 和最大工作直径 D_d,d_d 形成波纹管的波谷直径 D_1,D_d 形成波峰直径 D_2。考虑到波纹管胀形后将产生较大的回弹,可将模片的最大工作直径 D_d 比波峰直径 D_2 增大约 2 mm。

定位梳片的厚度 b 按对应波纹段的展开长度计算:$b=l-S$,l 为单波的展开长度;S 为相邻波纹的中心距。

胀形初期,定位梳要承受一定的压力,因此定位梳应具有一定的硬度和耐磨性。模片的材料可根据波纹管的材料来选择,波纹管材料为铝或铜时,可选用优质结构钢或中碳钢并调质处理;波纹管材料为不锈钢时,应选用工具钢并淬硬。

学习单元二　翻　边

☞ **目的与要求**:
1. 了解翻边工序的变形特点。
2. 了解翻边模的结构特点。

☞ **重点**:
翻边工序的变形特点、工艺计算和模具结构特点。

☞ **难点**:
翻边工序的变形特点和工艺计算。

翻边:利用模具将工序件的孔边缘或外边缘翻成竖直的直边的成形方法。

内缘翻边（或翻孔）：对工件的孔进行翻边，见图 6-11（a）。
外缘翻边：对工件的外缘进行翻边，见图 6-11（b）。
翻边与弯曲区别：弯曲的折弯线为直线，切向没有变形，而翻边的折弯线为曲线，切向有变形，并且常常是主要的变形。

一、内缘翻边

1. 圆孔翻边

1）圆孔翻边的变形特点

如图 6-12 所示，在平板毛坯上制出直径为 d_0 的底孔，随着凸模的下压，孔径将被逐渐扩大。变形区为 $(D+2r_d)-d_0$ 的环形部分，靠近凹模口的板料贴紧 r_d 区后就不再变形了，而进入凸模圆角区的板料被反复折弯，最后转为直壁时。当全部转为直壁时，翻边也就结束了。翻边变形区切向受拉应力 σ_θ，径向受拉应力 σ_ρ，而板厚方向应力可忽略不计，因此应力状态可视为双向受拉的平面应力状态。

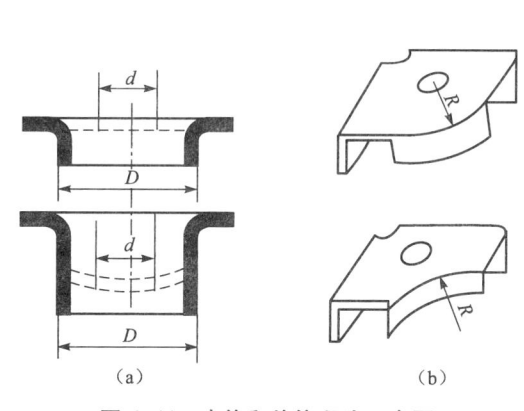

图 6-11 内缘和外缘翻边示意图
（a）内缘翻边；（b）外缘翻边

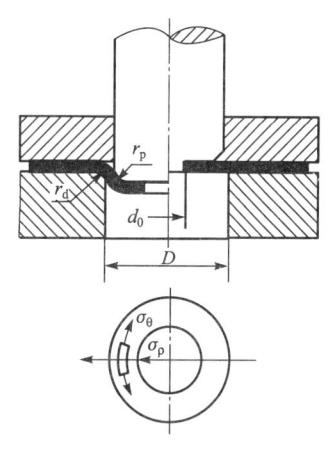

图 6-12 圆孔翻边应力状态示意图

圆孔翻边时，应力和切向应变的分布情况如图 6-13 所示。切向应力 σ_θ 为最大主应力，径向应力 σ_r 是由凸模对板料的摩擦作用引起的，其值较小。应力沿径向的分布是不均匀的，在底孔边缘处，切向应力 σ_θ 达到其最大值，而径向应力 σ_r 为零，因此该处可视为单向拉伸应力状态。切向应变 ε_θ 为拉应变，沿径向的分布也是不均匀的，在底孔边缘处其值最大，越远离中心，其值越小。可见，翻孔时底孔边缘受到强烈的拉伸作用。变形程度过大时，在底孔边缘很容易出现裂口。因此翻孔的破坏形式就是底孔边缘拉裂。为了防止出现裂纹，需限制翻孔的变形程度。

2）圆孔翻边的变形程度

圆孔翻边的变形程度用翻边系数 K_f 表示

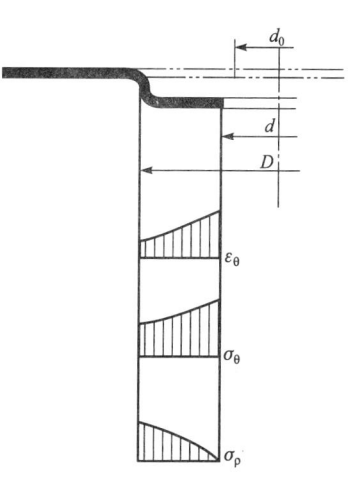

图 6-13 圆孔翻边应力-应变分布示意图

$$K_f = \frac{d_0}{D} \tag{6-9}$$

式中 d_0——翻边前底孔的直径；
　　D——翻边后孔的中径。

显然，K_f 值越小，表示变形程度越大。各种材料的首次翻边系数 K_{f0} 和极限翻边系数 K_{fmin} 见表 6-3。采用 K_{fmin} 值时，翻孔后的边缘可能有不大的裂口。

表 6-3　各种材料的首次翻边系数和极限翻边系数

材　料		翻 边 系 数	
		K_{f0}	K_{fmin}
白铁皮		0.70	0.65
软钢	板厚 0.25~2 mm	0.72	0.68
软钢	板厚 2~4 mm	0.78	0.75
黄铜 H62	板厚 0.5~4 mm	0.68	0.62
铝	板厚 0.5~5 mm	0.70	0.64
硬铝		0.89	0.80
钛合金	TA1（冷态）	0.64~0.68	0.55
	TA1（加热 300 ℃~400 ℃）	0.40~0.50	0.45
	TA5（冷态）	0.85~0.90	0.75
	TA5（加热 500 ℃~600 ℃）	0.70~0.75	0.55

3）影响翻边系数的因素

（1）材料的塑性。由于翻孔时的主要变形是切向的伸长变形，因此影响翻边系数的主要因素是材料的塑性。最大切向伸长变形在底孔边缘处，其值不应超过材料的许用伸长率

$$\varepsilon_{\theta max} = \frac{D-d_0}{d_0} = \frac{D}{d_0} - 1 = \frac{1}{K_f} - 1 \leq \delta$$

由上式可得翻边系数 K_f 与材料许用伸长率 δ 或许用断面收缩率 ψ 之间的近似关系：$K_f = 1/(1+\delta)$，或 $K_f = 1-\psi$。这表明：材料的塑性越好，其极限翻边系数可以更小些。

由于翻孔时的切向应变 ε_θ 沿径向分布是不均匀的，越远离底孔边缘，ε_θ 值越小，就拉伸破坏而言，邻近材料层对底孔边缘能起到缓和作用，因而使得底孔边缘处的实际最大拉伸应变 $\varepsilon_{\theta max}$ 可比材料单向拉伸试验所得的均匀伸长率 δ 值大得多。

（2）底孔的断面质量。由于翻孔的破坏形式是底孔边缘因拉伸变形过大而开裂，因此用钻孔代替冲孔，或冲孔后再用整修方法去掉毛刺和表面硬化层，或冲孔后采取软化热处理措施，都能提高翻孔的极限变形程度，允许采用较小的翻边系数。但采取上述措施会增加工序和工时。对于一般要求的中小型件，即使适当降低翻孔的变形程度，也应尽可能用冲孔的方法制备底孔。而对于贵重的大型件，例如在直径超过 3 000 mm 的火箭封头上翻小孔，为了防止翻裂出现废品，不仅采用钻孔方法制备底孔，而且钻孔后还需将底孔边缘打磨光滑。

（3）板料的相对厚度。底孔直径 d_0 与板料厚度 t 的比值 d_0/t 较小时，表明板料较厚，断裂前材料的绝对伸长量可以大些，故翻边系数可相应减小些。

(4)翻边凸模的形状。图 6-12 所示为用平头凸模翻边,当凸模圆角半径 r_p 较小时,变形过分集中于底孔边缘,容易引起开裂。随着 r_p 值的增大,直至采用球形、抛物面形或锥形凸模,变形将得到分散,可减小底孔边缘开裂的可能性,因而允许采用较小的翻边系数。

表 6-4 给出了低碳钢的极限翻边系数,从中可以看出上述因素对其值的影响程度。

表 6-4 低碳钢板的极限翻边系数

翻边凸模形状	底孔加工方法	材料相对厚度 d_0/t										
		100	50	35	20	15	10	8	6.5	5	3	1
球头凸模	钻孔去毛刺	0.70	0.60	0.52	0.45	0.40	0.36	0.33	0.31	0.30	0.25	0.20
	冲孔模冲孔	0.75	0.65	0.57	0.52	0.48	0.45	0.44	0.43	0.42	0.42	—
平头凸模	钻孔去毛刺	0.80	0.70	0.60	0.50	0.45	0.42	0.40	0.37	0.35	0.30	0.25
	冲孔模冲孔	0.85	0.75	0.65	0.60	0.55	0.52	0.50	0.50	0.48	0.47	—

4)翻边后板厚的变化

在翻边过程中,变形区的宽度基本保持不变,即径向应变 ε_r 为零,根据体积不变条件,由于变形区切向应变 ε_θ 为拉应变,所以翻边后直壁部分板厚将变薄,而且由于切向应变沿径向分布是不均匀的,则板厚变薄也是不均匀的。在切向伸长变形最大的底孔边缘翻边后变薄最严重,翻边系数较小时,最小板厚 t_{min} 可能小于 0.75 t。

翻边后壁部最小板厚 t_{min} 可按下式估算:

$$t_{min} = t\sqrt{d_0/D} = t\sqrt{K_f} \tag{6-10}$$

式中 t——初始板厚;

K_f——实际翻边系数。

5)圆孔翻边的工艺计算

(1)平板冲底孔后翻边。在平板或立体成形件的平面上冲底孔后进行翻边,工艺计算有两方面内容:一是确定底孔直径 d_0;二是核算翻边高度 H。

由于变形区的宽度在翻边时可认为不变,则翻边后直壁高度可按弯曲进行计算。通常,翻边件图给出的尺寸有翻边直径 D、翻边高度 H 及圆角半径 r_d(即翻边凹模圆角半径)。按上述条件,从图 6-14 所示几何关系可得翻孔底孔直径 d_0 的计算公式为

$$d_0 = D - 2(H - 0.43r_d - 0.72t) \tag{6-11}$$

变换上式,可得翻边高度 H 的计算公式

$$H = 0.5D(1 - d_0/D) + 0.43r_d + 0.72t$$

或

$$H = 0.5D(1 - K_f) + 0.43r_d + 0.72t \tag{6-12}$$

将上式中的翻边系数 K_f 以极限翻边系数代替 K_{fmin},可得最大翻边高度 H_{max} 的计算公式:

$$H_{max} = 0.5D(1 - K_{fmin}) + 0.43r_d + 0.72t \tag{6-13}$$

如果翻边件直壁的高度 H 超过了按式(6-13)计算的一次翻边极限高度 H_{max},则该件便不能一次完成翻边。这时,可采取多次翻边(两次之间可安排退火软化工序)、对变形区进行加热翻边等工艺方法。当翻边件直壁高度较大时,比较好的工艺方法是先用平板毛坯拉

深成带宽凸缘的圆筒形件，在底部冲底孔后再进行翻边，可制成带凸缘的无底筒形件。

（2）拉深后冲底孔再翻边。在拉深件底部冲底孔后再翻边，如图 6-15 所示，工艺计算程序是先确定翻边所能达到的最大高度，按图示几何关系，翻边高度 h 为

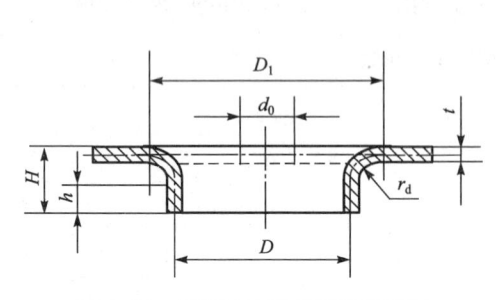

图 6-14 平板冲底孔后翻边示意图

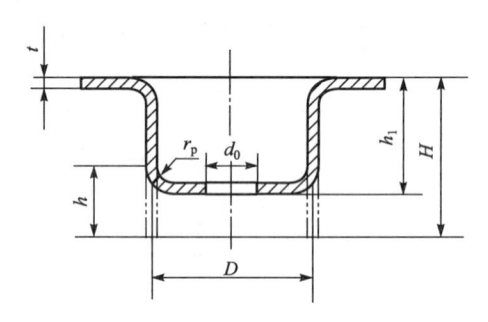

图 6-15 拉深件底部冲孔后翻边示意图

$$h = 0.5(D-d_0) - (r_p+0.5t) + 0.5\pi(r_p+0.5t)$$
$$\approx 0.5D(1-K_f) + 0.57r_p \tag{6-14}$$

则
$$h_{max} = 0.5D(1-K_{fmin}) + 0.57r_p \tag{6-15}$$

这时，底孔直径 d_0 可由下式求得

$$d_0 = D + 1.14r_p - 2h \tag{6-16}$$

底孔直径 d_0 也可按下式计算

$$d_0 = DK_{fmin} \tag{6-17}$$

最大翻边高度 h_{max} 确定之后，便可按下式计算拉深工序件的高度 h_1

$$h_1 = H - h_{max} + r_p + t \tag{6-18}$$

2. 非圆孔翻边

1）非圆孔翻边的变形特点

非圆孔翻边的底孔形状一般由圆弧段和直线段组成，常见的底孔形状有长圆形、圆弧连接的四边形等。

图 6-16 所示的翻边孔形状由两段圆弧段和两段相切的直线段组成，为卵圆形状。翻边时，切向拉伸变形主要集中于圆弧段，而直线段主要是弯曲变形。但两者相互是有影响的，圆弧段在切向受强烈拉伸变形时必然挤压直线段，使直线段横向受压缩变形。反过来，直线段对圆弧段切向将产生反挤压作用，使圆弧段切向的拉伸变形得到降低。结果，使圆弧段切向拉应力和拉应变沿翻边线的分布很不均匀，只有中间与相同半径的圆孔翻边时基本相同，而由中间向两端与直线段的连接处其值则逐渐减小。这表明直线段承担了圆弧段一部分切向伸长变形，使圆弧段切向伸长变形得到一定程度的减轻。

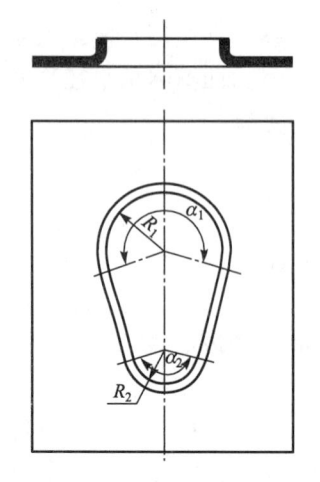

图 6-16 非圆孔翻边示意图

2）非圆孔翻边系数

非圆孔翻边与半径相同的圆孔翻边比较，允许采用较小的翻边系数 K'_f，可按下式估算

$$K'_f = K_f \alpha / 180° \quad (6\text{-}19)$$

式中 K_f——圆孔极限翻边系数，见表 6-4；

α——圆弧段中心角，(°)。

上式适用于 $\alpha \leq 180°$，当 $\alpha > 180°$ 时。直线段对圆弧段的缓解作用已不明显，工艺计算仍需采用圆孔翻边系数。当直线段很短时，也按圆孔翻边处理。

低碳钢板的非圆孔极限翻边系数也可以按表 6-5 查得。

表 6-5 低碳钢板的非圆孔极限翻边系数

圆弧中心角 $\alpha/°$	相对厚度 d_0/t						
	50	33	20	12.5~8.3	6.6	5	3.3
180~300	0.80	0.60	0.52	0.50	0.48	0.46	0.45
165	0.73	0.55	0.48	0.46	0.44	0.42	0.41
150	0.67	0.50	0.43	0.42	0.40	0.38	0.375
135	0.60	0.45	0.39	0.38	0.36	0.35	0.34
120	0.53	0.40	0.35	0.33	0.32	0.31	0.30
105	0.47	0.35	0.30	0.29	0.28	0.27	0.26
90	0.40	0.30	0.26	0.25	0.24	0.23	0.225
75	0.33	0.25	0.22	0.21	0.20	0.19	0.185
60	0.27	0.20	0.17	0.17	0.16	0.15	0.145
45	0.20	0.15	0.13	0.13	0.12	0.12	0.11
30	0.14	0.10	0.09	0.08	0.08	0.08	0.08
15	0.07	0.05	0.04	0.04	0.04	0.04	0.04
0	属于弯曲变形						

3）非圆孔翻边的工艺计算

非圆孔翻边时，工艺计算主要考虑两方面内容：一是核算变形程度；二是确定底孔的形状和尺寸。

当翻孔形状复杂时，应分段进行变形程度的核算。图 6-17 所示的非圆孔翻边件，按变形特点可分为三种类型：凹弧段 a 具有翻孔的变形特点；凸弧段 b 具有拉深的变形特点；而直线段 c 则主要是弯曲。因此，为了判断该件能否一次成形，对于凹弧段 a 应按非圆孔翻边系数判断。而且，当翻边高度相等时，只需核算圆弧半径较小的 R_4 段，因为 $R_4 \ll R_2$，则 R_4 段的变形程度比 R_2 段大得多。对于凸弧段 b 应按圆筒形件首次拉深系数判断，因为该段在翻边过程中切向产生压缩变形，而不是拉伸变形，成形过程中的主要问题是如何防止起皱，与拉深时的主要工艺问题是相同的。按拉深核算，假想拉深系数为 R_1/R_2，其值不能真实地反映凸弧段 b 的拉深变形程度，因为相邻凹弧段 a 产生伸长变形，将加剧凸弧段 b 的压缩变形。从实用出发，可限制比值 R_1/R_2 不小于圆筒形件不压边首次拉深系数。

对一般要求的非圆孔翻边件，可以不考虑底孔形状的修正问题。只有当翻边高度要求严格时，才考虑修正变形区宽度。这时，可先按弯曲展开计算直线段 c 的翻边宽度 B_c，取凹弧段 a 的翻边宽度 B_a 为 B_c 的 1.05~1.1 倍。凸弧段 b 的翻边宽度 B_b 可利用拉深圆筒形件的毛坯直径计算公式求得。最后，需考虑三者间的相互影响，将底孔形状修正光滑。

3. 翻边力的计算

用普通圆柱形凸模翻孔时的翻边力 F，可按下式估算

$$F = 1.1\pi(D - d_0)t\sigma_s \text{ (N)} \qquad (6\text{-}20)$$

式中 D——翻边后孔的中径，mm；

d_0——翻边底孔直径，mm；

t——板料厚度，mm；

σ_s——板料屈服应力，MPa。

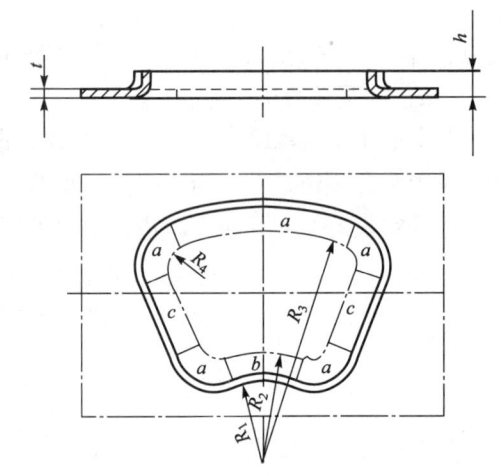

图 6-17 具有凸弧的非圆孔翻边示意图

随凸模圆角半径的增大，翻边力将大幅度减小。当采用球头凸模翻孔时，翻边力可比采用小圆角平头凸模降低 50% 左右。采用球头凸模的翻边力 F 可按下式计算

$$F = 1.2K_0\pi Dt\sigma_b \text{ (N)} \qquad (6\text{-}21)$$

式中 K_0——翻边力系数，见表 6-6；

σ_b——板料抗拉强度，MPa。

表 6-6 翻边力系数

翻边系数 $K_f = d_0/D$	翻边力系数 K_0
0.5	0.2~0.25
0.6	0.14~0.18
0.7	0.08~0.12
0.8	0.05~0.07

4. 翻孔模设计

1) 翻孔模结构类型

翻孔模的结构与拉深模相似，也有顺装与倒装、压边与不压边等区分。像拉深模那样，如果没有冲裁加工，翻孔模一般不需设置模架。

图 6-18 所示为倒装式翻孔模，凹模 2 在上模，为倒装结构形式，以便于使用通用弹顶装置。该模具适于在平板毛坯上进行小孔翻孔加工。利用凸模 3 导引段的端头对工序件底孔进行定位，压料板 4 上不另设定位件。翻边后工件将随上模上升，由打板 1 将工件从凹模内推出。

图 6-19 所示为顺装式翻孔模。工序件 4 为带凸缘的拉深件，底部冲出翻边底孔，倒置于翻边凹模 5 上定位。翻边时工件由压料板 3 压住，可使工件较平整，在工作行程，由凸模 1 完成翻边。在回程，压料板使工件脱离凸模而留在凹模内。压料板的压力来自弹簧 2。最后，由顶板 6 将工件从凹模内顶出。顶件力由冲床下面的弹顶装置提供，通过顶杆 7 传给顶板。

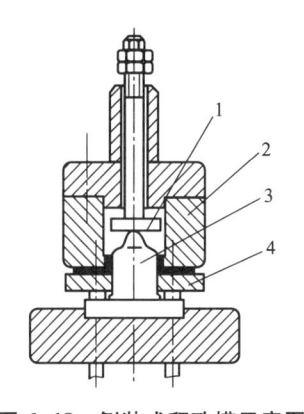

图 6-18 倒装式翻孔模示意图
1—打板；2—凹模；
3—凸模；4—压料板

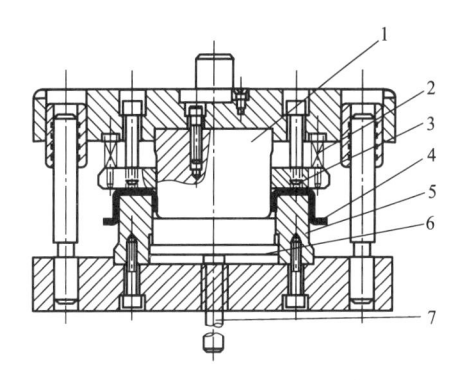

图 6-19 顺装式翻孔模示意图
1—凸模；2—弹簧；3—压料板；4—工序件；
5—凹模；6—顶板；7—顶杆

2）翻边凸模和凹模的设计

翻边时，板料相对凹模圆角没有滑动，因此对翻边凹模的圆角半径没有严格的限制，可直接取工件要求的圆角半径。

翻边凸模的结构形式很多，图 6-20 给出几种常用圆孔翻边凸模的形状和尺寸。

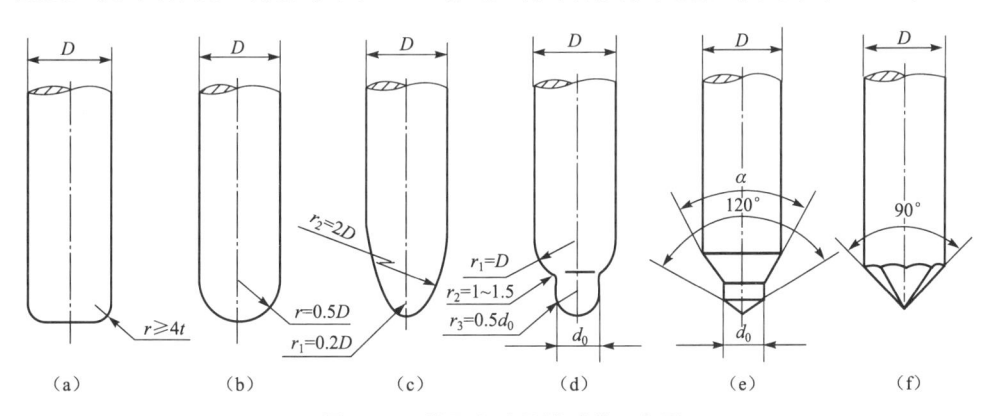

图 6-20 常用翻孔凸模形状示意图

图（a）为平头凸模，圆角半径 r 不宜过小，适于翻边高度较小、直径较大的孔翻边。图（b）为球头凸模，图（c）为抛物面形凸模。就对翻边变形而言，（b）优于（a），（c）优于（b），因而允许采用较小的翻边系数，可比平头凸模减小 10%~20%，但凸模的加工难度则正好相反。采用以上三种翻边凸模，工件需有预制底孔，而且翻边模上需设置定位装置，对工序件进行定位。

图（d）和图（e）分别为带有球头和锥头导向段的台阶式凸模，用于倒装式翻孔模时，可利用导引段对工序件底孔进行定位，因此模具上不需设置定位装置。锥头凸模比球头凸模容易加工，锥角 α 可按板料厚度 t 选取，当 $t<1.5$ mm 时，取 $\alpha=55°$，$t>1.5$ mm 时，取 $\alpha=60°$。

图（f）为尖锥形凸模，用于薄料、小孔的翻边，不需预先制备底孔。但翻边后直壁端头有裂口，对直壁要求严格时不能采用。

翻边件的直径尺寸一般都要求不严，只有用作轴套使用时，才对内径尺寸要求较严。这时，可参考拉深模尺寸计算方法，先确定翻边凸模的直径尺寸及公差。再由翻边间隙值确定翻边凹模的直径尺寸，也可以采用配作法，要求配作间隙。翻边间隙是指翻边凸模与凹模之间的单面间隙。由于翻边时板料产生变薄现象，如果取翻边间隙等于板料厚度，翻边后直壁将出现弧形。因此，为了获得直壁比较垂直的翻边件，在平板上冲底孔后翻边时，可取单面翻边间隙 Z 约为 $0.85t$，在拉深工序件底部冲底孔后翻边时，可取 Z 约为 $0.75t$，t 为板料厚度。单面翻边间隙 Z 也可按表 6-7 选取。

表 6-7 翻边凸、凹模的单边间隙　　　　　　　　　　　　　　　mm

工序件型式	翻边前板料厚度							
	0.3	0.5	0.7	0.8	1.0	1.2	1.5	2.0
平板件	0.25	0.45	0.60	0.70	0.85	1.00	1.30	1.70
拉深件	—	—	—	0.60	0.75	0.90	0.10	1.50

二、外缘翻边

外缘翻边是在板料边缘进行的翻边，工件的结构形式和变形特点都与翻孔件有较大的不同。外缘翻边件的翻边线都是非封闭的轮廓。

当翻边线为内凹弧时，变形特点与翻孔是相同的，主要变形是切向受拉伸，因此称为伸长类翻边。而当翻边线为外凸弧时，变形特点与翻孔完全不同，与拉深是相同的，主要变形是切向受压缩，因此称为压缩类翻边。外缘翻边前的工序件可以是平面件，也可以是曲面件。因此，外缘翻边按变形特点可分为两类，即伸长类和压缩类，按结构形式可分为以下四种。

(1) 平面伸长翻边。
(2) 曲面伸长翻边。
(3) 平面压缩翻边。
(4) 曲面压缩翻边。

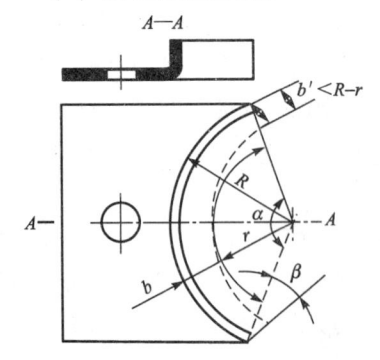

图 6-21 平面伸长翻边示意图

外缘翻边在形式上很像弯曲，当翻边线的曲率很小时，成形工艺及模具设计都可以按弯曲处理。因此，在冲压成形的分类中，也曾将外缘翻边归入弯曲。但两者的变形力学特点是完全不同的。

1. 平面伸长翻边

1) 平面伸长翻边的变形程度

如图 6-21 所示，平面伸长翻边相当于翻孔的一部分，变形区的应力应变状态也与翻孔时相同。但圆孔翻边时应力应变的分布在同一半径处是均匀的，而外缘翻边时是很不均匀的，例如切向拉应力由中间的最大值向两端逐渐递减为零。

平面伸长翻边的变形程度用翻边系数 K_a 表示，其值见表 6-8，并按下式计算

$$K_a = \frac{b}{R-b} \tag{6-22}$$

式中　b——毛坯上需翻边的高度；

　　　R——翻边线的曲率半径。

表 6-8　平面伸长翻边和平面压缩翻边的极限翻边系数

材　料　牌　号	$K_a/\%$		$K_t/\%$	
	橡皮成形	模具成形	橡皮成形	模具成形
L4M	25	30	6	40
L4Y$_1$	5	8	3	12
LF21M	23	30	6	40
LF21Y$_1$	5	8	3	12
LF2M	20	25	6	35
LF3Y$_1$	5	8	3	12
LY12M	14	20	6	30
LY12Y	6	8	0.5	9
LY11M	14	20	4	30
LY11Y	6	6	0	0
H62 软	30	40	8	45
H62 半硬	10	14	4	16
H68 软		45	8	55
H68 半硬	35	14	4	16
10 钢	10	38	—	10
20 钢	—	22	—	10
1Cr18Ni9 软	—	15	—	10
1Cr18Ni9 硬	—	40	—	10
2Cr18Ni9	—	40	—	10

2) 毛坯形状的修正

在平面伸长翻边时，由于翻边线不是封闭的，翻边时变形区切向的拉应力和伸长变形沿翻边线的分布都是不均匀的，其值在变形区中间最大，向两端逐渐减小，而在两端边缘处降为零。如图 6-21 所示，如果按圆孔翻边的一部分来确定平面伸长翻边的毛坯形状，则变形区将为等宽度 b 的圆环的一部分，即图中半径为 r 的实线部分。变形的不均匀性将使翻边后的直边高度不平齐，中间最低，向两端逐渐增高。同时，直边两端边缘与板平面也不垂直，而向内倾斜成一定的角度。当翻边高度较高时，这种不规则变形较为明显。

当翻边的形状和尺寸精度要求较高时，应对毛坯形状进行修正，取图 6-21 中虚线所示的形状。毛坯两端的宽度由 b 减至 b'，两端头按斜角 β 增加一个三角形部分，β 角可在 $25°\sim40°$ 之间选取。比值 r/R 和中心角 α 越小，b' 值取小，而 β 值取大。如果翻边高度较小，而翻边线的曲率半径较大，可不考虑对毛坯形状的修正，按部分圆孔翻边确定毛坯形状，以便使工艺计算和模具制造得以简化。

3) 平面伸长翻边模

平面伸长外缘翻边模在结构上与 L 形弯曲模很相似，翻边过程中不变形的平面部分应压紧不产生横向移动，有时可利用工艺孔定位，而翻边的变形区应能自由变形。但一侧翻边可能引起较大的侧向力，可考虑采用图 6-22 所示的模具，一次翻边对称成双加工两件，成形后再剖切为两个工件。

该模具工作过程如下：在自由状态，顶件板 4 由气垫通过顶杆 5 顶起，与凹模 3 的端面平齐。将工序件置于凹模端面并由定位销 6 进行定位，上模下行，由凸模 1 完成翻边。在回程时，工件由顶板顶出凹模，并由固定卸件板 2 使之脱离凸模。

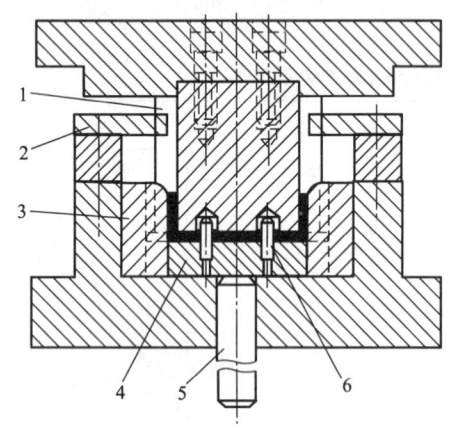

图 6-22 平面伸长成双的翻边模示意图
1—凸模；2—卸件板；3—凹模；
4—顶件板；5—顶杆；6—定位销

2. 平面压缩翻边

图 6-23 为平面压缩翻边的示意图，毛坯具有外凸弧，半径 $r=R+b$，R 为翻边线的曲率半径，b 为翻边宽度。翻边后，外边缘的半径由较大的 r 变为较小的 R，这表明切向受到了压缩。因此压缩翻边的变形特点不同于伸长翻边，而具有拉深的变形特点，主要变形是切向的压缩变形，而径向的伸长变形较小。实际上比值 R/r 就相当于拉深系数，其值可以小于圆筒形件的首次拉深系数，因为翻边线是非封闭的，切向压应力和压应变沿切向分布是不均匀的，中间最大，两端最小，两侧对中间的压缩变形能起缓解作用。

平面压缩翻边的变形程度可用翻边系数 K_t 表示，其值见表 6-8，并按下式计算

$$K_t = \frac{b}{R+b} \tag{6-23}$$

式中 b——毛坯上需翻边的宽度；
      R——翻边线的曲率半径。

平面压缩翻边也有毛坯形状修正的问题。图 6-24 中半径为 r、以实线表示的扇形是按圆筒形拉深件的一部分确定的毛坯形状，变形区为等宽度 b 的环形的一部分。由于翻边线是非封闭的，应力与应变沿切向的分布都是不均匀的，切向压应变和径向拉应变只有在变形区中间与相应尺寸的圆筒形件拉深时基本相同，由中间向两端其值则逐渐减小。采用上述等宽变形区的毛坯，翻边后工件的形状将不够规则，直边两端将向外倾斜，直边上端也不平齐，中间高而两端低。对工件形状要求严格时，需修正毛坯的形状，取图 6-24 中虚线表示的形状，修正方法正好与平面内凹翻边时相反。

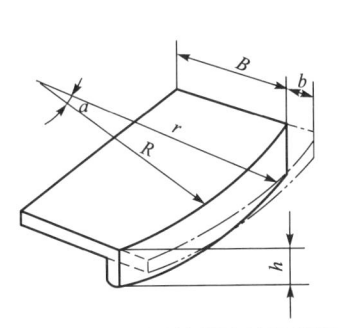

图 6-23　平面压缩翻边的示意图

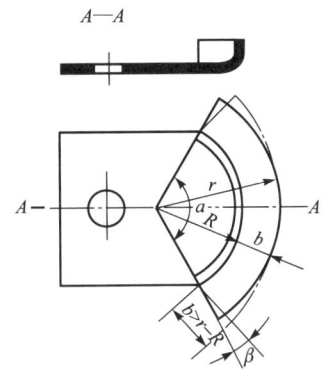

图 6-24　平面压缩翻边的毛坯形状示意图

压缩翻边的主要变形是切向的压缩变形，成形中的主要问题是容易出现失稳起皱。因此压缩翻边模可以像拉深模那样设置防皱压边装置，既可防止起皱，又能增加翻边高度。

学习单元三　缩　　口

☞ **目的与要求：**
1. 了解缩口工序的变形特点。
2. 了解缩口模的结构特点。

☞ **重点：**
缩口工序的变形特点、工艺计算和模具结构特点。

☞ **难点：**
缩口工序的变形特点和工艺计算。

缩口：是将预先拉深好的圆筒或管件坯料，通过缩口模具将其口部缩小的成形工序。

图 6-25 所示工件，图 6-25（a）是采用拉深工艺，需 5 道工序才能成形；图 6-25（b）用管料缩口工艺，只要 3 道工序即可完成。

一、缩口变形特点及缩口系数

缩口工序的变形如图 6-26 所示，变形区的金属受到切向压应力 σ_1 和轴向压应力 σ_3 的作用，在轴向 ε_3 和厚度方向 ε_2 产生伸长变形，切向 ε_1 产生压缩变形。在缩口变形过程中，材料主要受切向压应力作用，使直径减少，壁厚和高度增加。由于切向压应力的作用，在缩口时坯料易失稳起皱，同时非变形区的筒壁由于承受全部缩口压力，也易失稳产生变形，所以防止失稳是缩口工艺的主要问题。缩口的极限变形程度主要受失稳条件的限制。

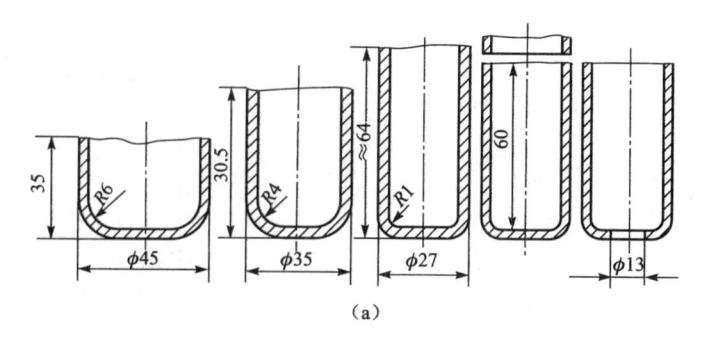

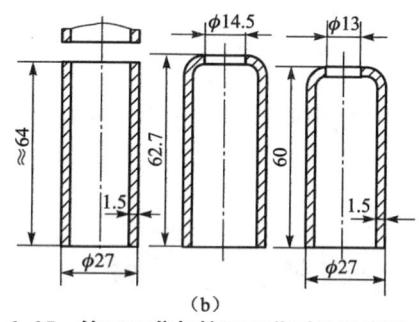

图 6-25 缩口工艺与拉深工艺对比示意图

(a) 拉深工艺；(b) 缩口工艺

缩口变形程度用缩口系数 m 表示，其表达式为

$$m = \frac{d}{D} \tag{6-24}$$

式中　d——缩口后直径；

　　　D——缩口前直径。

极限缩口系数 m_{min} 的大小主要与材料性质、料厚、模具形式和坯料表面质量有关。

（1）材料的塑性好，屈强比大，允许的缩口变形程度大（m_{min} 小）。

（2）坯料越厚，抗失稳起皱能力越强，有利于缩口成形。

（3）采用内支承（模芯）模具结构，口部不易起皱。

（4）合理的模具半锥角度、较低的表面粗糙度值和较好的润滑条件，可以降低缩口力，对缩口成形有利。

表 6-9 是不同材料、不同厚度的平均缩口系数。表 6-10 是不同材料、不同支承方式的极限缩口系数 m_{min}。

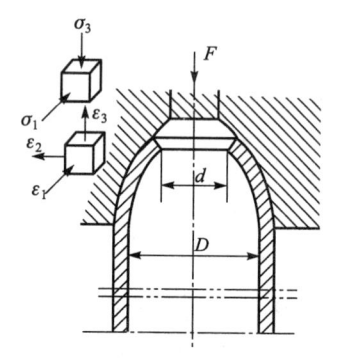

图 6-26 缩口的应力变形状态示意图

表 6-9　不同材料、不同厚度的平均缩口系数 $m_{均}$

材　料	材料厚度/mm		
	~0.5	>0.5~1	>1
黄铜	0.85	0.8~0.7	0.7~0.65
钢	0.85	0.75	0.7~0.65

表 6-10 不同材料、不同支承方式的极限缩口系数 $m_{\min}$

材　　料	模具结构形式		
	无支承	外支承	内外支承
软钢	0.70~0.75	0.55~0.60	0.30~0.35
黄铜 H62、H68	0.65~0.70	0.50~0.55	0.27~0.32
铝	0.68~0.72	0.53~0.57	0.27~0.32
硬铝（退火）	0.73~0.80	0.60~0.63	0.35~0.40
硬铝（淬火）	0.75~0.80	0.63~0.72	0.40~0.43

二、缩口工艺计算

1. 缩口次数与缩口系数的确定

当计算出的缩口系数 m 小于极限缩口系数 $m_{\min}$ 时，工件需要进行多次缩口。各次缩口系数计算如下。

首次缩口系数　　　　　　　　$m_1 = 0.9 m_{均}$　　　　　　　　　　　(6-25)

再次缩口系数　　　　　　　$m_2 = (1.05 \sim 1.10) m_{均}$　　　　　　　(6-26)

式中，$m_{均}$——平均缩口系数，见表 6-9。

缩口次数按下式计算

$$n = \frac{\lg d - \lg D}{\lg m_{均}} \quad (6-27)$$

n 值计算后一般为小数，要归整。

2. 毛坯尺寸的计算

毛坯尺寸的主要设计参数是缩口毛坯高度 H。对图 6-27 所示的不同缩口形式，根据体积不变原理，可得到如下公式（式中符号如图 6-27 所示）。

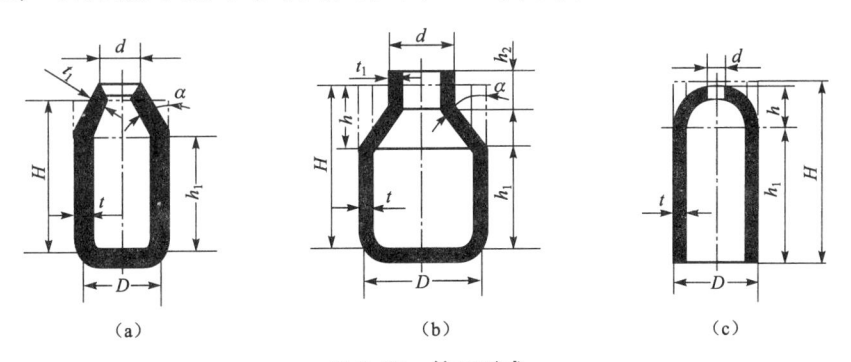

图 6-27　缩口形式

(a) 斜口形式；(b) 直口形式；(c) 球面形式

图 6-27（a）所示的斜口形式

$$H = 1.05 \left[h_1 + \frac{D^2 - d^2}{8 D \sin \alpha} \left(1 + \sqrt{\frac{D}{d}} \right) \right] \quad (6-28)$$

图 6-27（b）所示的直口形式

$$H = 1.05\left[h_1 + h\sqrt{\frac{d}{D}} + \frac{D^2-d^2}{8D\sin\alpha}\left(1+\sqrt{\frac{D}{d}}\right)\right] \quad (6-29)$$

图 6-27（c）所示的球面形式

$$H = h_1 + \frac{1}{4}\left(1+\sqrt{\frac{D}{d}}\right)\sqrt{D^2-d^2} \quad (6-30)$$

缩口凹模半锥角 α 对缩口成形起重要作用，一般使 $\alpha < 45°$，最好使 α 在 30° 以内。当模具具有合理的半锥角 α 时，允许的极限缩口系数 m_{min} 可以比平均缩口系数 $m_{均}$ 小 10%~15%。

3. 缩口力

用无内支承模具进行缩口时，缩口力可用下式计算

$$F = K\left[1.1\pi D t_0 \sigma_b\left(1-\frac{d}{D}\right)(1+\mu\cot\alpha)\frac{1}{\cos\alpha}\right] \quad (6-31)$$

式中 F——缩口力，N；

t_0——缩口前料厚，mm；

D——缩口前直径，mm；

d——缩口后直径，mm；

σ_b——材料抗拉强度，MPa；

α——凹模圆锥半角；

K——速度系数，用冲床时 $K=1.15$；

μ——工件与凹模接触面摩擦系数。

三、缩口模设计实例

如图 6-28 所示，工件名称：气瓶；生产批量：中批量；材料：08 钢；料厚：1 mm。

1. 工件工艺性分析

气瓶为带底的筒形缩口工件，可采用拉深工艺制成圆筒形件，再进行缩口成形。缩口时底部不变，仅计算缩口工序。

2. 工艺计算

（1）计算缩口系数：$d=35$ mm，$D=50-2\times 0.5=49$ mm，则缩口系数 $m=d/D=35/49=0.71$。

因为该工件是有底的缩口件，所以只能采用外支承方式的缩口模具，查表得 6-10 得极限缩口系数 $m_{min}=0.6$，$m>m_{min}$，可一次缩口成形。

（2）计算缩口前毛坯高度 H：由图 6-28 可知，$h_1=79$ mm，计算毛坯高度为

$$\begin{aligned}H &= 1.05\left[h_1 + \frac{D^2-d^2}{8D\sin\alpha}\left(1+\sqrt{\frac{D}{d}}\right)\right]\\ &= 1.05\times\left[79 + \frac{49^2-35^2}{8\times 49\times\sin 25°}\left(1+\sqrt{\frac{49}{35}}\right)\right]\\ &= 99.2(\text{mm})\end{aligned}$$

取 $H=99.5$ mm，缩口前拉深制成的圆筒形件如图 6-29 所示。

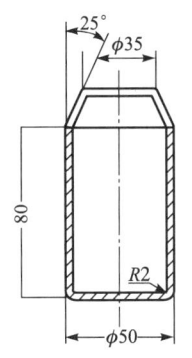

图 6-28 气瓶缩口件示意图

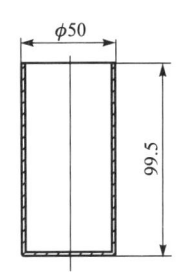

图 6-29 缩口毛坯示意图

(3) 计算缩口力：已知凹模与工件的摩擦系数为 $\mu=0.1$，材料 $\sigma_b=430$ MPa，则缩口力 F 为

$$F = K\left[1.1\pi D t_0 \sigma_b\left(1-\frac{d}{D}\right)(1+\mu\cot\alpha)\frac{1}{\cos\alpha}\right]$$

$$= 1.15\times\left[1.1\times\pi\times49\times1\times430\times\left(1-\frac{35}{49}\right)(1+\mu\cot 25°)\frac{1}{\cos 25°}\right]$$

$$= 32\ 057\ (\text{N}) \approx 32(\text{kN})$$

3. 缩口模结构设计

缩口模采用外支承式一次成形，缩口凹模工作面要求表面粗糙度 Ra 为 $0.4\ \mu m$，使用标准下弹顶器，采用后侧导柱架，导柱、导套加长为 210 mm。考虑到模具闭合高度为 275 mm，选用 400 kN 开式可倾压力机。

缩口模结构如图 6-30 所示。

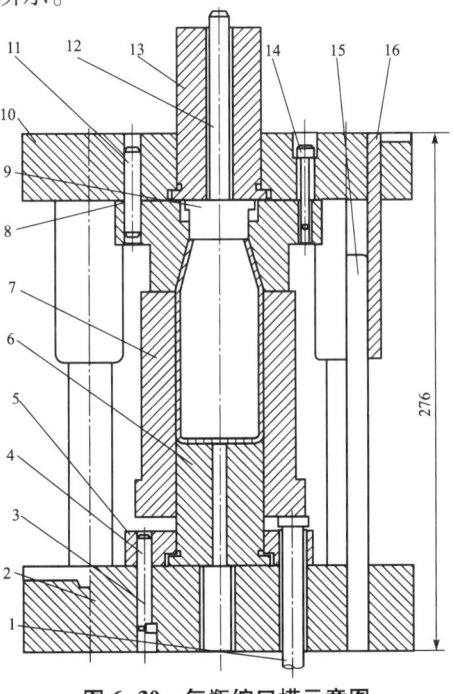

图 6-30 气瓶缩口模示意图

1—顶杆；2—下模板；3，14—螺栓；4，11—销钉；5—下固定板；6—垫板；7—外支承套；8—缩口凹模；9—顶出器；10—上模板；12—打料板；13—模柄；15—导柱；16—导套

学习单元四　校形与整形

> ☞ **目的与要求**：
> 1. 了解校形与整形工序的变形特点。
> 2. 了解校形与整形模的结构特点。
>
> ☞ **重点**：
> 校形与整形工序的变形特点、工艺计算和模具结构特点。
>
> ☞ **难点**：
> 校形与整形工序的变形特点和工艺计算。

　　用冲裁、弯曲、拉深等基本冲压工序得到的零件，其形状和尺寸精度以及最小圆角半径是有一定限度的。当零件精度要求高、圆角半径小时，在基本成形工序之后往往要用校形工序最后保证得到合格的冲压件。

　　校形：是指使经过各种基本成形工序后的零件再产生不大的塑性变形，以达到零件规定的形状和尺寸精度要求的冲压方法。

　　校形前零件结构及零件校形的工艺性对校形工序有重大影响。校形时的应力状态应有利于减小前工序卸载过程中毛坯的弹性变形引起的形状和尺寸变化。在校形最后阶段要使材料产生强制压紧作用（镦死），尽可能使材料处于均匀的三向压应力状态，从而改变毛坯断面内各点的应力状态，减少零件回弹，稳定地保留住校形的形状。

一、校平

1. 校平的特点

　　校平：指把不平整的制件在校平模内压平的校形工艺，主要用于消除或减少冲裁件（特别是自由漏料）平面的平直度误差。

　　校平时，板料在上下两块平模板的作用下产生反向弯曲变形，出现微量塑性变形，从而使板料压平。当冲床处于止点位置时，上模板对材料强制压紧，使材料处于三向压应力状态，卸载后回弹小，在模板作用下的平直状态就被保留下来。

2. 校平方法与校平模

　　（1）平面校形模：由上下两块模板组成。由于单位校形力小，校形效果较差，用于平直度要求不高或由软金属（铝、软钢、软黄铜）制成的小型零件的校形。

　　（2）齿形模：用于零件平直度要求较高的情况。由于齿尖突出部分压入毛坯表层一定深度，构成较强的三向压力应力状态，因而校形效果较好。

齿形模有细齿和粗齿两种，如图 6-31 所示。用齿形模校平会在校平面上留下塑性变形的小网点，细齿模齿痕更明显，因此对厚度较小的软金属零件只宜采用粗齿模校平。

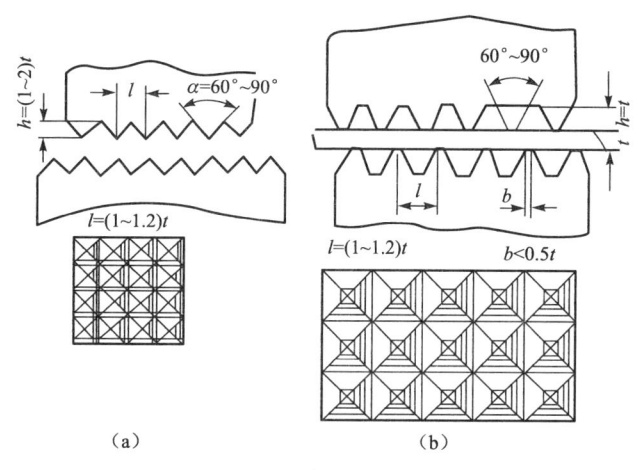

图 6-31 齿形模示意图
（a）细齿；（b）粗齿

（3）加热校平：指把校平的零件层叠，用夹具压紧成平直状态，放入加热炉内加热，因温度升高而使屈服强度降低，回弹减小，从而校平零件的整形方法。一般情况下，铝材加热温度为 300 ℃~320 ℃，黄铜 H62 加热温度为 400 ℃~450 ℃。加热校平用于平直度要求高又不允许有压痕的情况；当零件尺寸较大时，也可采用加热校平。

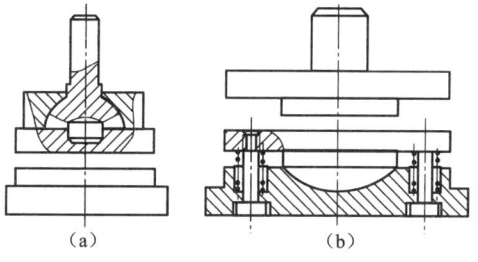

图 6-32 平面浮动校平模示意图
（a）浮动上模；（b）浮动下模

（4）校平模结构特点：校平模常常采用浮动模柄或浮动凹模结构，如图 6-32 所示，这样可使模具不受冲床滑块运动精度的影响。

3. 校平力

校平工作行程不大，但校形力很大。校形力 F 用下式估算

$$F = p \cdot A \text{(N)} \tag{6-32}$$

式中　p——单位校平压力，MPa；

　　　A——校平面积，mm^2。

对于软钢和黄铜，p 的取值范围为

在平直模上校平：$p = 80 \sim 100$ MPa；

在细齿模上校平：$p = 100 \sim 200$ MPa；

在粗齿模上校平：$p = 200 \sim 300$ MPa。

二、整形

整形：指对弯曲和拉深后的立体零件进行形状和尺寸修整的校形，目的是提高形状和尺

寸精度。

整形模和前一道工序成形模相似，只是模具工作部分的精度更高，表面粗糙度更低，圆角半径和间隙较小。

整形时要在压力机下止点对材料刚性卡压一下，所以应选用精压机或有过载保护装置的刚度较好的机械压力机。整形力按下式计算

$$F = p \cdot A (\mathrm{N}) \tag{6-33}$$

式中　p——整形的单位压力，MPa；

　　　A——整形的投影面积，mm^2。

对敞开式制件整形：$p = 50 \sim 100$ MPa；

对底面、侧面减小圆角半径的整形：$p = 150 \sim 200$ MPa。

1. 弯曲件的整形

弯曲件的整形方法有压校和镦校两种。

(1) 压校：如图 6-33 所示，变形特点与弯曲时相似，整形效果一般。压校 V 形件时应注意选择弯曲件在模具中的位置，尽量使两侧的水平分力平衡，并使校平单位压力分布均匀。压校 U 形件时，若只整形圆角须用两道工序分别压两个圆角。有尺寸精度要求时要取较小的模具间隙，以形成挤压状态，提高尺寸精度。

(2) 镦校：如图 6-34 所示，镦校前半成品的长度略大于零件长度，以保证校形时材料处于三向应力状态。镦校后在材料厚度方向上压应力分布较均匀，回弹减小，从而能获得较高的尺寸精度。但带孔的零件和宽度不等的弯曲件不宜用镦校整形。

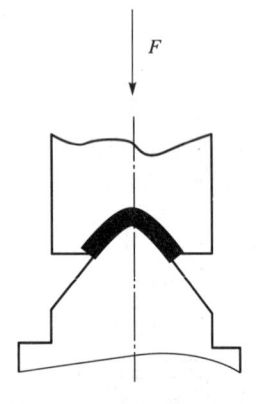

图 6-33　弯曲件的压校示意图

2. 拉深件的整形

直壁拉深件筒壁整形时，常用变薄拉深的方法。把模具间隙取小，一般为 $(0.9 \sim 0.95) t$，而取较大的拉深系数，把最后一道的拉深与整形合为一道工序。

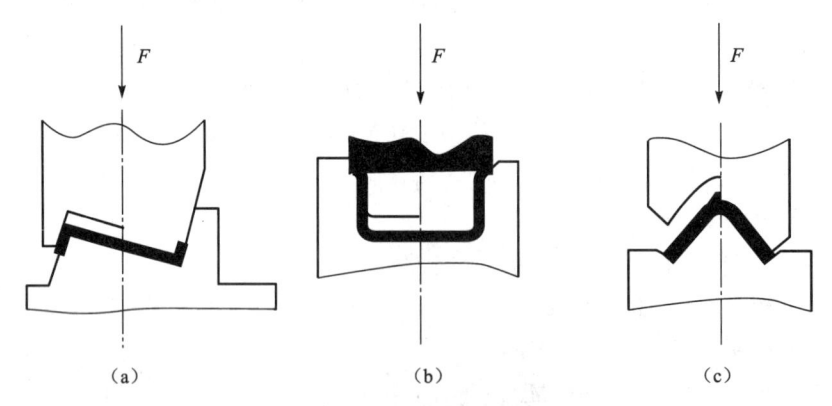

图 6-34　弯曲件的镦校示意图
(a) Z 形件；(b) U 形件；(c) V 形件

对有凸缘的拉深件，小凸缘根部圆角半径的整形要求外部向圆角部分补充材料。如果圆角半径变化大，在工艺设计时，可以使半成品高度大于零件高度，整形时从直壁部分获得材

料补充，如图 6-35（b）所示（h' 为半成品高度，h 为成品高度）；如果半成品高度与零件高度相等，也可以由凸缘处收缩来获得材料补充，但当凸缘直径过大时，整形过程中无法收缩，此时只能靠根部及附近材料变薄来补充材料，如图 6-35（a）所示，从变形特点看，相当于变形不大的胀形，因而整形精度高，但变形部位材料伸长量不得大于 2%～5%，否则，校形时零件会破裂。

较小底部圆角的整形也可以采用半成品高度略大于成品高度的办法或使圆角部分胀形的方法。

凸缘平面和底部平面的整形主要是利用模具的校平作用。因为凸缘刚性差，只单独对凸缘校平效果一般不好。因此，常对拉深件的筒壁、圆角、平面同时整形，此时要注意控制半成品高度和表面积，使整形时各部分都处于相应的应力状态，既可以减少工序数又可达到满意的整形效果。

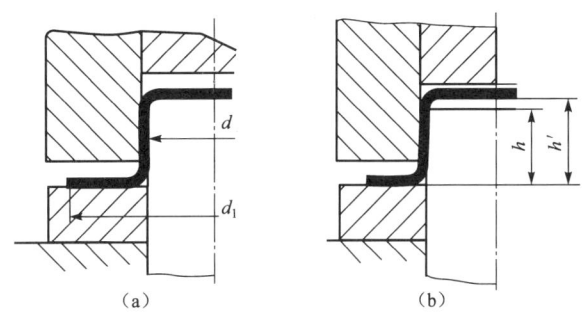

图 6-35　拉深件的整形示意图
(a) 根部变薄补充材料；(b) 直壁补充材料

学习单元五　旋　压

☞ **目的与要求：**
1. 了解旋压工序的变形特点。
2. 了解旋压模的结构特点。

☞ **重点：**
旋压工序的变形特点、工艺计算和模具结构特点。

☞ **难点：**
旋压工序的变形特点和工艺计算。

旋压分为普通旋压和强力旋压两大类。

一、普通旋压

1. 旋压工艺过程及应用

普通旋压成形工作原理如图 6-36 所示。芯模 2 装夹在旋压机的主轴上，将平板毛坯 1 或工序件贴靠芯模，用尾座顶尖 4 使顶块 3 压紧，随主轴旋转。操作擀棒（或滚轮）5 迫使毛坯材料由点到线、由线到面逐渐贴紧芯模，从而加工出形状和尺寸都符合要求的零件。

旋压成形所用设备和模具都很简单。加工范围广，各种形状的旋转体拉深、翻边、缩口、胀形皆能加工。但旋压工艺常用手工操作，要求操作技术高，劳动强度大，质量不稳定，生产率低，所以多用于小、中批量生产。

2. 旋压变形特点和变形程度的控制

平板毛坯在通过旋压转化为筒形件的过程中，切向受压，径向受拉。但与普通拉深不同，旋压时擀棒与毛坯之间基本上是点接触。毛坯受擀棒施力作用，产生两种变形，一种是与擀棒直接接触的材料产生局部塑性变形，另一种是坯料沿擀棒加压的方向倒伏。在操作过程中控制擀棒很重要，如操作不当，则会引起材料失稳起皱、振动或撕裂。圆角处坯料也容易严重变薄以至旋裂。由于旋压在瞬间是坯料的局部点变形，所以用较小的力可加工出大尺寸的制件。

旋压的变形程度用旋压系数 m 表示：

$$m = d/D \tag{6-34}$$

式中 d——制件直径（锥形件最小值）；
D——坯料直径。

圆筒形件极限旋压系数可取 m 为 $0.6 \sim 0.8$，相对厚度 t/D 在 0.5 附近取大值，相对厚度 t/D 在 0.25 附近取小值；锥形件极限旋压系数可取 m 为 $0.2 \sim 0.3$。

当旋压变形程度较大时，可在尺寸不同的芯模上进行多次旋压，以锥形过渡，且每次锥形芯模的最小直径尽量相同，参见图 6-37。多次旋压时，应安排中间退火工序。

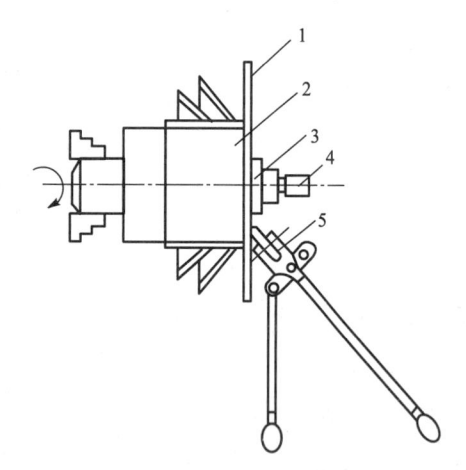

图 6-36 旋压成形示意图
1—毛坯；2—芯模；3—顶块；
4—顶尖；5—擀棒（或滚轮）

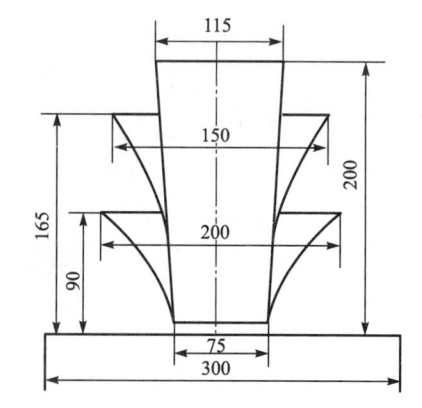

图 6-37 多次旋压时半成品的形状示意图

旋压毛坯直径的计算可参考拉深计算，用等面积法。由于旋压时材料变薄比拉深时严重，所以实际上可取理论计算值的 93%~95%。

3. 旋压质量的控制

为保证旋压件质量，除要求控制变形程度外，还需要合理选择芯模旋转速度、旋压件的过渡形状以及擀棒加压压力的大小。旋压时选择合理的芯模转速对顺利成形是很重要的。成形速度过低，坯料边缘易起皱，增加了成形阻力，甚至导致旋压工件破裂；成形速度过高，材料变薄严重。成形经验数据见表6-11。

表6-11 旋压时芯模转速

材　　料	芯模转速/(r·min^{-1})
铝	350~800
黄铜	600~800
铝合金	400~700
铜合金	800~1 100
软铜	400~600

普通旋压一般由手工操作，属于半机械化生产。操作者凭经验对毛坯施加压力，着力要均匀并逐渐移动着力点，使工件变形稳定。加压力不能太大，压力过大，毛坯边缘容易起皱。擀棒或旋轮的进给量影响材料的稳定变形。通常进给量可取 0.25~1.0 mm/r。旋压件的表面留有擀棒的痕迹，其表面粗糙度 Ra 值约为 3.2~1.6 μm。旋压件的尺寸精度可达到其直径的 0.1%~0.2%。旋压时擀棒与毛坯接触部位产生很大摩擦，需使用润滑剂，如黄油、石油和机油混合物。

4. 普通旋压工艺装备设计

1）芯模

在旋压过程中，芯模不仅承受旋压力和尾座顶力，而且还承受弯矩和扭矩。因此，芯模应具有足够的强度、刚度、硬度和光滑的表面。

芯模结构应考虑工件的形状特点，例如对图6-38所示的两种缩径旋压件，图6-38（a）所示工件需要中间缩径，芯模采用了轴向分段结构；图6-38（b）所示工件需在端头缩径，采用了偏心设置的较小芯模，主要是为了旋压加工完成后能方便地取出工件。当然设计方案不是唯一的。

旋压件也存在回弹问题，但由于旋压加工类型较多，很难通过修正芯模的尺寸来控制回弹。因此，对于一般要求的旋压件，芯模工作尺寸就直接采用工件的相应尺寸。常见的外形旋压，芯模的各种尺寸用工件的内形尺寸为其基本尺寸，取其负偏差。对于少数尺寸要求较高的旋压件，可通过试旋来修正芯模尺寸，直到满足要求为止。

芯模的材料要综合考虑工件要求的性质、工件尺寸大小及生产批量来确定。如果工件材料较软且生产批量较小，可选用硬木或铸铁制造普通旋压的芯模。工件材料硬且生产批量较大，则用工具钢制芯模，要求硬度为 58~62 HRC。芯模的表面粗糙度 Ra 值在 1.6~0.4 μm 之间，尺寸精度为 IT7~10 级。

2）擀棒与旋轮

擀棒与旋轮是旋压加工的主要工具。擀棒与毛坯之间为滑动摩擦，旋轮与毛坯之间为滚动摩擦。擀棒与旋轮是旋压加工的通用工具，擀棒有整体式与分体式两种结构形式，整体式擀棒由硬木制成，分体式擀棒由木柄和钢制成形头两部分组成。擀棒头部形状有多种形式，以适应各种不同形状工件的旋压，也便于在旋压过程中根据变形的需要随时更换擀棒。几种常用擀棒的头部形状如图6-39（a）所示，用金属制成形头时，应镀铬并抛光。擀棒的长度一般取 700~1 200 mm，过短时操作费力，过长时容易摆动，影响旋压件的质量。

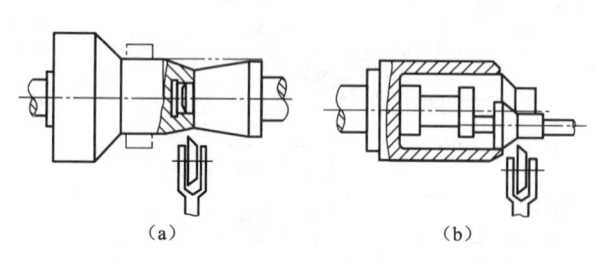

图 6-38　两种缩径旋压用的芯模示意图

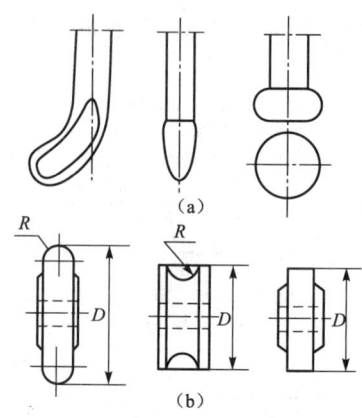

图 6-39　擀棒与旋轮示意图

图 6-39（b）给出了几种旋轮的结构形式，主要用于机械旋压。旋轮一般用碳素工具钢或合金工具钢制造，并经淬火、抛光、镀铬处理，以提高耐用度。在旋压不锈钢时，可采用青铜做旋轮（尺寸大时采用镶嵌结构）或擀棒的成形头，以防旋压过程中出现材料粘接现象。旋轮的圆角半径 R 对旋压件的质量影响较大。R 越大，旋出的工件表面越光滑，但操作时较费力。R 小时旋压较省力，但工件表面容易出现沟槽。旋轮的圆角半径 R 的推荐值见表 6-12。旋轮的直径 D 一般取最小直径的一半。

表 6-12　旋轮直径和圆角半径　　　　　　　　　　　　　　　mm

旋轮直径 D	150	130	100	70	64	54
旋轮圆角半径 R	30	18	18	15	5	4

二、强力旋压

1. 强力旋压的工艺过程及应用

强力旋压是使毛坯厚度在旋压过程中强制变薄的成形工艺，因此又称为变薄旋压。用强力旋压的加工方法，可以加工形状复杂、尺寸较大的旋转体零件；表面粗糙度 Ra 值可达 $1.25\ \mu m$，尺寸公差等级可达 IT8 左右，比普通旋压和冲压加工方法要高。

强力旋压的工艺过程可参见图 6-40 所示。旋压时，尾顶尖 7 使顶板 6 将毛坯压紧在芯模 3 的顶端，芯模被旋压机三爪卡盘 1 夹紧，芯模、毛坯和顶板随同旋压机主轴一起旋转。旋轮 4 通过机械或液压机构沿靠模板按与芯模的母线平行的轨迹移动，旋轮与芯模之间保持着变薄规律所规定的间隙，此间隙小于毛坯的厚度。旋轮施加高达 $2\,500\sim3\,500\ MPa$ 的压力，使毛坯贴合芯模，并被碾薄而逐渐成形工件 2。

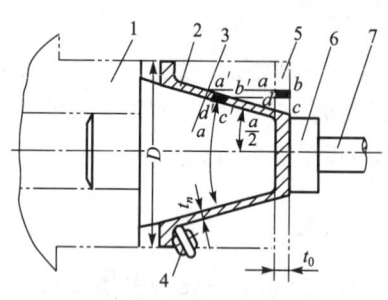

图 6-40　强力旋压示意图

1—卡盘；2—工件；3—芯模；4—旋轮；
5—毛坯；6—顶板；7—尾顶尖

2. 强力旋压的特点

通过对强力旋压加工过程的分析，可得出强力旋压具有如下特点。

（1）在强力旋压过程中，瞬时的点变形对毛坯外缘影响极小，不会产生收缩，毛坯外缘直径始终不变，不会出现凸缘起皱，也不会受毛坯相对厚度的限制，可以一次旋压出相对深度较大的零件。

（2）强力旋压时，旋轮加压于毛坯，逐点滚轧，与旋转挤压的过程相似，使毛坯按预定要求变薄。工件表面积的增加就是靠这种材料的变薄延伸实现的，因而能够节约原材料。

（3）经过强力旋压，材料硬化作用大，晶粒也得以细化，因而工件的强度和疲劳强度都有所提高，同时该工件表面也比较光滑。

3. 变形程度

强力旋压的变形程度用变薄率 φ 来表示

$$\varphi = \left(\frac{t_0 - t_n}{t_0}\right) \times 100\% = \left(1 - \frac{t_n}{t_0}\right) \times 100\% \qquad (6\text{-}35)$$

或

$$\varphi = \left(1 - \sin\frac{\alpha}{2}\right) \times 100\%$$

式中　t_0——毛坯厚度；

　　　t_n——旋压后壁厚；

　　　α——芯模锥角。

极限变薄率 φ_{max} 是衡量材料可旋性的指标。强力旋压时各种材料的变薄率见表 6-13。

表 6-13　强力旋压时各种材料的变薄率

材　　料	$\alpha/2$	$\varphi/\%$	$\varphi_{max}/\%$
铝	8°30′	83.7	85
硬铝合金	13°30′	42.2	76
黄铜（硬）	11°30′	68	80
黄铜（半硬）	15°40′	56	73
黄铜（软）	9°54′	63.5	
纯铜	15°	76.1	
不锈钢	15°	62.5	

思考题

1. 什么是内孔翻边？什么是外缘翻边？其变形特点是什么？
2. 什么叫极限翻边系数，影响极限翻边系数的主要因素有哪些？
3. 胀形的变形特点怎样？为什么采用胀形工序加工的零件表面质量好？
4. 什么叫胀形？胀形方法一般有哪几种？各有什么特点？

模块七　多工位级进模设计

> ☞ **内容提要：**
> 　　本章在前面几章分析了各种模具的典型结构以后，着重介绍了多工位级进模的典型结构、排样设计与工位安排，多工位级进模的常用装置，并通过设计实例介绍了多工位级进模设计的要点等。

学习单元一　概　　述

> ☞ **目的与要求：**
> 熟悉多工位级进模的特点。
>
> ☞ **重点：**
> 多工位级进模的特点。
>
> ☞ **难点：**
> 多工位级进模的排样。

　　多工位级进模：工位多于 5 步的级进模。

　　级进模又称连续模或跳步模。它是在模具的工作部位将其分成若干个等距工位，在每个工位上安置了一定的冲压工序，在模具内或模具外设置了控制条料（卷料）按固定距离（步距）送进的机构，使条料沿模具逐工位依序冲压后，到最后工位从条料中便可冲出一个合格的制品零件来。

一、多工位级进模特点

　　采用级进模可以对各种冲压件进行冲裁、弯曲、拉深、成形等加工。对一些形状特别复杂，或者孔边距较小的冲压件，若采用单工序模或复合模冲制有困难时，则可用级进模对冲压件采取分段的方法逐步冲出。在现代冲压技术中，发展级进模占有重要地位，特别是对大批量生产的冲压件尤其应当采用多工位的级进模。由于模具制造水平的提高，也为发展级进模创造了条件。目前，国内已可自行设计与制造出 50 多个工位的级进模，其制造精度已达到微米级。所以多工位级进模与普通冲模相比要复杂，具有如下特点。

（1）在一副模具中，可以完成包括冲裁、弯曲、拉深和成形等多道冲压工序；减少了使用多副模具的周转和重复定位过程，显著提高了劳动生产率和设备利用率。

（2）由于在级进模中工序可以分散在不同的工位上，故不存在复合模的"最小壁厚"问题，设计时还可根据模具强度和模具的装配需要留出空工位，从而保证模具的强度和装配空间。

（3）多工位级进模通常具有高精度的内、外导向（除模架导向精度要求高外，还必须对细小凸模实施内导向保护）和准确的定距系统，以保证产品零件的加工精度和模具寿命。

（4）多工位级进模常采用高速冲床生产冲压件，模具采用了自动送料、自动出件、安全检测等自动化装置，操作安全，具有较高的生产效率。目前，世界上最先进的多工位级进模工位数多达 50 多个，冲压速度达 1 000 次/min 以上。

（5）多工位级进模结构复杂，镶块较多，模具制造精度要求很高，给模具的制造、调试及维修带来一定的难度。同时要求模具零件具有互换性，在模具零件磨损或损坏后要求更换迅速，方便，可靠。所以模具工作零件选材必须好（常采用高强度的高合金工具钢、高速钢或硬质合金等材料），必须应用慢走丝线切割加工、成形磨削、坐标镗、坐标磨等先进加工方法制造模具。

（6）多工位级进模主要用于冲制厚度较薄（一般不超过 2 mm）、产量大、形状复杂、精度要求较高的中、小型零件。用这种模具冲制的零件，精度可达 IT10 级。

二、多工位级进模的类别

（1）按主要加工工序分，有级进冲裁模、级进弯曲模、级进拉深模等，在前面各章均有介绍。

（2）按工序组合方式分，有落料弯曲级进模、冲裁翻边级进模、冲裁拉深级进模、翻边拉深级进模等，请参阅本章介绍。

三、多工位级进模的送料方式

级进模在冲压过程中，压力机每次行程完成一个（或几个）工件的冲压，条料要及时地向前送进一个步距，称为送料。方式大致如下。

1. 手工送料

常用于生产批量不大、材料较厚、工件较大的送料。

2. 自动送料器送料

所用材料多为卷料。自动送料装置由放料架、自动送料器、收料架等 3 部分组成。

3. 在模具上附设自制的送料装置

常用斜楔、小滑块驱动，在级进模中应用较少。

使用级进模通常是连续冲压，故要求冲床具有足够的刚性和精度。使用级进模在连续冲压的情况下，因模架的导向系统不能脱开，所以冲床的行程不宜过大，应选用行程可调的偏心冲床或高速冲床。级进模设有许多工位，模具尺寸比较大，设计模具和选用冲床时要注意工作台面的有效安装尺寸。

学习单元二　多工位级进模的排样设计与工位安排

☞ **目的与要求：**
掌握多工位级进模的排样方法与工位安排。

☞ **重点：**
多工位级进模的排样方法与工位安排。

☞ **难点：**
多工位级进模的排样。

一、多工位级进模的排样设计

设计级进模，首先要设计排样图，这是设计级进模的重要依据。排样的要求是切除废料，将零件留在条料上，以分步完成各个工序，最后根据需要将零件从条料上分离下来。

1. 多工位级进模排样设计的内容

（1）确定模具的工位数目、各工位加工的内容及各工位冲压工序顺序的安排。

（2）确定被冲工件在条料上的排列方式。

（3）确定条料载体的形式。

（4）确定条料宽度和步距尺寸，从而确定了材料利用率。

（5）确定导料与定距方式、弹顶器的设置和导正销的安排。

（6）基本上确定了模具各工位的结构。

排样图设计的好坏，对模具设计的影响很大，是属于总体设计的范畴。一般都要设计出多种方案加以分析、比较、综合与归纳，以确定一个经济、技术效果相对较合理的方案。衡量排样设计的好坏主要是看其工序安排是否合理，能否保证冲件的质量并使冲压过程正常、稳定地进行，模具结构是否简单，制造、维修是否方便，能否得到较高的材料利用率，是否符合制造和使用单位的习惯和实际条件等。

2. 排样设计应遵循的原则

多工位级进模的排样，除了遵守普通冲模的排样原则外，还应考虑如下几点：

（1）可制作冲压件展开毛坯样板（3~5个）。在图面上反复试排，待初步方案确定后，在排样图的开始端安排冲孔、切口、切废料等分离工位，再向另一端依次安排成形工位，最后安排制件和载体分离。在安排工位时，要尽量避免冲小孔，以防凸模受力不均而折断。

（2）第一工位一般安排冲孔和冲工艺导正孔，第二工位设置导正销对条料导正，在以后的工位中，视其工位数和易发生窜动的工位设置导正销，也可在以后的工位中每隔2~3个工位设置导正销。第三工位根据冲压条料的定位精度，可设置送料步距的误送检测装置。

（3）冲压件上孔的数量较多，且孔的位置太近时，可在不同工位上冲出孔，但孔不能因后续成形工序的影响而变形。对相对位置精度有较高要求的多孔，应考虑同步冲出。因模具强度的限制不能同步冲出时，后续冲孔应采取保证孔相对位置精度要求的措施。复杂的型孔可分解为若干简单型孔分步冲出。

（4）为提高凹模镶块、卸料板和固定板的强度，保证各成形零件安装位置不发生干涉，可在排样中设置空工位，空工位的数量根据模具结构的要求而定。

（5）成形方向的选择（向上或向下）要有利于模具的设计和制造，有利于送料的顺畅。若有不同于冲床滑块冲程方向的冲压成形动作，可采用斜滑块、杠杆和摆块等机构来转换成形方向。

（6）对弯曲和拉深成形件，每一工位的变形程度不宜过大，变形程度较大的冲压件可分几次成形。这样既有利于质量的保证，又有利于模具的调试修整。对精度要求较高的成形件，应设置整形工位。

（7）为避免U形弯曲件变形区材料的拉伸，应考虑先弯成45°，再弯成90°。

（8）在级进拉深排样中，可应用拉深前切口、切槽等技术，以便材料的流动。

（9）压筋一般安排在冲孔前，在突包的中央有孔时，可先冲一小孔，压突后再冲到要求的孔径，这样有利于材料的流动。

二、多工位级进模的工位设计

进行工位设计就是要确定模具工位的数目、各工位加工的内容及各工位冲压工序顺序的安排。

1. 工位设计原则

1）简化模具结构

对于复杂的冲裁、弯曲或成形，宁可采用简单形状的凸模和凹模或简单的机构多冲几次，也不要轻易采用复杂形状的凸模和凹模或复杂机构。对于卷圆类零件，常采用无芯轴的逐渐弯曲成形的方法。若采用芯轴，则易造成高速冲压时机构动作的不协调而影响正常工作。尽量简化模具结构有利于保证冲压过程连续工作的可靠性，也有利于模具制造、装配、更换与维修。

2）保证冲件质量

对于有严格要求的局部内、外形及成组的孔，应考虑在同一工位上冲出，以保证其位置精度。如果在一个工位上完成有困难，则应尽量缩短两个相关工位的距离，以减少定位误差。对于弯曲件，在每一工位的变形程度不宜过大，否则容易回弹和开裂，难以保证质量。

3）尽量减少空工位

空工位的设置，不仅增加了相关工位之间的距离，加大制造与冲压误差，也增大了模具的面积，因此对空位设置应慎重。只有当相邻工位之间空间距离过小，难以保证凸模和凹模的强度，或难以安置必要的机构时才可设置空工位。当步距太小时（≤5 mm），应适当多设置几个空位，否则模具强度较低，一些零件也难以安装。而当步距较大时（>30 mm 时），应不设置空位，有时还可合并工位，采用连续—复合排样法，如图 3-35a 所示，以减小模具的轮廓尺寸。

2. 各工位冲压工序在排样设计中的顺序安排

在一般冲压工序设计中，各种冲压工序之间的顺序关系已形成一定规律。但在多工位级进模的排样设计中还应遵循以下几条规律：

1) 对于纯冲裁的多工位级进模排样（详见第三章）
2) 对于冲裁—弯曲的多工位级进模排样

一般都是先冲孔，再切掉弯曲部位周边的废料后进行弯曲，接着切去余下的废料并落料。切除废料时，应注意保证条料的刚性和零件在条料上的稳定性。弯曲部位须经几次才能弯曲成形时，应从最远端开始，依次向与基准平面连接的根部弯曲。这样可以避免或减少侧弯机构，简化模具结构。对于靠近弯曲带的孔和侧面有位置精度要求的侧壁孔，则应安排在弯曲后再冲孔。对于复杂的弯曲件，为了保证弯曲角度，可以分成几次进行弯曲，有利于控制回弹。

3) 对于冲裁—拉深的多工位级进模排样

在进行多工位级进拉深成形时，坯料的送进不像单工序拉深那样以散件形式单个进行，而是通过带料以组件形式连续送进坯料，故又称为带料拉深。如图 7-1 和图 7-2 所示。采取载体、搭边和坯件连在一起的组件，便于稳定作业，成形效果良好。但由于级进拉深时不能进行中间退火，故要求材料应具有较高的塑性。又由于连续拉深过程中工件间的相互制约，因此，每一工位拉深的变形程度不可能太大，且零件间还留有较多的工艺废抖，材料的利用率有所下降。

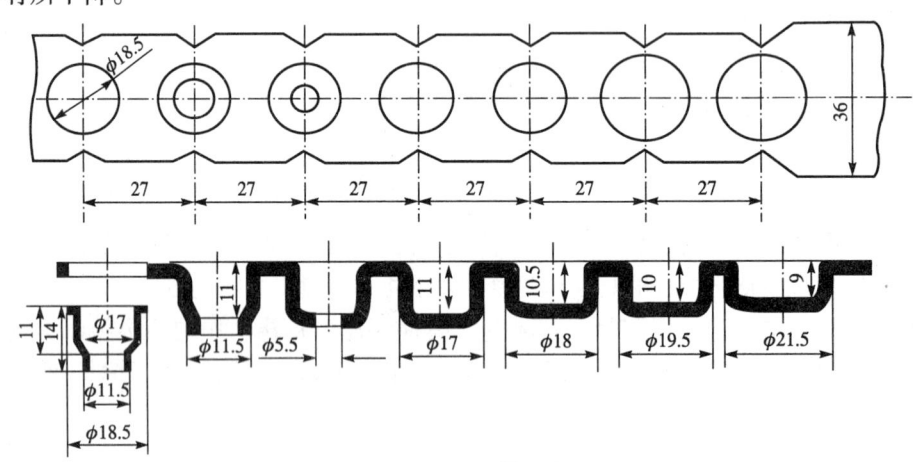

图 7-1 无切口带料拉深

要保证级进拉深工位的布置满足成形的要求。应根据制件的尺寸及拉深所需要的次数等工艺参数，用简易临时模具试拉，根据是否拉裂或成形过程的稳定性，来进行工位数量和工艺参数的修正，或插入中间工位、增加空工位等，这样反复试制到加工稳定为止。在结构设计上，还可根据成形过程的要求，工位的数量，模具的制造和装配组成单元式模具。

带料拉深分无切口带料拉深和有切口带料拉深两种工艺。

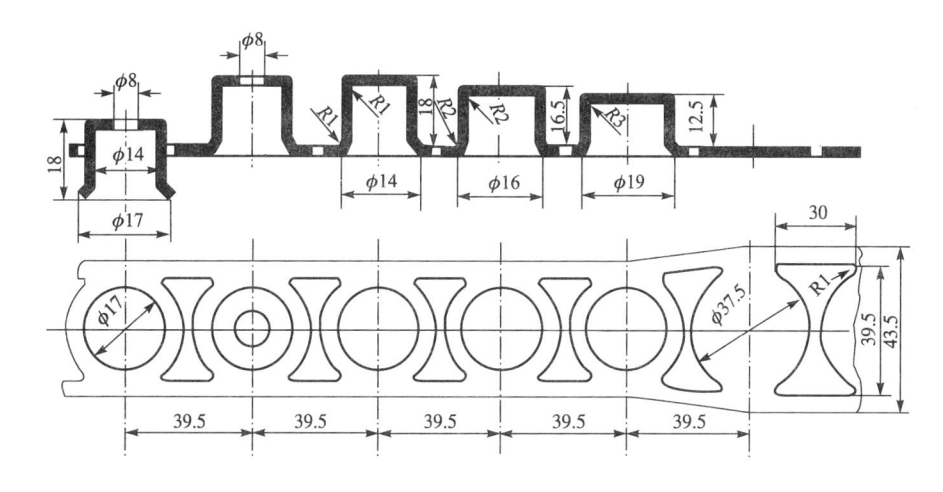

图 7-2 有切口带料拉深

三、分段切除时相关部位的相接

级进模冲裁中，常采用分段冲切废料的方法来获得一个完整的冲件形状。如何处理好相关部位几次冲裁产生的相接问题，将直接影响冲压件的质量。由于存在送进误差，其相接部位可能出现不平直、不圆滑和错牙等毛病。

相关部位的相接可用以下三种方法。

1. 搭接

在其折线的连接处分段，分解为若干个形孔进行分段切除，如图 7-3 所示。每两段形孔连接处可有一小段搭接区，以保证形孔的连接处不留下接痕。搭接最有利于保证冲件的连接质量，因此在多工位级进模排样的分段切除过程尽可能采用搭接的连接方式。一般的搭接量应大于 0.5 倍的材料厚度。如果不受搭接形孔所限，其搭接量可以增大至 1~2.5 倍的材料厚度，但最小不能小于 0.4 倍的材料厚度。

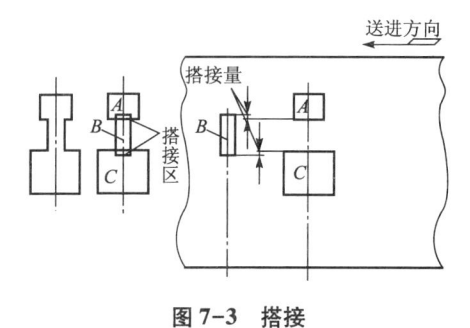

图 7-3 搭接

2. 平接

在零件的直边上先冲切掉一部分余料，在另一工位再冲切掉余下的部分，如图 7-4 所示。在不同工位沿同一条直线进行冲切，两次冲切的刃口位置不可能完全重合，因此会在连接处留下接痕。为改善平接的连接质量，应适当提高步距精度与凸模和凹模的制造精度，以减少其累积误差。在第一次冲切与第二次冲切的两个工位上均要设置导正销，对条料导正。第二次冲切凸模连接出的延长部分（即直边的外侧）修出一个微小斜角（取 3°~5°），以减少连接处的明显缺陷。

3. 切接

在零件的圆弧部位上分段切除，如图 7-5 所示。其特点与平接相同。为使两次冲切的圆弧段能光滑地连接，需采取与平接相同的措施，还应使切断型面的圆弧略大于先冲的圆弧。

图 7-4 平接

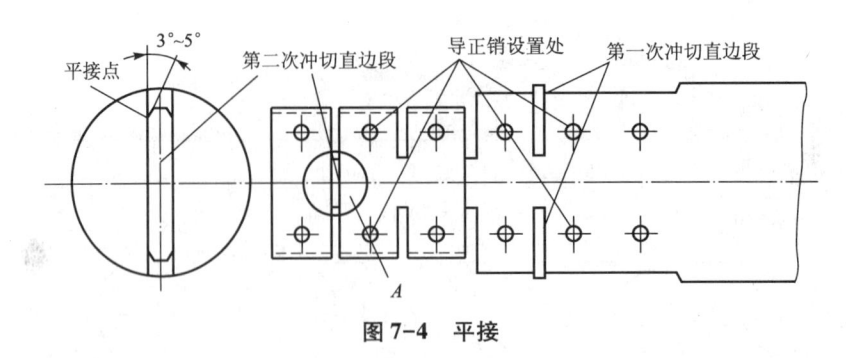

图 7-5 切接

四、多工位级进模中条料载体的形式

在多工位级进模内条料送进过程中，会不断地被切除余料。但在各工位之间到达最后工位以前，总要保留一些材料将其连接起来，以保证条料连续的送进。这部分材料称为载体。载体必须具有足够的刚度和强度才能将条料稳定地由一个工位传送到下一个工位。根据零件的结构形状和成形部位的位置和方位的不同，条料载体基本上有三种类型：双侧载体、单侧载体和中间载体。

1. 双侧载体

采用双侧载体的形式，送料平稳，条料不易变形，精度较高，如图 7-6 所示。对于冲裁-弯曲的多工位级进模，双侧载体主要适用于弯曲线的方向垂直于送料方向的排样方式。

2. 单侧载体

图 7-7 所示为单侧载体的形式，主要适用于零件一端需要弯曲的场合。这种载体形式的导正孔只能设置在单侧载体上，对条料的导正与定位都会造成一些困难，在设计中要给予注意。

3. 中间载体

图 7-8 所示为中间载体的形式，主要适用于弯边位于条料两边的弯曲件。对于中间载体还可采用桥接的形式，即在不增加料宽的情况下，用冲件之间的一小段材料作为连接部分，如图 7-9 所示。

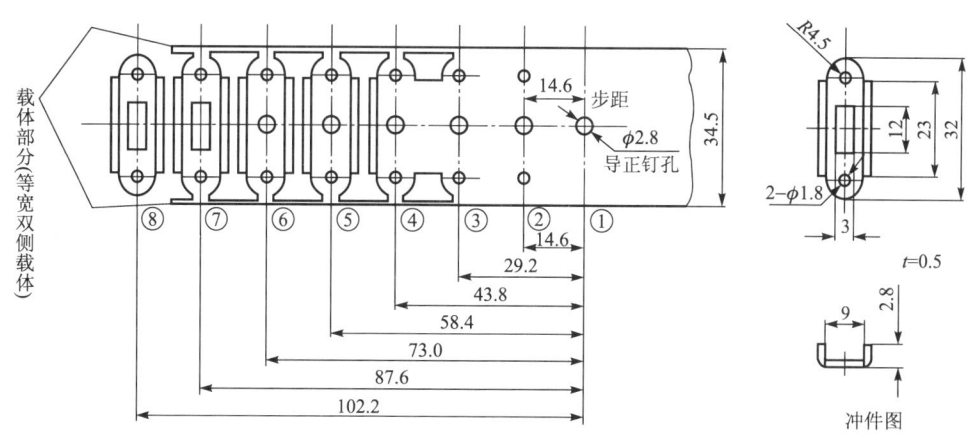

图 7-6 双侧载体的排样示例

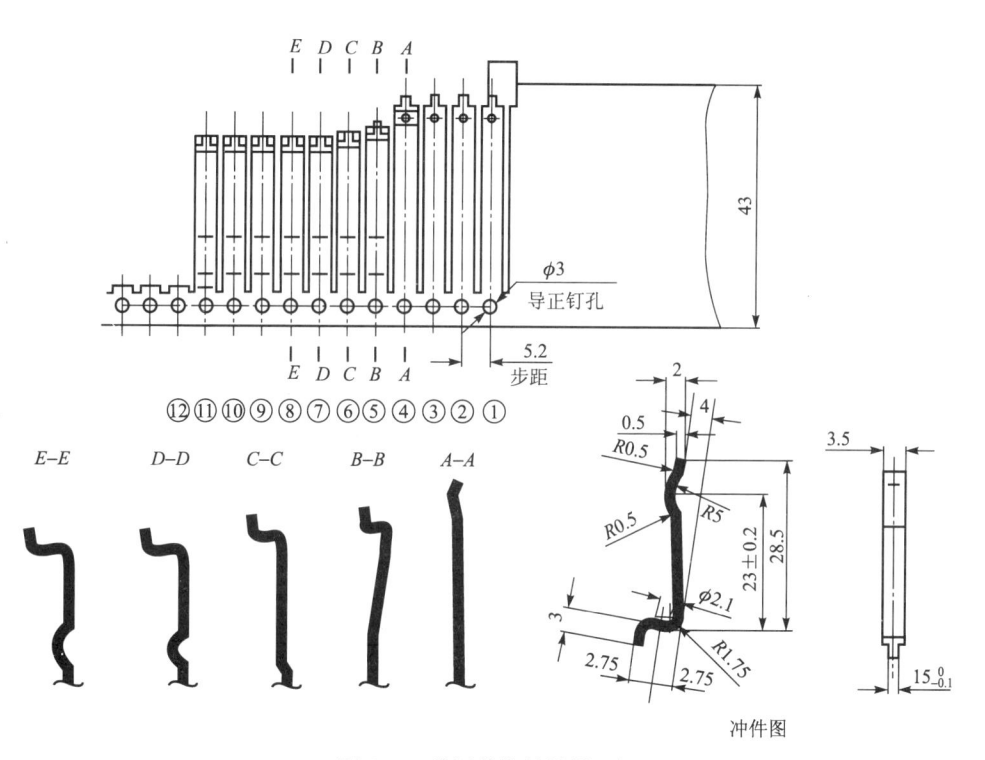

图 7-7 单侧载体的排样示例

五、多工位级进模排样时应考虑的其他因素

排样时，应合理布置冲裁和成形工位的相对位置，使冲压负荷尽可能平衡，以便使冲压中心接近设备的冲压中心。

对于弯曲工序的工件，还要考虑材料的纤维方向。

对于有倒冲或切断、切口的部位，应注意毛刺方向。因为倒冲时，毛刺留在上表面，切

冲裁件图

图 7-8 中间载体的排样示例

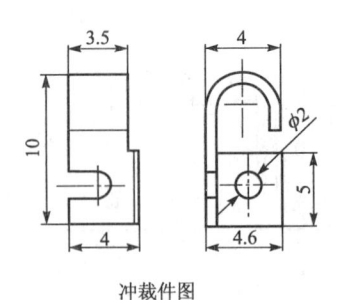

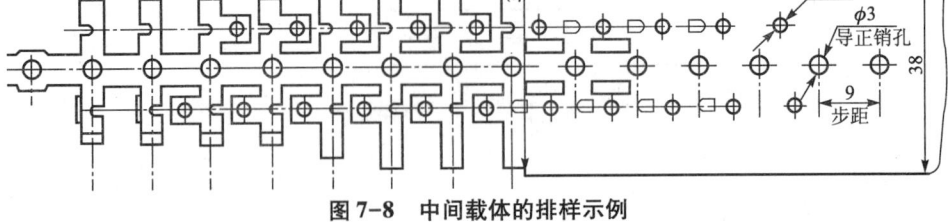

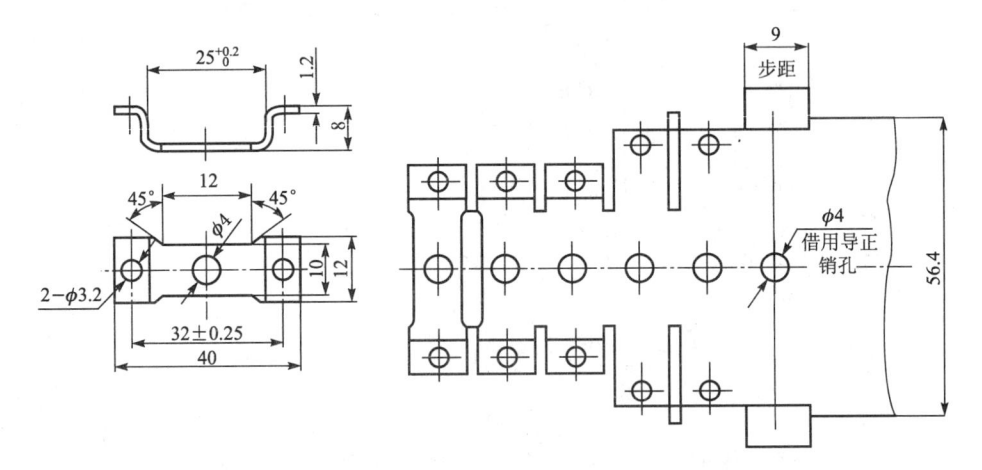

图 7-9 中间载体的桥接排样示例

断和切口时，被切开工件的毛刺一边在上面，另一边在下面。如图 7-10（a），（b）所示的两种不同的排样形式，所得工件的毛刺方向也有不同。排样时应考虑，毛刺方向是否影响工件的使用。通过以上分析，综合各方面的因素，设计多个排样方案进行比较，并要对每个排样方案计算出材料利用率，并进行经济分析最后选择一个相对较为合理的排样方案。

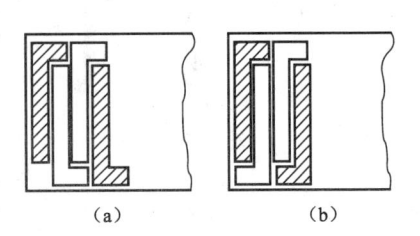

图 7-10 不同排样方式对冲件毛刺的影响

思考题

1. 目前冲压加工自动化是指以什么为主的自动化？包括哪几种情况？
2. 辊轴送料装置在使用过程中需要哪几种抬辊动作？分别有何作用？如何实现这些动作？
3. 自动模设计应注意哪些问题？

模块八　冲压工艺设计及案例分析

> **☞ 内容提要：**
> 本章在分析冲压工艺方案制定原则的基础上，介绍了冲压工艺卡片的编制过程，以及典型模具（弯曲模、拉深模、缩口模）的设计过程。

冲压工艺设计： 是指针对某一具体的冲压工件，根据其材料、结构特点、尺寸精度要求以及生产批量，按照现有设备和生产能力，拟定出一套经济合理，技术上切实可行的冲压加工工艺方案。

同一种冲压件往往有多种工艺方案，因而必须根据各方面的因素和要求，通过分析比较进行优化设计，最终确定出最佳方案。冲压工艺设计一般以冲压工艺卡片的形式进行表达，在编制卡片过程中不仅要求工艺设计人员本身具备丰富的工艺设计知识和冲压实践经验，而且还要在实际工作中，与产品设计、模具设计人员以及模具制造、冲压生产人员紧密配合，及时采用先进经验并采纳合理化建议，将其贯穿到工艺规程中。冲压工艺卡片是模具设计以及指导冲压生产工艺过程的重要依据。

学习单元一　工艺方案的制定

> **☞ 目的与要求：**
> 1. 掌握冲压工艺方案的制定原则。
> 2. 熟练冲压件的工艺性分析过程。
>
> **☞ 重点：**
> 冲压工艺方案的制定原则。
>
> **☞ 难点：**
> 灵活应用冲压工艺方案的制定原则。

一、制定工艺方案的原则

在对冲压件进行工艺分析的基础上，考虑冲压工序的性质、数量、顺序、组合方式以及其他辅助工序的安排，拟定出最佳工艺方案。

1. 工序性质的确定

工序性质：是指某冲压件所需要的冲压工序的种类，如分离工序中的冲孔、落料、切边，成形工序中的弯曲、翻边、拉深等。工序性质的确定主要取决于冲压件的结构形状、尺寸精度，同时需要考虑工件的变形性质和具体的生产条件。

工序性质的确定，应遵循以下原则。

1) 工序性质应与工艺性状相吻合

工艺性状：是指制件的材料性能和几何形状对某工序成形的适应状态。在一定条件下，每种冲压工序都有在其变形规律支配下的工艺性状范围，只要材质性能和冲压件形状与之适应，该制件就可由该工序成形。从坯料向零件成形的多道工序中，这种材料性能和工序件形状在每一冲压工序后都会发生变化，因而前道工序的性质应能保证制件的工艺性状变化适合于下道工序的工艺性状范围。依此安排各个工序，使坯料得以顺利地向零件转化。由此，冲压件本身在很大程度上就决定了工序的性质，但有时又不十分明显，需要通过工艺计算才能确定。

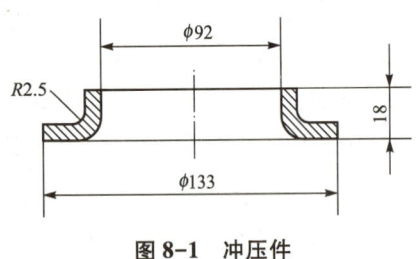

例如，如图 8-1 所示的冲压件，初看可用落料、冲孔、翻边工序完成，但由于竖边高度尺寸 18 mm 与内孔尺寸 ϕ92 mm 的对应关系超出翻边成形的几何性状范围，翻边时口部要破裂。若采用落料、拉深、修边和切底，或落料、拉深、修边、冲底孔和翻边的方法均能很好成形。又如，深筒形拉深件，若其深度与直径之比达到一定程度时，用多次拉深也难以奏效，这是因为每次拉深后坯料的工艺性状都发生了变化，最终导致超出后续拉深工序的工艺性状范围而不能成形。在这种情况下，必须改变工序性质，采用其他的冲压工序。

图 8-1 冲压件

2) 工序性质应保证变形区为弱区

弱区：是指变形抗力小的区域，根据阻力最小定律，应使变形区为弱区，以达到变形容易，同时又保证不变形区的相对稳定。

如图 8-2 所示的起伏件，若外形有效尺寸 D 很大，则平板外圈部分与所要胀出的凸起内圈相比强弱明显，起伏时外缘就不会发生收缩变形。若 D 很小，则不能保证不变形区的稳定，只好改变工序性质。

有时变形区与非变形区强弱对比不明显，为了使变形区为弱区，就需要增加工序。如图 8-3 所示的冲压件，外径尺寸是 100 mm，翻边时产生收缩变形。当改为 115 mm 时，翻边时外径不再收缩，最后切边保证外径尺寸 100 mm，切边工序就是附加的工序。又如图 8-4 所示，为了增加成形高度，预先在毛坯上制孔，使底部成为弱区。成形后，孔扩大补偿了外部材料的不足，从而增大了成形高度。冲孔便是增加的工序，所冲的孔称为变形减轻孔。

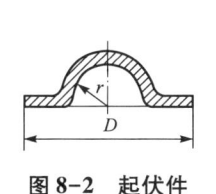

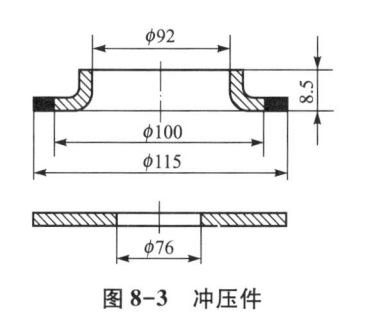

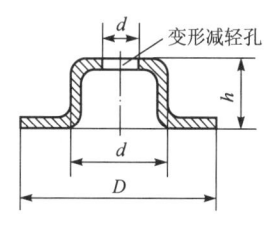

图 8-2 起伏件　　图 8-3 冲压件　　图 8-4 变形减轻孔

3）工序性质应保证零件的质量

冲压件的几何形状或尺寸精度要求较高时，必须增加校形工序或其他工序。

例如，如图 8-3 所示，若竖边的厚度不允许变薄，就不能采用翻边工序。又如图 8-5 所示的平板压筋件，由于筋离平板边缘很近，将使压筋变形不均匀，制件产生较大的翘曲或皱折，因而必须增加拉深工序，提高制件周边的刚度后再压筋，压筋后则需修边。这里拉深和修边工序便是保证零件质量而增加的工序。

4）工序性质应保证变形区不断转移

如图 8-6 所示的冲压件，单纯拉深需四道工序，必须中间退火，否则高度尺寸难以达到。若采用两次拉深，把变形区转移到底部冲孔翻边；然后对筒部缩口，则不需中间退火，也能达到规定的高度。后一种方案既转移了变形区又充分利用了材料的性质。

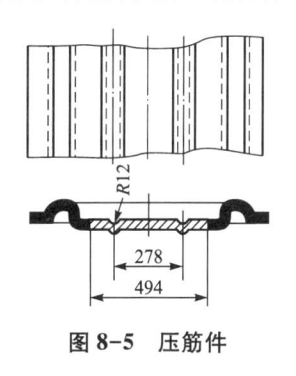

图 8-5 压筋件　　图 8-6 冲压件

2. 工序数量的确定

工序数量：是指冲压件在加工整个过程中所需要的工序数（包括辅助工序）的总和。冲压工序数量主要根据工件几何形状的复杂程度、尺寸精度要求和材料性质来确定，在具体情况下还应考虑生产批量、实际制造模具的能力、冲压设备的条件以及工艺稳定性等多种因素的影响。在保证冲压件质量的前提下，为提高经济效益和生产效率，工序数量应尽可能少些。

工序数量的确定，应遵循以下原则。

（1）冲裁形状简单的工件采用单工序模具完成。冲裁形状复杂的工件，由于模具的结构或强度受到限制，其内外轮廓应分成几部分冲裁，需采用多道冲压工序。对于平面度要求较高的工件，可在冲裁工序后再增加一道校平工序。

（2）弯曲件的工序数量主要取决于其结构形状的复杂程度，根据弯曲角的数目、相对位置和弯曲方向而定。当弯曲件的弯曲半径小于允许值时，则在弯曲后增加一道整形工序。

（3）拉深件的工序数量与材料性质、拉深高度、拉深阶梯数以及拉深直径、材料厚度等条件有关，需经拉深工艺计算才能确定。当拉深件的圆角半径较小或尺寸精度要求较高时，则需在拉深后增加一道整形工序。

（4）当工件的断面质量和尺寸精度要求较高时，可以考虑在冲裁工序后再增加修整工序，或者直接采用精密冲裁工序。

（5）工序数量的确定还应符合企业现有制模能力和冲压设备的状况。制模能力应能保证模具加工、装配精度相应提高的要求，否则只能增加工序数目。

（6）为了提高冲压工艺的稳定性，有时需要增加工序数目，以保证冲压件的质量。例如弯曲件的附加定位工艺孔的冲制，成形工艺中增加变形，减轻孔冲裁以转移变形区等。

3. 工序顺序的确定

工序顺序：是指冲压加工过程中各道工序进行的先后次序。冲压工序的顺序应根据工件的形状、尺寸精度要求、工序的性质以及材料的变形的规律进行安排。

工序顺序的确定，应遵循以下原则：

（1）对于带孔或有缺口的冲压件，选用单工序模时，通常先落料再冲孔或缺口，选用级进模时，则落料安排在最后工序。

（2）如果工件上存在位置靠近、大小不一的两个孔，则应先冲大孔后冲小孔，以免大孔冲裁时的材料变形引起小孔的变形。

（3）对于带孔的弯曲件，在一般情况下可以先冲孔后弯曲，以简化模具结构。当孔位于弯曲变形区或接近变形区，以及孔与基准面有较高要求时，则应先弯曲后冲孔。

（4）对于带孔的拉深件，一般先拉深后冲孔。当孔的位置在工件底部，且孔的尺寸精度要求不高时，可以先冲孔再拉深。

（5）多角弯曲件应从材料变形的影响和弯曲时材料的偏移趋势安排弯曲的顺序，一般应先弯外角后弯内角。

（6）对于复杂的旋转体拉深件，一般先拉深大尺寸的外形，后拉深小尺寸的内形。对于复杂的非旋转体拉深件，则应先拉深小尺寸的内形，后拉深大尺寸的外形。

（7）整形工序、校平工序、切边工序，应安排在基本成形以后。

4. 工序组合的确定

适当的将冲压工序进行组合可以大大地减少模具数量，冲压工艺方案与模具结构有直接的关系。在大批量生产时应尽量采用级进模或复合模冲压，尤其是级进模冲压，以便实现自动化，提高劳动生产率，降低成本。有时生产批量虽不大，但为了操作方便，保障安全，或为了减少冲压件在生产过程中的占地面积和传递工作量，也把冲压工序相对集中，采用复合模或级进模进行冲压。

但是，冲压工序集中组合必然使模具结构复杂化。工序组合的程度受到模具结构、模具强度、模具制造和维修及设备能力等方面的限制。例如落料拉深复合模，受到凸凹模壁厚的限制；落料、冲孔和翻孔三道工序的复合，受到凸凹模强度的限制；反拉深受凹模壁厚的限制；冲压件大，冲压力大，这时如果工序过多集中，就受到压力机许用压力的限制；多工位级进冲压，模具轮廓尺寸受到压力机台面尺寸的限制；工序集中后，如果冲模工作零件的工作面不在同一平面上，在拉深件底部冲孔与切边复合就会给修模带来一定困难等等。但尽管如此，随着冲压技术和模具制造技术的发展，在大批量生产中工序组合程度还是越来越高。

二、冲压件的综合分析

冲压件的综合分析，是冲压工艺设计的起点，也是衡量冲压件质量好坏的先决条件，它贯穿于整个模具设计过程中。通过综合分析为工艺方案的确定奠定了基础，同时又为工艺设计提供了工艺参数计算。其方法和步骤如下：

1. 设计前的准备工作

设计前应收集、准备、掌握有关信息和资料，包括冲压件的生产纲领、图纸及有关技术文件，所用原材料的规格、机械性能、模具的制造条件及技术水平，供选用的设备型号、规格、主要技术参数和使用说明书，各种有关技术标准、设计手册等，同时要掌握有关的先进技术和工艺等资料以供选用。

2. 分析冲压零件图

冲压零件图是编制和分析冲压工艺方案的重要依据。根据冲压件的零件图纸，分析研究冲压件的形状特点、尺寸大小、精度要求，以及所用材料的机械性能、冲压成形性能和使用性能等对冲压加工的影响，分析产生回弹、畸变、翘曲、歪扭、偏移等质量问题的可能性。特别要注意零件的极限尺寸（如最小孔间距和孔边距、窄槽的最小宽度、冲孔的最小尺寸、最小弯曲半径、最小拉深圆角半径等），以及尺寸公差、设计基准等是否适合冲压工艺的要求。若发现冲压件的工艺性很差，则应协同冲压件的设计人员在不影响冲压件使用要求的前提下对零件图制作出适合冲压工艺性的修改。

3. 冲压工艺性分析与审查

分析冲压零件图的同时，就应对冲压工艺性进行分析。冲压工艺性既表征了冲压加工方法所达到的加工程度，又表征了零件冲压加工的难易程度。良好的冲压工艺性使材料消耗少、变形容易、成形稳定、工序数目少、模具通用性强、模具结构简单易制造、使用寿命长、操作方便、安全、可靠。

1) 材料性质

冲压件除了要选用经变形后其性能仍满足使用要求的材料外，还要考虑所用材料应易于冲压成形。例如，深筒拉深件应选塑性、组织状态及表面质量均较好的材料。材料产生冷作硬化后对后续工序的影响也要符合一定的要求。此外，所用材料从降低冲压工艺力、减少模具磨损等方面也应有较好的性能。

2) 冲压变形规律

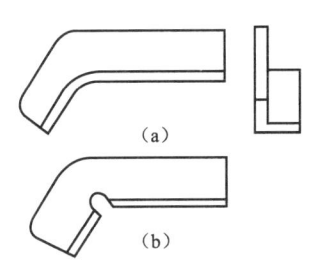

图 8-7 弯曲件

如弯曲件的弯曲半径小于材料所允许的最小弯曲半径时，就会开裂，因此应予修改。例如，如图 8-7（a）所示的冲压件，不易压弯成形；图 8-7（b）为添加了工艺孔的冲压件，则很容易弯曲成形。

3) 工序数目

冲压件的构造尽可能使工序内容简单，工序数目少。如图 8-8（a）所示为一消声器盖，高度尺寸修改后（如图 8-8（b）所示），就由原八道工序减为两道工序，大大减小了冲压工序数目。

4）材料利用

冲压件形状及下料方式应尽量减少用料和减少排样废料，消声器件（如图 8-8 所示）改进后材料消耗减少 50%。又如图 8-9 所示的冲裁件，要求三个孔的位置精度较高，但对外形尺寸没有要求，因而改进后既满足了要求又使材料消耗大为减少，材料利用率大大提高。

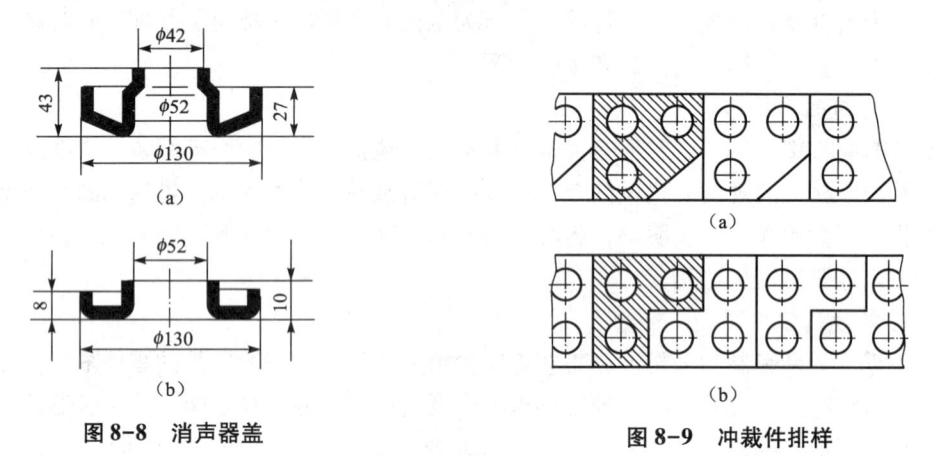

图 8-8 消声器盖

图 8-9 冲裁件排样

5）模具制造

如图 8-10 所示的冲压件，经修改后（如图 8-10（c）所示），其模具工作部分的形状大为简化，既有利于制造又易保证冲压件精度。

6）冲压件精度

冲压件精度应符合冲压方法所能达到的精度，否则要花费很大的成本。当然随着冲压工艺及模具的发展，其成形精度也将不断提高。

7）冲压件几何参数的标注

冲压件几何参数的标注应有利于精度的保证。例如，如图 8-11 所示的卷圆件所标注的内径尺寸，模具无法直接保证。此外，材料厚度若发生变化，内径尺寸精度也不易控制，因而应标注外径尺寸。如图 8-10 所示的冲压件，若两孔的位置尺寸采用 A 标注，应弯曲后再冲孔，这样使得冲孔凹模一侧的壁厚过小。如果两孔间距要求不严时采用 B 标注较好，这样在弯曲之前，冲孔落料复合，既减少了工序数目又保证了凹模强度。

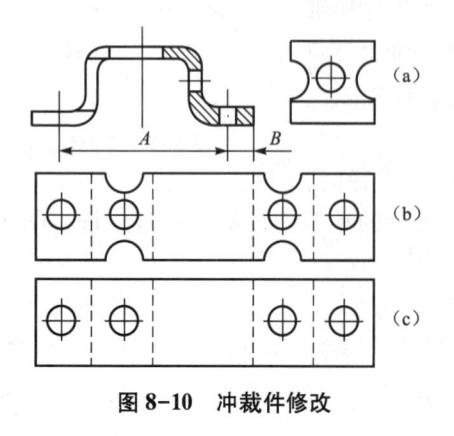

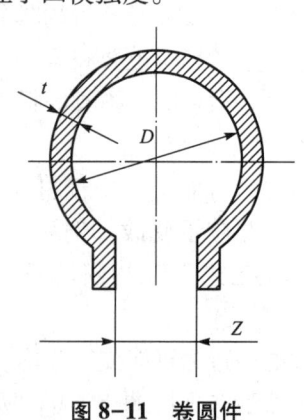

图 8-10 冲裁件修改

图 8-11 卷圆件

4. 冲压加工的先进性和经济性

零件的生产批量对冲压加工的先进性和经济性有很大的影响。生产批量大时，采用冲压加工经济效果好，生产率高；若采用冲压机械化、自动化，更能充分发挥冲压工艺的先进性和经济性。例如：冲压件精度高且批量大时，采用先进的多工位压力机将收到明显的效益。又如冲裁件质量要求高且批量很大，可采用较先进的精冲法代替普通冲裁加修整的工艺。生产批量很小，冲压加工的先进性和经济性就不能充分发挥，这时应考虑采用其他的加工方法，或采用简易冲压模具辅之以别的加工方法，往往更为有效，如某些旋转体零件小批量生产，采用旋压比拉深更为有利；大型钣金件采用液压比模具冲压更为优越。

此外，还应与其他加工方法比较，以使工艺更为合理。如深筒件采用管料焊底的方法往往比拉深更为经济。

学习单元二 冲压工艺实例

☞ **目的与要求：**
1. 熟练应用冲压工艺设计原则到具体的模具设计中。
2. 掌握典型冲压模具的模具设计方法。
3. 掌握冲压工艺卡片的编制过程。

☞ **重点：**
1. 掌握典型冲压模具的模具设计方法。
2. 掌握冲压工艺卡片的编制。

☞ **难点：**
掌握典型冲压模具的模具设计方法。

一、案例1：弯曲模的设计

如图 8-12 所示冲压件，材料为 08F，材料厚度 $t=3$ mm，生产量 30 000 件/年，要求表面无划痕，孔不允许严重变形。

制件冲压工艺制订过程如下。

1. 冲压件综合分析

1）零件图分析

该件为带孔的四直角相反弯曲对称件，尺寸精度要求不高，由冲裁和弯曲即可成形。冲压难点在于四角弯曲回弹较大，使制件变形，但通过模具措施可予以控制。

图 8-12 零件图

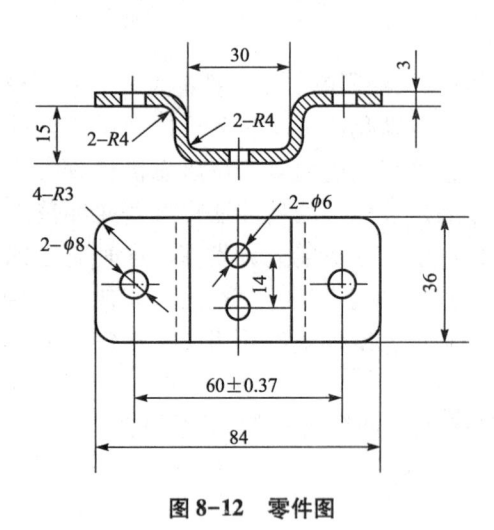

2) 冲压工艺性审查

在分析冲压工艺性的基础上，其审查内容见表 8-1。

3) 冲压经济性和先进性分析

冲压是该件最好的加工方法，但由于批量不是很大，模具应力求结构简单易制，故不采用复杂的组合工序。

2. 工艺方案的确定

方案一：冲 2-ϕ6 孔和落料复合，弯曲两外角，弯曲两内角，冲 2-ϕ8 孔。弯曲工序如图 8-13 所示。

方案二：冲 2-ϕ6 孔和落料复合，弯曲四角，冲 2-ϕ8 孔。弯曲工序如图 8-14 所示。

表 8-1 冲压工艺性审查表

工艺性项目	冲压件工艺性状	工艺性允许值	工艺性评价
冲裁工艺性			
1. 形状		落料长方形 36×102	
	冲圆孔 ϕ6，ϕ8，		
2. 落料圆角	R3	$0.25t = 0.75$	
3. 孔边距	对 2-ϕ6，8	$1.5t = 4.5$	
	最小孔边距 8	$t = 3$	
弯曲工艺性			
1. 形状	U 形件，四角弯曲，对称		
2. 弯曲半径	R4	$0.4t = 1.2$	
3. 直边高度	弯曲外角 20	$2t = 6$	
	弯曲内角 8	$2t = 6$	
4. 孔边距	距 ϕ6 孔边 8	$2t = 6$	由于 ϕ8 孔边距弯曲区太近，易于使孔变形，故先弯曲后冲孔
	距 ϕ8 孔边 4	$2t = 6$	
5. 精度	IT14	$2t = 6$	为保证 60±0.37，应弯曲后冲 2-ϕ8 孔
	2-ϕ8 孔距 60±0.37 的精度是 IT9		

方案三：冲 2-ϕ6 孔和落料复合，弯曲外角，预弯内角 45°，弯曲内角，冲 2-ϕ8 孔。弯曲工序如图 8-15 所示。

方案四：冲 2-ϕ6 孔和落料复合，二次弯曲四角，冲 2-ϕ8 孔。弯曲工序如图 8-16 所示。

方案五：冲 2-φ6、2-φ8 孔和落料复合，二次弯曲四角。

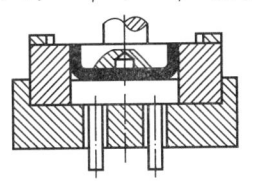

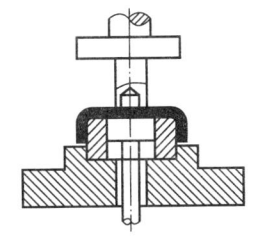

图 8-13　方案一

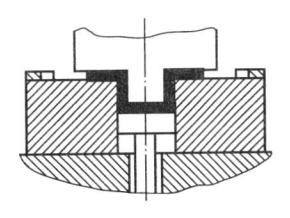

图 8-14　方案二

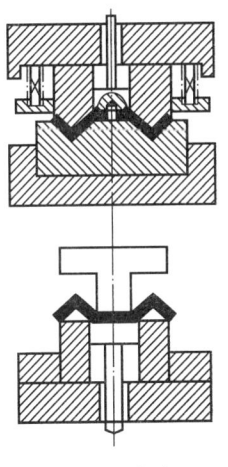

图 8-15　方案三

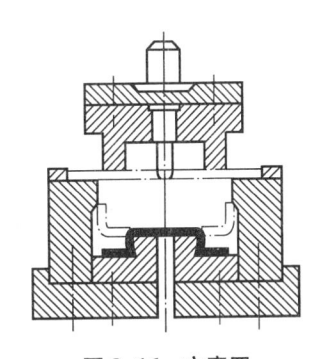

图 8-16　方案四

根据表 8-2，确定方案四。由于冲压件弯曲尺寸精度均为 IT14，因而方案四的回弹对其影响不大；再者还可考虑在二次弯曲时校形或冲孔与整形复合，均可克服回弹，而这些技术措施均不增加模具的制造成本和数量。

表 8-2　冲压工艺方案比较表

项目	方案一	方案二	方案三	方案四	方案五
模具结构					冲裁模较复杂
模具数量	四套	三套	四套	三套	二套
模具寿命		弯曲摩擦大，较差			
制件质量	有回弹，但是可以控制	四角同时弯曲，回弹不易控制，划痕严重	预压内角回弹小、形状、尺寸精度较好	有回弹，但是可以控制	有回弹，但是可以控制
生产率		较高		较高	高

3. 工艺计算

1) 毛坯尺寸

如图 8-17 所示，毛坯各尺寸为

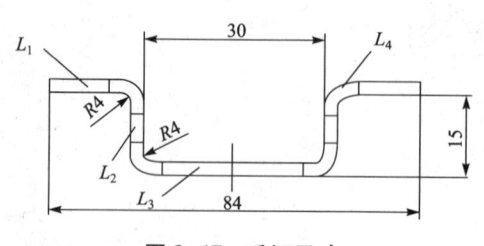

图 8-17 毛坯尺寸

$$\sum L_a = 2L_1 + 2L_2 + L_3 = 2 \times 20 + 2 \times 4 + 22 = 70 \text{ (mm)}$$

则

$$\sum L_b = 4L_4 = 4 \times [1.57(r + K_1 t)] = 4 \times 8 = 32 \text{ (mm)}$$

$$L = \sum L_a + \sum L_b = 70 + 32 = 102 \text{ (mm)}$$

2) 排样和材料利用率

坯料形状为矩形，采用单排排料最适宜。取搭边 $a = 2.8$ mm，$a_1 = 2.4$ mm，条料宽度为 $B = 102 + 2 \times 2.8 = 107.6$ mm；进距 $h = 36 + 2.4 = 38.4$ mm；板料选用规格为 8 mm×900 mm×2 000 mm。

采用纵裁时：

每板条料数 $n_1 = 900/107.6 = 8$ 条，余 39.2 mm

每条制件数 $n_2 = (2\ 000 - 2.8)/38.4 = 52$ 件

39.2×2 000 余料利用件数 $n_3 = 2\ 000/107.6 = 18$ 件，余 63.2 mm

由此可知，纵单排排料材料利用率高。从弯曲纤维方向性上，横向单排排料最好。由于材料 08F 塑性好，故采用纵向单排排样，以降低成本，提高经济性。

3) 冲压工艺力

① 落料冲孔复合工序：

冲裁力　$P = Lt\tau = (2\times30 + 2\times96 + 3\pi + 2\times6\pi) \times 3 \times 260 = 233\ 317$ (N)

卸料力　$P_1 = K_1 P = 0.04 \times 233\ 317 = 9\ 333$ (N)

推件力　$P_2 = nK_2 P = 3 \times 0.045 \times 233\ 317 = 31\ 498$ (N)

冲压力　$P_0 = 1.3(P + P_1 + P_2) = 1.3 \times (233\ 317 + 9\ 333 + 31\ 498) = 35\ 392$ (N)

选用 400 kN 冲床。

② 弯曲工序：由于二次弯曲，按 U 形弯曲计算。

自由弯曲力　$F_1 = Kbt^2 \sigma_b / (r_p + t) = 0.7 \times 36 \times 3^2 \times 329 / (4+3) = 10\ 659$ (N)

校正弯曲力　$F_2 = Qq = (84 \times 36) \times 80 = 241\ 920$ (N)

为了可靠起见，将二次弯曲的自由弯曲力 F_1 和校正弯曲力 F_2 合在一起，即冲压力为

$$F_0 = F_1 + F_2 = 10\ 659 + 241\ 920 \approx 256.2 \text{ (kN)}$$

选用 400 kN 冲床。

③ 冲 2-ϕ8 孔工序：

冲裁力　　$P = Lt\tau = (2\times 8\pi)\times 3\times 260 = 39\ 207$（N）

推料力　　$P_2 = nK_2 P = 3\times 0.045\times 39\ 207 = 5\ 293$（N）

冲压力　　$P_0 = 1.3(P+P_2) = 1.3\times(39\ 207+5\ 293) \approx 57.9$（kN）

选用 100 kN 冲床。

4. 填写工艺卡片

该件冲压工艺卡片见表 8-3。

表 8-3　冲压工艺卡片

工序号	工序内容	工序图	压床规格（t）	模具形式
1	冲 2-ϕ6 孔和落料复合		40 吨	落料冲孔复合模具
2	先外后内两次弯曲并校正		40 吨	二次弯曲模
3	冲 2-ϕ8		10 吨	冲孔模

5. 模具设计计算

模具设计计算详见有关章节，具体计算从略。冲 2-ϕ 孔和落料复合模如图 8-18 所示。

二、案例 2：拉深模的设计

如图 8-19 所示冲压件，材料为 1016（铝），材料厚度 $t = 0.3$ mm，大批量生产。制件冲压工艺制订过程如下。

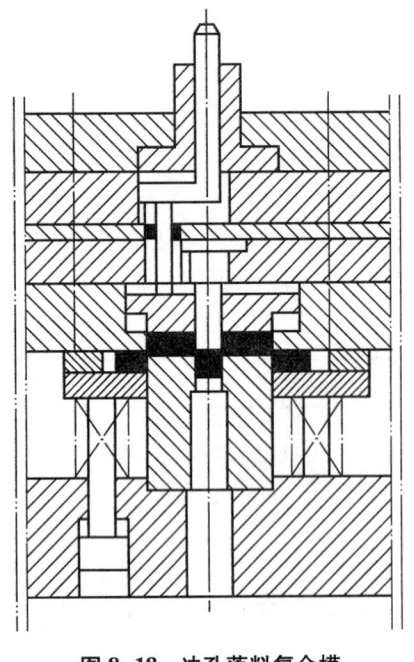

图 8-18 冲孔落料复合模　　　　　　图 8-19 零件图

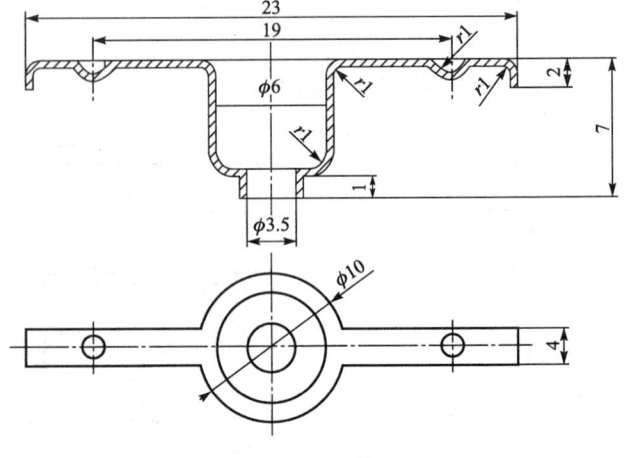

1. 工艺分析
1) 零件材料、尺寸公差要求

(1) 零件材料为 1060（铝），其塑性、韧性较好，抗剪强度 τ 为 80 MPa，抗拉强度 σ_b 为 75~110 MPa，利于各种工序的加工。

(2) 从零件图样上看，其尺寸均没有公差要求，故精度不高，属于一般零件，其公差按 IT13 处理，给模具制造带来一系列方便。

2) 零件的形状、结构及冲压工艺性

(1) 该零件总体属于圆筒形拉深件，两边有宽 4 mm 的直边凸缘，凸缘前端有弯曲部分，中间需成形 r 为 1 mm 的半圆球形体，底部有翻边部分。

(2) 零件材料的厚度 $t=0.3$ mm，且材料较软，对于各种工序都可以适应。

(3) 零件圆筒形部分高度为 6 mm，可能需几次拉深成形，由尺寸计算后确定。

(4) 翻边部分先冲一预孔为 d，后用一定尺寸的凸、凹模配合成形，具体尺寸待计算。

(5) 成形半径 r 为 1 mm 的半圆球形，可一次成形。

(6) 弯曲部分高度为 2 mm，弯曲半径 $r=1>t=0.3$ mm，符合弯曲工艺要求。

综上所述，此零件可用冷冲压加工成形。

2. 零件工艺方案的确定
1) 模具类型的确定

从零件的结构形状、尺寸公差来看，该零件可以使用单工序模、级进模或复合模，各种模具都有各自的优缺点，下面通过对其进行比较，得出较合适的模具类型。

(1) 单工序模。制件公差等级一般，生产率较低，在高速自动冲床上不能使用，安全性不高，但模具制造工作量小，成本低。

(2) 级进模。公差可达 IT13~IT10 级，可加工复杂制件，生产率高，可使用高速自动冲压机，安全性高，模具制造工作量较大，成本高。

（3）复合模。公差 IT9~IT8 级，生产率略高，安全性不高，模具制造工作量大，成本高。

综上所述，制件公差为 IT13 级，且较复杂，生产率要求高，所以可采用级进模或复合模进行加工。

2）制件工艺方案的确定

从工件结构形状可知，所需基本工序有切口、拉深、冲孔、翻边、落料、弯曲、成形等工序，因此使其成形的工艺方案有以下几种。

（1）切口——拉深——冲孔——翻边——切废——弯曲——成形——落料（采用侧刃）。

（2）切口——拉深——冲孔——翻边——落料——弯曲——成形——落料。

（3）切口——拉深——拉深——切底——落料——弯曲——成形——落料。

比较上述几种方案，方案（1）的优点：模具结构简单，寿命长，制造周期短，工件的回弹容易控制，操作简单，工人劳动强度低；缺点：模具的制造成本较高。

方案（2）也有方案（1）的一系列优点，但是方案（2）比方案（1）多了一道落料工序，势必给模具的制造增加难度，成本也将有所提高。

方案（3）在工件底部采用切底，工序复杂，尺寸难以控制，切底时可能会使工件变形。

综上所述，考虑到工件各方面的要求，故选择方案（1）。

3. 工艺尺寸计算

1）拉深次数和拉深工序尺寸的确定

（1）凸缘直径。

相对凸缘直径 $d_f/d = 10/6 > 1.5$，查表 5-6 取修边余量 $\delta = 1.4$ mm，凸缘实际直径 $d_f = 10 + 1.4 \times 2 = 12.8$ mm

（2）预定毛坯直径。

$$D = \sqrt{d^2 - 4dH - 3.44rd - 0.56}$$
$$= \sqrt{12.8^2 - 4 \times 6.3 \times 3.7 - 3.44 \times 1 \times 6.3 - 0.56}$$
$$= 15.88 \text{ (mm)}$$

（3）判断能否一次拉深成形。

$$h/d = 3.7/6.3 = 0.587$$
$$(t/D) \times 100 = (0.3/15.88) \times 100 = 1.948$$
$$d_f/d = 12.8/6.3 = 2.03$$
$$m = d/D = 6.3/15.88 = 0.397$$

根据以上数据查表 5-8 得 $m_1 = 0.4 > m$，所以不能一次拉深成形；再根据表 5-9 查得 $h_1/d_1 = 0.35 < 0.587$，同样不能一次拉深成形。

（4）各次拉深工序尺寸：

由表 5-1 查出，$m_1 = 0.48$，$m_2 = 0.75$

$d_1 = m_1 D = 0.48 \times 15.88 = 7.62$ （mm）

$d_2 = m_2 d_1 = 0.75 \times 7.622 = 5.77$ （mm） < 6.3 mm

调整拉深系数如下：取 $R = r = 0.4$ mm

$m_1 = 0.529$, $m_2 = 0.75$

$d_1 = m_1 D = 0.529 \times 15.88 = 8.4$ (mm)

$d_2 = m_2 d_1 = 0.75 \times 8.4 = 6.3$ (mm)

取首次拉深拉入凹模的材料面积要比制件面积增大3%，则毛坯直径 D 应为

$$D = \sqrt{[D^2 - (d_f^2 - d^2)] \times 1.03 + d_f^2 - d^2}$$

$$= \sqrt{[15.88^2 - (12.8^2 - 6.3^2)] \times 1.03 + 12.8^2 - 6.3^2}$$

$$= 16.9 \text{ (mm)}$$

$$h_1 = \frac{0.25}{d_1}(D^2 - d_f^2) + 0.43 \times (R+r)$$

$$= \frac{0.25}{8.4}(15.88^2 - 12.8^2) + 0.43 \times (0.4 + 0.4)$$

$$= 3.97 \text{ (mm)}$$

则得 $d_1 = 8.4$ mm，$h_1 = 3.97$ mm，$d_2 = 6.3$ mm，$h_2 = 3.7$ mm

2) 拉深凸、凹模尺寸计算

查表得单边间隙 $Z/2$ 为 $1t$，$\delta_d = 0.02$，$\delta_p = 0.01$

$$d_p = (d_{min} + 0.4\Delta)_{-\delta_p} = (6 + 0.4 \times 0.36)_{-0.01} = 6.144_{-0.01}$$

$$d_d = (d_{min} + 0.4\Delta + Z)^{+\delta_d} = [6 + 0.4 \times (-0.36) + 0.3 \times 2]^{+0.02} = 6.744^{+0.02}$$

(1) 冲孔、落料尺寸计算。（略）

(2) 切口尺寸计算。（略）

(3) 打包凸模、凹模尺寸计算。（略）

(4) 弯曲部分工艺尺寸。（略）

4. 模具总装图

拉深的单工序模如图 8-20 所示。

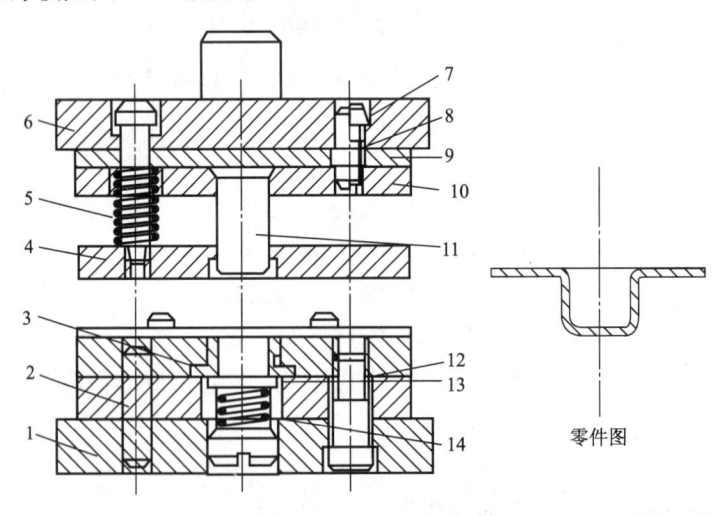

图 8-20 单工序拉深模

1—下模座；2，7—销钉；3—凹模镶块；4—卸料板；5，14—弹簧；6—上模座；
8，12—螺钉；9—垫板；10—固定板；11—拉深凸模；12—推板

冲裁、弯曲、拉深、成形复合模如图 8-21 所示。

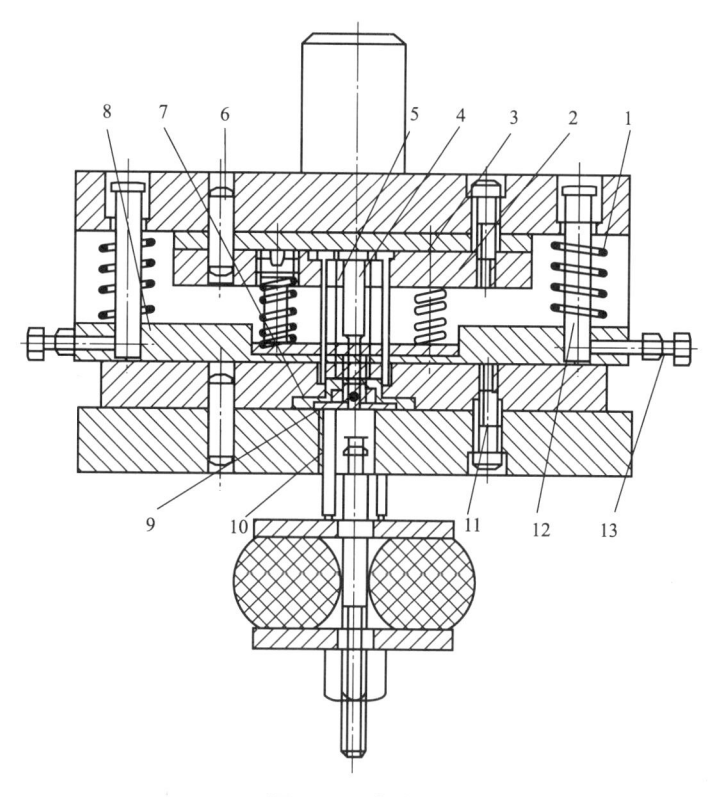

图 8-21 复合模
1、2—弹簧；3—弯曲凸模；4—冲孔翻边凸模；5—拉深打包凸模；6—销钉；7—凹模；
8—卸料板；9—推板；10—推杆；11、13—螺钉；12—卸料螺钉

模具工作过程：上模下行，利用弹簧 2 的弹力，推动凸凹模 5 完成拉深和打包；上模继续下行，完成冲孔、翻边、落料及弯曲。

在模具结构上，弹簧 1 的压缩量应远大于弹簧 2 的压缩量，弹簧 2 的弹压力应远大于弹顶器的弹压力，以保证拉深工序的顺利完成。由于上下模之间无导向装置，为便于模具安装及校正模具间隙，采用了易装拆卸的装置（零件 9、13、14）。

冲裁、弯曲、拉深、成形级进模如图 8-22 所示。

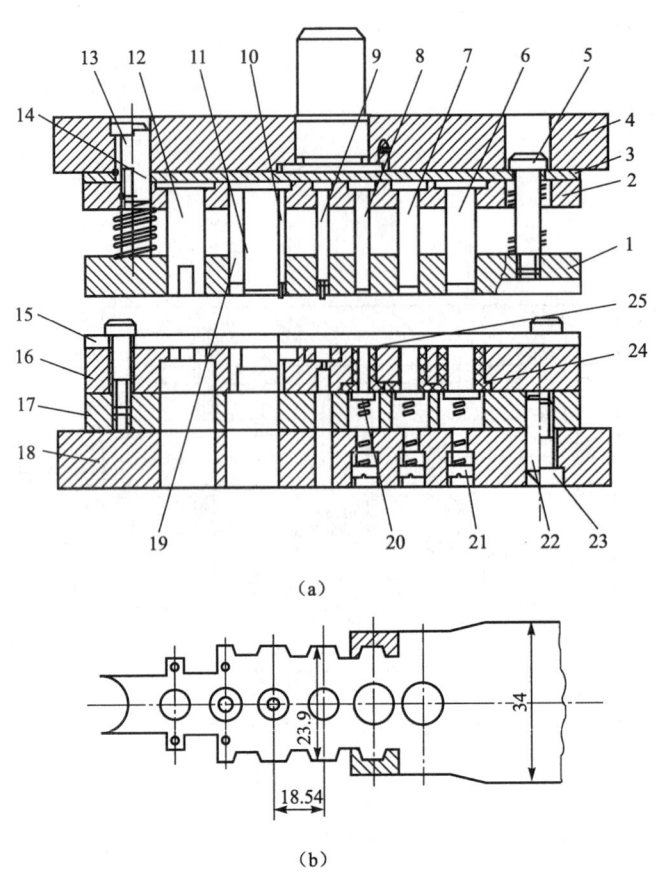

图 8-22 级进模

（a）装配图；（b）排样图

1—卸料板；2—凸模固定板；3—上垫板；4—上模座；5—卸料螺钉；6，7，8—拉深凸模；9—冲底孔凸模；10—翻边凸模；11—切废凸模；12—落料凸模；13，21，23—螺钉；14，22—销钉；15—导料板；16—凹模；17—中垫板；18—下模座；19—弯曲凸模；20—推板；24—凹模镶块；25—定位圈

参 考 文 献

[1] 李硕本．冲压工艺学［M］．北京：机械工业出版社，1982.
[2] 日本塑料加工学会．压力加工手册［M］．北京：机械工业出版社，1983.
[3] 日本材料学会．塑性加工学［M］．北京：机械工业出版社，1983.
[4] 湖南省机械工程学会锻压分会．冲压工艺［M］．长沙：湖南科学技术出版社，1984.
[5] 肖景容，周士能，肖样芷．板料冲压［M］．武汉：华中理工大学出版社，1985.
[6] 汪大年．金属塑性成形原理［M］．北京：机械工业出版社，1986.
[7] 陈毓勋，等．特种冲压模具与成形技术［M］．北京：现代出版社，1989.
[8] 张春水，祝俊．高效精密冲模设计与制造［M］．西安：西安电子科技出版社，1989.
[9] 肖景容，姜奎华．冲压工艺学［M］．北京：机械工业出版社，1990.
[10] 王孝培．冲压设计资料［M］．北京：机械工业出版社，1990.
[11] 成虹．冲压机械化与自动化［M］．南京：江苏科技出版社，1992.
[12] 叶列涅夫 C. A. 冷冲压技术［M］．北京：航空工业出版社，1992.
[13] 丁松聚．冷冲模设计［M］．北京：机械工业出版社，1993.
[14] 张均．冷冲压模具设计制造［M］．西安：西北工业大学出版社，1993.
[15] 邓涉，王先进，陈鹤峥．金属薄板成形技术［M］．北京：兵器工业出版社，1993.
[16] 周开华，等．简明精冲手册［M］．北京：国防工业出版社，1993.
[17] 中国机械工程学会锻压学会［M］．锻压手册．第二卷冲压．北京：机械工业出版社，1993.
[18] 万胜狄．金属塑性成形原理［M］．北京机械工业出版社，1994.
[19] 吴诗淳，何声健．冲压工艺学［M］．西安：西北工业大学出版社，1994.
[20] 杜东福．冷冲压工艺及模具设计［M］．长沙：湖南科技出版社，1996.
[21] 杨玉英．大型薄板成形技术［M］．北京：国防工业出版社，1996.
[22] 卢险峰．冲压工艺模具学［M］．北京：机械工业出版社，1997.
[23] 许发越．模具标准应用手册［M］．北京：机械工业出版社，1997.
[24] 姜奎华 冲压工艺与模具设计［M］．北京：机械工业出版社，1997.
[25] 王芳．冷冲压模具设计指导［M］．北京：机械工业出版社，1998.
[26] 模具实用技术丛书编委会．冷冲压设计应用实例［M］．北京：机械工业出版社，1999.
[27] 俞汉清，陈金德．金属塑性成形原理［M］．北京：机械工业出版社，2002.
[28] 李硕本，等．冲压工艺理论与新技术［M］．北京：机械工业出版社，2002.